U0266846

环境污染与健康研究丛书·第二辑

名誉主编○魏复盛　丛书主编○周宜开

POLLUTION

农药兽药污染与健康

主编○荆涛　杨书剑

长江出版传媒　湖北科学技术出版社

图书在版编目(CIP)数据

农药兽药污染与健康/荆涛，杨书剑主编.—武汉：湖北科学技术出版社，2021.2
（环境污染与健康研究丛书/周宜开主编.第二辑）
ISBN 978-7-5706-0835-5

Ⅰ.①农… Ⅱ.①荆… Ⅲ.①农药污染－影响－健康 ②兽用药－环境污染－影响－健康 Ⅳ. ①X592.31

中国版本图书馆 CIP 数据核字(2019)第 300990 号

策　　划：冯友仁
责任编辑：程玉珊　李　青　徐　丹　　　　　　　　　　　　　　　封面设计：胡　博

出版发行：湖北科学技术出版社　　　　　　　　　　　　　　电话：027－87679485
地　　址：武汉市雄楚大街 268 号　　　　　　　　　　　　　邮编：430070
　　　　　（湖北出版文化城 B 座 13－14 层）
网　　址：http://www.hbstp.com.cn

印　　刷：武汉市卓源印务有限公司　　　　　　　　　　　　邮编：430026

889×1194　　　　　　1/16　　　　　　14.25 印张　　　　　　360 千字
2021 年 2 月第 1 版　　　　　　　　　　　　　　　　　2021 年 2 月第 1 次印刷
　　　　　　　　　　　　　　　　　　　　　　　　　　　定价：98.00 元

《农药兽药污染与健康》

编 委 会

序

　　像保护眼睛一样保护生态环境，像对待生命一样对待生态环境。人因自然而生，人不能脱离自然而存在，人与自然的辩证关系，构成了人类发展的永恒主题。

　　生态文明建设功在当代、利在千秋，是关系中华民族永续发展的根本大计。党的十八大以来，我国污染治理力度之大、制度出台频度之密、监管执法尺度之严、环境质量改善速度之快前所未有，无疑是我国生态文明建设力度最大、举措最实、推进最快、成效最好的时期。

　　在这样的时代背景下，我国的环境医学科学研究工作也得到了极大的支持与发展，科学家们满怀责任与使命，兢兢业业，投入到我国的环境医学科学研究事业中来，并做出了许多卓有成效的工作，这些工作是历史性的。良好的生态环境是最公平的公共产品，是最普惠的民生福祉，天蓝、地绿、水净的绿色财富将造福所有人。

　　本套丛书将关注重点落实到具体的、重点的污染物上，选取了与人民生活息息相关的重点环境问题进行论述，如空气颗粒物、蓝藻、饮用水消毒副产物等，理论性强，兼具实践指导作用，既充分展示了我国环境医学科学近些年来的研究成果，也可为现在正在进行的研究、决策工作提供参考与指导，更为将来的工作提供许多好的思路。

　　加强生态环境保护、打好污染防治攻坚战，建设生态文明、建设美丽中国是我们前进的方向，不断满足人民群众日益增长的对优美生态环境需要，是每一位环境人的宗旨所在、使命所在、责任所在。本套丛书的出版符合国家、人民的需要，乐为推荐！

中国工程院院士　魏复盛

前　言

在中国农业和畜牧业生产过程中,农药和兽药的使用由来已久。一方面,我们承认农药和兽药的使用显著提高了农业和畜牧业的生产效益,保障了只占全球7％耕地的中国养活了占全球20％的人口;另一方面,不可忽视农药和兽药滥用对人群健康带来的深远影响。以食品为例,我国食品安全国家标准《食品中农药最大残留限量》(GB2763—2014)中,农药最大残留限量指标就达3 650项,基本覆盖了常用农药品种,涉及248种(类)12大类农作物或产品。除食品之外,灰尘、地表水、大气颗粒物等环境介质中同样可以检出各种类型的农药和兽药。人们可以通过多个途径接触和摄入农药和兽药,为健康带来极大威胁。基于此,为了让全社会对农药和兽药残留及所致健康影响有更全面、更深刻的认识,提高学术界在农药和兽药残留与健康领域的研究水平,并最终达到控制我国环境中农药和兽药滥用的趋势、保障人群健康的目的,我们编写了《农药兽药污染与健康》这本书。

本书分为上、下两篇。上篇为农药污染与健康,分为4章,详细阐述了有机氯类、有机磷类、拟除虫菊酯类和氨基甲酸酯类农药的理化特性、国内外分析方法和标准、农药污染现况、毒性作用及其人群健康危害和防治管理。下篇为兽药污染与健康,分为7章。鉴于农业、畜牧业生产过程中兽药种类繁多,有关兽药与健康研究很少,本书第5章详细综述了兽药种类及其残留现状、兽药合理使用及影响因素、兽药残留分析技术、兽药对人群健康危害及其管理。在此基础上,本书以备受关注的抗生素、合成抗菌药物、激素、β-受体激动剂、镇静剂和抗寄生虫药为重点,在第6~11章,详细阐述了这些兽药的理化特性、分析方法、残留现况、毒性作用及其人群健康危害和防治管理。本书在编撰过程中,着眼于多学科领域交叉,系统、详细地反映了近10年来我国农药、兽药污染与健康领域的研究热点和成果,不仅侧重理论前沿介绍,而且关注最新应用成果。通过本书,读者能够了解我国农药和兽药污染现状,重视污染所致人群健康危害,科学、合理地预防、控制和消除农药和兽药污染,保障我国人民健康质量。

本书编委均是长期从事相关领域的专家,在理论研究和实际应用方面具有扎实的工作基础。他们在本书编写过程中付诸了大量心血,不仅系统梳理了国内外相关领域的研究成果,更结合自身工作实例,使得本书在理论和实践上均对读者有参考和借鉴意义。本书不仅可以作为农药、兽药与健康领域教学、科研和管理工作者的参考工具书,也可为农业、畜牧业生产经营者和消费者提供理论和技术指导。

由于时间和水平有限,本书中如有不妥之处,恳请各位读者批评指正,以便今后进一步修订、补充和完善。

编者
2020 年 5 月

目 录

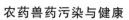

下篇　兽药污染与健康

上 篇
农药污染与健康

第一章　有机氯农药污染与健康

第一节　有机氯农药污染

一、主要有机氯农药的理化性质和特征

有机氯农药是具有杀虫活性的氯代烃的总称，按照生产原料可将其分为两大类：一类是以苯为原料的氯化苯类，如六六六、滴滴涕（DDT）、六氯苯、林丹、甲氧DDT等；另一类是以环戊二烯为原料的氧化亚甲基萘制剂，如七氯、氯化茚、硫丹、艾氏剂、狄氏剂、异狄氏剂、灭蚁灵等。此外，还包括以松节油为原料的莰烯类杀虫剂（如毒杀芬）和以萜烯为原料的冰片基氯。一般来讲，有机氯农药有以下特点：①难降解性。有机氯农药理化性质稳定，很难通过生物代谢、光降解、化学分解等途径自然消失，在土壤、水体、大气等环境介质中可持久存在，具有长达数年或数十年的半衰期，例如，林丹在土壤中降解95%需要10年的时间，而狄氏剂和DDT则分别为25年和30年。②生物蓄积性。有机氯农药分子结构中含有氯原子，具有低水溶性、高亲脂性的特点，容易在生物体肝、肾、心脏等组织器官中蓄积，并通过食物链进行传递、生物浓缩和放大作用，对人体健康和生命安全具有严重的危害。③半挥发性。有机氯农药具有半挥发性，使其能够从水体、土壤挥发到大气中，以蒸气的形式存在于大气中或吸附在大气颗粒物上，从而在大气环境中远距离迁移和沉积，造成在全球范围内的污染。④高毒性。有机氯农药对人体、动物都具有高毒，在低浓度时就会对生物体造成危害，包括破坏或干扰神经、免疫、内分泌系统和侵害肝脏、肾脏，可引起肌肉震颤、内分泌紊乱、肝肿大、肝细胞变性和中枢神经系统损伤等病变，同时具有类雌激素的作用和"三致"作用，影响人类生殖功能，增加甲状腺癌、脑癌等癌症的发病率。

有机氯农药具有较高的光谱杀虫活性、对温血动物毒性较低、效果较持久、生产方法简单、价格低廉等特点，在许多国家有大规模的生产和使用，其中DDT和六六六是主要的品种。由于DDT及其类似物在本丛书另一本中已有涉及，所以本章仅介绍除DDT外的几种主要有机氯农药。

（一）六六六及其同系物

1. 六六六和林丹　六六六的学名为1，2，3，4，5，6-六氯环己烷（hexachlorocyclohexane，HCH），中文俗名为六氯化苯或六六六，分子式为 $C_6H_6Cl_6$，分子结构如图1-1所示。根据氯原子在环上取代位（直立位、平伏位）的不同，六六六有7种异构体，分别称为 α-六六六、β-六六六、γ-六六六、δ-六六六、ε-六六六、η-六六六、θ-六六六，另有一对旋光异构体。前5种又分别被称为甲体、乙体、丙体、丁体和戊体六六六。γ-六六六又称为林丹（lindane）。六六六的生物活性几乎完全是由于 γ-六六六异构体的存在而起作用。

六六六的纯品为白色晶体，无臭味。各种异构体熔点有一定差异，α 体为 159~160℃、β 体为 309~310℃、γ 体为 112~113℃、δ 体为 138~139℃。α 体、β 体不溶于水，溶于苯和氯仿；γ 体在常温水中的溶解度为 10mg/L，微溶于石油，溶于苯、丙酮、二氯化碳、氯苯、乙醚等有机溶剂。工业品六

六六为灰白色或褐色粉末、白色固体，65℃开始熔融，工业品因含杂质，有难闻的霉臭味。它是多种异构体的混合物，其中活性组分（γ体）仅占12%～16%，其余均为无效组分。根据各异构体在有机溶剂中不同的溶解度，可以用溶剂（最常用的是甲醇）提取的方法从工业品六六六中得到高含量的γ-六六六。当含量达到99%以上时称为林丹。

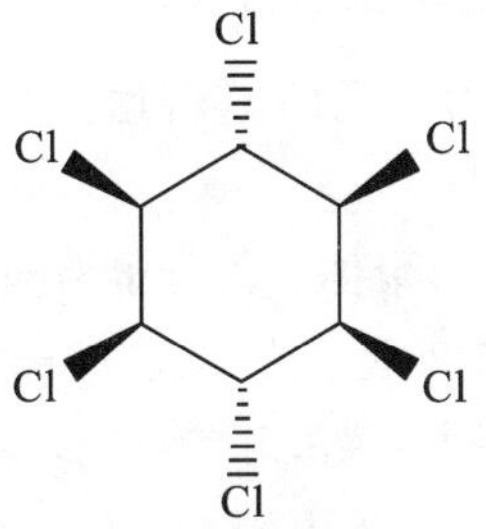

图 1-1　六六六的分子结构

六六六对光、热、氧化及酸性介质均很稳定，但在碱性介质中会发生氯化氢的消除反应最终得到1，2，4-三氯苯。林丹的稳定性很高，可在热硝酸中重结晶。γ-六六六为杀虫有效成分，对昆虫有触杀、胃毒及熏蒸作用。γ-六六六具有较高的蒸汽压（20℃时可达 $9.4×10^{-4}$ Pa）。这是它能够通过呼吸致毒（熏蒸作用）的主要原因。六六六还能溶于水（溶解度为5～10 mg/L），所以在水稻和多水的土壤中表现出内吸杀虫作用。

六六六急性毒性较小。各异构体中急性毒性以 γ-六六六为最大，其大鼠口服急性毒性 LD_{50} 为76～200 mg/kg。给药后曾在动物的奶、脂肪和尿液中发现有林丹存在，但能较快地排出体外，体内蓄积的危险性较小。而β-六六六极易在动物体内蓄积，工业品六六六含有一定量的β-六六六，导致直接施用工业品六六六将可能使β-六六六在体内蓄积及其慢性毒性作用大为提高。在我国六六六早已停止使用，但林丹仍然在生产和使用。

2. 毒杀芬　毒杀芬也叫八氯莰烯、莰氯，是烯（C10 烃）的氯化混合物，通常含有5～12个氯原子，氯含量为67%～69%。英文名：toxaphene、polychlor-camphene、camphechlor。莰烯碳环的8个氢原子为氯取代，即为八氯莰烯。其分子式为 $C_{10}H_{10}Cl_8$，分子量为413.8，分子结构如图1-2所示。毒杀芬的原料莰烯来源于松节油中 α-蒎烯的异构化产物。莰烯的四氯化碳溶液在光照催化下与氯气反应，于110℃蒸馏得毒杀芬，为莰烯氯化异构反应的混合物。工业品毒杀芬为微黄色蜡状固体，在70～95℃软化，有松香或轻微松节油的气味。它是一种极复杂的混合物，其组分高达180种，其中仅几种组分的结构得到确定。

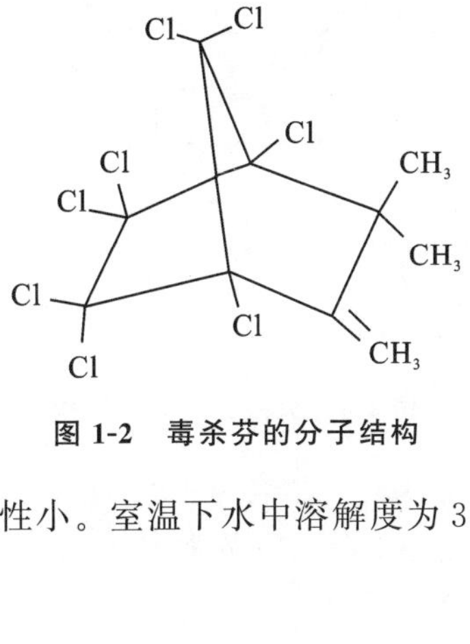

图 1-2　毒杀芬的分子结构

毒杀芬的化学性质很稳定，挥发性小。室温下水中溶解度为 3 mg/L，易溶于石油和各种有机溶剂。

在高温（＞150℃）、强烈阳光和紫外光照，以及有铁和碱性物质存在下，能发生分解，放出氯化氢。毒杀芬为非内吸性触杀和胃毒杀虫剂，并具有一定的杀螨活性。其急性毒性比 DDT 高 4 倍，大鼠口服毒性 LD_{50} 为 40～120 mg/kg，可在动物脂肪中蓄积，但蓄积毒性不大。

（二）环戊二烯衍生物

环戊二烯类杀虫剂是一类高度氯化的环状碳氢化合物，这类杀虫剂通常以六氯环戊二烯（hexa-chloro-1，3-cyclopentadiene，HCCP）作为共同的原料通过狄尔斯-阿尔德（Diels-Alder）双烯加成反应制备。

1. 氯敌抗　氯敌抗为含羟基的 HCCP 二聚体，其分子结构如图 1-3 所示，学名为十氯代八氢-1，3，4-次甲基-2H，5H-环丁并［c，d］双环戊二烯-2-酮，英文名为 kepone、chlordecone。在磺化剂（发烟硫酸、氯磺酸或三氧化硫）存在下，HCCP 先二聚成含有磺酸基的产物，然后水解成稳定的水合物即氯敌抗。产物为黄褐色或白色固体，熔点350℃。难溶于水，溶于丙酮、乙醇、乙酸、氯代烃等有机溶剂。氯敌抗有较强的胃毒活性，触杀活性较弱。氯敌抗的毒性较强，对大鼠的口服急性毒性 LD_{50} 为 95～140 mg/kg。

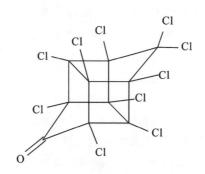

图 1-3　氯敌抗的分子结构

2. 灭蚁灵　灭蚁灵（mirex）是完全氯化的 HCCP 二聚体，学名为十二氯代八氢-1，3，4-次甲基-1H-环丁并［c，d］双环戊二烯。灭蚁灵可由氯敌抗与五氯化磷反应使羰基进一步被氯化制备；或在三氯化铝存在下，以二氯甲烷、四氯化碳或六氯丁二烯为溶剂，从 HCCP 直接二聚制备。因此灭蚁灵和氯敌抗具有相似的分子结构（图 1-4）。灭蚁灵为浅黄色固体，熔点为485℃。难溶于水，溶于丙酮、氯代烃。灭蚁灵和氯敌抗同为笼状化合物，其特性是熔点高、化学稳定性高。灭蚁灵是一种胃毒杀虫剂，略有触杀活性。灭蚁灵具有中等毒性，对大鼠的口服急性毒性 LD_{50} 为 235～702 mg/kg。

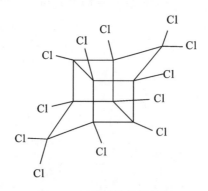

图 1-4　灭蚁灵的分子结构

3. 氯化茚　氯化茚也叫八氯化茚、1068，学名为 1，2，4，5，6，7，8，8-八氯-2，3，3α，4，7，7α-六氢化-4，7亚甲茚，分子结构如图 1-5 所示。英文名为 chlordane、octachlor。氯化茚是由 HCCP

先与环戊二烯通过 Diels-Alder 双烯加成反应生成中间产物六氯化茚，随后与氯气在四氯化碳中回流或在三氯化铁存在下与氯化硫酰反应制备。氯化茚有多种异构体，其中戊环 1，2 位上氯原子取反式位为 α-氯化茚，顺式位为 β-氯化茚，后者的杀虫活性较强。工业产品可以达到含 75% 的 β-异构体和 25% 的 α-异构体。工业品氯化茚是琥珀色稠液体，具有樟脑或杉木气味；纯品为无色或淡黄色液体，沸点为 175℃（0.27 kPa）。不溶于水，溶于氯代烃等有机溶剂，能与煤油以任何比例混合。氯化茚对酸稳定，在碱性溶液中易分解，脱去氯化氢而失去杀虫活性。氯化茚的主要作用方式为胃毒、触杀和熏蒸。无内吸作用，药效持久，在杀虫范围内对植物无药害。氯化茚有中等毒性，大白鼠急性毒性经口 LD_{50} 为 457～590 mg/kg。用 150 mg 反式氯化茚饲料喂养大白鼠 2 年，其死亡率不比对照组高，但在肝脏中出现了病理组织学改变。

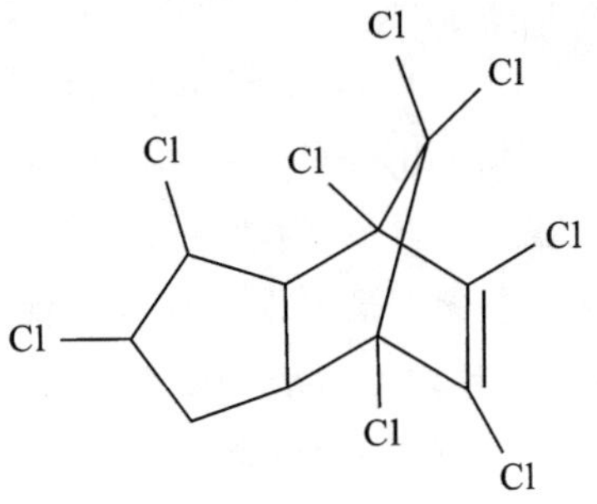

图 1-5　氯化茚的分子结构

4. 七氯　七氯（heptachlor）是 HCCP 与环戊二烯双烯加成反应（生成中间产物六氯化茚）后，在苯溶液中漂白土存在下与氯气反应的产物，分子结构如图 1-6 所示。工业品七氯为棕色蜡状固体，含大约 72% 的七氯，其他成分主要是 α-氯化茚。七氯对光、空气、酸和碱均较为稳定。七氯是广谱的胃毒和触杀药剂。七氯对大白鼠急性经口 LD_{50} 为 90～135 mg/kg。它可以在动物脂肪中产生积累。在牛奶中曾发现七氯的环氧化物（heptachlor epoxides）。

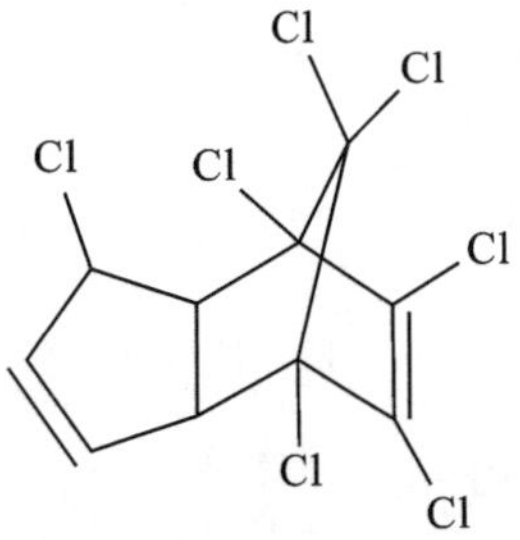

图 1-6　七氯的分子结构

5. 碳氯灵　碳氯灵（isobenzan）的学名为 1，3，4，5，6，7，8，8a-八氯-1，3，3a，4，7，7a-六氢-4，7-五甲基异苯并呋喃，其分子结构如图 1-7 所示。HCCP 与 2，5-二氢呋喃在 C12～C18 烃高沸点溶剂中，于 120～180℃发生 Diels-Alder 反应得到呋喃加成产物，然后在紫外光照下，通氯气氯化，得到碳氯灵。纯品是白色晶体，熔点为 122～123℃，工业品是奶黄色晶体。碳氯灵不溶于水，易溶于苯、四氯化碳、甲苯、二甲苯、丙酮等有机溶剂。在空气中、高温下及酸性条件下均较稳定。碳氯灵是环戊二烯类杀虫剂中活性最高的品种，具有胃毒和触杀活性。残效较长，用作土壤杀虫剂。碳氯灵对人和鱼有剧毒。碳氯灵的急性毒性很高，大鼠口服毒性 LD_{50} 毒性为 7～8 mg/kg。由于毒性较强，碳氯灵已于 1965 年被停止生产和使用。

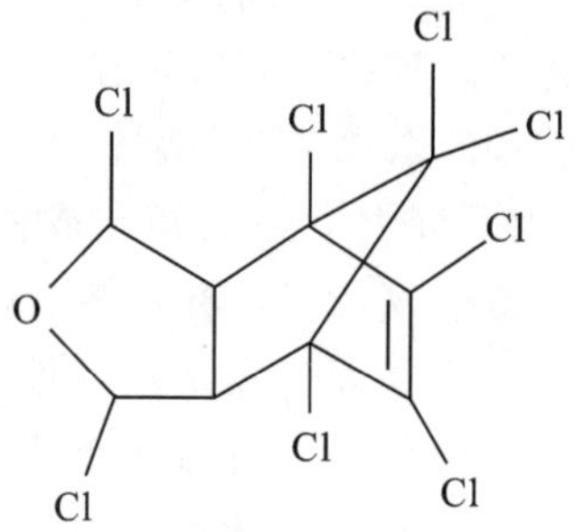

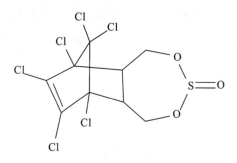

图 1-7 碳氯灵的分子结构

6. 硫丹 硫丹的化学结构是六氯环戊二烯并亚硫酸内酯，分子结构如图 1-8 所示，学名为 1，2，3，4，7，7-六氯双环（2，2，1）庚-2-烯-5，6-双羟甲基亚硫酸酯。硫丹也叫赛丹、安杀丹、安都杀芬，英文名为 thiodan、endosulfan 等。硫丹由六氯环戊二烯与 1，4-丁烯二醇先制得硫丹二醇，再与亚硫酰二氯内酯反应而制得。纯品为白色晶体，熔点为 70～100℃。工业品是含 α-硫丹（70％）和 β-硫丹（30％）两种立体异构体的混合物，为棕色无定形粉末，具有二氧化硫气味。硫丹不溶于水，溶于二甲苯、氯仿、丙酮等有机溶剂。硫丹对日光稳定，遇酸、碱、湿气逐渐分解，放出二氧化硫并形成水解产物二醇。硫丹为内吸性广谱杀虫剂，具有触杀和胃毒作用。硫丹的大鼠口服急性毒性 LD_{50} 为：α-硫丹 76 mg/kg，β-硫丹 240 mg/kg，工业品 100 mg/kg。硫丹能在有机体内迅速降解，没有积累的危险，长期喂养试验未发现慢性中毒。以 30 mg/kg 饲料喂大鼠 2 年和狗 1 年，均未见有害影响。硫丹属于低残留毒性农药，对野生动物和蜜蜂无害。对鱼的毒性较大，施用时应避免流入河池中。

图 1-8 硫丹的分子结构

7. 艾氏剂 艾氏剂（aldrin）是 HCPP 与双环（2，2，1）庚二烯-2，5（降冰片二烯）的 Diels-Alder 双烯加成反应的产物，学名为 1，2，3，4，10，10-六氯-1，4，4a，5，8，8a-二甲撑萘，分子结构如图 1-9 所示。工业制法是将过量的降冰片二烯与 HCCP 在甲苯中回流，产品含量约为 95％。纯品为白色无臭结晶，熔点为 104℃，工业品为暗棕色固体。不溶于水，溶于乙醇、苯、丙酮等多种有机溶剂。艾氏剂对热、碱和弱酸稳定。但未氯化部分的环的双键能与氧化剂、强酸发生反应，如与卤素发生加成反应、环氧化反应等。氯化部分的环在化学上几乎是惰性的。艾氏剂具有较高的蒸气压，可以颗粒剂的形式作为土壤杀虫剂。它的作用方式以熏蒸作用为主，也有较好的胃毒与触杀活性。艾氏剂的毒性较高，是 DDT 的 5 倍。大鼠口服急性毒性 LD_{50} 为 67 mg/kg。以 0.5 mg/kg 喂食大鼠 2 年，可引起其肝肿大。艾氏剂在血液中有较高的溶解度，因此易于扩散到所有组织，特别是脂肪组织中。

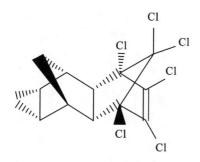

图 1-9 艾氏剂的分子结构

8. 狄氏剂和异狄氏剂 狄氏剂（Dieldrin）的学名为 1，2，3，4，10，10-六氯-6，7-环氧-1，4，4a，5，6，7，8，8a-八氢-1，4-5，8-二甲撑萘。由于降冰片二烯环上甲撑的立体位置不同，有两种异构体，甲撑向内者为狄氏剂（图 1-10），甲撑向外者为异狄氏剂（Endrin）（图 1-11）。用过氧化氢/醋酸酐或过氧醋酸等试剂使艾氏剂环氧化，即可得到狄氏剂。工业产品的纯度约为 85%。产品狄氏剂和异狄氏剂均为白色晶体，狄氏剂熔点为 175～176℃；异狄氏剂熔点为 200℃，加热到 245℃ 时，分解生成氯化氢和光气。工业品狄氏剂和异狄氏剂为微棕色鳞状结晶，它们的理化性质有很多相同之处，不溶于水，溶于苯、二甲苯。二者对光、碱和稀酸稳定，但浓酸能使其环氧键断裂。一个重要区别在于异狄氏剂有内-内（endo-endo）结构，使得它可能发生热或光化学重排反应，生成无杀虫活性的半笼状酮和五环醛。

狄氏剂的蒸气压较低、化学性质稳定，因此有很好的持效性。对大多数昆虫具有很高的触杀和胃毒活性，而无植物毒害。杀虫活性比 DDT 高，且使用剂量较低。狄氏剂和异狄氏剂对水生生物有极高的毒性。狄氏剂的大鼠口服急性毒性 LD_{50} 为 40～87 mg/kg。与大多数其他环二烯类杀虫剂一样，狄氏剂也易于被皮肤吸收，在脂肪中蓄积。曾发现在动物奶中有狄氏剂排出，对大鼠 2 年的喂养试验表明，狄氏剂会导致大鼠肝部病变。异狄氏剂和碳氯灵是环戊二烯类杀虫剂中对温血动物毒性最大的两种，其大鼠口服急性毒性 LD_{50} 为 7～17.5 mg/kg。但是它比艾氏剂和狄氏剂易于被动物排出体外，因此在脂肪中积累的可能性很小。

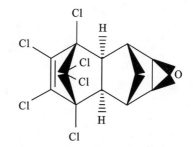

图 1-10 狄氏剂的分子结构　　　　　图 1-11 异狄氏剂的分子结构

二、国内外分析方法和标准

土壤、水、动植物、食物等样本（尤其是动植物）结构复杂，所含成分较多，并且对有机氯农药的分析大多是痕量和超痕量的分析，因此为了使分析结果尽量科学准确，对样本的前处理、操作人员的手法和检测仪器的灵敏度均有较高的要求。样本必须经过一系列前处理，将其中的污染物提取出来后才能进行检测；对于残留剂量很低的污染物，污染物回收的效率很重要，对目标污染物的检测限也很重要。样本中的有机氯农药经过提取、浓缩、分馏和离析后，再经过后续的检测方法进行定量。

（一）样本前处理——有机氯农药提取、浓缩方法

选择性好、高分离能力的检测技术快速发展，使农药多残留的检测工作逐渐简化，而样本的前处理越来越成为农药多残留分析过程中的关键。据估计，检测分析过程的误差近50%来源于样本的准备和处理，而真正来源于分析的还不到30%，而且大部分样本前处理所占用的工作量超过整个分析过程的70%。因此，样本前处理系统平台是快速、准确的农药多残留检测体系的基础和保障。前处理技术包括样本提取、分离、纯化、浓缩等技术，其目的就是最大限度地提取目标物，把干扰降到最低、误差降到最小，为下一步的分析检测提供保障。

因农药残留的痕量（一般为0.001～1 mg/kg）及样本的复杂性，将农药从样本基质中释放出来、除去其中的干扰杂质并达到仪器可检测的浓度范围绝非易事。传统的样本前处理技术如索氏提取、液-液分配、柱层析等，通常烦琐复杂、操作时间长、选择性差、提取与净化效率低、易引入误差，且需使用大量有毒溶剂，已满足不了农药多残留分析的发展要求。随着科技的进步，一些新的样本前处理技术被应用到这个领域。样本前处理技术正向着省时省力、价廉、减少溶剂使用量、减少对环境的污染、微型化和自动化方向发展。目前，国际上较多使用固相萃取、固相微萃取、基体分散固相萃取、凝胶层析、微波辅助提取、加速溶剂提取、超临界萃取等技术。以下对几种样本前处理方法进行汇总阐述：

1. 液液萃取　液液萃取（liquid-liquid extraction，LLE）是一种传统的从样本中提取农药的方法，该方法是将有机溶剂加入到液态样本中，通过充分混合，使样本中的有机氯农药残留溶入有机溶剂中。当使用液态提取系统时，需要使用脱水或分离步骤。选择合适的溶剂和提取方法是从待分析样本中获得满意的有机氯农药回收率的关键。由于有机氯农药具有脂溶性特点，所以常常采用有机溶剂来提取，但样本中的脂溶性物质也可被提取出来。LLE法中常采用乙醇、甲醇、乙酸乙酯、己烷和它们的混合物（如乙醇/乙酸乙酯、丙酮/己烷、乙酸乙酯/丙酮/甲醇、己烷/二氯甲烷）及石油醚等。某些情况下，可联合超声和/或涡流改进提取效率和回收率。在LLE过程中，通常加入无机盐（如采用无水硫酸钠）到提取液中，从而可将有机相污染物从水溶相中分离出来。对于液态样本（如牛奶、可乐饮料等），LLE法是提取有机氯农药的优选方法。

2. 固液萃取　固液萃取（solid-liquid extraction，SLE）也是常用的提取方法之一，它是基于待测物在固相和液相的分布比例差异而建立的方法。通常用于固态样本中有机氯农药的提取。SLE与LLE类似，选择合适的提取溶剂（如二氯甲烷、石油醚等）是该方法的关键。目前已有一些标准化的LLE和SLE方法，如AOAC 970.52、EN 1528和EN 12393，可用于提取含脂肪和无脂肪食品中有机氯农药残留的检测。一般来讲，SLE法对大多数有机氯农药提取是有效的，除了一些挥发性的有机氯农药（如HCB）。

3. 索氏萃取　索氏萃取（Soxhlet extraction，SE）又名连续提取法、索氏提取法、脂肪提取法，是从固体物质中萃取化合物的一种方法。该方法是最为传统也最为经典的固体物质（如肉类、鱼类和蛋类食物）提取方法，利用虹吸和回流的原理，用有机溶剂提取剂，提取剂在水浴锅中进行加热，在一定时间内始终保持样本浸泡于提取剂中，经过反复的浸泡、回流、再浸泡的过程能有效把样本中的污染物提取出来。该方法操作简单，对操作人员的操作手法要求不高，并且装置花费较低，而且提取效率较高，因为该方法的优点明显而得到广泛的应用。但该方法也存在不足的地方，为了能充分提取出样本中的污染物需要一段较长的提取时间（一般需要12～20 h），这与当前一些先进的提取方法相比明显耗时较长，不仅如此，在提取的过程中，提取剂可能将其他的一些干扰物质一并提取出来，因此经索氏抽提法提取过的试剂需进一步净化。而且污染物回收率较低（低于70%）。有研究者用索氏抽提法对沉积物进行有机氯农药的萃取。他们将经冷冻干燥后的样本过筛后，用一定比例的丙酮、正己烷混合试剂提取剂，用索氏抽提法进行萃取，然后将萃取液浓缩并净化后待分析。也有研究者用甲苯提取剂，将埃布罗河

河底沉积物索氏抽提 36 h，将萃取液浓缩、净化后用气相色谱仪进行检测，回收率达到 80%。

4. 固相萃取及其衍生的方法

（1）固相萃取。固相萃取（solid-phase extraction，SPE）是利用固体吸附剂将液体样本中的目标化合物吸附，与样本的基体和干扰化合物分离，然后再用洗脱液洗脱达到分离和富集目标化合物的目的。SPE 包括 4 个步骤：①活化，除去柱内杂质并创造一定的溶剂环境；②上样，将样本用一定的溶剂溶解，转移入柱使待测组分滞留在柱上；③选择性淋洗，最大程度去除干扰物质；④洗脱，使用一定溶剂将待测组分洗脱并收集。吸附剂的合理选择取决于吸附剂和待测污染物的相互作用机制。一般用于 SPE 的吸附剂主要可分为非极性的、极性的和离子交换三种。这些吸附剂的选择主要取决于待测样本的形态、目标污染物和它们的相互作用。常用的市售吸附剂有氧化铝、镁硅酸盐和石墨碳。最常用的吸附剂是二氧化硅，因为它具有很好的化学反应性，通过化学反应可修饰其表面，并且很稳定，可应用于很多溶液。多聚物吸附剂在 SPE 中的应用也很广泛。

SPE 与液液萃取相比具有很多优点：不需要大量互不相溶的溶剂，处理过程中不会产生乳化现象，它采用高效、高选择性的吸附剂（固定相），可以净化很小体积的样本（50～100 μl），能显著减少溶剂的用量，简化样本预处理过程，同时所需费用也有所减少。SPE 法也可以避免 LLE 法中常常遇到的乳化问题，并且可实现自动化。SPE 既可用于复杂样本中微量或痕量目标化合物的提取，又可用于净化、浓缩或富集，是目前国外农药残留分析样本前处理中的主流技术。

近些年来，固相萃取在复合模式固相萃取、固相微萃取、基体分散固相萃取、圆盘固相萃取、新型固相萃取吸附剂等方面有了新的发展。未来 SPE 法需要在选择适用于具有多种理化特点的多残留化合物的吸附剂和洗脱剂及继续减少 SPE 法中样本的使用量等几个方面加以改进。

（2）固相微萃取。固相微萃取（solid-phase microextraction，SPME）是 20 世纪 80 年代末由 Pawliszyn 及其同事们开发研制的一种非溶剂的分析萃取技术，其萃取原理与气相色谱类似，是在固相萃取基础上发展起来的一种新型、高效的样本预处理技术。它集提取、浓缩于一体，简单、方便、无溶剂，不会造成二次污染，是一种有利于环保的很有应用前景的预处理方法。与液液萃取和固相萃取相比，具有融取样、萃取、浓缩和进样为一体，操作简单，费用低，选择性好，与其他的一些分离方法有良好兼容性等优点。SPME 已成功应用于固态、液态和气态样本中各类极性或非极性有机物的分离提取过程中。

将硅纤维固相置入液相萃取溶液中，有机化合物可吸附至硅纤维固相，从而被提取出来。然后将纤维转移至气相色谱热化进样器，使待测化合物解离并被检测。与 SPE 法不同，提取化合物的总量应用气相色谱法测定。SPME 需要少量的样本，以及具有不同极性的各种纤维，如聚二甲基硅氧烷（polydimethylsiloxane，PDMS）、聚二甲基硅氧烷-二乙烯基苯（polydimethylsiloxane-divinylbenzene，PDMS-DVB）、聚酰胺（polyacrylate，PA）、聚乙二醇-二乙烯基苯（carbowax-divinylbenzene，CW-DVB）和 Carboxen®-聚二甲基硅氧烷（Carboxen®-polydimethylsiloxane，CAR-PDMS）等。此外，该技术在商业化自动进样器支持下可实现自动化。SPME 技术需要洗脱步骤，从而将选择性吸附的化合物解离下来。SPME 过程与 SPE 中的不同在于，它是基于分配过程的。首先第一步是依据待测物分配系数差异被提取出来。因此，待测物不断被吸附至固相纤维，直至达到固-液平衡，此时提取率不可能达到 100%。SPME 法可以采用顶端模式，将固相纤维浸入液体基质中，或采用膜保护模式。采用的模式取决于待测物的挥发性和基质的特点。SPME 效率受若干因素影响。在提取步骤中，液相离子强度和 pH 值，纤维的性质和厚度，气相色谱进样器的搅拌条件和温度，以及解离时间是几个重要因素。SPME 法的主要优势包括：检测分析表现好，简单，成本低。SPME 提取和浓缩的样本纯度高，很适用于质谱检测。SPME 法需要较长的液平衡时间，常常采用样本搅拌、超声和翻转来加速吸附。

一个重要的缺点是，定量工作比较烦琐，因为样本中待测物间的共吸附比较多。

（3）基体分散固相萃取。基体分散固相萃取（matrix solid-phase dispersion，MSPD）是美国路易斯安那州立大学的 Barker 教授在 1989 年提出并给予理论解释的一种快速样本处理技术。此法浓缩了传统的样本前处理中的样本匀化、组织细胞裂解、提取、净化等过程，避免了样本的损失。2003 年美国农业部最新农药多残留前处理方法就是 Lehotay 等人基于基体分散固相萃取技术建立的 QuEChERS 法，利用该法提取了 26 种蔬菜和 9 类水果中 200 种农药残留，回收率大于 80%，且与蔬菜、水果的品种无关。它是一种简单、高效、实际的提取净化方法，适用于各种分子结构和极性农药残留的提取净化，提高了分析速度、减少了试剂用量、适用于自动化分析。

MSPD 是基于样本基体中多种待测物在固相中的分散程度不同，而达到分离各种待测物的目的。将液态或固态食物样本与具有液态溶解支持性多聚物能力的形状不规则颗粒物（氧化硅或多聚物固态基体）混合，可获得半干混合物。将这种半干物质制作填充柱，而后采用具有不同乳化能力和极性的溶液，可将其中特定的有机氯农药组分洗脱、分离。该方法的主要优势是简单、快速，事半功倍。与水和液体的浓度无关，MSPD 法可用于大多数食物样本。适用于其他方法常常不适用的固体、半固体和液样形态样本。易于调整和修饰，从而分离食品中各种残留物。

5. 超临界流体萃取和加速溶剂萃取

（1）超临界流体萃取。超临界流体萃取（supercritical fluid extraction，SFE）是比较符合环保要求的一种技术。超临界流体本质上是处于临界温度以上的高密度气体，既具有气体黏度小、扩散速度快、渗透力强的特点，又具有液体对样本溶解性能好、可在较低温度下操作的特点。一般常用的是超临界 CO_2，它无毒，分子极性小，可用于提取非极性或弱极性农药。在 20 世纪 90 年代初期，超临界流体萃取技术开始在实验室样本制备中应用，之后有了长足的发展。其优点：超临界流体技术用超临界流体做萃取剂，由于该流体随温度和压力变化十分敏感，因此只需改变流体的压力或温度便可将样本中的污染物有效萃取出来。该方法除了具有耗时短、节省试剂等优点，更重要的是经其萃取的污染物干净易分离，无须对萃取物进行复杂净化。缺点是所用萃取流体 CO_2 为非极性。Brady 等人采用超临界流体萃取污染土壤中的有机物，萃取出 70% 的 DDTs 仅用了 10 min，而萃取出 90% 的三氯联苯类农药（PCBs）仅用 1 min。Ling 等人也曾用超临界流体萃取方法萃取水生生物体中的有机氯农药和 PCBs。

（2）加速溶剂萃取。加速溶剂萃取（accelerated solvent extraction，ASE），也称加压液体萃取（pressurized liquid extraction，PLE），由 SFE 演化而来，是一种全新的处理固体和半固体样本的方法，该方法是在较高温度（50～200℃）和压力条件（10.3～20.6 MPa）下，用有机溶剂萃取。它的突出优点是有机溶剂用量少（1 g 样本仅需 1.5 ml 溶剂）、快速（一般为 15 min）和回收率高，已成为样本前处理最佳方法之一，并被美国环保局（EPA）选定为推荐的标准方法（标准方法编号 EPA3545），已被广泛用于除草剂多残留分析。

该方法可用于动物内脏器官、肌肉及鱼肉中有机氯农药的检测。与其他提取技术（如索氏萃取）相比较，ASE 效率更高。有关应用 ASE 从鱼肉中提取有机氯农药的最优提取温度、循环数和萃取溶剂配比的研究已有很多，以提高萃取效率和回收率。此外，ASE 法过程中还可以使用洗脱溶剂从而将待测物的基底洗脱同步。虽然它具有使用溶剂较少、萃取时间短的优点，但其初始成本高，产生较多的提取副产物，对某些不稳定有机氯农药（如异狄氏剂、异狄氏剂醛）的回收率较低。

6. 微波辅助萃取 微波辅助萃取（microwave-assisted extraction，MAE）利用极性分子可迅速吸收微波能量来加热如乙醇、甲醇、丙酮和水等具有极性的溶剂，加速农药提取，减少萃取溶剂的用量。微波萃取法是在微波能的作用下，微波与目标物作用使目标物与样本迅速分离达到较高的分离效果，在此过程中并不改变目标物的分子性质和结构。该方法耗费时间短、溶剂用量少、结果重现性好，且不破坏目标物、无污染。Basheer 等人曾对海洋沉积物中的持久性有机污染物进行研究，其同时采用了微波萃取法和索氏抽提法，结果发现新兴的微波萃取法对有机氯农药的萃取效率高于传统的索氏提取。MAE 可用于食物中有机氯农药的提取。开放式微波萃取和密闭式微波萃取与 PLE 法相比，三者样本回收率相近，但密闭式 MAE 不便于处理含水较高的样本。Barriada Pereira 等研究发现即便改进提取温度、时间和萃取溶剂的构成配比，MAE 法仍不能将异狄氏剂醛完全回收，但可以提高鱼肉中某些有机氯农药的回收效率。

（二）分离、净化

有机溶剂在提取完样本后，需要进行净化分离，以此来保证分析结果的准确性。净化方法种类繁多，常用的有柱层析法、液相色谱法、凝胶渗透色谱法等。

1. 柱层析法　柱层析法是目前最为常用的净化方法。该方法操作简单、成本低。它使用有吸附能力的物质对目标物进行分离。这些物质由于结构和性质不同，因此对目标物的吸附能力也各有差异，经萃取后的试剂作用于该类物质上能使目标污染物以不同状态分离开来。常用于作吸附剂的物质有硅胶、氧化铝等，硅胶可根据需要制作酸性硅胶或碱性硅胶。分离有机氯农药通常用氧化铝和硅胶作吸附剂，为了去除水分还应加入无水硫酸钠。Venkatesan 等人对海湾沉积物中污染物的分析即采用柱层析法对萃取液进行净化，其分析效果较好。

2. 凝胶渗透色谱法　凝胶渗透色谱法（GPC）是用填充了多孔非吸附凝胶的色谱柱分离具有不同流体力学体积的聚合物分子或粒子的技术。由于目标污染物的分子大小不同，因此当萃取剂作用于凝胶时，体积比凝胶空隙小的分子就能进入凝胶内，而体积较大的分子则只能被阻挡在凝胶外，以此过程来将污染物进行分离。该方法多用于农残分析。

3. 液相色谱法　液相色谱法是用液体作为流动相的色谱法，但大多数的金属盐类和热稳定性差的物质不能用该方法进行分析，该缺点可用高效液相色谱法来克服。高效液相色谱（HPLC）采用高灵敏度的检测器，其分析速度快、分离效果好，并且色谱柱可以重复利用。我国学者曹学丽等人用高效液相色谱法对有机氯农药进行分离，研究表明该方法对这类物质有较好的分离效果。

（三）检测与定量

1. 检测　目前国内外相关标准中，常用的有机氯农药测定方法主要有气相色谱、气相色谱-质谱联用等方法。

（1）气相色谱法（gas chromatography，GC）。该方法是目前进行持久性有机污染物残留检测最普遍最成熟的一种技术。使用气相色谱法应考虑色谱柱和检测器两个方面。目前常用的色谱柱是毛细管柱。农残分析中常用的检测器有电子捕获检测器（ECD）、氢火焰离子化检测器（FID）、氮磷检测器（NPD）及火焰离子化检测器（FPD）。GC/ECD 法可用于河床底泥、土壤、动物肝脏和脂肪、水质、菌类、人体毛发、植物、脂肪组织等中的有机氯农药残留的检测。

（2）气相色谱-质谱（mass spectrometry，MS）联用技术。该技术是将色谱仪和质谱仪结合起来，综合色谱技术和质谱技术的优点成为一个整体使用的检测技术。气相色谱-质谱联用包括液质联用（LC-MS）和气质联用（GC-MS）两种类型。它既可进行定性分析也可进行定量分析。LC-MS 的定性分析功能强大，可用于分析难以用气相色谱分析的化合物；而 GC-MS 既具有 GC 对化合物的强分离性，同时又具有 MS 准确确定污染物的特点，在农残分析和持久性污染物分析领域有广泛应用。GC-MS 法可用于水质、河床底泥、动物肝脏和脂肪，以及人体脂肪组织中 OCPs 的检测。

此外还有一些文献报道的有机氯农药检测的方法，如高分辨率气相色谱-电子捕捉检测（high-resolution capillary gaschromatography with electron capture detection，HRGC/ECD）技术，检测蛋类和鱼

肝脏中 HCH、HCB；高分辨率气相色谱-质量选择性检测（high-resolution capillary gas chromatography and mass selective detection，HRGC/MSD）技术，检测水质、吞拿鱼肝脏和肌肉中的 OCPs；高分辨气相色谱-高分辨质谱技术（high-resolution gas chromatography/high-resolution mass spectrometry，HRGC/HRMS），检测废气、肝脏、鸟蛋、河水、河床底泥、大气和腹足动物内的 OCPs；气相色谱-氢火焰离子化检测技术（gas chromatography-flame ionization detection，GC/FID）检测土壤中 HCB 含量等。

2. 定量方法　样本中有机氯污染物检测后常采用外标法或内标法进行定量。

（1）内标法。即选择适宜的物质作为待测组分的参比物，定量加到样本中去，依据待测组分和参比物在检测仪器上的响应值（峰面积或峰高）之比和参比物加入的量进行定量分析的方法。它克服了标准曲线法中，每次样本分析时色谱条件很难完全相同而引起的定量误差。把参比物加到样本中去，使待测组分和参比物在同一色谱条件下进行分析，可使定量的准确度提高，特别是内标法测定的待测组分和参比物在同一检测条件下响应值之比与进样量多少无关，这样就可以消除标准曲线定量法中由于进样量不准确产生的误差。

内标法的关键是选择合适的内标物。内标物应是原样本中不存在的纯物质，该物质的性质应尽可能与待测组分相近，不与被测样本起化学反应，同时又能完全溶于被测样本中。内标物的峰应尽可能接近待测组分的峰，或位于几个待测组分的峰中间，但必须与样本中的所有峰不重叠，即完全分开。为使内标法适用于大量样本分析，可对内标法做一改进，将内标法与标准曲线相结合，即使用内标标准曲线。

内标法的优点是进样量的变化，色谱条件的微小变化对内标法定量结果的影响不大，特别是在样本前处理（如浓缩、萃取、衍生化等）前加入内标物，然后再进行前处理时，可部分补偿待测组分在样本前处理时的损失。若要获得很高精度的结果时，可以加入数种内标物，以提高定量分析的精度。内标法的缺点是选择合适的内标物比较困难，内标物的称量要准确，操作较麻烦。使用内标法定量时要测量待测组分和内标物的两个峰的峰面积（或峰高），根据误差叠加原理，内标法定量的误差中，由于峰面积量引起的误差是标准曲线法定量的 $\sqrt{2}$ 倍。但是由于进样量的变化和色谱条件变化引起的误差，内标法比标准曲线法要小很多，所以总的来说，内标法定量比标准曲线法定量的准确度和精密度都要好。

（2）外标法。即是用待测组分的纯品作为对照物质，以对照物质和样本中待测组分的响应信号相比较进行定量的方法。此法可分为工作曲线法及外标一点法等。工作曲线法是用对照物质配制一系列浓度的对照品溶液确定工作曲线，求出斜率、截距。在完全相同的条件下，准确进样与对照品溶液相同体积的样本溶液，根据待测组分的信号，从标准曲线上查出其浓度，或者用回归方程计算，工作曲线法也可以用外标二点法代替。通常截距应为零，若不等于零说明存在系统误差。

外标法是色谱分析中的一种定量方法，它不是把标准物质加入到被测样本中，而是在被测样本相同的色谱条件下单独测定，把得到的色谱峰面积与被测组分的色谱峰面积进行比较求得被测组分的含量。外标物与被测组分为同一种物质但要求它有一定的纯度，分析时外标物的浓度应与被测物浓度接近，以利于定量分析的准确性。

目前国内外对各类环境介质中有机氯农药残留的检测分析方法已有很多成熟的标准和规范。我国有针对土壤、水质、食物、饮料等的有机氯农药残留检测的国家规范、行业规范等（汇总见表 1-1）；根据样本性质差异，采用不同的提取、浓缩、净化、分离方法，检测方法大多采用气相色谱法、气相色谱-质谱联用等，并采用内标法或外标法进行待测物定量。国外如美国分析化学家协会（association of official analytical chemists，AOAC）、美国 EPA 等也有规范的有机氯农药检测方法，如 AOAC 990.06、AOAC 970.52、AOAC 984.21、AOAC 983.21、AOAC 985.22、EPA8080、EPA8081 等。

表 1-1　现行我国有关有机氯农药检测方法的某些国家及行业标准

提取、净化	检测定量方法	检出限（μg/kg）	样本介质	标准编号
液液提取、凝胶色谱柱层析净化	GC-MS，内标法定量	α,β,γ,δ-六六六、六氯苯、氧氯丹、反氯丹、顺氯丹、p,p'-滴滴伊、狄氏剂、p,p'-滴滴涕、o,p'-滴滴滴、灭蚁灵（0.20）；五氯硝基苯、五氯苯胺、七氯、五氯苯基硫醚、艾氏剂、环氧七氯、α、β-硫丹、异狄氏剂醛、硫丹硫酸盐、异狄氏剂酮、除螨酯（0.50）	动物性食品：肉类、蛋类、乳类、油脂、油脂（含植物油）	GB/T5009.162-2008
	GC，内标法定量	α,γ,δ-六六六、五氯硝基苯、艾氏剂（0.25）；β-六六六、七氯、环氧七氯、狄氏剂、p,p'-滴滴滴、o,p'-滴滴涕（0.50）；p,p'-滴滴伊（0.60）；p,p'-滴滴滴（0.75）；除螨酯、杀螨酯（1.25）	动物性食品：肉类、蛋类、乳类	
液液提取、凝胶色谱柱层析净化	GC，外标法定量	α-六六六（0.1）；β-六六六（0.2）；γ,δ-六六六（0.6）；七氯、艾氏剂、p,p'-滴滴伊、o,p'-滴滴滴、p,p'-滴滴涕（1.0）	粮食、蔬菜样本	GB/T5009.146-2008
液液提取、凝胶色谱柱层析净化、固相萃取（SPE）净化	GC-MS，外标法定量	α,β,δ-六六六、五氯酚、林丹、百菌清、七氯、艾氏剂、p,p'-滴滴伊、狄氏剂、异狄氏剂、乙酯杀螨醇、硫丹 I、p,p'-滴滴滴、o,p'-滴滴涕、甲氧滴滴涕、三氯杀螨砜、硫丹 II、o,p'-滴滴滴、p,p'-滴滴涕、异狄氏剂醛、异狄氏剂酮、硫丹硫酸酯、五氯硝基苯（5）；三氯杀螨醇、氧氯杀螨醇（12.5）	果蔬	
SPE 法萃取、净化		依样本不同	浓缩果汁	
液液萃取、凝胶色谱柱层析净化	GC，外标法定量	取样量 2 g，最终体积为 5 ml，进样体积为 10 μl，α,β,γ,δ-HCH 依次为 0.038、0.16、0.047、0.070；p,p'-DDE、o,p'-DDD、p,p'-DDD、p,p'-DDT 依次为 0.23、0.50、1.80、2.10	肉类、蛋类、乳类动物性食品和植物（含油脂）	GB/T5009.19-2008
			各类食品	

续表

提取、净化	检测定量方法	检出限(μg/kg)	样本介质	标准编号
环己烷+乙酸乙酯混合溶剂均质提取,凝胶色谱渗透色谱净化和固相萃取净化	GC-MS,外标法定量	α,β,γ,δ-六六六、七氯、林丹、α,β-硫丹、六氯苯、五氯硝基苯、p,p'-滴滴涕、o,p'-滴滴涕、甲氧滴滴涕、硫丹硫酸盐、环氧七氯、狄氏剂、异狄氏剂、杀螨特(10);三氯杀螨、四氯杀螨(50)、艾氏剂、三氯杀螨醇、氯杀螨醇、乙酯杀螨醇、氯丹(50)	冻兔肉	GB/T 2795-2008
索氏提取,固相萃取净化	GC,外标法定量	α,β,γ,δ-BHC、HCB(5);七氯、艾氏剂、狄氏剂(10);环氧七氯、p,p'-DDT,p,p'-DDT(25);DDE、异狄氏剂(20);o,p'-DDT,p,p'-DDD,p,p'-DDT(25)	水产品	GB 23200.88-2016
有机溶剂提取、固相萃取、凝胶色谱柱层析	GC-MS-EI,外标法定量	0.8	乳及乳制品	GB 23200.86-2016
液液提取,浓硫酸净化	GC,外标法定量	1.0	可乐饮料	GB 23200.40-2016
索氏提取,硅土、硫酸钠层析	GC,外标法定量	21种有机氯农药:α,γ,δ-六六六、艾氏剂、环氧七氯、反式氯丹、狄氏剂、o,p'-滴滴涕、p,p'-滴滴涕、异氏剂、o,p'-滴滴涕、p,p'-滴滴涕(1);p,p'-DDE、o,p'-滴滴伊(2);六六六、p,p'-滴滴伊(6);甲氧滴滴涕(7);β-HCH,o,p'-DDE,o,p'-DDD,硫丹酸酯(3);氯硝胺、硫丹硫酸(5)	土壤	YC/T 386-2011
超声辅助萃取,固相萃取	GC,内标法定量	六氯苯、α-HCH、林丹、艾氏剂、异狄氏剂、甲氧滴滴涕 DDT(1);七氯、环氧七氯、氯丹 A、氯丹 B、环氧七氯、α-硫丹,o,p'-DDE,o,p'-DDT,p,p'-DDD,β-硫丹,p,p'-DDT(3);β-HCH,o,p'-DDT,顺式氯丹(4);狄氏剂,p,p'-DDT(50);β-六六六(7)	烟草及烟草制品	YC/T 405.2-2011
索氏提取,甲醇萃取,中性氧化铝固相萃取,弗罗里硅土固相萃取	GC,外标法定量	15种有机氯农药:α,γ-六六六(20);δ-六六六、七氯、艾氏剂、p,p'-DDE、狄氏剂、异狄氏剂(30);六氯苯、α,β-硫丹、β-硫丹、p,p'-DDD(40);p,p'-DDT(50);β-六六六、o,p-DDT(60)	含脂羊毛	SN/T 1766.2-2006
超声辅助提取,固相萃取	GC/GC-MS,外标法定量	37种有机氯农药:四氯硝基苯、六氯苯、α,β,γ,δ-六六六、五氯硝基苯、氯硝胺、七氯、五氯苯基硫醚、艾氏剂、反式氯丹、顺式氯丹、o,p'-DDE、狄氏剂,p,p'-DDE,o,p'-DDT,p,p'-DDD,p,p'-DDT、异狄氏剂、异狄氏剂醛、异狄氏剂酮、灭蚁灵(0.80);莠去津、硫丹硫酸盐(2.00)	出口食品接触材料,纸、再生纤维材料	SN/T 2899-2011

续表

提取、净化	检测定量方法	检出限（μg/kg）	样本介质	标准编号
液液萃取、固相萃取	GC-MS，内标法定量	液液萃取（μg/L）：丙体六六六（0.025）；三氯杀螨醇（0.031）；硫丹 1（0.032）；艾氏剂（0.035）；五氯硝基苯，p, p′-DDE（0.036）；乙体六六六，1,3,5-三氯苯（0.037）；1,2,4,5-四氯苯，1,2,3,5-四氯苯，o, p′-DDD（0.038）；环氧七氯（0.040）；七氯（0.042）；五氯苯，六氯苯，狄氏剂，p, p′-DDT，硫丹硫酸酯（0.043）；γ-氯丹，硫丹 2（0.044）；1,2,3-三氯苯，o, p′-DDE，异狄氏剂，异狄氏剂酮（0.046）；p, p′-DDD（0.048）；异狄氏剂醛（0.051）；外环氧七氯（0.053）；α-氯丹（0.055）；甲体六六六（0.056）；丁体六六六（0.060） 固相萃取：1, 2, 4, 5-四氯苯，五氯硝基苯（0.021）；丙体六六六（0.022）；1,2,3,4-四氯苯，甲体六六六，三氯杀螨醇，硫丹硫酸酯（0.024）；1,2,3,5-四氯苯，环氧七氯（0.026）；1, 2,4-三氯苯，o, p′-DDE，α-氯丹，p, p′-DDE，狄氏剂（0.027）；1,2,3-三氯苯，p, p′-DDD（0.028）；1,3,5-三氯苯，五氯苯（0.029）；七氯，外环氧七氯，o, p′-DDT，异狄氏剂醛（0.030）；丁体六六六，γ-氯丹，异狄氏剂酮（0.031）；乙体六六六，p, p′-DDT（0.032）；硫丹 1（0.033）；硫丹 2（0.034）；异狄氏剂（0.037）；甲氧滴滴涕（0.065）；艾氏剂（0.069）	水质（地表水，地下水，生活污水，工业废水，海水）	HJ 699-2014
索氏提取、固相萃取	GC，内标法定量	14 种有机氯农药：HCB，γ-BHC，δ-BHC，α-BHC，七氯，艾氏剂，环氧七氯（4），狄氏剂，异狄氏剂（5）β-BHC，p′-DDE，p, p′-DDD（10）；o, p′-DDT，p, p′-DDT（20）	出口茶叶	SN 0497-95

三、污染现况及其影响因素

在我国，有机氯农药曾被广泛应用于农业、林业等领域，有效地控制了疾病的传播，提高了农作物的产量。但有机氯化合物降解缓慢，在环境中比较稳定，虽然已被禁用了许多年，但在某些地区环境中，尤其在农业土壤中，仍然有相当高的残留量，检出率仍然较高。有机氯农药进入土壤的途径主要有以下几个方面：①直接向土壤施入有机氯农药，用于防治土壤中的病菌和害虫，如使用七氯防治地下害虫，使用六氯苯土壤消毒。②向农作物喷洒时落入土壤，或因雨淋再由农作物落入土壤，或逸散到大气中随雨水降落到土壤。③是通过动植物残体落入土壤，或使用有机氯农药污染的废水灌溉农田注入土壤，或有机氯农药生产、工厂企业废水、废渣向土壤直接排放。

我国土壤中有机氯农药的污染状况及分布特征主要表现为以下几点：①土壤中有机氯农药残留非常普遍，大多数土壤中有机氯农药的污染以DDT和HCH为主，其次是硫丹，且六六六以α、β、δ-HCH为主，DDT以p, p'-DDE和o, p'-DDT为主。②六六六类污染多为历史残留，少部分受近期林丹使用影响；DDT类污染来源于早期残留或三氯杀螨醇的输入；硫丹及硫丹硫酸酯来源于历史使用。③不同类型土壤和不同地形土壤中有机氯农药残留量差异较大，农田是土壤有机氯农药污染的重点区域。④在不同深度土层中，不同有机氯农药的污染状况不同。⑤多数土壤中有机氯农药残留量没有超过我国现行《土壤环境质量标准》（GB15618-2008）的规定，但个别地区土壤中有机氯农药残留量有超标现象。⑥有机氯农药在土壤空间分布除受人为、环境因素影响外，还与土壤性质、酸碱度、温湿度、有机质含量、总有机碳含量、土壤中微生物群落类型、耕作制度和农田种植物类型等因素密切相关。

2001年5月23日，包括中国在内的120多个国家和地区在瑞典的斯德哥尔摩签署了《关于持久性有机污染物的斯德哥尔摩公约》，对12种持久性污染物给以限制或禁止生产和使用。其中9种为有机氯农药或杀虫剂，如DDT、氯化茚、灭蚁灵、艾氏剂、狄氏剂、异狄氏剂、七氯、杀毒酚；其他3种为工业化学品（六氯苯和多氯联苯）和工业生产过程或燃烧过程生产的副产品二噁英和呋喃。2009年，a-六六六、β-六六六及γ-六六六被增补到禁用名单中；2011年，硫丹被增补到了禁用名单中。我国有机氯农药累积生产量和使用量占世界前列，自1982年起开始宣布禁止或限制多种有机氯农药的生产和使用。然而，我国有机氯农药累积生产期长、使用区域广，许多土地仍然存在有机氯农药残留污染。我国从1983年起禁用了艾氏剂、狄氏剂、七氯、滴滴涕和毒杀芬；1999年起禁用了氯化茚。据估计，1950—1983年我国使用的六六六和DDT分别为490万t和40万t，占世界范围内用量的33%和20%。1960—1983年我国用于农业病虫害控制的DDT达到4.3万t。此外，自1995年开始，每年化工合成DDT的产量是5 000～6 000 t，主要用作三氯杀螨醇生产的原材料及合成防污漆。

根据2000年至今的相关文献汇总报道，我国土壤中OCPs含量范围为<LOD～3 520 ng/g，平均（均值±标准差）为（58.9±51.5）ng/g。华中地区土壤中OCPs含量最高，提示与农业耕种有关。这些区域内耕地既往农药（其中主要为有机氯农药）使用量最大，特别是河南省。在有报道的OCPs中，p, p'-DDE含量最高[均值±标准差：（14.6±20.7）ng/g]，其次为p, p'-DDT[（12.7±15.8）ng/g]和氯化茚[（8.36±26.7）ng/g]。一般来看，DDTs和HCHs整体水平为<LOD～3 515 ng/g[（41.6±57.2）ng/g]和<LOD～760 ng/g[（11.4±18.2）ng/g]。依据我国土壤环境质量标准（GB15618-2008），所有调查土壤DDTs和HCHs含量处于Ⅱ级质量水平（安全的）。但也有某些采样点土壤中DDTs和HCHs含量超过安全标准。例如，江苏、天津、呼和浩特和江西一些土壤样本中DDTs含量超标（表1-2）。截至目前，土壤环境质量标准中只规定了DDTs和HCHs含量标准。一些研究发现，农田土中除DDT和HCH之外的其他OCPs，如氯化茚和甲氧氯也具有较高含量，提示为保护耕地质量也需要针对这些OCPs制定相应的标准。

表1-2　中国耕地土壤中有机氯农药含量(单位:ng/g)

区域		DDTs 最低	DDTs 最高	DDTs 平均	HCHs 最低	HCHs 最高	HCHs 平均	总OCPs 最低	总OCPs 最高	总OCPs 平均	报道年份
华东											
	山东	0.5~3.9	17.6~79.6	5.8~26.5	~0.4	7.1~9.7	1.5~21.8	5.1~7.2	87.8~171.0	32.6~44.0	2006,2014,2016
	安徽	<LOD	211.0	17.6~23.7	1.5	14.0	4.7~28.6	3.6	227.0	29.7~48.6	2011,2013
	上海	0.1~0.4	77.9~247.5	15.8~21.4	<LOD	10.4~22.4	2.4~4.5	3.1~3.2	117.5~265.2	26.3	2009,2011
	江苏	~19.0	43.8~1050.7	11.1~99.8	~10.1	9.4~130.6	3.2~13.6	4.2~10.3	219.1~1059.6	32.2~99.8	2005~2009,2011,2013,2014
	浙江	0.1~4.0	5.4~529.0	1.2~82.0	~0.1	2.8~5.9	1.2~2.2	~4.0	41.3~529.0	82.0	2012,2017
	浙江/上海/江苏	0.1~0.6	302.7~3515.0	36.5~56.2	0.4	30.3	2.5	0.6~1.0	302.7~3520.0	36.5~59.3	2008,2016
华南											
	福建	~10.5	1.5~701.0	3.9~53.3	0.4~1.4	7.5~247.4	2.0~22.8	2.6~7.4	38.2~658.4	12.6~78.8	2011~2014
	广东	~1.9	60.3~414.0	8.6~82.1	~0.4	1.7~281.0	0.5~22.0	2.7~4.6	62.4~1021.5	11.9~113.4	2006,2008,2011,2013,2014
	海南	0.0	12.4	1.3	0.0	2.2	0.2	<LOD	17.4	2.3	2007
华北											
	天津	~0.7	617.0~972.2	16.1~157.5	<LOD	92.7	52.8~93.6	<LOD	690.9	62.8	2004,2005,2010
	北京	~18.0	57.9~2910.0	6.5~381.3	~11.6	5.6~760.3	0.7~32.0	*	*	*	2003,2005,2010,2012
	呼和浩特	<LOD	994.4	137.2	4.8	281.4	52.4	10.7	1384.1	184.9	2013

续表

区域		DDTs			HCHs			总OCPs			报道年份
		最低	最高	平均	最低	最高	平均	最低	最高	平均	
华中											
	江西	~0.1	7.0~1690.0	2.1~16.4	~0.4	7.5~178.0	1.5~1.7	0.1	7.0	2.1	2013,2015
	河南	<LOD	206.1	54.9~135.3	2.9	56.4	20.3~89.0	85.0	1392.1	193.0	2009,2016
	湖北	~8.0	5.4~1198.0	1.8~151.6	~4.9	3.8~100.6	1.3~15.4	1.3~21.0	590.0	6.5~196.6	2013,2015,2016
	湖南	0.3	2421.0	111.2	*	*	*	*	*	115.3	2008
东北											
	辽宁	~1.6	21.6~40.3	6.7	~0.7	2.6~47.8	1.4	<LOD	51.3	6.9	2011,2013
	吉林	0.9~3.2	48.4~107.8	13.2~16.6	0.9~4.4	27.8~98.3	11.2~11.6	1.5~12.1	72.5~177.1	29.7~32.0	2013,2016
	黑龙江	0.1~0.7	28.2	5.4~5.8	0.1	51.8	7.1~9.3	0.3	81.3	17.5	2007,2009
西南											
	四川	0.3	5.7	1.7~53.9	0.4	10.6	1.1~5.0	1.0~20.2	17.6~104.3	4.9~61.5	2010,2011,2014
	云南	*	*	*	2.9	17.6	7.4	*	*	*	2010
	重庆	4.3	213.5	41.8	0.6	26.5	4.1	7.3	222.4	46.2	2012
	西藏	<LOD	41.6	1.4	<LOD	8.4	0.3	*	*	*	2016
西北											
	新疆	<LOD	40.0	18.5	<LOD	30.9	14.4	16.4	84.9	41.9	2014
	兰州	0.1	120.0	16.9	0.1	4.5	0.9	*	*	*	2013
	甘肃/新疆/青海/宁夏	0.1	120.5	12.5	0.2	9.4	1.5	0.9	133.4	*	2014
	陕西	<LOD	80.9	5.8~7.7	0.0	86.2	0.5~2.2	0.3	130.3	6.2~11.1	2015

LOD:最低检测限；*数据未报道

空间分析显示，华北和华中土壤中 OCPs 平均含量较高，特别是农作物种植大省如河南和河北。土壤中 OCPs 含量与耕地用途密切关联。珠江三角洲地区蔬菜种植耕地土壤中 HCHs 和 DDTs 水平高于稻田土，可能由于稻田土的厌氧好氧轮转更有助于 OCP 降解。另有研究认为，土壤中 OCPs 含量顺位为稻田土＞山地土，可能与水稻生长期 OCPs 的大量使用有关。以化工合成 HCH 为例，其用量在水稻种植中占农药用量的一半以上。

2002 年我国太湖流域耕地土壤中六六六、DDT 等有机氯农药检出率高达 100%。2004 年我国环渤海西部地区土壤中不同程度地检出了有机氯农药，大部分地区土壤有机氯农药检出率低于 80%，一些地区的检出率为 20%～50%，其中的主要污染物为 DDT 和六六六，它们在天津市中部、河北省东北部、西南部及山东省大部分地区的残留浓度均达到了较高水平。2002—2005 年广东省典型区域农业土壤中有机氯农药的检出率为 99.8%，残留量最大值为 936.94 $\mu g/kg$，平均值为 49.53 $\mu g/kg$，残留物主要为硫丹硫酸盐、甲氧 DDT、硫丹 I 和 p,p'-DDE。不同土壤利用类型中，有机氯农药残留量排序为菜地＞香蕉地＞水稻田＞旱坡果园地＞甘蔗地。2008－2009 年珠江三角洲地区表层土壤中有机氯农药检出率达 97.85%，残留量最高值为 649.33 $\mu g/kg$，平均值为 20.67 $\mu g/kg$。其中，DDT、六六六、硫丹硫酸盐和甲氧 DDT 检出率较高。不同土地利用类型土壤中有机氯农药残留量差异较大，耕地残留量较高，且菜地土壤中有机氯农药残留量最高，其次是园地，林地残留量最低。2005－2013 年全国土壤污染状况调查数据显示，我国土壤总的超标率为 16.1%，其中有机氯农药六六六、DDT 的点位超标率分别为 0.5% 和 1.9%，是土壤有机污染的主要污染物之一。2013 年我国环鄱阳湖区水稻田土壤中检出了有机氯农药六六六、DDT、七氯、六氯苯和氯化茚，其中六六六检出率为 63%，平均残留量为 10.64 $\mu g/kg$，DDT 检出率为 88%，平均残留量为 6.25 $\mu g/kg$。该地区水稻田土壤中 DDT 含量未超出国家土壤环境一级限量标准，但部分样点中六六六含量超出国家土壤环境一级限量标准，说明该地区稻田土壤受到六六六的污染较为严重。2014 年我国长江三角洲地区表层土壤中被检出普遍存在有机氯农药，残留量最大值为 539.01 $\mu g/kg$，平均值为 52.96 $\mu g/kg$。主要残留物为 DDT 和六六六。其中，DDT 检出率为 89.5%，残留量为 0.14～485.73 $\mu g/kg$，平均值为 44.43 $\mu g/kg$；六六六检出率为 57.9%，残留量为 0.69～66.69 $\mu g/kg$，平均值为 7.73 ng/g。不同利用类型土壤中，有机氯用药含量平均值为工业园区菜地（139.87 $\mu g/kg$）＞工业园区荒地（103.1 $\mu g/kg$）＞农业区传统菜地（26.27 $\mu g/kg$）＞农业水稻田（2.50 $\mu g/kg$）。

另据文献报道，位于华北的黄河水中 OCPs（特别是 HCHs）含量高于华东南的长江和珠江水。另外，珠江水中 DDTs 含量高于长江。这可能归结于 1980—1995 年间珠江流域农耕用农药年使用量达到 37 kg/ha，是全国平均水平的 5 倍。整体来看，这些水域中 HCHs 和 DDTs 含量分别为长江 0.6～28.1 ng/L 和未检出～16.7 ng/L，黄河 0.7～48.1 ng/L 和 0.06～10.8 ng/L，珠江 0.50～14.8 ng/L 和 1.1～19.6 ng/L。湖泊和水库水中也有 OCPs 含量的相关报道。有调查显示，北京官厅水库水中 OCPs 含量较高，范围为 16.7～791 ng/L。虽然巢湖和太湖临近，但巢湖水中 DDTs 为 12.2～92.9 ng/L，高于太湖水（0.1～0.9 ng/L）。滨海水中 OCPs 含量情况：渤海和后海湾、澳门港、邻近香港和南海北部的两个海滨水中 OCPs 含量分别为 66～854 ng/L、25.2～67.8 ng/L 和 1.5～6.4 ng/L。

工业合成六六六和林丹在我国均有使用。可根据环境中 α-HCH 和 γ-HCH 的相对量来推断 HCHs 的来源。α-HCH/γ-HCH 比值范围为 3.7～11 时，提示为既往化工合成 HCH 的使用。相反，α-HCH/γ-HCH 比值范围为 0.2～1 提示为新近有林丹使用，因为 γ-HCH 相对其他 3 种 HCH 异构体降解速度较快。据报道，有数据的 13 个水样点中有 6 处（黄河、淮河、钱塘江、巢湖、官厅水库和澳门港）水样 α-HCH/γ-HCH 比值范围为 0.20～1，提示这些地方有林丹的新近使用。相反，太湖水中 α-HCH/γ-HCH 比值为 3.9，提示其是由于化工合成 HCH 使用造成的。其他 3 处（即长江、珠江和后海湾）水

样中 α-HCH/γ-HCH 比值为 1.2～3.0，提示工业 HCH 和林丹均有使用。我国环境中 DDTs 的来源主要包括合成 DDT 使用，以及用于船维护的防污漆（含工业 DDT）和三氯杀螨醇生产使用的 DDTs。由于工业 DDT 中 o,p'-DDT/p,p'-DDT 比值接近 0.2，三氯杀螨醇中该值为 7，因此可利用该比值来鉴别 DDT 来源。11 个采样点水样中 o,p'-DDT/p,p'-DDT 比值范围为 0.05～11.5，其中淮河江苏段、太湖江苏和浙江滨水、北京官厅水库水样中该比值大于 5，提示江苏省水域 DDT 主要来源于三氯杀螨醇的使用。另一个诊断系数为 p,p'-DDT/$(p,p'$-DDE + p,p'-DDD)，可用于鉴别 p,p'-DDT 的既往或新近使用，该值小于 1 时提示 DDT 为既往残留。因为三氯杀螨醇中 p,p'-Cl-DDT 在气相色谱分析过程中的高温下可降解为 p,p'-DDE，因此样本中 DDT 主要为三氯杀螨醇时，p,p'-DDT/$(p,p'$-DDE + p,p'-DDD) 值将被低估。例如，太湖、官厅水库、淮河江苏段水样中 o,p'-DDT/p,p'-DDT 比值分别为 11.5、7.2 和 5.6；而 p,p'-DDT/$(p,p'$-DDE + p,p'-DDD) 比值均低于 1。后海湾有较多的造船企业，其水样中 p,p'-DDT/$(p,p'$-DDE + p,p'-DDD) 比值大于 1，提示水中 p,p'-DDT 的来源与抗污漆的使用有关。此外，p,p'-DDT/$(p,p'$-DDE + p,p'-DDD) 在文中涉及的 85% 的水域水样中范围为 0.09～0.7，提示这些水域中 DDT 主要来源于既往 DDT 使用。

我国所采用的饮用水中有机污染物含量标准是基于 FAO/WHO 联合会建议的农药残留人体无健康风险时可接受日摄入量。其中饮用水 DDT 标准为 1 000 ng/L（环境保护部，2002）。调查显示，我国地表水域（江河湖泊）DDTs 含量（最高为北京通惠河水域，663 ng/L）均低于该标准。但是，与欧盟的饮用水标准（25 ng/L，欧洲议会和欧盟理事会，2008）相比，有 4 个采样点水域水中 DDTs 含量高于该标准，分别为通惠河（平均为 92 ng/L，范围 18.7～663 ng/L）、海河（平均 60 ng/L，范围未检出～148 ng/L）、官厅水库（平均 82 ng/L，范围未检出～529 ng/L）、巢湖（平均 40 ng/L，范围 12.2～92.9 ng/L）。此外，淮河江苏段和钱塘江水域 DDTs 含量最大值分别为 80 ng/L 和 100 ng/L，同样超过了该标准。若采用我国环保部的滨海水 I 级水质标准（50 ng/L，海水渔业、海域稀有濒危物种保护区域标准，环境保护部，1997），除渤海湾（最高为 145 ng/L）水域外，其他滨海水域水样中 DDTs 含量均未超标。所有滨海水域中 HCHs 含量也未超过环保部的相应标准（1 000 ng/L，环境保护部，1997）。

四、有机氯农药的环境迁移

（一）土壤中的有机氯农药

有机氯农药的环境行为是由其吸附和解吸能力决定的，表现为残留于土壤中的污染物是由于污染物通过吸附和化学键结合的形式吸附于土壤颗粒物表面从而在土壤中长时间残留。农药常以结合态的形式残留于土壤中，农药与矿物或有机物的结合可使农药残留物暂时避免参与分解或矿化，但残留农药仍可逐步释放出来被农作物吸收，对环境有潜在危害。因此农药的迁移、降解和在生物体内的毒性均受土壤吸附作用的影响。土壤对农药的吸附致使农药在土壤中大量积累，并可能达到很高的程度。因此研究有机氯农药在土壤中残留情况对于了解生产场地污染情况非常重要。

农药在土壤中的吸附力受其本身的性质影响，挥发性、溶解度等都是重要因素。由于土壤中富含微生物，因此其活跃程度也能影响农药在土壤中的降解率。DDT 在好氧条件下降解为 DDE，而在厌氧条件下降解为 DDD，并且在厌氧条件下的降解速度大于在好氧条件下的降解速度，即 DDT 在土壤淹水时降解速度快于土壤干旱时的速度。当土壤浸水时，DDT 的降解速度较干旱时快。农药在土壤中的残留时间除了受土壤因子的影响，也受气候条件的制约。一般在土壤水分适宜、温度较高时，农药的残留时间较短。Samuel 等人指出由于热带地区温暖、湿润，DDT 挥发和生物降解过程更剧烈。有机氯农药的各种污染物结构不同，降解过程复杂，在土壤中的持留时间是多因素综合作用的结果。大体上看，有机氯农药在湿润、高温和微生物活跃的土壤中降解较快。

有机氯农药进入土壤后能够长时间残留，农作物通过土壤获取养分的同时也可能吸收土壤中的有机氯农药。有机氯农药在农作物体内残留的多少受多方面因素影响，同种作物在不同的土壤中生长其受污染情况不同，不同的作物在同样的土壤中生长其富集的污染物含量也会不同。生长土壤被污染的严重程度、农作物的种类和土壤的性质都是影响农作物被污染的重要因素。鉴于某些植物（如葫芦）对有机氯农药有较好的富集作用，可利用这样的植物来对污染的土壤进行净化修复。

有机氯农药在土壤中的迁移主要有两种形式：①亲水型农药跟随土壤中的水发生迁移；②憎水型农药跟随土壤颗粒物移动。有机氯农药在土壤垂直方向上难以长距离移动，通常多残留于0~20 cm的表土层中，而深层土壤含量较少。

（二）大气中的有机氯农药

大气中的有机氯农药主要来源于人类活动，例如，人们在对农作物喷洒农药时，农具使农药转化为细小的液滴，农药液滴一部分附着在大气颗粒物表面悬浮于大气中，一部分则直接进入土壤，残留于土壤中的农药可随着地表径流进入水体，水体中的农药可挥发进入大气，残留于土壤中或作物表面的农药也可挥发进入大气，从而造成对大气的污染。

大气中有机氯农药也可来源于挥发，在气候稳定的条件下，温度与有机氯农药分压的关系可用Clausius-Clapeyron方程来表示。有机氯农药在水气之间的迁移方向和程度主要受农药本身的性质、在大气和水中的浓度、温度和风速的影响。大气运动频繁而剧烈，大气中的农药微粒随着大气运动而四处扩散，从而在一个地方发生的大气污染能迅速蔓延到远方，因此有学者研究发现人类活动很少的北极也能检测出有机氯农药残留。大气中悬浮的农药颗粒物又可经干湿沉降进入土壤和水体。我国学者蔡道基对无锡农药药厂区内外的土壤研究发现厂区外农地土壤中HCH和DDT均有较高的有机氯农药含量，说明厂区外土壤中的农药含量可能是因为厂区内农药产品进入大气飘荡入厂区外土壤中所致。

（三）水体中的有机氯农药

水体中有机氯农药主要由以下几个途径产生：①农药生产厂产生的高浓度废水直接排入水体，该途径是对水体污染最主要也是最为严重的途径；②将农药直接施入水体；③大气中的农药通过干湿沉降进入水体；④环境介质中的残留农药随降水、地表径流及地下径流进入水体。此外，在水体边洗涤农具等人类活动也可能对水质造成污染。

水体中的有机氯农药以两种形式存在：一种是溶解于水中，另一种是附着在悬浮颗粒物上。有机氯农药在水体中的残留时间受农药从水中蒸发到大气中的速度、农药被水生生物富集的速度和富集量及农药进入地里的速度影响。

亲水性的农药在水中可能短时间内达到一个较高值，这就导致水体中的生物对污染物大量富集，严重的可导致其死亡。水体中的有机氯农药被水生生物吸收后易在生物体内积累并通过食物链放大，最终对生物体造成严重危害。

水中的有机氯农药主要吸附在悬浮颗粒表面，沉积物是它们的主要环境归趋之一，在沉积物中的含量往往是水中含量的几百甚至上千倍。有机氯农药具有低水溶性和高吸附系数，很容易吸附在土壤有机质中。但水溶性有机质可以很大促进有机氯农药在土壤中的迁移，进而污染地下水。土壤侵蚀也可以导致有机氯农药进入地表水及沉积物。

（四）环境中有机氯农药的降解

有机氯农药在环境中的降解有生物降解和非生物降解两种形式。其中生物降解是指生物或微生物对污染物进行的分解；而非生物降解是指环境因素对污染物进行的分解。早在 20 世纪 40 年代，国际上许多环境学者已经就生物降解的方式和类型及各类农药被微生物降解的规律展开了研究，已充分肯定了土壤中微生物对降解污染物的重要作用。

有机氯农药的生物降解受到环境因素、污染物化学结构和微生物种类等多方面影响，要预测各种污染的生物代谢途径有相当的难度，研究发现，微生物的作用方式可在一定程度上判断其代谢途径。微生物作用于农药的方式主要有 4 种，即矿化作用（分解为无机产物）、共代谢作用（转化为中间产物）、间接作用（通过微生物活动改变土壤微环境的 pH 值、氧化还原反应等引起次生化学降解）和生物浓缩（微生物通过吸附和吸收积累土壤中残留农药）。

降解产物伴随着污染物的降解过程而产生，其毒性可能低于也可能高于母体污染物，通常结果较稳定。例如，p, p'-DDT 在降解过程中产生 p, p'-DDD 和 p, p'-DDE 两种污染物，它们的性质较稳定。DDD、DDE 的毒性比母体 DDT 低，但其水溶性较大，仍能对动植物和人类的健康产生巨大威胁。

有机氯农药 DDT 在厌氧条件下通过微生物作用，DDT 分子的乙烷部分脱氯，迅速转化为 DDD；DDT 在好氧条件下则分解缓慢，经脱氢脱氯转化为 DDE。其降解速度与土壤湿度、温度和微生物活性的增加成正比。DDD 还能被进一步分解成 DDMU。虽然 DDT 在环境中可能被最终转化为无害物质，但这个过程耗时漫长，此过程中降解产物的毒性和对环境的影响仍需引起全球人民的高度关注。

HCH 在厌氧条件下比在好氧条件下容易降解得多，因此，HCH 在积水的土壤中消失得较快，但在干旱土壤中可能残留 10～20 年之久。总之，微生物是土壤重要的净化剂，微生物的降解作用能让土壤恢复受污染前的状态，但持久性有机污染物难挥发、难降解，仍能长期残留于土壤中。

第二节　有机氯农药的毒性作用

一、代谢动力学

（一）摄入

人体对农药的摄入途径主要分为直接暴露（如职业、农业和家用暴露摄入）和间接暴露（如经含有农药残留的膳食摄入）。而人体经食物链、空气、水、土壤、农业、牧业对农药的暴露构成了农药摄入的主要途径。农药经血流运送至机体各个器官组织，可经尿液、皮肤和呼吸排出体外。农药主要经皮肤、口、眼睛和呼吸道四个途径被人体摄入。摄入途径也会影响农药对人体产生的毒性作用大小。通常，农药的毒性会随摄入剂量（浓度）和摄入时间的增加而增大。

1. 经皮肤摄入　经皮肤摄入是农药施用者最常见的摄入农药的途径之一。农药施用者在混合、装载、处置和清洗农药过程中，可能由于农药飞溅、溢出和喷洒漂移经皮肤摄入农药。当使用后农药残留量足够大时也可能发生农药经皮肤摄入。各种农药剂型的理化特性差异很大，造成它们经皮肤吸收的能力差异也较大；而农药经皮肤接触的剂量、时间、皮肤表面是否有其他物质、温度、湿度、个人防护装置会直接影响农药经皮肤吸收的量。通常固态农药（如粉状、尘状、颗粒状）不像液态剂型的农药那样易经皮肤和其他机体组织吸收。但是工人在处理（如混合）效应组分很高的高度浓缩农药时，发生农药经皮肤吸收的危险性会大大增加。机体某些区域的皮肤（如生殖道和耳道）与其他部位的皮肤相比，对农药的吸收率更高。因此，机体不同部位皮肤经皮肤吸收率具有差异。

2. 经口摄入　经口摄入农药可能导致严重的中毒反应。经口摄入农药通常是由于疏忽大意引起的偶然情况或是故意行为。最常见的农药偶然性经口摄入是农药从贴有标签的原装容器中转移至无标签的瓶子或食物容器中后。常见的情形是，有人误饮了装在软饮料瓶中的农药或是含农药残留的水而经口摄入农药。工作中需要处置农药或农药装备的工人，如果在膳食或吸烟前未充分清洗他们的手部，也可能发生农药经口摄入。因此，农药施用者应该充分了解农药处置过程中的注意事项（如切勿使用嘴吹的方式来清洗喷雾器管或喷嘴）。

3. 呼吸道摄入 大部分农药含有挥发性组分，因此经呼吸道摄入农药也是重要的途径。呼吸道摄入足够量的农药可能会导致人体鼻部、喉部和肺组织的严重损伤。通常使用传统喷洒装置时，由于产生的液滴较大，经呼吸道摄入农药的危险相对较小。但如若使用真空装置喷洒高浓缩的农药，也可造成经呼吸道摄入的危险性增加。在局限的空间中（如不通风的储藏室或温室）施用农药时会大大增加经呼吸道摄入农药的危险性。此外，当温度增加时，许多农药的挥发量增加，会使经呼吸道摄入机会增加。因此，当气温高于30℃时，不建议施用农药。此外，在施用具有高挥发性的农药时，应该做好足够的呼吸道防护。

4. 经眼睛摄入 农药对眼睛存在极高的危险性。有的农药经眼睛吸收达到足够剂量时甚至会引起致命疾病发生。尤其是颗粒状农药，依据其颗粒的大小和重量，对眼睛的损害性极大。当采用较高功率的仪器施用农药时，农药颗粒可能会从农作物或其他物体表面反弹回来伤害到眼睛。因此，在检测或混合浓缩或高毒性农药时应做好对眼睛的防护。在喷洒农药时应当穿戴保护性面罩或眼镜，防止眼睛接触到农药粉尘。

（二）代谢方式

有机氯农药可通过消化道、呼吸道和皮肤吸收而进入机体，其中消化道侵入是主要的途径。这类农药能在动、植物体内蓄积和富集，并通过食物链进入人体。六六六主要蓄积在脂肪组织中，其次为肾脏、血液、肝、脑组织。在六六六的7种异构体中，丙体在体内的代谢速率最快，乙体最慢。因此，乙体具有高度蓄积性而且排泄最慢，故人体脂肪中六六六的蓄积量以乙体六六六为最高，占93.5%；而在血液中乙体六六六的含量最低，只占3.9%，甲体最高，占57.1%。六六六的主要分解代谢过程是脱氯后形成多氯苯或多氯酚。

例如，丙体六六六可在酶的作用下脱氯代谢产生三氯苯，与谷胱甘肽结合后排出；或者形成三氯环氧苯，然后生成三氯酚，与谷胱甘肽结合后排出。总之，六六六经各种代谢途径，最终均以氯酚类化合物的形式从尿中排泄。

环戊二烯类有机氯农药在动物或昆虫体内可以通过脱氯、脱氯化氢和羟基化等代谢过程，转化为亲水的代谢物，然后排出体外。例如，氯化茚、七氯在动物体中通过氧化代谢生成亲水的环氧化物，碳氯灵在大鼠体内经过亲水中间体转化成内酯衍生物，后者的毒性小得多。

（三）排泄

有机氯农药的排出途径为呼气、尿、粪、乳汁、皮肤分泌和胎盘，以尿和粪为主要排出途径。林丹排出速度较快，一般认为在脂肪中很少储存。动物实验在1次给药后20 d内即达最低水平。六六六自尿中排出占80%，粪中排出占20%。狄氏剂的代谢物90%由粪排出。

硫丹被动物摄入体内后，有一部分可以不发生变化而排出体外。其氧化代谢的产物主要为环状硫酸酯和环状二醇。而艾氏剂在动物体内可被酶作用氧化成狄氏剂而使其活性增加。狄氏剂和异狄氏剂在动物组织中主要代谢成亲水性反式二羟基二氢艾氏剂，并以葡萄糖醛酸结合物的形式从尿中排出。

二、毒性效应

（一）急性毒性

有机氯农药的主要靶器官是神经系统，有机氯农药的毒作用机理表现为对神经系统的影响。六六六、狄氏剂、艾氏剂和氯化莰等化合物可刺激突触前膜，导致乙酰胆碱的释放量增加，并大量积聚在突触间隙。狄氏剂和六六六还可与 γ-氨基丁酸受体结合，产生竞争性拮抗作用，使正常的神经传递受阻，因而产生神经毒作用。

有机氯农药的急性毒性主要表现为对中枢神经系统的作用。轻者有头痛、头晕、视力模糊、恶心、呕吐、流涎、腹泻、全身乏力等症状；严重中毒时发生阵发性、强直性抽搐，甚至失去知觉而死亡。

（二）慢性毒性

有机氯农药对人体危害的特点是具有蓄积性和长期效应，长期接触有机氯农药可引起慢性中毒。多数学者认为，由于有机氯农药对脂肪有特殊亲和力，蓄积在实质脏器的脂肪组织内，能影响这些器官组织的细胞氧化磷酸化过程，引起肝脏等器官营养失调，发生变性或坏死。

由于有机氯农药的化学性质稳定并有体内蓄积作用，因此，它的致癌性已引起人们广泛关注。已有报道六六六与大鼠、小鼠肝脏肿瘤的发生有关，但在高等动物中没有得到证实，又没有人类流行病学调查资料。尚没有充分证据来证明有机氯农药与人类肿瘤的发生有直接关系。

有机氯农药的慢性毒性作用机制主要为对酶活性的影响和对类固醇激素代谢的影响：①对酶活性的影响。有机氯农药对肝脏微粒体细胞色素 P450 等酶具有诱导作用。体内蓄积的乙体六六六还能诱导肝脏中氨基酮戊酸（ALA）合成酶，促进卟啉合成。因此，长期接触六六六的人有可能患有卟啉症，血液中卟啉增多，易发生光敏感性皮炎、皮素色素增多、肝脏病变和多毛症。②对类固醇激素代谢的影响。有机氯农药通过诱导作用，可改变雌激素、雄激素及肾上腺皮质激素的代谢，影响体内各种类固醇激素的水平。

第三节　有机氯农药的健康危害

一、急性健康危害（职业中毒）

有机氯农药的急性健康危害表现为各种急性中毒。如生产、储存、运输过程中的农药事故；配制、使用过程中操作不当事故；管理不善、安全知识不够或故意造成的误服农药事故等。接触中毒途径有吸入、口服和皮肤吸收，以口服中毒为多见，多在半小时至数小时发病。患者全身倦怠无力、流涎、恶心、剧烈呕吐、腹痛、腹泻。继之出现中枢神经系统高度兴奋状态，表现头痛、头晕、烦躁不安、肌肉震颤、痉挛和共济失调，肌痉挛逐渐加重，发展为全身大抽搐。

DDT、六六六、艾氏剂和狄氏剂等中毒时，多呈现强直性阵挛性抽搐，酷似士的宁中毒；而毒杀芬中毒则以全身癫痫样抽搐为突出表现。有机氯能使心脏对（体内的或外来的）肾上腺素过敏，故中毒时易发生心室纤维性颤动。最后，患者可陷入木僵、昏迷和呼吸衰竭，老年人、幼儿和心血管疾病患者可能有生命危险。病程中可呈中枢性发热和肝、肾损害。检查出阳性体征不多，可见眼球震颤、肌肉颤动，有时心率加速和心律失常。

二、按照系统分类健康危害（人群）

长期低剂量接触有机氯农药会引起各种慢性健康危害，其中对人类生殖健康危害可能最大。

1. 神经系统和造血系统损害 长期接触有机氯农药可引起全身倦怠、四肢无力、头痛、头晕、食欲不振等神经衰弱和消化系统症状。严重时可引起震颤，肝、肾损害。血象可见贫血、白细胞和血小板减少。有些病例可出现末梢神经炎。

2. 皮肤损害 六六六和氯化茚可引起接触性皮炎，多局限于接触部位，以红斑、丘疹为主，伴有剧痒，重者出现水疱。少数六六六敏感者，可出现湿疹样损害。

3. 患肿瘤的风险 流行病学研究表明，某些有机氯农药如DDT、艾氏剂和氯化茚等广泛弥散在环境中，容易引起人及动物淋巴瘤和白血病、肺癌、胰腺癌和乳腺癌的发生。

4. 对生殖健康的影响 刘国红、杨克敌等通过测定产妇静脉血中有机氯农药残留水平和相关激素物质，结合既往不良妊娠结局、婴儿平均出生体重等因素分析，认为有机氯农药体内代谢产物有干扰内分泌功能、产生生殖和发育毒性，表现为雌激素样作用为主。

毒理学的研究表明，林丹很低浓度即可损坏动物和人的精子，DDT及其代谢产物有阻断雄性激素的作用、影响精子和卵子的产生、影响妇女激素代谢，从而影响受孕概率、受精卵发育、子代的智力发育等。有机氯农药的长期稳定性和在食物链中的蓄积性，使其对人类生殖健康的危害风险可能长期存在。

三、生物标志物

对有机氯农药暴露的生物监测可通过检测血液和尿液中有机氯农药或其代谢产物实现。由于有机氯农药在外环境中存在广泛，因此一般人群的生物样本中均可检测到其存在。

被机体吸收后，艾氏剂被迅速转化为狄氏剂。因此，对艾氏剂和狄氏剂的暴露监测，均可以通过检测血液、血清、脂肪组织及乳汁中的狄氏剂来实现。

合成性氯化茚是α-氯化茚、γ-氯化茚、九氯和七氯的混合物。因此可通过检测血液、脂肪组织和乳汁中氯化茚及其相关化合物（氧化氯化茚、九氯、七氯环氧化物）的浓度来监测人体暴露状况。

异狄氏剂被人体吸收后迅速代谢转化为12-羟基-异狄氏剂（12-hydroxy-endrin），并以硫酸盐和葡萄糖醛酸结合物的形式排出体外。因此在职业暴露工人和一般人群血液、脂肪组织和乳汁中通常检测不到其异狄氏剂原体物质。

对七氯有潜在暴露时，通常需要检测暴露者血液、脂肪和乳汁中七氯的主要代谢产物，如七氯的环氧化物。

化工合成HCH由65%～70% α-HCH、7%～10% β-HCH、14%～15% γ-HCH和约10%的其他异构体和化合物构成。林丹中超过90%均为γ-HCH。对林丹和HCH众多异构体的暴露监测，可通过检测血液、脂肪和乳汁中原体物质实现。

对无变化的乙酯杀螨醇及其代谢产物（p，p'-dichlorobenzylic acid 和 p，p'-dichlorobenzyldrol）的检测需要将其氧化为 p，p'-dichlorobenzophenone，然后采用气相色谱方法检测。该种方法也适用于三氯杀螨醇的职业暴露检测，因为 p，p'-dichlorobenzylic acid 是此类物质在尿液中的主要代谢产物。

HCH和DDT属于有机污染物，在土壤、水体和食品中长期存在，并在人体脂肪中积聚。HCH的主要代谢产物是α-、β-、γ-和δ-BHC，在尿中的代谢产物主要为五氯苯酚和三氯苯酚。DDT被机体吸收后，大部分可转化为DDE，其多种代谢产物可在机体组织中检测到。DDT在血液中主要代谢产物是 p，p'-DDE、o，p'-DDT、p，p'-DDD 和 p，p'-DDT，这些代谢产物常用于评价人体HCH和DDT有机氯农药的蓄积水平。目前众多研究关注于哪些生物样本可用于检测有机氯农药，并较好地反映其在体内的蓄积水平。

而用于检测有机氯农药暴露水平的生物样本常见以下几种。

1. 脂肪组织　有机氯农药为脂溶性物质，对富含脂肪的组织具有特殊亲和力，且可以蓄积在脂肪组织中，有机氯在体内的残留主要集中在脂肪组织中。刘守亮等以孝感市粮食、蔬菜产区一般居民住院患者为研究对象，采集其腹部大网膜或肠系膜脂肪，来评价湖北省孝感地区人体中有机氯农药蓄积水平。脂肪组织中有机氯农药的含量能很好地代表人体蓄积量，但脂肪组织不易采集，其作为评价人群有机氯农药的蓄积水平生物材料具有一定的局限性。

2. 人乳　人乳是最常用于评价人群有机氯农药暴露水平的生物样本，人乳中有机氯的含量反映了母体的内暴露水平，又反映了婴儿的外暴露水平。此外，人乳还可以作为人体有机氯农药蓄积水平动态研究的生物样本。于慧芳等通过对北京地区 1982—1998 年人群体内有机氯农药 DDT、BHC 的蓄积水平及其动态变化进行了追踪调查，发现自 1983 年停用有机氯农药（DDT、BHC）以后，北京地区人乳中有机氯农药的含量呈现明显的下降趋势。

3. 头发　人乳作为评价人群中有机氯农药的蓄积水平的生物样本时，代表范围小，而且不易采集。Tsatsakis 等采用头发作为生物样本评价希腊某农村地区长期暴露 HCH 和 DDT 水平，认为 DDT 和 p，p-DDT 等浓度在各个年龄组之间有统计学差异，并有下降的趋势。龙碧崎等进行了以人发代替乳汁材料的有机氯农药含量分析及相关研究，认为采用人发来评价人群有机氯农药的蓄积水平是可行的。赵美英等进行了体脂与头发中有机氯杀虫剂蓄积的相互关系研究，认为头发在有机氯的贮存与排泄之间维持着一种动态平衡，头发也可作为有机氯杀虫剂污染环境监测的生物材料之一。金莎丽等研究认为环境中有机氯农药污染水平与人发中有机氯含量有相关关系，人发中有机氯含量可以反映环境中有机氯污染情况，并在一定程度上代表体内负荷水平，同时，长发分段分析结果表明，同一人的头发各段之间的有机氯含量无差别。由于人发取样简便，并且易于保存，是评价人群中有机氯农药的蓄积水平的理想生物样本。但是目前该样本采集、处理和分析没有确定的标准。此外，头发中有机氯的含量仅代表机体蓄积量和环境暴露量总量。

4. 血液和尿液　静脉血可作为评价人体有机氯农药残留水平的生物样本，刘国红等通过测量有机氯农药污染区产妇静脉血中有机氯农药残留水平，探讨其对血中生殖激素的影响。刘守亮等通过测定孝感地区人体脂肪、血液中的有机氯农药的残留量来评价有机氯农药在体内的残留水平。有研究认为生物样本中脂肪百分含量与全血样中的有机氯含量呈正相关，脂肪中有机氯含量最高，其次是头发、乳汁，血液中的含量最低。此外，尿液中部分有机氯代谢产物也可以反映暴露情况，如 HCH 尿中代谢产物五氯苯酚和三氯苯酚，但国内关于此方面的研究较少。

5. 其他　其他的生物样本有羊水和指甲等。检测孕妇体内羊水有机氯农药含量，可以用来评价婴儿在子宫中的暴露水平，Luzardo 等以特内里费岛 100 个孕妇为研究对象，分析她们体内羊水中有机氯农药含量，认为该地区大约 1/2 婴儿在母亲子宫里暴露于有机氯农药。此外，指甲作为非侵犯性的生物样本也可用于有机氯农药暴露水平评估，但样本的前处理和检测的方法国内外报道不多。

四、健康风险评估

健康风险评估是指对有毒有害物质（包括化学品和放射性物质等）对人体健康产生危害的可能性及危害程度做出估计。一般需要收集毒理学资料、人群流行病学资料、环境和暴露因素等，用以判断人体对有害物质潜在暴露后发生的健康风险。通常直接以健康风险度来表征有害物质对人体健康造成损害的可能性及其程度大小。土壤健康风险评估程序包括污染物聚集与释放分析、暴露人群、潜在暴露途径、不同土地利用方式和利用方案下的污染物富集评价。

随着风险评估不断发展和完善，风险评估模型在土壤污染评价（包括土壤中有机氯农药健康风险评估）方面的使用十分普遍，如英国的 CLEA（contaminated land exposure assessment）模型、丹麦的

CETOX 模型、荷兰的 CSOIL 模型、美国加利福尼亚州的 CALTOX 模型、德国的 UMS 模型、欧盟的 EUSES 模型及美国的 RBCA（risk-based corrective action）模型等，其中 RBCA 模型和 CLEA 模型是目前国内最常用的评估模型，而简便、适宜多介质暴露评估的 CALTOX 模型在国外应用较多。为保护环境、保障人体健康、加强污染产地环境保护监管、规范污染场地人体健康风险评估，我国环境保护部于 2014 年 2 月 19 日发布了《污染场地风险评估技术导则》（HJ 25·3—2014），并于 2014 年 7 月 1 日正式实施。该导则规定了开展污染场地人体健康风险评估的原则、内容、程序和计算要求，适用于污染场地人体健康风险评估和污染场地土壤风险防控值的确定，填补了国内空白。下面介绍适用于土壤中有机氯农药健康风险评估常用的几种国内外模型。

（一）RBCA 模型

RBCA 评估模型由美国 GSI 公司根据美国试验与材料学会（ASTM）针对土壤和地下水污染治理颁布的行动准则开发而成。该模型除可以实现污染场地的风险分析外，还可用来制定基于风险的土壤筛选值和修复目标值，在美国、欧洲和我国台湾地区得到广泛应用。RBCA 模型按照美国环境保护署（EPA）的化学物质分类，将化学物质分为致癌物质与非致癌物质两类，对于致癌物质，计算其风险值判断场地是否受到污染，并设定 10^{-6} 为可接受致癌风险水平下限，10^{-4} 为可接受致癌风险水平上限；对于非致癌物质，计算其危害商，判定标准设定为 1。许多有机氯农药具有"三致"作用，因此需要计算致癌风险值（CR）和非致癌危害商（HQ）。

致癌物质的 CR 值计算公式如下：

$$CR = ADE_{oral} \times SF_{oral} + ADE_{dermal} \times SF_{dermal} + ADE_{inh} \times SF_{inh} \tag{1-1}$$

$$ADE_{oral} = \frac{C_s \times IR_s \times EF \times ED}{365 \times BW \times AT} \times 10^{-6} \tag{1-2}$$

$$ADE_{dermal} = \frac{C_s \times SA \times n \times AF \times ABS \times EF \times ED}{365 \times BW \times AT} \times 10^{-6} \tag{1-3}$$

$$ADE_{inh} = \frac{C_s \times (VF_{ss} + PEF + VF_{sesp}) \times IR_{air} \times EF \times ED}{365 \times BW \times AT} \times 10^{-6} \tag{1-4}$$

式（1-1）至式（1-4）中，CR 为不同暴露途径致癌风险；ADE_{oral}、ADE_{dermal} 和 ADE_{inh} 分别为经口摄入、经皮肤接触、经呼吸吸入等途径的日均暴露量［单位：mg/（kg·d）］；SF_{oral}、SF_{dermal} 和 SF_{inh} 分别为对应暴露途径的致癌斜率因子［单位：kg/（d·mg）］；C_s 为土壤中污染物（如有机氯农药）的浓度（单位：mg/kg）；IR_s 为土壤摄入率（单位：mg/d）；EF 为暴露频率；ED 为暴露持续时间；BW 为暴露人群平均体重（单位：kg）；AT 为致癌平均时间；SA 为皮肤暴露面积（单位：cm²）；n 为每日皮肤接触土壤事件次数；AF 为皮肤表面土壤黏附系数（单位：mg/cm²）；ABS 为皮肤吸收率；VF_{ss} 为表层土壤可挥发到室外空气中的挥发因子（单位：kg/m³）；PEF 为土壤产尘因子（单位：kg/m³）；VF_{sesp} 为下层土壤挥发到室内空气的挥发因子（单位：kg/m³）；IR_{air} 为暴露人群空气呼吸率（单位：m³/d）。

非致癌物质 HQ 值计算公式为：

$$HQ = \frac{ADE_{oral}}{RfD_{oral}} + \frac{ADE_{dermal}}{RfD_{dermal}} + \frac{ADE_{inh}}{RfD_{inh}} \tag{1-5}$$

式（1-5）中，HQ 为经口、经皮肤和经呼吸 3 种暴露途径的非致癌危害商；RfD_{oral}、RfD_{dermal} 和 RfD_{inh} 分别为污染物经口摄入、经皮肤接触、经呼吸吸入等途径的参考剂量［单位：mg/（kg·d）］，其余参数及计算方法同致癌物质的 CR 值计算公式。

（二）CLEA 模型

CLEA 模型由英国环境署和环境、食品与农村事务部（DEFRA）及苏格兰环境保护局（SEPA）

联合开发，是英国官方推荐用来进行污染场地评价及获取土壤指导限值的模型。CLEA 模型将化学物质对人体或动物的健康效应分为阈值效应（针对非致癌物）和非阈值效应（针对致癌物），依据日平均暴露量（ADE）与健康标准值（HCV）的比值来评价化学物质的危害程度，若 ADE/HCV≤1，说明在可接受的范围内；若 ADE/HCV>1，说明污染场地具有潜在的健康风险。HCV 包括非阈值效应和阈值效应，非阈值效应用指示剂量（ID，indicative dose）表示，阈值效应用可接受日土壤摄入量（TDSI）表示。

与 RBCA 模型类似，CLEA 模型中 ADE 包括经口摄入、经皮肤接触、经呼吸吸入等 3 种途径的日均暴露量。其中 ADE_{oral} 计算同式（1-2）。

$$\frac{ADE}{HCV}=\frac{ADE_{oral}}{HCV_{oral}}+\frac{ADE_{dermal}}{HCV_{dermal}}+\frac{ADE_{inh}}{HCV_{inh}} \tag{1-6}$$

$$ADE_{dermal}=\frac{C_s\times n\times ABS\times EF\times ED\times(SA_{out}\times AF_{out}+TF\times SA_{in}\times AF_{in})}{365\times BW\times AT}\times 10^{-2} \tag{1-7}$$

$$ADE_{inh}=\frac{C_s\times IR_{air}\times EF\times ED\times f}{365\times BW\times AT} \tag{1-8}$$

其中：

$$f=\frac{(VF_{SS}+PEF)\times T_{out}+(\alpha\times C_{uap}+PEF+TF+DL)\times T_{in}}{24} \tag{1-9}$$

$$SA_{out}=\frac{0.0235\times h^{0.42246}\times BW^{0.51456}\times\varphi_{\max-out}}{3} \tag{1-10}$$

$$SA_{in}=\frac{0.0235\times h^{0.42246}\times BW^{0.51456}\times\varphi_{\max-in}}{3} \tag{1-11}$$

式（1-6）至式（1-11）中，SA_{out} 为室外皮肤暴露面积（单位：m^2）；SA_{in} 为室内皮肤暴露面积（单位：m^2）；TF 为土壤-尘转化因子（一般为 0.5）；T_{out} 为室外每日停留时间（单位：h/d）；T_{in} 为室内每日停留时间（单位：h/d）；α 为污染物从土壤到室内空气的衰减因子；C_{uap} 为土壤气浓度（单位：kg/m^3）；DL 为室内含尘量（单位：kg/m^3）；H 为暴露人群平均身高（单位：cm）；$\varphi_{\max-out}$ 为室外皮肤最大暴露面积比（单位：m^2/m^2）；$\varphi_{\max-out}$ 为室内皮肤最大暴露面积比（单位：m^2/m^2）；其余参数同 RBCA 模型。

（三）我国污染场地人体健康风险评估模型

我国环境保护部于 2014 年 2 月 19 日发布并于 2014 年 7 月 1 日正式施行的《污染场地风险评估技术导则》（HJ25·3－2014）指出污染场地风险评估包括危害识别、暴露评估、毒性评估、风险表征及土壤风险防控值的计算等工作内容。该标准适用于污染场地人体健康风险评估和污染场地土壤风险防控值的确定，但不适用于铅、放射性物质、致病性生物污染及农用地土壤污染的风险评估。该标准规定了敏感用地方式（如住宅用地、文化设施用地、中小学用地等）和非敏感用地方式（如工业用地、物流仓储用地、公用设施用地等）两类典型用地方式下的暴露情景。并规定对于敏感用地方式，一般根据儿童期和成人期的暴露来评估污染物的终生致癌效应；对于非致癌效应，由于儿童体重较轻，暴露量较高，一般根据儿童期暴露来评估污染物的非致癌危害效应。对于非敏感用地方式，成人的暴露期长、暴露频率高，一般根据成人期的暴露来评估污染物的致癌风险和非致癌效应。风险表征是在暴露评估和毒性评估的基础上，采用风险评估模型计算土壤中单一污染物经单一途径的致癌风险和危害商。通过计算单一污染物的总致癌风险和危害指数，进行不确定性分析，作为确定场地污染范围的重要依据。计算得到的单一污染物的致癌风险超过 10^{-6} 或危害商超过 1 的采样点，其代表的场地区域划定为风险不可接受的污染区域。

敏感用地土壤中单一污染物致癌风险的计算模型：

$$\mathrm{CR}_n = \mathrm{CR}_{ois} + \mathrm{CR}_{dcs} + \mathrm{CR}_{pis} + \mathrm{CR}_{iov1} + \mathrm{CR}_{iov2} + \mathrm{CR}_{irv1} \tag{1-12}$$

$$\mathrm{CR}_{ois} = \left(\frac{\mathrm{OSIR}_c \times \mathrm{ED}_c \times \mathrm{EF}_c}{\mathrm{BW}_c \times \mathrm{AT}_{ca}} + \frac{\mathrm{OSIR}_a \times \mathrm{ED}_a \times \mathrm{EF}_a}{\mathrm{BW}_c \times \mathrm{AT}_{ca}} \right) \times \mathrm{ABS}_0 \times C_{sur} \times \mathrm{SF}_o \times 10^{-6} \tag{1-13}$$

$$\mathrm{CR}_{dcs} = \left(\frac{\mathrm{SAE}_c \times \mathrm{SSAR}_c \times \mathrm{ED}_c \times \mathrm{EF}_c}{\mathrm{BW}_c \times \mathrm{AT}_{ca}} + \frac{\mathrm{SAE}_a \times \mathrm{SSAR}_a \times \mathrm{ED}_a \times \mathrm{EF}_a}{\mathrm{BW}_a \times \mathrm{AT}_{ca}} \right)$$
$$\times \mathrm{ABS}_0 \times \mathrm{E}_v \times C_{sur} \times \mathrm{SF}_d \times 10^{-6} \tag{1-14}$$

式（1-15）中 SAE_c 和 SAE_a 计算式：

$$\mathrm{SAE}_c = 239 \times \mathrm{H}_c^{0.417} \times \mathrm{BW}_c^{0.517} \times \mathrm{SER}_c \tag{1-15}$$

$$\mathrm{SAE}_a = 239 \times \mathrm{H}_a^{0.417} \times \mathrm{BW}_a^{0.517} \times \mathrm{SER}_a \tag{1-16}$$

$$\mathrm{CR}_{pis} = \mathrm{PM}_{10} \times \mathrm{PIAF} \times \Big[\frac{\mathrm{DAIR}_c \times \mathrm{ED}_c \times (fspo \times \mathrm{EFO}_c + fspi \times \mathrm{EFI}_c)}{\mathrm{BW}_c \times \mathrm{AT}_{ca}} +$$
$$\frac{\mathrm{DAIR}_a \times \mathrm{ED}_a \times (fspo \times \mathrm{EFO}_a + fspi \times \mathrm{EFI}_a)}{\mathrm{BW}_a \times \mathrm{AT}_{ca}} \Big] \times C_{sur} \times \mathrm{SF}_i \times 10^{-6} \tag{1-17}$$

$$\mathrm{CR}_{iov1} = \mathrm{VF}_{suroa} \times \left(\frac{\mathrm{DAIR}_c \times \mathrm{ED}_c \times \mathrm{EFO}_c}{\mathrm{BW}_c \times \mathrm{AT}_{ca}} + \frac{\mathrm{DAIR}_a \times \mathrm{ED}_a \times \mathrm{EFO}_a}{\mathrm{BW}_a \times \mathrm{AT}_{ca}} \right) \times C_{sur} \times \mathrm{SF}_i \tag{1-18}$$

$$\mathrm{CR}_{iov2} = \mathrm{VF}_{suroa} \times \left(\frac{\mathrm{DAIR}_c \times \mathrm{ED}_c \times \mathrm{EFO}_c}{\mathrm{BW}_c \times \mathrm{AT}_{ca}} + \frac{\mathrm{DAIR}_a \times \mathrm{ED}_a \times \mathrm{EFO}_a}{\mathrm{BW}_a \times \mathrm{AT}_{ca}} \right) \times C_{sub} \times \mathrm{SF}_i \tag{1-19}$$

$$\mathrm{CR}_{iiv1} = \mathrm{VF}_{subia} \times \left(\frac{\mathrm{DAIR}_c \times \mathrm{ED}_c \times \mathrm{EFO}_c}{\mathrm{BW}_c \times \mathrm{AT}_{ca}} + \frac{\mathrm{DAIR}_a \times \mathrm{ED}_a \times \mathrm{EFO}_a}{\mathrm{BW}_a \times \mathrm{AT}_{ca}} \right) \times C_{sub} \times \mathrm{SF}_i \tag{1-20}$$

式（1-12）至式（1-20）中，CR_n 为土壤中单一污染物经所有暴露途径的总致癌风险，无量纲；CR_{ois}、CR_{dcs}、CR_{pis}、CR_{iov1}、CR_{iov2} 和 CR_{iiv1} 分别为经口摄入土壤、皮肤接触土壤、吸入土壤颗粒物、吸入室外空气中来自表层土壤的气态污染物、吸入室外空气中来自下层土壤的气态污染物、吸入室内空气中来自下层土壤的气态污染物等 6 个途径对应的致癌风险；C_{sur} 和 C_{sub} 分别为表层土壤和下层土壤中污染物浓度（单位：mg/kg）；SF_0、SF_d 和 SF_i 分别为经口摄入、皮肤接触和呼吸吸入致癌斜率因子 [单位：kg/（d·mg）]；OSIR_c 和 OSIR_a 分别为儿童和成人每日摄入土壤量（单位：mg/d）；ED_c 和 ED_a 分别为儿童和成人暴露期；EF_c 和 EF_a 分别为儿童和成人暴露频率；BW_c 和 BW_a 分别为儿童和成人体重（单位：kg）；AT_{ca} 为致癌效应平均时间（单位：d）；ABS_0 为经口摄入吸收效率因子；SAE_c 和 SAE_a 分别为儿童和成人皮肤表面积（单位：cm²）；SSAR_c 和 SSAR_a 分别为儿童和成人皮肤表面土壤黏附系数（单位：mg/cm²）；ABS_d 为皮肤接触吸收斜率因子；E_v 为每日皮肤接触事件频率（单位：次/d）；H_c 和 H_a 分别为儿童和成人平均身高（单位：cm）；SER_c 和 SER_a 分别为儿童和成人暴露皮肤所占面积比；PM_{10} 为空气中可吸入颗粒物含量（单位：mg/m³）；PIAF 为吸入土壤颗粒物在体内滞留比例；DAIR_c 和 DAIR_a 为儿童和成人每日空气呼吸量（单位：m³/d）；$fspi$ 和 $fspo$ 分别为室内和室外空气中来自土壤的颗粒物所占比例；EFO_c 和 EFO_a 分别为儿童和成人室外暴露频率；EFI_c 和 EFI_a 分别为儿童和成人室内暴露频率；VF_{suroa} 和 VF_{suboa} 分别为表层和下层土壤中污染物扩散进入室外空气的挥发因子（单位：kg/m³）；VF_{subia} 为下层土壤中污染物扩散进入室内空气的挥发因子（单位：kg/m³）。

敏感用地土壤中单一污染物危害商的计算模型：

$$\mathrm{HI}_n = \mathrm{HQ}_{ois} + \mathrm{HQ}_{dcs} + \mathrm{HQ}_{pis} + \mathrm{HQ}_{iov1} + \mathrm{HQ}_{iov2} + \mathrm{HQ}_{iiv1} \tag{1-21}$$

$$\mathrm{HQ}_{ois} = \frac{\mathrm{OSIR}_c \times \mathrm{ED}_c \times \mathrm{EF}_c \times \mathrm{ABS}_0}{\mathrm{BW}_c \times \mathrm{AT}_{nc}} \times \frac{C_{sur}}{\mathrm{RfD}_0 \times \mathrm{SAF}} \times 10^{-6} \tag{1-22}$$

$$\mathrm{HQ}_{dcs} = \frac{\mathrm{SAE}_c \times \mathrm{SSAR}_c \times \mathrm{ED}_c \times \mathrm{EF}_c \times \mathrm{E}_v \times \mathrm{ABS}_d}{\mathrm{BW}_c \times \mathrm{AT}_{nc}} \times \frac{C_{sur}}{\mathrm{RfD}_d \times \mathrm{SAF}} \times 10^{-6} \tag{1-23}$$

$$HQ_{pis} = \frac{PM_{10} \times PLAF \times DAIR_c \times ED_c \times (fspo \times EFO_c \times fspi \times EFI_c)}{BW_c \times AT_{nc}} \times$$

$$\frac{C_{sur}}{RfD_i \times SAF} \times 10^{-6} \tag{1-24}$$

$$HQ_{iov1} = \frac{VF_{suroa} \times DAIR_c \times ED_c \times EFO_c}{BW_c \times AT_{nc}} \times \frac{C_{sur}}{RfD_i \times SAF} \tag{1-25}$$

$$HQ_{iov1} = \frac{VF_{suboa} \times DAIR_c \times ED_c \times EFO_c}{BW_c \times AT_{nc}} \times \frac{C_{sur}}{RfD_i \times SAF} \tag{1-26}$$

$$HQ_{iiv1} = \frac{VF_{subia} \times DAIR_c \times ED_c \times EFO_c}{BW_c \times AT_{nc}} \times \frac{C_{sur}}{RfD_i \times SAF} \tag{1-27}$$

式（1-21）至式（1-27）中，HI_n 为土壤中单一污染物经所有暴露途径的危害指数；HQ_{ois}、HQ_{dcs}、HQ_{pis}、HQ_{iov1}、HQ_{iov2} 和 HQ_{iiv1} 分别为经口摄入土壤、皮肤接触土壤、吸入土壤颗粒物、吸入室外空气中来自表层土壤的气态污染物、吸入室外空气中来自下层土壤的气态污染物、吸入室内空气中来自下层土壤的气态污染物等 6 个途径对应的危害商；SAF 为暴露土壤的参考剂量分配系数；RfD_0、RfD_d 和 RfD_i 分别为经口摄入、皮肤接触和呼吸吸入参考剂量［单位：mg/（kg·d）］；AT_{nc} 为非致癌效应平均时间（单位：d）；其余参数同敏感用地土壤中单一污染物致癌风险计算模型。上述模型中涉及的参数推荐值可由《污染场地风险评估技术导则》（HJ 25·3—2014）附录查得。另外，该导则中非敏感用地土壤中单一污染物致癌风险计算模型和危害商计算模型较为简单。

第四节　有机氯农药的防治管理

一、防控技术

自 20 世纪 80 年代起，我国相继停止生产和使用 DDT、六六六、艾氏剂、狄氏剂等高毒残留有机氯农药，城乡生活饮用水中有机氯农药一般均大大低于卫生标准规定的含量，相对较为安全。而经由动植物食物链的蓄积作用，从水体、土壤到各种食品中的有机氯农药残留在相当长的时间内将维持一定水平，存在对人类健康慢性危害的风险，应予高度重视。

（一）预防措施

根据我国有机氯农药土壤残留分布不平衡和在动植物食品中蓄积特性各不相同的实际情况，预防有机氯农药的慢性健康危害必须做好以下几点：

（1）严格执行食品卫生标准。2016 年 12 月 18 日我国国家卫生和健康生育委员会、农业部、国家食品药品监督管理总局发布了《食品安全国家标准食品中农药最大残留限量 GB2763—2016》，替代之前的 GB2763—2014《食品中农药最大残留限量》国家标准。新的标准自 2017 年 6 月开始施行，其中规定了 433 种农药在 13 大类农产品中 4 140 个残留限量，较 2014 版增加了 490 项，涵盖了我国已经批准使用的常用农药和居民日常消费的主要农产品。

在区域分布上，东北平原、江汉平原、长江三角洲和珠江三角洲地区土壤中六六六、DDT 残留量较大，这些地区的农副产品中有机氯农药残留检出率较高，大豆油、棉籽油、部分蔬菜的有机氯农药残留量超过限值的 50%。对农副产品自产自用的广大农村人口，食品卫生检验和监督、指导工作还要加强。

在食品种类分布上，脂肪成分高、生长周期长的动植物品种易于蓄积有机氯农药，如谷物、茶叶、禽和蛋、乳制品等。部分水产品对有机氯农药有特殊的蓄积能力，如贝类的 DDT 蓄积量是鱼的 34 倍、虾的 170 倍。应根据有机氯农药残留的区域分布特征，加强对这类食品的卫生监督，保障公众的食品卫生安全。

（2）积极推进修订食品中有机氯农药的最高限量标准。多次全国和区域监测结果表明，中国停止生产和使用六六六、DDT 等有机氯农药 20 多年以来取得了显著成效，食品中有机氯农药的残留量已有了大幅度的下降。

目前，由于全国土壤有机氯农药残留量的持续削减，食品中的有机氯农药残留量已经大大降低，居民通过膳食摄入有机氯农药的量也大幅度下降。鉴于六六六、DDT 的长期生物蓄积效应及其潜在危害，有必要修改现行的有关有机氯农药的最高限量标准，使其更加严格。与 FAO/WHO（联合国粮农组织/世界卫生组织）和欧盟等发达国家的标准接轨，降低其对人体健康的危害并适应国际经贸发展的要求。

（3）加强个人食品卫生防护。首先，粮食、蔬菜和肉、蛋、奶等食品应来源于经食品卫生检验合格的正规渠道。其次，在符合我国现行食品卫生标准有机氯农药的最高限量标准的部分食品中，注意禽蛋、食用油和蔬菜的来源产地。未经检验的河蚌、海贝中的有机氯农药残留量可能非常大，不得食用。

（二）环境治理措施

1. 管理措施　保护土壤环境主要靠管理，防止有机氯农药污染依据的是农药生产使用相关的法规，内容包括：农药登记注册制度，禁用或限用的剧毒、高残留性农药的品种，规定农药的安全使用标准，土壤残留性农药的使用规则，施用农药的安全间隔期，农药在农产品（包括食品）中的容许残留量标准等。

从 1983 年开始停止生产六六六、DDT 等高残留农药，禁止在果树、蔬菜、茶树、中药材、烟草、咖啡、胡椒、香茅等作物上使用。氯化苦只准用于拌种、防治地下害虫。以低残留农药逐步取代高残留农药六六六和 DDT 以来，全国抽样调查结果表明，在粮食、蔬菜、水果上，六六六和 DDT 的残留量大大降低，已不超过容许残留标准。农药在农产品中的残留量有所下降，在人体内的蓄积量也有明显下降的趋势。

今后的任务是防止新的有机氯农药污染。我国早已停止使用六六六，但林丹仍然在生产和使用。六六六的各种异构体中林丹为有效杀虫成分，急性毒性较大，但能较快地排出体外，体内积蓄的危险性较小；而 β-六六六极易在动物体内积蓄，使体内积蓄及其慢性毒性作用大为提高。林丹是用溶剂提取的方法从工业品六六六中得到的，含量必须达到 99% 以上。如果达不到含量要求，则有可能将 β-六六六引入产品，进而污染土壤环境和农产品。

三氯杀螨醇由于灭虫种类多、杀灭效果好而被广泛用于防治棉花、小麦、蔬菜、水果、茶叶等农作物病虫害。其可能的土壤污染来自两个方面：一是三氯杀螨醇由 DDT 氯化、水解制得，一般工业产品是三氯杀螨醇含量为 20%～30% 的油状物，其他成分为 DDT 或氯化 DDT 等原料和中间物，而不是纯品三氯杀螨醇。这样的产品加工成乳剂和可湿性粉末使用，直接将 DDT 带进农作物和土壤，重新产生有机氯农药污染；二是三氯杀螨醇在哺乳动物体内的代谢物为 DDE，其毒性虽比 DDT 低，但能长期蓄积在脂肪组织中，慢性健康危害不可忽视。目前三氯杀螨醇在我国农药产量居第 13 位，使用量很大。因此必须加强管理、改进生产工艺，限制低含量林丹和三氯杀螨醇的生产和使用。欧盟已于 2001年开始部分禁用林丹和三氯杀螨醇，我国也应适时禁用或限用此类有机氯农药。

2. 污染土壤的治理　已经遭受有机氯农药污染的土壤，应首先停止使用该种农药，切断污染来源。随着时间的推移，土壤中残留的农药会逐渐降解。为了增强土壤环境的自净能力或加速农药的降解，一般可采取以下的方法。

（1）增加土壤中有机、无机胶体的含量，以增加土壤的环境容量；或者施入吸附剂以增加土壤对农药的吸附，减轻农药对作物的污染。

（2）调节土壤水分、土壤 pH 值、Eh（氧化还原电位）值，以增加农药的降解速度。例如，DDT 在土壤灌深水时，分解速度较干旱时快；在土壤 pH 值较高时 DDT、六六六分解速度也加快。微生物作用使 DDT 在厌氧条件下降解较快，在较低的土壤 Eh 下则有利于其微生物降解。

（3）选育活性较高的能够分解某种有机氯农药的土壤微生物或土壤动物，以增加土壤的生物降解作用。例如，可降低 DDT 的微生物有互生毛霉、镰孢霉、木霉、产气杆菌等；林丹可经梭芽孢杆菌和大肠杆菌的作用脱氧形成苯和一氯苯。

二、管理体系

农产品、食品中农药残留限量标准和检验方法标准是判定产品是否符合食品安全要求的重要依据。日益降低的限量值既保护公民健康又是发达国家设置技术性贸易壁垒的重要手段，准确、可靠的检验结果是保证食品和国际贸易公平交易的科学依据。因此各国纷纷构建食品安全保障体系，不断制订、修订食品中农药最大残留允许限量（maximum residue limits，MRLs）。Codex 针对某些食物、农产品中有机氯农药残留量还有专门的再残留限量（extraneous maximum residue limit，EMRL）。EMRL 是指一些农药虽然已经被禁用，但已然造成对环境的污染，从而再次在食品中形成残留，为了控制这类农药残留对食品的污染而制定的其在食品中的残留限量。2005 年初，联合国已规定农药残留 MRLs 标准 3 574 项，食品法典委员会（codex alimentarius commission，CAC）2 572 项，欧盟 2 289 项，美国 8 669 项，日本 9 052 项，而我国国家标准和行业标准共有 484 项。

在美国，国家环保署（EPA）负责制定食品中农残最大允许标准，国家食品和药品监督管理局（FDA）负责标准的具体执行，并出版了《农药残留分析手册》，FDA 采集和分析食品样本以判断其农药残留是否满足 EPA 规定的范围。美国农业部为落实收集食品中农药残留数据规划，委托农业市场管理部门（AMS）组建和实施农药数据规划（PDP），每年出版调查结果。在欧盟，设置了相应的仲裁委员会、协会和专业委员会，负责制订、修改相应的法规和标准，包括建议性和强制性标准，并且在监控、检测和管理体系方面建立了三级实验室（欧盟标准化实验室、国家实验室、州级实验室）。欧盟所有成员国一般都遵循欧盟制定和发布的限量要求，不过在经过验证后，成员国也可以设定耕地的检出限，其他成员国随后也遵循这一限量，欧盟已经对 133 种农药设定了 17 000 个限量，对于某些没有具体限量要求的农药，各成员国可设定不同的"一律标准"。在日本，国家农林水产省和厚生劳动省分别制订农药的销售和使用的《农药管理法》和食品中农残的《食品卫生法》，对农药建立登记制度，限制农药的销售和使用。2003 年 5 月日本就通过了《食品安全基本法》，7 月正式成立"食品安全委员会"，加大对食品安全的管理力度。日本对进口食品实行监测检查制度和强制检查制度，并由 31 个厚生劳动省检疫所实施。

三、有机氯农药中毒及治疗

1. 中毒预防　针对有机氯农药中毒主要是神经毒性作用，且可经皮肤吸收。因此，必须加强个人防护措施。一些有机氯农药对露出皮肤有刺激性，故喷洒时要注意风向。一旦皮肤被沾染，应立即用肥皂和水彻底清洗，禁用油类与脂肪清洗，以防加强吸收。

2. 急救与治疗　有机氯农药中毒尚无特殊解毒剂，因此主要采取一般急救措施：离开中毒现场，消除污染源，进行洗胃，用盐性泻剂，禁用油性泻剂。

在治疗上只能做对症治疗，肌肉痉挛时，可给予苯巴比妥钠 0.1 g，每小时肌注 1 次，总量可达 0.5 g；严重者可加用戊巴比妥钠或异戊巴比妥钠 0.1～0.5 g 静脉注射。新针疗法对肌肉痉挛和其他神经系统症状可有一定疗效。给予 10％葡萄糖酸钙 10 ml，每 4～6 h 静脉注射 1 次，有非特异性保护肝脏作用。此外，应酌情予以护肝治疗，给予低脂肪、高蛋白、高热能饮食。忌用兴奋剂，尤其是肾上腺素，因对心肌感受性高，可诱发心律失常，甚至引起心跳停止，应予避免使用。患者住处要保持安静，避免强光，防止外界刺激因素。

3. 慢性健康危害的预防 有机氯农药残留对人体的各种慢性健康危害，尤其是对人类健康的长期潜在危害应引起广泛的重视。鉴于有机氯农药急、慢性中毒目前仍无特殊解毒和治疗药剂，预防工作就显得尤其重要。对有机氯农药慢性健康危害的预防主要是防止其通过饮水和饮食经口摄入。

第五节 案例分析

以华东南宁德山区耕地土壤中有机氯农药含量的风险评估及影响因素为例。

一、采样

研究者于 2009 年 11 月份在调查区域内采集了 67 份 0～20 cm 农田表层土样本。根据所耕种农作物的差异，将土壤样本分成两组，一组为 45 份水稻田土，另一组为 22 份蔬菜农田土。每个采样点，按照 4 个样/50 m×50 m 来采集土样，后采用预先清洁的不锈钢铲充分混匀成均一样本。所有样本采用铝箔包裹，置入聚乙烯塑料袋中－4℃保存，以待检测。提取有机氯农药前，将土样风干，并过 1 mm 孔径的不锈钢筛子。

二、提取和检测

提取和检测的目标有机氯农药如下：α-HCH、β-HCH、γ-HCH、δ-HCH、$p，p'$-DDD、$p，p'$-DDE、$p，p'$-DDT、$o，p'$-DDT、α-硫丹、β-硫丹、硫酸硫丹、顺式氯化茚、反式氯化茚、艾氏剂、狄氏剂、异狄氏剂、七氯、环氧七氯、甲氧基胆碱和六氯苯。

采用美国 EPA 推荐的 8080A 法检测土壤样本中有机氯农药含量。按每 10 g 风干土样添加 20 ng 由 2，4，5，6-四氯间二甲苯（TCmX）和十氯联苯（PCB209）构成的混合性复原代用品的比例混合，后采用二氯甲烷（DCM）进行有机氯农药索氏抽提 24 h。在收集瓶中加入活化的铜砾以去除硫元素。有机氯农药提取物首先被己烷溶剂化，而后经旋转蒸发至体积为 2～3 ml。采用铝硅（$v/v＝1：2$）胶柱（采用 DCM 提取 48 h，后 180℃和 240℃鼓风干燥 12 h，均采用水 3％去活化）纯化提取物，并溶解于 30 ml DCM/己烷（2/3，v/v）中。采用温和的氮气流将溶液浓缩至 0.2 ml。仪器分析前加入已知量的五氯硝基苯（PCNB）作为内标。

采用 Agilent 7890A 气相色谱镍电子捕获检测器（GC-ECD）分析有机氯农药含量。用于检测的毛细管柱为 DB-5（30 m，内径 0.32 mm，膜厚度 0.25 μm）。氮气为载体气体，气体不分流，速度为 2.5 ml/min。进样器和捕获器温度分别维持在 290℃和 300℃。温控程序：炉起始温度为 100℃（平衡时间 1 min），以 4 ℃/min 的速度升至 200 ℃，后以 2 ℃/min 的速度升至 230℃，再以 8℃/min 的速度升至最终温度 280℃，保持 15 min。GC-ECD 中进样 2 μl 样本用于检测。根据六点内标准计算曲线对各种目标有机氯农药进行定量。

为了测定总有机碳（TOC），取 3 g 冻干土样加入 1 mol/L 盐酸 24 h 过夜，充分去除其中的无机碳。将处理后的土样 85℃过夜，直至其质量恒定。取 50 mg 处理后土样采用标准化法测定 TOC。

三、质量控制

各种检测目标物依据不同的持留时间（经 GC-MS 法确认）来鉴定，并通过内标法来定量。抽取样本采用 GC-MS 检测以确定目标物浓度。每日采用有机氯农药标准品校正仪器测算值，使误差低于 15％。采用饱和样与待测样混合，以监测程序性能和混合效应。空白色谱图中无明显的重叠峰。有机氯农药的检测限为信噪比（S/N）不高于 3。采用 20 ng 混合标准品测得有机氯农药回收率峰值为 72％～103％。相对标准偏差（RSD）为 4％～10％。

四、致癌风险模型

终生致癌风险（ILCR）表示个体暴露于某特定化学致癌物后终生发生癌症的可能性。研究中对宁德有机氯农药暴露人群的终生致癌风险进行估算。人体对有机氯农药的暴露途径包括：①直接摄入基质颗粒；②含有机氯农药的颗粒物吸附至皮肤后经真皮吸收；③土壤二次悬浮至空气中后经口鼻吸入有机氯农药。因此，可应用如下修订后的 USEPA 推荐的公式来估算以上 3 种暴露途径的 ILCR：

$$ILCRs_{ingestion} = \frac{C_{soil} \times CSF_{ingestion} \times \sqrt[3]{BW/70} \times IR_{soil} \times EF \times ED}{BW \times AT \times CF} \tag{1-28}$$

$$ILCRs_{dermal} = \frac{C_{soil} \times CSF_{dermal} \times \sqrt[3]{BW/70} \times SA \times FE \times AF \times ABS \times EF \times ED}{BW \times AT \times CF} \tag{1-29}$$

$$ILCRs_{inhalation} = \frac{C_{soil} \times CSF_{inhalation} \times \sqrt[3]{BW/70} \times IR_{air} \times EF \times ED}{BW \times AT \times PET} \tag{1-30}$$

式中 C_{soil} 为土壤中污染物的浓度（单位：mg/kg）；CSF 为致癌斜率因子［（单位：(mg/kg/d)$^{-1}$］；BW 为观察人群的平均体重（单位：kg）；IR_{soil} 为土壤摄入率（单位：mg/d）；EF 为暴露频率（单位：d/a）；ED 为暴露期限（单位：a）；AT 为平均寿命（单位：d）；SA 为接触土壤的表面皮肤面积（单位：cm^2/d）；EF 为暴露于污染土壤的皮肤的比例；CF 为转换因子（106 mg/kg）；AF 为皮肤吸附土壤因子（单位：mg/cm^2）；ABS 为特定化学物真皮吸收因子；IR_{air} 为呼吸速率（单位：m^3/d）；PET 为颗粒散发因子（单位：m^3/kg）。

由于其中的几个暴露参数，如体重、土壤摄入率和呼吸率年龄增长而变化，可按 3 个年龄组估算癌症风险，即儿童期（0～10 岁），青春期（11～18 岁）和成年期（19～70 岁）。有机氯农药的致癌斜率因子可由 IRIS 获得。各个年龄组总风险是 3 种暴露途径风险之和。

有机氯农药在宁德土壤的高检出率表明研究当地农田土壤中有机氯农药污染的广泛存在，其中 DDT 类、HCH 类和硫丹类是主要类型。蔬菜土壤中有机氯农药的残留水平普遍高于水田土壤。潜在来源分析结果表明大部分土壤样本中残留有机氯农药属于既往应用残留，也有一些研究区域的土壤有机氯农药属于当前林丹和 DDT 农药的施用。TOC 和一部分有机氯农药的密切联系表明前者是土壤中持留有机氯农药的重要影响因素。依据发表的相关指南和既往研究，宁德土壤残留有机氯农药水平属于轻度污染，适用于农业生产。但是，当地暴露人群有较高的致癌风险，特别是从事农业生产者。

五、结果与分析

1. 耕地土壤有机氯农药残留水平 研究者采集了宁德市耕地土壤样本，检测样本中 20 种有机氯农药含量，分析有机氯农药在当地耕地土壤中的分布特征及相关因素，并评估有机氯农药的致癌风险。经检测，当地耕地土壤中有机氯农药含量范围是 3.66～658.42 ng/g，平均为 78.83 ng/g。土壤中残留有机氯农药平均剂量顺序：DDT 类＞HCH 类＞硫丹类＞其他。土壤中 DDTs、HCHs 和硫丹类农药占

78.28%，构成主要的有机氯农药污染类型。造成农田土壤污染的主要的有机氯农药为六六六、滴滴涕和硫丹。农作物中有机氯农药残留量显著高于对应耕种的农田土，这可能主要是由于有机氯农药在土壤中的降解。DDTs 和 HCHs 的高残留与既往的使用有关。

2. 分布特征

(1) 空间分布。所研究有机氯农药浓度在土壤中具有明显的梯度，研究当地土壤中有机氯农药变异系数超过了 113.04%。有机氯农药在山地土壤中的分布可能与农业耕种活动有关。随着地势增高（1~1 067 m），人类活动对环境产生的效应减小，基于 Spearman 非参数检验，有机氯农药残留量与地势高度未见相关。因此，该种情况可能是由于对有机氯农药的随意应用和缺乏管理造成的。研究当地中部和东部农田土壤有机氯农药残留水平较高。HCHs 在当地残留水平较高。DDTs 的变异趋势与总有机氯农药相符，表明 DDTs 属于耕地使用较多的有机氯农药。当地中部耕地土壤中硫丹类农药高于其他部分土样。硫丹类残留较高的土壤样本中，DDT 类残留水平也较高，而 HCH 类未发现该趋势。该种情况，除了因为硫丹和 DDT 属于有机氯农药的主要类型，也可能是由于当地农业生产中农药主要应用于抗虫害或农作物种类的需要，以及各种有机氯农药的不同特性造成的。

(2) 不同用途耕地中有机氯农药的分布。耕地用途直接影响农药的使用，而对有机氯农药的滥用也是导致当地土壤农药残留水平较高的重要因素。各种有机氯农药在蔬菜种植农田土中残留浓度普遍高于水田土。蔬菜较谷物类农作物更易发生病虫害，因此单位地块有机氯农药使用量前者高于后者。DDT 类农药在蔬菜种植土样中显著低于水田土，体现在两种耕种土用途的差异性。与水田土中情况不同，β-HCH 并非蔬菜种植土中 HCH 的主要类型。

3. HCHs、DDTs 和硫丹的污染源解析

(1) 分子构成分析。采用所选有机氯农药的几个同质异构体比例来鉴别当地土壤中有机氯农药是来源于既往施用还是新近施用的。在中国，HCH（α-HCH 71%，β-HCH 6%，γ-HCH 14%，δ-HCH 9%）自 1950 年广泛用于农业生产，直至 1983 年 HCH 被禁止使用。之后，硫丹作为替代品被用于农业生产，其中含 100% 的 γ-HCH。无论什么用途的耕地，绝大部分土样中 α-/γ-HCH 的比值小于 3，表明硫丹残留属于近几年使用硫丹的结果。大部分 HCHs 高残留（>20.0 ng/g）土样中 α-/γ-HCH 比值也较高，表明土壤中 HCHs 的高残留主要来源于既往的施用。

在中国 DDT 污染的主要来源是农业生产中 DDTs 和三氯杀螨醇的大量使用。化学合成的 DDT 含超过 85% 的 p, p'-DDT 和低于 15% 的 o, p-DDT。大部分土样中（p, p'-DDE + p, p'-DDD）/p, p'-DDT 比值远远大于 1，表明当地耕田土的 DDTs 高残留来源于既往施用。

既往研究证实，o, p'-DDT/p, p'-DDT 比值位于 1.3~3.9，高于 9.3 时表明来源于三氯杀螨醇的施用，而位于 0.2~0.3 时来源于技术性 DDT 使用。

化学合成硫丹包括约 70% 的 α-硫丹和约 30% 的 β-硫丹。在蔬菜种植农田，α-硫丹/β-硫丹比值低于 2.33，表明当地可能新近施用过硫丹。部分水田土样 α-/β-硫丹比值较高，表明当地部分农田持续使用了硫丹。需要注意的是所采集的土壤样本中有 4 个土样中 β-硫丹含量低于检测限，但含有相当量的 α-硫丹和硫酸硫丹。这可能是由于 α-硫丹的蒸汽压和亨利系数高于 β-硫丹，因此前者从介质表面挥发倾向更高，这也是造成 α-硫丹在环境中有较大范围迁移的原因。

(2) 主成分分析。此外研究中还做了主要构成分析（PCA）以鉴别土壤中有机氯农药可能来源和降解情况。两种类型耕地土壤中有机氯农药的大部分变异（>86%）可由 3 个特征向量因子来解释。在水田土，PC1 与 β-HCH、δ-HCH、p, p'-DDD、p, p'-DDE 和 o, p'-DDT 具有较高的关联，但其他 HCH 同质异构体随时间降解和转化导致 β-HCH 是该种土壤中的主要残留类型。但是，p, p'-DDD 和 p, p'-DDE 是 p, p'-DDT 的主要降解产物。因此，该种情况表明这些物质具有相似的来源，为

DDT 和 HCH 降解的结果。PC2 在 p，p'-DDT、α-硫丹、β-硫丹上具有高的正载荷，表明这些物质具有相似的理化特点，如较其他类型有机氯农药更高的挥发性。在蔬菜种植农田土壤，PC1 与 HCH 和 p，p'-DDD 关联更高。PC2 与 p，p'-DDE、α-硫丹、β-硫丹和硫酸硫丹的联系更紧密，表明这些类型的农药具有相似来源。PC3 与 p，p'-DDT 和 o，p'-DDT 具有较强的正关联，表明这两者来源相同。基于以上 DDT 构成分析，可以确定 DDT 的主要来源是技术性 DDT 而非三氯杀螨醇。值得注意的是，在这两种类型的农田土中 p，p'-DDT 和 p，p'-DDE、p，p'-DDD 是不同的。这些结果表明当地耕地土壤中 DDT 的降解和既往或当前技术性 DDT 的来源解析较为复杂。

4. 总有机碳（TOC）的效应　土壤中的有机质（SOM）由于具有疏水性，具有吸附有机氯农药的倾向，而土壤中高含量的 SOM 适合其中微生物的生存，这些微生物可促进有机氯农药降解。因此，TOC 对土壤中 OCP 的降解行为有重要影响。本研究中土壤样本中 TOC 含量范围是 $0.65\% \sim 7.46\%$。而且几种有机氯农药含量（即便是对数转换值）也不符合正态分布。因此我们采用了 Spearman 非参数检验来探究两种类型土壤中有机氯农药和 TOC 的关联。

水田土中有机氯农药、HCHs 及其同质异构体浓度与 TOC 含量具有显著正相关，而蔬菜种植土中硫丹、硫酸硫丹含量与 TOC 具有显著负相关。这表明 TOC 是影响土壤中这些农药残留的重要因素。但是在其他有机氯农药，特别是 DDTs，未见与 TOC 的关联。土壤中 OCP 浓度与 SOM 成一定比例，可能与土壤-空气达到平衡相关。但是单一 OCP 与 TOC 无相关关系，表明这些农药残留的空间分布与土壤中 TOC 未达到吸收平衡。由于 DDT 的异构体具有相对高的 $\log K_{ow}$（辛醇水分配系数），并且易于被土壤吸收，它们在施用于耕地后更易于挥发进入大气，也因此不易于达到在土壤中的恒定。这也印证了在本研究中两种类型耕地土壤中 DDTs 和 TOC 未见关联。

5. 风险评估

（1）潜在生态风险。为了阐明土壤环境中 OCP 残留的潜在生态危险，我们将有机氯农药残留浓度与土壤环境质量标准进行对比。依据荷兰制的目标值，当地 25 处采样点土壤样本中 HCHs 残留量超过了该目标值（10 ng/g）。仅有 8 个采样点土壤中 DDTs 含量低于 DDTs 目标值（2.5 ng/g）。此外，大部分土样中 HCB 和异狄氏剂低于无污染水平（2.5 ng/g）。所有土样中 HCHs 和 DDTs 含量均低于我国农业生产土壤二级质量标准（500 ng/g，GB 15618—1995）。为了保护植物和无脊椎动物、小的鸟类和哺乳动物，土壤中 DDTs 最大容许量分别为 10、11、190 ng/g。有一半的土样中 DDTs 含量超过了 11 ng/g，其中有 3 处土壤样本 DDTs 含量高于 190 ng/g。因此当地有机氯农药水平属于中度污染水平，仍然存在潜在生态危险。基于我国的土壤质量标准，该地土壤适用于农业生产，不需要采取生态修复措施。

（2）致癌风险。研究中通过估算个体终生致癌风险来阐述当地人群通过 3 种主要途径（即经口、皮肤和吸入）暴露于土壤有机氯农药时的整体健康风险。根据大部分标准，ILCR 界于 10^{-6} 和 10^{-4} 之间时表示具有潜在危险性，小于等于 10^{-6} 时表示无危险，而超过 10^{-4} 时认为有较大风险。调查发现，各个年龄组人群暴露于各种有机氯农药的 ILCRs 的 95% 置信区间均大于 10^{-4}，表明当地人群面临较大致癌风险。值得注意的是，该结果可能与我国土壤安全质量标准（GB 15618—1995）结论不同，该标准可能更多注重农业安全生产而忽略了污染土壤对公众特别是从事农业生产者的不良健康效应。不同途径暴露所构成的风险具有差异，按风险构成比例从小至大依次为吸入＜皮肤吸收＜经口摄入。经口和皮肤吸收摄入有机氯农药导致的致癌风险是经吸入造成的风险的 $10^4 \sim 10^5$ 倍，因此经呼吸摄入 OCP 是致癌风险最小的。

六、结论

宁德山区土壤中有机氯农药的高检出率表明，当地农业生产中有机氯农药的使用较多。DDTs、

HCHs和硫丹是主要应用的OCP类型。蔬菜种植田土壤中有机氯农药残留水平高于水田土。潜在来源分析表明大部分土壤样本中残留有机氯农药来源于既往有机氯农药的使用；而林丹和DDT在当地部分地区耕地也有新近使用。TOC和一部分类型的OCP具有关联表明TOC是影响土壤OCP的重要因素。根据国家标准，当地土壤中OCP水平对农作物种植是安全的，但是基于我们所计算得到的ILCR参数，当地土壤中有机氯农药残留具有较高的人群致癌风险。

参 考 文 献

[1] 周宜开.土壤污染与人体健康[M].北京:中国环境出版社,2013.

[2] 杜世勇,崔兆杰.多环境介质中持久性有机污染物的特征及环境行为[M].北京:科学出版社,2013.

[3] 窦磊,杨国义.珠江三角洲地区土壤有机氯农药分布特征及风险评价[J].环境科学,2015,36(8):2954-2963.

[4] 胡春华,陈禄禄,李艳红,等.环鄱阳湖区水稻-土壤有机氯农药污染及健康风险评价[J].环境化学,2016,35(2):355-363.

[5] 时磊,孙艳艳,吕爱娟,等.长三角部分地区土壤中22种有机氯农药的分布特征[J].岩矿测试,2016,35(1):75-81.

[6] 王迎,宋文筠,王友诚,等.天津地区土壤环境中有机氯农药残留特征研究[J].农业资源与环境学报,2016,33(5):449-458.

[7] 刘彬,李爱民,张强,等.有机氯农药在湖北省菜地土壤中的污染研究[J].中国环境监测,2016,32(3):87-91.

[8] 迭庆杞,聂志强,刘峰,等.海河上游地区土壤有机氯农药的分布特征研究[J].环境科学与技术,2015,38(2):3-88.

[9] 范钊.黄河流域农田土壤有机氯农药残留污染特征研究[J].江苏农业科学,2016,45(5):414-419.

[10] 环境保护部自然生态保护司.土壤污染与人体健康[M].中国环境科学出版社,2013.

[11] 孟佩俊,李淑荣,和彦苓,等.土壤中有机氯农药的分布特征及健康风险评估研究[J].包头医学院学报,2017,33(6):130-135.

[12] 刘柳,张岚,李琳,等.健康风险评估进展[J].首都公共卫生,2013,7(6):264-268.

[13] Fryer M,Collins CD,Ferrier H,et al. Human exposure and modeling for chemical risk assessment:A review of current approaches and research and policy implications [J]. Environmental Science and Policy,2006,9(3):261-274.

[14] Wiberg K,Aberg A,Mc Kone TE,et al. Model selection and evaluation for risk assessment of dioxin-contaminated sites [J]. AMBIO:A Journal of the Human Environment,2007,36(6):458-466.

[15] 张荷香,章荣华.有机氯和有机磷农药暴露人群生物标志物研究进展[J].中国卫生检验,2010,20(2):456-458.

[16] 刘国红,刘西平,杨克敌.产妇体内有机氯农药残留对血中4种生殖激素水平的影响[J].环境与职业医学,2005,22(6):519-522.

[17] 刘守亮,秦启发,李启泉.孝感地区人体有机氯农药蓄积水平[J].环境与健康,2004,7(21):238-240.

[18] 金莎丽,杨跃林,范莉.头发作为有机氯农药污染生物监测材料的可行性研究[J].中国工业医学,2002,15(4):205-207.

[19] 杨代凤,刘腾飞,谢修庆,等.我国农业土壤中持久性有机氯类农药污染现状分析[J].环境与可持续发展,2017,42(4):40-43.

[20] 朱优峰,徐晓白,习志群.有机氯农药在多介质环境中迁移转化的研究进展[J].自然科学进展,2003,13(9):910-916.

（王　齐　史黎薇）

第二章 有机磷农药污染与健康

有机磷农药（organophosphorus pesticides，OPs）是一类用于防治植物病、虫、害的含有磷原子的有机酯类化合物，在体内与胆碱酯酶形成磷酸化胆碱酯酶，使胆碱酯酶活性受抑制，而产生毒性作用的一类农药的总称，大多为磷酸酯类或硫代磷酸酯类。这一类农药品种多、药效高、用途广、易分解，在人、畜体内一般不积累。近年来，高效低毒的品种发展很快，逐步取代了一些高毒品种，使有机磷农药的使用更安全有效，已成为目前我国品种最多、生产量最大和应用最广的一类农药。但仍有不少品种对人、畜的急性毒性很强，在生产、运输及在农药中的滥用，严重危害了人类赖以生存的生态环境，土壤中的有机磷农药随着地表径流，逐渐深入地下水，污染水源和邻近土壤，很大程度上破坏了自然界的生态平衡，损害着动物和人类的身心健康。

第一节 有机磷农药污染

一、有机磷农药的理化性质和特征

有机磷农药是含 C—P、C—O—P、C—S—P 或 C—N—P 键的有机化合物，可分为磷酸酯型、硫代磷脂型、硫磷酸酯型、硫醇磷酸酯型、磷酰胺型和磷酸酯型等 6 个主要类型，其结构如图 2-1 所示。结构式中 R_1、R_2 多为甲氧基（CH_3O-）或乙氧基（C_2H_5O-），乙氧基的 OPs 毒性高于甲氧基；Z 为氧（O）或硫（S）原子，Z 为氧原子的种类毒性作用较迅速，而为硫原子的作用缓慢，但持续时间较长；X 为烷氧基、芳氧基或其他取代基团。有机磷农药的毒性取决于磷原子的电正性，磷氧双键（P=O）被磷硫双键（P=S）取代后毒性降低；羟基（—OH）被甲、乙、丙氧基（$-CH_3O$、$-CH_3CH_2O$、$-CH_3CH_2CH_2O$）取代后有机磷农药毒性依次增强；磷氧单键（P—O）毒性高于磷碳单键（P—C）。

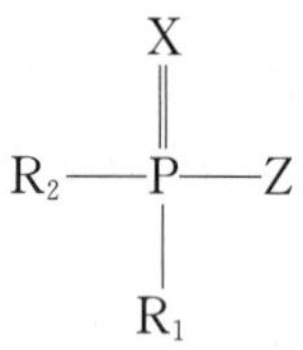

图 2-1 有机磷农药结构通式

世界上有机磷农药商品已达 150 多种，我国常用的有 30 多种。有机磷农药大多呈油状或结晶状，工业品呈淡黄色至棕色，除敌百虫和敌敌畏之外，大多具有蒜臭味。一般不溶于水（乐果、敌百虫除外），易溶于有机溶剂（如苯、丙酮、乙醚、三氯甲烷及油类），对光、热、氧均较稳定，在中性和酸性条件下稳定，遇碱易分解破坏（敌百虫例外，敌百虫遇碱可转变为毒性较大的敌敌畏）。市场上销售的有机磷农药剂型主要有乳化剂、可湿性粉剂、颗粒剂和粉剂四大剂型。近年来混合剂和复配剂已逐渐增多。

有机磷农药主要具有以下几个方面的特征：①在自然环境和动植物体内易降解。正确使用时残留问题小，不致污染环境且在高等动物体内无累积毒性。②杀虫效率高，广谱，作用方式多样（如触杀、胃毒、熏蒸）。③毒性差异大。辛硫磷、马拉硫磷及敌百虫等毒性低，而对硫磷、甲拌磷为剧毒品种，总体而言，有机磷杀虫剂的毒性偏高。④易解毒。对有机磷杀虫剂引起的急性中毒有特效的解毒药，如解磷定和阿托品。⑤与有机氯农药、拟除虫菊酯类杀虫剂相比，害虫对有机磷杀虫剂的抗药性缓慢。

二、有机磷农药的生产、使用及污染现状

有机磷农药因高效、快速、广谱等特点，一直在农药中占有重要的位置，是目前应用最广泛的杀虫剂，是最重要的一类农用化学品，是当前农药中的三大支柱之一。从 20 世纪 40 年代成功开发以来，已经历了半个多世纪的发展。我国生产和使用的有机磷农药大多数属于高毒性及中等毒性，杀虫效率高，杀虫范围广，价格低廉，用药量少，在品种的数量、产量和市场占有率方面都居各种农药的首位。因此，目前在防治农林业的病虫害方面具有实际意义。我国在农业生产过程中，病、虫、鼠害的现象比较严重，因而农药的使用量和农药的中毒比例都位居世界前列。在我国农药生产过程中，总产量中的杀虫剂就占 70%，然而杀虫剂中就有机磷类占 70%，有机磷类杀虫剂中高毒农药占 70%，其中甲胺磷、甲基对硫磷等不少国外早已禁用或限制使用的剧毒或高残留农药在我国仍占有很高的比例（约占我国剧毒农药产量的 50%）。为了保障我国的农业生产产量与质量，增强农药的药效及克服抗性，降低农药的毒性，从而提高农业生产的经济效益，有机磷农药大多都会采取混配的形式，这样的混配形式也成为我国今后有机磷农药发展的主要趋势。随着劳动力转移、土地流转、种田大户增加，专业化防治组织蓬勃发展，有机磷农药需求量将会不断增长。

为保障农业生产的效益与产量，农药的广泛大量使用，势必对环境造成污染。有机磷农药污染的途径主要来源于两个方面：①直接污染，比如粮食和蔬菜等作物在生长过程中，为了防治病虫害不得不大量施用有机磷农药；②间接污染，比如用被有机磷农药污染的水灌溉农田、菜地使得农作物间接吸收农药导致食品的污染，以及比如食品加工厂、家庭中为驱赶、消灭蚊虫、苍蝇而喷洒敌敌畏等有机含磷杀虫剂，都会使食品受到不同程度的污染等。在中国，有机磷农药对农畜产品的污染问题日渐突出，在粮食作物和经济作物中均有检出，农药残留超标现象严重。尤其对于生长期短的蔬菜类食品，由于害虫多、用药量大且不规范使用有机磷农药、采摘期短等原因，使得有机磷农药残留超标现象更加突出。据农业部调查研究显示，目前中国农业用药以杀虫剂为主，占农药总用量的 77.76%，其中又以甲胺磷、对硫磷、甲基对硫磷、乐果、敌敌畏等毒性较高的品种使用最多，占杀虫剂总用量的一半以上。近些年来，国内众多研究团队对我国蔬菜、瓜果、谷类、茶叶、水产品中的农药残留等进行了广泛的调查研究，发现有机磷农药的检出率较高，某些农残超标也经常会出现，甚至出现违禁有机磷农药的检出，因此，需要加强食品中有机磷农药残留的检测和管理。

三、有机磷农药的环境行为

有机磷农药的环境行为主要包括农药在土壤中的吸附和脱附，农药的水解，农药在土壤、水体和固体表面的降解（光降解），农药在土壤中的降解（化学降解和生物降解），农药在土壤中的淋溶、迁移，农药在环境中的转化，农药与土壤活性作用机理等方面。

（一）水解

有机磷农药多数为磷酸酯或硫代磷酸酯，它们均可在酸性和碱性条件下发生水解，但水解机理有所不同。磷酸酯在碱性条件下，羟基负离子进攻磷酰基的磷原子，形成五配位磷过渡态，随后烷氧基离去；而在酸性或中性条件下，首先磷酸酯 P—O—C 键上的氧原子质子化，再由水分子进攻碳原子。对硫代磷酸酯来说，其碱性水解与磷酸酯相似，但由于烷硫基比烷氧基酸性强，烷硫基常作为离去基

团，即其水解时 P—S 键断裂；而在酸性水解时，也是 P—S 键断裂，但水解过程不同，它是先通过 S 原子的质子化，再由水分子直接进攻 P 原子进行的。

有机磷农药在环境如土壤和水生系统中的水解速率与在纯水中的反应速率不一样。一般情况下，环境体系中的组分如有机质、矿物成分、金属离子等及这些组分的理化性质都会对有机磷农药水解反应的速率产生影响。有机磷农药进入土壤和水体后，能被土壤和水体底泥中的有机质和矿物所吸附，发生吸附-催化作用，加快农药的水解反应。如在 Na-黏土和 K-黏土体系中，对硫磷水解为 O-乙基-O-喹啉-2-硫代磷酸，而在 Cu-黏土、Fe-黏土和 Al-黏土催化下，对硫磷降解为 2-羟基喹啉。二嗪磷在土壤系统中的降解速率与其最初的吸附程度、土壤的有机质含量及 pH 值有关；而在无土系统中，二嗪磷的水解是由酸或碱催化的，但与 pH 值相同的土壤系统相比，其水解速率较慢；即证实了二嗪磷在土壤中的化学降解和土壤对二嗪磷水解反应的吸附-催化反应。

（二）氧化还原反应

农药进入土壤以后，即使在没有微生物参与的条件下，有氧或无氧时也会发生氧化还原反应，它是与土壤的氧化还原电位（Eh）密切相关的。当土壤透气性好时，Eh 高有利于有机磷农药在土壤中氧化反应的进行，反之则利于还原反应进行。不同的有机磷农药在土壤中的氧化还原降解性能也不一样。如特丁磷、甲拌磷、异丙胺磷等在土壤氧气充足时候很快氧化；对硫磷、杀螟磷等则在厌氧条件下能很快分解。土壤含水量的多少能影响到土壤的透气性能，进而影响了土壤中氧化还原电位的大小，从而也决定了农药氧化还原降解的快慢。

（三）滞留与迁移

农药在土壤环境中的行为和归宿，包括滞留（吸附、结合残留等）、迁移（挥发、脱附、淋溶等）和转化（生物、化学及光降解）过程。这些过程除了与农药本身的分子有关外，在很大程度上还受土壤的物理化学、生物、气候等因素影响。一般而言，若农药能被强烈地吸附，则它们就容易滞留在土壤的固相，不易进一步造成对周围环境的污染；反之就容易发生迁移，如被淋溶进入地下水而造成污染。

（四）挥发

农药施撒期间和施撒后由于挥发造成的损失量，少则占药量的百分之几，多则占 50％以上。这不仅大大妨碍有害生物的防治，而且也会污染与害虫防治无关的地区，伤害无害生物，危害人类健康。在控制施用造成的损失时，撒药方法和气象条件是要考虑的重要因素。农药既可以用地面操作设备，也可以用飞机进行喷洒。施撒时风速明显地影响漂移量，温度则影响农药的蒸汽压和化学及光化学降解速率。

（五）光解

有机磷农药对光的敏感程度比其他种类的农药要大得多，其分子能在太阳光的作用下形成激发态分子，导致有机磷农药分子键断裂。如辛硫磷在 253.7 nm 的紫外线下照射 30 h，可产生中间产物即一系列硫代物，但照射 80 h 后，中间产物逐渐光解消失。除直接光解外，有机磷农药还可以在土壤中各种各样催化剂和氧化剂（如 TiO_2、FeO、Fe^{2+} 等）的作用下发生光催化降解。由于有机磷农药容易发生光降解，降解时间短，因此，光降解是它们在环境中转化的一个主要途径。一般来说，有机磷农药的光解研究可从两方面来考虑：一是它本身接受太阳光能量，成为激发态分子而降解；二是它受环境中各种各样的氧化剂和催化剂作用而加快光降解，即间接光解。

（六）微生物降解

农药的微生物降解作用实际上是酶促反应，是一些农药在土壤中迁移转化的主要方式之一，也是其在土壤中降解转化的另一个重要的途径，影响微生物降解的主要条件是微生物种类、温度、土壤的含水量、有机质含量等。有机磷农药的微生物降解主要存在以下过程，一种是微生物本身含有可降解该农药的酶系基因，当有机磷农药进入土壤后，微生物马上能产生降解有机磷农药的降解酶，在这种情况下，降解菌的选育较为容易；另一种是微生物本身并无可降解该有机磷农药的酶系，当农药进入环境以后，由于微生物生存的需要，微生物的基因发生重组或改变，产生新的降解酶系。Yonezawa 等认为当微生物对有机化合物的降解作用是由其细胞内的酶引起时，微生物降解的整个过程可以分为 3 个步骤，首先是化合物在微生物细胞膜表面的吸附，这是一个动态平衡。其次是吸附在细胞膜表面的化合物进入细胞膜内，在生物量一定时，化合物对细胞膜的穿透率决定了化合物穿透细胞膜的量；最后是化合物进入微生物细胞膜内与降解酶结合发生酶促反应，这是一个快速的过程。

四、有机磷农药的检测方法和相关标准

根据有机磷农药的物理、化学及生物学特性，对其检测的常用方法有色谱法、光谱法、酶抑制法和免疫学法等。

（一）色谱法

目前应用于检测有机磷农药的色谱法主要有薄层色谱法、气相色谱法、高效液相色谱法和毛细管电泳法，其中气相色谱法和液相色谱法由于具有检测灵敏度高、定量准确、可同时检测多种有机磷农药等优点而被广泛应用，见表 2-1。

表 2-1　有机磷农药的常用检测方法

检测方法	检测器	前处理方式	目标物种类	检测介质	检出限（μg/kg）
气相色谱法	FPD	基质固相分散萃取	敌敌畏、甲胺磷、氧化乐果、马拉硫磷、对硫磷	浓缩苹果汁	7～25
气相色谱法	FPD	浊点萃取—正己烷反萃取	二嗪磷、嘧啶磷、对硫磷、异柳磷、三唑硫磷	苹果汁	0.13～1.50
气相色谱法	FPD	高速匀浆提取	敌敌畏、甲胺磷、乙酰甲胺磷、氧化乐果等 11 种	蔬菜	10～30
气相色谱法	FPD	振荡提取	敌敌畏、甲拌磷、乐果、二嗪磷等 11 种	金银花、泽泻、川芎	1.0～6.0
气相色谱法	FPD	分散液液微萃取	治螟磷、甲拌磷、二嗪磷、乙拌磷等 23 种	饮用水	0.002～0.016
气相色谱法	FPD	基质固相分散萃取	甲胺磷、乙酰甲胺磷	茶叶	3～10
气相色谱-质谱法	MS	超声提取、固相萃取	甲胺磷、敌敌畏、氧化乐果、甲拌磷等 11 种	高粱籽粒	1～25
高效液相色谱法	DAD	固相提取	乐果、谷硫磷、对硫磷、马拉硫磷、二嗪农、毒死蜱	饮用水	0.02～1.06

检测方法	检测器	前处理方式	目标物种类	检测介质	检出限（μg/kg）
液相色谱、串联质谱法	MS	基质固相分散萃取	特丁硫磷、敌百虫、砜吸磷、磺吸磷等66种	蔬菜	0.18
高效液相色谱法	UV-DAD	固相萃取	甲基对硫磷、对硫磷、辛硫磷	水体	1~5
液相色谱、串联质谱法	MS	固相萃取	马拉硫磷、甲基对硫磷、敌百虫、乙酰甲胺磷	蔬菜	1~10

1. 气相色谱法 气相色谱法（gas chromatography，GC）是一种在有机化学中对易于挥发而不发生分解的化合物进行快速分析和高效分离的色谱技术，常用的检测器主要有火焰光度检测器（flame photometric detector，FPD）、脉冲火焰光度检测器（pulsed flame photometric detector，PFPD）、氮磷检测器（nitrogen phosphorous detector，NPD）、电子捕获检测器（electron capture detector，ECD）及质谱检测器（mass spectrography detector，MSD）等。国家标准 GB 23200.93－2016《食品安全国家标准食品中有机磷农药残留量的测定气相色谱-质谱法》、GB 23200.97－2016《食品安全国家标准 蜂蜜中5种有机磷农药残留量的测定 气相色谱法》、GB/T 5009.20－2003《食品中有机磷农药残留量的测定》、GB/T 5009.145－2003《植物性食品中有机磷和氨基甲酸酯类农药多种残留的测定》、GB/T 14553－2003《粮食、水果和蔬菜中有机磷农药测定的气相色谱法》、GB/T14552－2003《水、土中有机磷农药测定的气相色谱法》、GB/T 18969－2003《饲料中有机磷农药残留量的测定气相色谱法》、农业行业标准 NY/T 761《蔬菜和水果中有机磷、有机氯、拟除虫菊酯和氨基甲酸酯类农药多残留的测定》、进出口检验检疫标准 SN/T1739－2006《进出口粮谷和油籽中多种有机磷农药残留量的检测方法气相色谱串联质谱法》、SN/T2324－2009《进出口食品中抑草磷、毒死蜱、甲基毒死蜱等33种有机磷农药残留量的检测方法》中即规定了水果、蔬菜、谷类中有机磷农药的残留量分析方法，均是基于气相色谱的检测系统，配置的检测器包括 FPD、NPD 或 MSD。

2. 高效液相色谱法 气相色谱法对于一些热不稳定、极性很强、分子量较大和离子型农药或代谢产物的检测有一定难度，而高效液相色谱法（high performance liquid chromatography，HPLC）分离条件相对温和，在这些残留物的检测上就显示了其优越性。张卓旻等建立了固相萃取高效液相色谱（SPE-HPLC）测定蔬菜中甲基对硫磷、三唑磷、乙基对硫磷、倍硫磷和辛硫磷5种有机磷农药的分析方法，检出限介于 0.10~0.17 μg/g，完全符合蔬菜中痕量有机磷农药残留的快速分析要求。高效液相色谱-质谱联用法（HPLC-MS）也比较常用，比如进出口检验检疫标准 SN/T1923－2007《进出口食品中草甘膦残留量的检测方法液相色谱-质谱/质谱法》和司法鉴定技术规范 SF/Z JD0107005－2016《血液、尿液中238种毒（药）物的检测液相色谱-串联质谱法》即规定了液质联用的方法检测食品或生物样品中的有机磷农药。潘见等采用 HPLC-MS 测定菠菜中13种有机磷农药残留，13种有机磷类农药的定量限均小于 9.0 μg/kg，显著低于日本肯定列表制度的限量。梁达清等采用 HPLC-MS 测定香菇中23种有机磷农药多残留，方法的定量限达到 0.01 mg/kg，回收率为 70.2%~105%，相对标准偏差为 3.5%~13%，该方法灵敏、准确、快速，可满足香菇中多种有机磷农药的检测要求。刘建军采用 HPLC-MS 测定大米中34种有机磷农药含量，34种有机磷农药的测定下限为 0.01 mg/kg，回收率为 60.3%~112%。

3. 毛细管电泳法 毛细管电泳法（capillary electrophresis，CE）是以弹性石英毛细管为分离通道，以高压直流电场为驱动力，依据样品中各组分之间淌度和分配行为上的差异而实现分离的电泳分离分析方法。该方法取样技术能够达到活体、实时取样、动态检测、高效、运行成本低、样品用量少等特点。阙木旺采用胶束电动毛细管色谱法（MEKC）技术对氧乐果、乐果、敌百虫这 3 种有机磷农药进行分离，它们的检测限分别为 0.11 μg/ml、0.06 μg/ml、0.1 μg/ml，效果显著。

（二）光谱法

目前应用于有机磷农药检测的光谱法主要包括荧光光谱法（fluorescence spectroscopy）、分光光度法（spectrophotometric method）等，此外，有学者也将 THz 光谱技术应用于农药残留量的检测。王清路等利用荧光光谱法建立了一种对敌敌畏和乐果的荧光光谱特征分析和半衰期测定的方法，敌敌畏和乐果均以 280 nm 波长光线激发时，敌敌畏的发射峰在 328 nm 处，而乐果在 574 nm 处；大白菜叶面敌敌畏的半衰期约为 48 h，而乐果约为 72 h，为蔬菜上的农药残留检测提供了参考。颜志刚等研究了有机磷农药乙酰甲胺磷的 THz 光谱，为利用 THz 技术检测农药分子提供了参数和进一步检测农药残留打下了基础。

（三）酶抑制法

酶抑制法是根据昆虫毒理学原理发展而成的，有机磷农药作为酶的抑制剂，与乙酰胆碱争夺酶功能部位，抑制了乙酰胆碱的水解，故在酶反应中加入底物和显色剂观察颜色变化可判断是否存在有机磷农药残留。王文等采用酶抑制法检测大蒜中有机磷和氨基甲酸酯类农药残留，发现待测液的酸碱度没有影响农药的定性判别结果，且极大地降低了大蒜样品假阳性的发生，将 pH 值 8.0～9.0 确定为最佳检测条件，不仅有效地减小了大蒜检测中产生的含硫物质对乙酰胆碱酯酶的抑制作用，同时保证了有机磷和氨基甲酸酯类农药的正常检测。黄志勇等比较了快速测定蔬菜中有机磷农残的胆碱酯酶抑制法和植物酯酶抑制法，结果发现两种酶抑制快速测定方法均可用于蔬菜中有机磷农残的测定，其加标回收率都达到 85% 以上，但植物酯酶法的测定偏差小于 3%，精密度较前者更胜一筹。植物酯酶抑制法对久效磷、乐果及辛硫磷的最低检出限范围为 0.03～0.40 mg/kg，而动物酯酶抑制法对相应农药的最低检出限为 0.04～0.50 mg/kg。

酶抑制生物传感器具有灵敏度高、响应快速、结构简单、成本低廉等优点。Losiane 等用乙酰胆碱酯酶传感器测定西红柿中的西维因，并与高效液相色谱法比较，取得较好的分析结果。Suprun 等用传感器对涕灭威、对氧磷和甲基对硫磷等 3 种农药残留进行检测，检出限分别为 30 μg/ml、10 μg/ml 和 5 μg/ml。这些研究为胆碱酯酶有机磷传感器的发展做了有意义的探索。薛瑞等采用层层自组装技术将乙酰胆碱酯酶和金纳米粒子通过静电作用固定到玻碳电极表面，成功地用于蔬菜样品中甲基对硫磷含量检测。Yang 等将铂、羧基石墨、全氟硫酸复合成纳米复合物，对酶电极进行了修饰，用于检测甲基对硫磷和虫螨畏，并且检出限达 10～14 μg/ml。刘淑娟等提出了在金电极面上电沉积二氧化锆纳米粒子固定胆碱酯酶，构建电流型传感器，以实现有机磷的定量检测。该传感界面能有效保持酶的活性，使传感器具有良好的响应性能，但只适于测定有机磷和氨基甲酸酯类农药的总量，在实现多种有机磷农药检测方面有待提高。

（四）免疫学法

免疫学（分析）法主要包括免疫吸附分析法（immunoadsorbent method）、化学发光免疫分析法（chemiluminescence immunoassay，CLIA）、电化学免疫分析法（electrochemical immunoassay，ECLIA）、胶体金标记技术（gold immune chromatography assay，GICA）等。目前有机磷农药残留免疫分析技术尚处于研究开发阶段，只有少数产品化，且多数为单一品种农药的检测。胡寅等采用纳米酶联免疫分析方法开展了多种有机磷农药识别作用研究，纳米磁珠间接竞争 ELISA 对毒死蜱、喹硫磷、敌百虫、三唑磷、乙拌磷、伏杀磷、对硫磷、敌敌畏和久效磷均有较好的识别作用，IC50 为 1.29～6.34 μg/ml，比传统 ELISA 降低了 68.3 %～95.6 %，灵敏度大大提高。Jin 等应用 CLIA 法检测蔬菜水果的三唑磷农药，最低检测限达 0.063 ng/ml，添加回收率在 67 %～122 %，与液质串联质谱法有良好的相关性（$R^2 = 0.899\,6$）。Wei 等利用 ECLIA 对甲基毒死蜱进行检测，得到线性范围在 0.4～20 ng/ml，在土壤和葡萄糖中的加标回收率为 96.4 %～109.3 %，变异系数为 9.1 %。相比 CLIA 法，ECLIA 能更准确地控制反应的开始。王菡等在已制备出抗一类有机磷农药的特异性单克隆抗体的基础上，又通过鞣酸-柠檬酸三钠还原法制备出直径（16.08±0.64）nm、质地均一的胶体金，并且以此标记单克隆抗体，组装胶体金免疫层析检测板，该检测板对标准毒死蜱的检测限为 4 μg/ml，检测时间为 5 min，检测灵敏度较好，且基质的干扰效应不明显，实现了有机磷农药的检测。

目前检测有机磷农药的方法在应用到实践中时显现出许多不足，比如酶抑制法灵敏度不高、气相色谱法成本高及化学发光免疫分析法的单一性等，需要在实践中不断完善改进。但是每种方法也有其独特的优点，比如酶抑制法可以较大范围、快速检测有机磷农药残留，气相色谱法分析速度快、一次可检测多种成分，化学发光免疫分析法成本低、设备简单。从总体来看，发展准确、快速、经济、结果可靠的检测方法将是有机磷检测方法的方向，尽可能让现有的技术在实践中得到完善和改进，使有机磷检测技术达到一个新的高度。

第二节　有机磷农药的毒性机制

一、暴露途径

有机磷农药因具有高效、低毒、低残留等优点而被广泛用于家庭杀虫和农业生产中。人群暴露于有机磷农药主要有 3 种途径：①通过食物和水；②通过接触被有机磷农药污染的物体表面、衣物和皮肤；③通过吸入喷洒在空气中的农药。人体摄入的往往不只是单一的有机磷的化合物，而是有机磷农药混合物。

二、代谢、分布和累积

有机磷农药可经消化道、呼吸道及完整的皮肤和膜进入人体。职业性农药中毒主要经皮肤暴露引起。吸收的有机磷农药在体内分布于各器官，其中以肝脏含量最大，脑内含量则取决于农药穿透血脑屏障的能力。体内的有机磷首先经过氧化和水解两种方式进行生物转化：氧化使毒性增强，如对硫磷在肝脏滑面内质网的混合功能氧化酶作用下，氧化为毒性较大的对氧磷；水解可使毒性降低，对硫磷在氧化的同时，被磷酸酯酶水解而失去作用。其次，经氧化和水解后的代谢产物，部分再经葡萄糖醛酸与硫酸结合反应而随尿排出；部分水解产物对硝基酚或对硝基甲酚等直接经尿排出，而不需经结合反应。

三、毒性效应

乙酰胆碱在交感、副交感神经节的突触后膜和神经肌肉接头的终极后膜上与烟碱型受体结合，引起节后神经元和骨骼肌神经终极产生先兴奋、后抑制的效应。有机磷农药中毒的主要机制是使乙酰胆碱酯酶的活性位点——丝氨酸羟基磷酸化，使起神经传递作用的乙酰胆碱酯酶失活，导致胆碱能受体位点的乙酰胆碱大量堆积，引起胆碱能神经的持续兴奋，影响中枢和外周神经系统。有机磷农药进入机体后与胆碱酯酶结合形成磷酰化胆碱酯酶，通常有两种形式，一种结合不稳固（如对硫磷、内吸磷、甲拌磷等），部分可以水解恢复功能；另一种形式结合稳固（如三甲苯磷、敌百虫、敌敌畏、对溴磷、马拉硫磷等），使被抑制的胆碱酯酶不能再恢复功能。

胆碱酯酶失去催化乙酰胆碱水解作用，造成体内大量乙酰胆碱蓄积，积聚的乙酰胆碱对胆碱能神经有 4 种作用。①毒蕈碱样作用：乙酰胆碱在副交感神经节后纤维支配的效应器细胞膜上与毒蕈碱型受体结合，产生副交感神经末梢兴奋的效应，表现为心脏活动抑制、支气管胃肠壁收缩、瞳孔括约肌和睫状肌收缩、呼吸道和消化道腺体分泌增多。早期主要表现食欲减退、恶心、呕吐、腹痛、腹泻、流涎、多汗、视力模糊、瞳孔缩小、呼吸道分泌增多，严重时出现肺水肿。②烟碱样作用：乙酰胆碱在交感、副交感神经节的突触后膜和神经肌肉接头的终极后膜上烟碱型受体结合，引起节后神经元和骨骼肌神经终极产生先兴奋、后抑制的效应。这种效应与烟碱相似，称烟碱样作用。病情加重时出现全身紧束感，言语不清，胸部、上肢、面颈部以至全身肌束震颤，胸部压迫感，心跳频数，血压升高，严重时呼吸麻痹。③中枢神经系统作用：乙酰胆碱对中枢神经系统的作用，主要是破坏兴奋和抑制的平衡，引起中枢神经调节功能紊乱，乙酰胆碱大量积聚时主要表现为中枢神经系统抑制，可引起头昏、头痛、乏力、烦躁不安，共济失调，重症病例出现昏迷、抽搐，往往因呼吸中枢或呼吸肌麻痹而危及生命。④迟发性神经病：一般在急性中毒症状缓解后 8～14 d，出现感觉障碍，继而发生下肢无力，直至下肢远端弛缓性瘫痪；严重者可累及上肢，多为双侧。

最新的研究发现，体内和体外接触有机磷农药都会改变线粒体的呼吸链中呼吸作用和能量产生过程中酶的活性，抑制免疫系统功能，导致组织细胞和 DNA 损伤。一些有机磷农药通过降低复合物Ⅰ、Ⅱ、Ⅲ、Ⅳ和Ⅴ活性和 ATP 合成，诱导 ATP 水解；通过降低损伤的线粒体膜电位来使线粒体氧化磷酸化失活；通过加速线粒体活性氧的生成，破坏细胞和线粒体的抗氧化防御功能，加重氧化损伤和细胞死亡；通过破坏线粒体膜的完整性，可以诱导线粒体依赖的细胞凋亡和改变细胞结构；有机磷农药导致的细胞死亡信号是线粒体中钙浓度增多。研究结果表明，在接触有机磷时，线粒体依赖的细胞凋亡是通过易位的细胞色素 C 引发的级联反应。所有细胞都需要线粒体作为一个稳定的能量来源，因此任何会导致线粒体功能障碍的因素都会引起多系统障碍。与心脏相比，神经细胞更容易受到有机磷农药的影响。

四、生物标志物

生物标志物是机体与环境因子（物理、化学或生物学）相互作用所引起的任何可测定的改变，包括环境因子在体内的变化，以及机体在整体、器官、细胞、亚细胞和分子水平上具有明确的生物学意义的各种生理、生化改变。目前在有机磷农药接触的生物监测中，胆碱酯酶可用作效应生物标志物，尿中的代谢产物是接触生物标志物，对氧磷酶是易感性生物标志物，神经毒酯酶（NTE）常用作为迟发性神经病的生物标志物。

（一）胆碱酯酶

作为生物标志物的胆碱酯酶主要有两种类型：一是红细胞乙酰胆碱酯酶，二是血浆胆碱酯酶（又名血浆拟胆碱酯酶或丁酰胆碱酯酶），它们已广泛应用于有机磷农药接触工人的生物监测中。乙酰胆碱酯酶主要参与突触的信息传递，但也少量分布于红细胞表面，而血浆中含量更少；血浆胆碱酯酶主要水解丁酰胆碱。在血浆中丁酰胆碱酯酶比乙酰胆碱酯酶更易受有机磷农药抑制，马拉硫磷、二嗪磷、敌敌畏等有机磷化合物对丁酰胆碱酯酶的抑制较红细胞乙酰胆碱酯酶为早，所以测定这些化合物接触者血清中丁酰胆碱酯酶的浓度可能比红细胞乙酰胆碱酯酶更敏感。然而，丁酰胆碱酯酶抑制与血或脑中的乙酰胆碱酯酶及中毒症状或体征没有联系，丁酰胆碱酯酶活性抑制只能作为接触生物标志物而不是毒性标志物。红细胞乙酰胆碱酯酶同有机磷农药急性神经毒性的靶分子相同，其特异性比丁酰胆碱酯酶强。红细胞乙酰胆碱酯酶活性的抑制一定程度上反映了突触的抑制，可以作为毒性效应生物标志物，研究表明红细胞乙酰胆碱酯酶的抑制程度与有机磷农药中毒症状的严重性及接触强度和时间有很好的相关性。但是在低剂量接触水平，乙酰胆碱酯酶没有明显的抑制，因而不能反映低剂量接触水平。

接触单一有机磷农药后，血清丁酰胆碱酯酶活性要比红细胞乙酰胆碱酯酶活性恢复快。严重中毒时，血浆中的酶减少可持续 30 d，红细胞中的酶减少持续 100 d，这与肝脏中丁酰胆碱酯酶的再合成时间及红细胞的寿命是一致的。血样的采集应在接触毒物后 2 h 内进行，最好采静脉血（少量即足够分析酶活性），因为手指或耳垂的末梢血常常被残留在皮肤上的有机磷农药所污染。

（二）代谢产物

1. 烷基磷酸酯 大多数有机磷农药可在体内代谢成为一种及以上的二烷基磷酸酯。二烷基磷酸酯有 6 种：磷酸二甲酯（DMP）、磷酸二乙酯（DEP）、二甲基硫代磷酸酯（DMTP）、二乙基硫代磷酸酯（DETP）、二甲基二硫代磷酸酯（DMDTP）、二乙二硫代磷酸酯（DEDTP）。这些产物通常可在接触后 24～48 h 内在尿中出现。主要有机磷农药的代谢产物见表 2-2。

表 2-2　主要有机磷农药的代谢产物

名称	代谢产物	名称	代谢产物
保棉磷	DMP，DMTP，DMDTP	马拉硫磷	DMP，DMTP，DMDTP
毒死蜱	DEP，DETP	杀扑磷	DMP，DMTP
内吸磷	DEP，DETP	速灭磷	DMP
二嗪磷	DEP，DETP	对氧磷	DEP
除线磷	DEP	对硫磷	DEP，DETP
敌敌畏	DMP	甲基对硫磷	DMP
乐果	DMP，DMTP，DMDTP	甲拌磷	DEDTP
乙拌磷	DEDTP	伏杀磷	DEP，DETP，DEDTP
皮蝇磷	DMP，DMTP，DMDTP	打杀磷	DEP
杀螟松	DMTP	喹恶磷	DEP，DETP
马拉氧磷	DM P	敌百虫	DMP

Loewenherz 对农业工人子女接触有机磷农药情况进行了生物监测。用气相色谱火焰光度检测器分析了 160 份尿样中的代谢产物，发现 DMTP 是其中最主要的产物。接触组儿童的 DMTP 水平显著高于对照组儿童（$P=0.015$）。平均浓度分别为 0.021 mg/ml 和 0.005 mg/ml，最高浓度分别为 0.44 mg/ml 和 0.10 mg/ml。Drevenkar 测定了 6 名毒死蜱中毒患者血中及尿中的毒死蜱的浓度。摄入毒死蜱后 2～5 h，尿中的 DEP 及 DETP 的浓度就可高于其母体化合物。喹恶磷中毒患者尿中代谢产物二乙基磷酸盐的半衰期在快排泄相中有两种情况，一组（8 病例）较快，另一组（4 病例）较慢。尿中烷基磷酸酯的半衰期与毒死蜱中毒患者相同。没有发现尿中代谢产物与胆碱酯酶活性之间有相关。在 5 名伏杀磷中毒患者中发现在尿中总代谢产物浓度较高，DEDTP 为主要成分；而在总代谢产物较低时，DEP 为主要成分。一些有机磷农药的动力学参数见表 2-3。

表 2-3 某些农药的动力学参数

有机磷农药	指标	半衰期
毒死蜱	血清毒死蜱	1.1～3.3 h
	血清 DEP 和 DEPT	2.2～5.5 h
	尿 DEP 和 DEPT	6.10 (2.25) h，快相；80.35 (25.8) h，慢相
毒死蜱	尿 DEP 和 DEPT	3.5～5.5 h，快相；66.5～127.9 h，慢相
喹磷	尿 DEP 和 DEPT	5.5～14.2 h，快相；26.8～53.6 h，快相；66.5～127.9 h，慢相
伏杀磷	血清伏杀磷	2.3～3.4 h，快相
	血清 DEP，DEPT 和 DEDTP	3.4～38.6 h，快相
	尿 DEP，DEPT 和 DEDTP	25 (17) h，快相

* 括号中数字为标准差

李高钰对 3 个农药厂 58 名接触久效磷的工人进行了研究，包装工的全血胆碱酯酶和血清胆碱酯酶均显著低于对照组工人（$P<0.01$），而尿中的 DMP 水平均显著高于对照组 2～3 倍（$P<0.01$）。全血胆碱酯酶下降幅度为 40%～60%，血清胆碱酯酶活性下降幅度为 40%～60%。DMP 与全血胆碱酯酶和（或）血清胆碱酯酶之间存在显著的负相关。

某个喷洒二嗪磷的家庭的 4 名成员的尿中的二烷基磷酸酯水平为 0.45～1.79 mg，同时血清胆碱酯酶水平有轻微下降（6.4%～21.6%）。Drevenkar 等发现 59 名工人接触杀扑磷后，43 份尿样检测到了代谢产物，其中有 24 份尿样有两种代谢产物。接触速灭磷的 36 名工人，有 35 份尿样检测到代谢产物，其中 22 份含有 4 种代谢产物，同时发现胆碱酯酶的抑制程度和组间（非个体）尿代谢产物量之间有平行关系。但是其中有 4 例发现有胆碱酯酶的抑制（31%～48%），并没有检测出尿中的二烷基磷酸酯产物。

对 6 名男性施药工人尿中 DEP 和 DMP 水平日内变化研究发现，2 名接触杀螟松加敌敌畏的工人在一周内 DMP 变异系数为 60.6%，相似的一名接触打杀磷的工人尿中 DEP 的变异系数为 42%，3 名接触毒死蜱的工人尿中 DEP 变异系数为 21.8%～37%。

另发现 11 名在喷洒过甲基毒死蜱和保棉磷的桃园工作的工人尿中 DMP、DMTP 及 DMDTP 有显著性升高，而且发现尿中 DMP、DMTP 的排泄与手上污染的活性成分的量有很好的相关，且观察到乙酰胆碱酯酶或丁酰胆碱酯酶活性有明显的下降。为什么有些人接触有机磷农药后在尿中检测不到代谢产物，目前原因还不是很明确，接触剂量低或采样时间不是最佳可能是很重要的原因。然而，羧酸酯酶活性的个体差异也不可忽视。羧酸酯酶是多态性酶，它在有机磷农药的代谢中起着重要的作用，它能够被有机磷农药或其中的少量杂质所抑制。胆碱酯酶和有机磷代谢产物作为生物标志物的不同之处见表 2-4。

表 2-4 两种生物标志物的比较

比较指标		烷基磷酸酯	胆碱酯酶
采用标本		尿（非创伤性，但是有稀释或浓缩效应）	血（创伤性，有感染的危险）
个体间变异		未知	大
分析方法	稳定性	好	好
	精确性	中等	高
	方便性	手动分析，需几步	自动分析

比较指标	烷基磷酸酯	胆碱酯酶
采样时间	轮班结束或次日晨	接触前后各采样一次
结果解释	低水平敏感	同症状相关性好，但低水平不敏感
优点	近期和低水平接触敏感，非创伤性	已经积累了较多经验
缺点	缺乏使用经验，分析要求高	中、低剂量接触不敏感

2. 对-硝基酚　职业性接触对硫磷人群尿中的对-硝基酚水平同红细胞乙酰胆碱酯酶和丁酰胆碱酯酶的抑制有很好的相关性，因而有人认为尿中的对-硝基酚是监测对硫磷一类农药接触的最敏感的指标。

3. 对氧磷酶　对氧磷酶是一种易感性生物标志物，它因能水解对氧磷而得名。按照国际生化学会最新命名分类，对氧磷酶（paraoxonase）是芳香基二烷基磷酸酯酶的别名。哺乳动物对氧磷酶广泛分布于许多组织，如肝、血、肾、脾、脑等，其中肝脏、血液中对氧磷酶活性最高。在肝脏中对氧磷酶全部在微粒体中，在血清中主要结合于高密度脂蛋白。纯化的人血浆对氧磷酶为小分子量 43 kDa 的糖蛋白，每分子有 3 条糖链，碳氢化合物占总重量的 15.8%。

对氧磷酶除能水解对氧磷外，还可水解有机磷酸酯、许多芳香族羧酸酯和氨基甲酸酯等，如梭曼、沙林、丙氟磷、苯乙酸酯。纯化的人血清对氧磷酶水解有机磷酸酯能力的顺序：异丙嘧磷、毒死蜱、对氧磷、氧化杀螟松、杀螟氧磷和非有机磷底物苯乙酸酯、对-硝基酚乙酸、萘乙酸和酚硫乙酸。对氧磷酶水解对氧磷及有机磷酸酯是解毒作用。对氧磷酶水解对氧磷的能力明显受多态影响，但它水解氧乐斯本的能力受多态的影响不明显。

通过分析尿中的代谢产物评价有机磷农药的接触是一个非常敏感的指标，它能够揭示低剂量的接触，在此剂量下，乙酰胆碱酯酶还没有被抑制。有机磷代谢产物在很短时间内就可以排泄至尿中，峰值出现于接触后数小时，所以应于工作结束后立即采样。以收集一次性尿样为宜，可以用肌酐浓度和比重来选择和剔除一些过稀或过浓的样品。红细胞乙酰胆碱酯酶已广泛用作急性有机磷农药接触和效应的生物标志物，但其不能反映慢性中毒的程度，其生物监测的标志物需进一步研究。

第三节　有机磷农药的健康危害

有机磷农药在农作物的健康生长和害虫防治方面具有重要作用，但其在农产品和环境中残留所带来的安全隐患问题也不容忽视，严重危害着动物和人类的健康。

一、神经毒作用

有机磷农药（OPPs）的主要毒性为神经毒性，可分急性中毒、中间毒性和迟发性毒性 3 种类型。

1. 急性中毒　一般在接触 OPPs 数小时内发生。主要表现为神经及呼吸系统症状。OPPs 的急性毒性是通过抑制体内胆碱酯酶（cholinesterase，ChE）的活性而产生的。临床发现，当脑中乙酰胆碱（acetylcholinesterase，AChE）活性下降至正常值的 60% 以下时，出现中毒症状，此时血中 ChE 活性亦明显下降，但如果只有血 ChE 活性下降，而脑 AChE 活性仍超过 60% 时，则不出现中毒症状和体征。年龄不同对 OPPs 毒性的敏感性不同，儿童比成人更敏感，其原因可能与神经突触膜上的烟碱型胆碱受体（nicotinic acetylcholine receptor，nAChR）的功能强弱有关。几乎所有的 OPPs 都可引发急性中毒。

2. 中间毒性　OPPs 中毒还可引发一种被称为"中间综合性（intermediate syndrome，IMS）"的中毒反应，即一些 OPPs 中毒较重的患者在急性中毒的 ChE 危象消失后开始出现，通常是在中毒后 1~4 d 出现以肌肉无力、呼吸困难等为特征的症状。主要表现为由第Ⅲ~Ⅶ和Ⅸ~Ⅻ对脑神经支配的肌肉、屈颈肌、四肢近端肌肉及呼吸肌的力弱和麻痹。一般无感觉障碍，呼吸肌麻痹是其主要危险。病理检查主要见有神经运动终极处发生了坏死性改变。IMS 的发病机理尚不甚清楚，可能与患者血中 ChE 活性持续低下，ACh 蓄积引起神经肌肉接头处后膜 nAChR 失敏，导致突触后传导的阻滞有关。临床上也确实观察到 OPPs 急性中毒后的病例出现 IMS 症状时，血 ChE 活性为零。但 IMS 发生的确切机制尚待进一步研究。易引发 IMS 的 OPPs 有倍硫磷、乐果、氧乐果、久效磷、敌敌畏、甲胺磷等。

3. 迟发性毒性　一些 OPPs 还可产生迟发性毒性，即有机磷引起的迟发性多发神经病（organophosphate-induced delayed polyneuropathy，OPIDP）。一般在接触 OPPs 7~14 d 以后开始出现以步态失调为主要特征的神经毒性症状。患者肢端麻木、疼痛、触觉过敏或减退、皮肤感觉异常、共济失调，逐渐发展为迟缓性麻痹等运动异常，严重者可出现肢体远端肌萎缩，少数中毒患者后期可发展为痉挛性麻痹；也有出现神经衰弱及神经功能紊乱症状。该病的死亡率不高，但危害大，严重影响人体健康。然而，到目前为止，OPPs 引发迟发性毒性的机制尚未完全清楚。易引起迟发性毒性的 OPPs 有丙胺氟磷、丙氟磷、对硫磷、内吸磷、敌敌畏、敌百虫、氧乐果、乐果、甲胺磷、苯硫磷、溴苯磷、对溴磷、三甲苯磷、毒死蜱等。

二、对其他脏器的毒作用

（一）心脏毒性

OPPs 可引起各种类型的心律失常，使心肌收缩力减弱，严重者可发生中毒性心肌炎。其机制可能涉及 ChE 的抑制，使神经末梢释放的 ACh 不能水解，从而影响心脏的传导功能；OPPs 也可直接对心肌细胞产生毒作用，这与 OPPs 干扰心肌细胞膜离子通道有关。OPPs 对心脏毒性损害的病理改变为心肌细胞脂肪变性，心肌间质充血、水肿，引起心肌广泛损害，最终导致心力衰竭。易产生心脏毒性的 OPPs 有内吸磷、对硫磷、敌敌畏、敌百虫、乐果、甲胺磷、磷胺、马拉硫磷、异丙磷等，其中内吸磷中毒者发生率较高，症状亦比较严重。

（二）肺脏毒性

OPPs 对肺脏的毒性常见有肺水肿。因 OPPs 对 ChE 的抑制作用可致支气管平滑肌收缩、呼吸道分泌物积聚、肺通气下降。又由于 OPPs 对肺毛细血管及间质产生直接损害作用，造成肺泡上皮细胞破坏，肺泡表面活性物质减少，导致肺水肿。另外，OPPs 代谢产物、OPPs 中的杂质、溶媒及添加剂的毒作用也可损害肺脏，其中以杂质三烷基硫代磷酸酯类的毒性比较突出，后者被认为可以较特异地对肺造成损害，导致迟发性肺水肿、呼吸衰竭。

（三）肝、肾脏毒性

OPPs 在较大剂量接触时可发生肝损害。因 OPPs 在肝脏代谢过程中产生大量自由基，故氧自由基可能是肝细胞损伤的主要机制之一。又由于经口 OPPs 中毒后存在肝-肠循环，可加重肝损害。OPPs 还可使细胞内钙离子潴留和细胞通透性增高而造成肝损伤。另外，某些 OPPs（如对硫磷）可引起肾小管坏死，导致急性肾功能衰竭，成因与直接损肾作用、代谢物毒性、溶血作用及肌红蛋白血症等相关。

（四）生殖、发育毒性及其他毒效应

除上述毒性外，有些 OPPs 还具有生殖内分泌毒性，例如，甲胺磷可以引起小鼠精子数减少、精子

活动率下降；敌敌畏、乐果和马拉硫磷联合染毒可以导致小鼠下丘脑-垂体-性腺轴性激素分泌紊乱；Farr 等还发现，接触 OPPs 的妇女经期延长，且月经周期不规则的 OR 值为 1.5，表明 OPPs 暴露会导致女性月经周期紊乱，生育力降低。OPPs 可通过胚胎和乳汁转移给下一代，对胎儿和婴幼儿的发育，比如神经系统的发育产生不利影响。细胞毒性和动物实验表明，敌敌畏、乐果和马拉硫磷联合暴露可以增加细胞微核率或 DNA 损伤。此外，OPPs 还能通过抑制自然杀伤细胞、细胞毒性 T 细胞的活力导致免疫毒性的产生。

三、风险评估

当前化学物健康风险评估的框架是基于美国国家研究委员会（NRC）提出的风险评估四步法，即危害识别、暴露评估、剂量-效应关系评估、风险表征，对某一人群摄入化学物后，已知或潜在的健康有害效应发生的可能性和严重程度进行定性或定量的估计。其中危害识别和剂量-效应关系评估可以借鉴权威数据库数据或者经同行评议的研究结果，而暴露评估则由于不同国家、地区的饮食习惯、化学物的种类和含量等存在很大差异，因此，暴露评估是风险评估中的关键，也是需要解决技术难点最多的环节，随着世界各国各种食品安全问题的出现，暴露评估受到越来越多的关注。对于具有相同作用机制的一类化学物的累积暴露风险，目前国际上常用的累积暴露评估方法主要包括危险指数法（harzad index，HI）、相对强度系数法（relative potency factor，RPF）、联合暴露边界比法（combined margin of exposure，MOE_T）、毒性当量因子法（toxicity equivalency factor，TEF）、分离点指数法（point of departure index，PODI）及累计风险指数法（cumulative risk index，CRI）等，此外，目前一些科学家和学者正在探索将生理毒物代谢动力学模型（physiologically based toxicokinetic modeling，PBTK）应用于多种化学物的风险评估，美国 EPA 还发表了专门的关于 PBTK 模型在风险评估的应用和对模型评估的指导手册。

Boon 等于 2003 年和 2008 年、Caldas 于 2006 年和 2011 年、Jensen 等于 2009 年分别对荷兰、巴西及丹麦人群膳食中乙酰胆碱酯酶抑制类农药累积暴露风险进行了评估，结果显示这些国家的儿童和成人均存在高端暴露人群累积摄入过高问题，其中贡献度较大的食物主要包括葡萄和菠菜（荷兰）、番茄（巴西）和苹果（丹麦）。Moser 等利用大鼠染毒模型分析了毒死蜱、二嗪磷、乐果、乙酰甲胺磷和马拉硫磷 5 种有机磷农药混合物在不同浓度时的毒性，染毒的剂量参考及混合的比例参考美国 EPA 的膳食暴露评估模型。研究发现，低浓度混合 5 种农药产生的毒性效应明显高于单个农药毒效应的加和。Chen 等利用甲胺磷作为指示化合物，运用 RPF 法对中国市售水稻中的 7 种有机磷农药进行了 7 岁以上和 7 岁以下人群的有机磷膳食暴露风险评估，提出要每年对水稻中有机磷农药残留进行关注。随后又对中国厦门的水果和蔬菜中的农残进行了评估，发现虽然农残有广泛的检出，引发公共卫生问题的可能性小，但仍需要关注。周蕊等对国内 13 个省份 20 个采样点的超市或农贸市场的动物性食品中有机磷农药残留进行了暴露评估，发现被调查地区人群因摄入动物性食品的累积膳食暴露量为 0.12×10^{-9}，占累积人体 ADI 的 7.29%，认为调查地区人群因摄入动物性食品对 OPPs 产生的膳食暴露风险较低。郭蓉等利用陕西省食品污染物监测网 2012—2016 年蔬菜中有机磷农药检测数据，采用风险指数法对该省部分蔬菜中 OPPs 残留进行膳食暴露风险评估，发现 OPPs 的接触风险指数（ERI）在 $1.25 \times 10^{-6} \sim 1.87 \times 10^{-1}$ 之间，其中氯唑磷的 ERI 排在前列，同时发现莴苣中乐果的 RI 值为 1.87，提出要加强对氯唑磷和乐果的监管。

基于"四步法"的健康风险评价虽然被广泛应用，但是，其本身存在一定的缺陷，主要表现在：①在进行多种污染物的健康风险评价时，往往假设各种污染物的毒性效应具有线性叠加关系，并未考虑到多种污染物的复合作用，使得健康风险被低估或者高估。②并未考虑不同赋存状态的污染物对人体健康所产生的影响，往往游离态的污染物更容易被人体所吸收，产生的健康风险更为直接。③选取暴露途径和暴露人群时，往往缺乏统一的标准，增加了健康风险评价外在的不确定性。④风险评价时许多毒性参数由动物实验或者外推而得到，这也会为健康风险评价产生直接影响。⑤暴露参数往往选自于各参考文献，缺乏对所研究区域暴露人群暴露参数的实地调查研究，因此也使得健康风险评价具有一定的不确定性。因此加强污染物的生理效应研究、加强更加合理的暴露参数的研究、统一评价标准将是健康风险评价研究的重点，以上问题的解决将会使得健康风险评价有更为广阔的应用前景。

第四节　有机磷农药的防治管理

一、防控技术和管理体系

（一）合理使用农药

根据有机磷农药的性质、病虫草害的发生发展规律，合理地使用农药，即以最少的用量获取最大的防治效果，既经济用药又减少污染。

（二）安全使用农药

2007 年 4 月 17 日，农业部发布了《NY/T 1276－2007 农药安全使用规范总则》（2007 年 7 月 1 日实施），规定了使用农药人员的安全防护和安全操作的要求。参照 NY/T 1276－2007 标准，考虑到有机磷农药的特点，安全使用有机磷农药应做到以下方面：①购买农药，看清标签；②农药存放，远离食品；③防治病虫，科学用药；④适期用药，避免残留；⑤保护天敌，减少用药；⑥高毒农药，禁止使用；⑦农药，注意天气；⑧田间施药，注意防护；⑨施药地块，人畜莫入；⑩农药包装，妥善处理；⑪施药完毕，清洁器具；⑫农药中毒，及时抢救。

（三）有效的管理体系

建立一套完整的监督和评价系统，对农药的安全性、污染性、应用性等性能进行总结和分析，以保证农作物健康生长、人体健康不受威胁；对农药的生产和使用实行严格监管，同时开展农产品中有机磷农药残留的监测，及与农药残留检测相关的科学研究，建立科学的检测质量保证体系及加强检测技术储备和人员储备，提高农药残留监测能力；加强对有机磷农药生产、销售和使用者进行农药安全意识教育和安全使用的培训，使其充分认识到有机磷农药对人、对环境的危害，杜绝使用高毒和违禁有机磷农药的不良现象发生。

二、有机磷农药中毒、治疗及预防

（一）有机磷农药的中毒

人体无论通过哪种途径受到农药的感染，只要超过了人体最大的忍耐限度和容纳量，势必都会导致机体正常的各种生理功能失调，有些严重的会引起生理、生殖功能和神经系统发育及病理改变。有机磷农药中毒及中毒症状出现的时间和严重程度，与环境中残留农药的浓度、进入途径、农药性质、进入量和吸收量、人体的健康情况等有密切关系。有机磷农药中毒后，一般急性中毒多在 12 h 内发病，短者可在 3 min 内发病。轻症可出现头晕、恶心、呕吐、流涎、多汗、视物模糊、乏力等；病情重者除有上述症状外，还有大小便失常、血压升高、皮肤发白、瞳孔缩小、呼吸困难、肌肉震颤、流泪、支气管分泌物增多、腹痛、腹泻、意识恍惚、发热、寒战等；重症病例常有心动过速、心房颤动等心律异常及血压升高或下降、惊厥、昏迷、四肢瘫痪、反射消失等，可因呼吸肌麻痹或伴有循环衰竭而死亡。

有机磷农药皮肤接触中毒发病时间较为缓慢，经皮肤吸收者潜伏期最长 2～6 h，吸收后有头晕、烦躁、出汗、肌张力减低及共济失调等症状。经口服者 5～20 min 早期出现恶心、呕吐，以后进入昏迷状态；经呼吸道者，潜伏期约 30 min，吸入后产生呼吸道刺激症状如呼吸困难、视力模糊，而后出现全身症状。

在日常生活中，小儿中毒的机会比成人多，例如，误食被有机磷农药污染的食物（包括瓜果、蔬菜、乳品、粮食及被毒死的禽畜、水产品等）；误用沾染农药的玩具或农药容器；不恰当地使用有机磷农药杀灭蚊、蝇、虱、蚤、臭虫、蟑螂及治疗皮肤病和驱虫，母亲在使用农药后未认真洗手及换衣服而给婴儿哺乳；用包装有机磷农药的塑料袋做尿垫；患儿亦可由于在喷过有机磷农药的田地附近玩耍引起吸入中毒。患儿有机磷中毒的临床表现很不典型：某些患儿主要表现为头痛、呕吐、幻视、抽搐、昏迷等神经系统症状；有些则表现为呕吐、腹痛、脱水等消化系统症状；另有一些中毒患儿以循环系统为主，如心率减慢或增快，血压下降，出现休克现象；也有表现呼吸系统症状，如发热、气喘、多痰及肺部有干啰音、湿啰音、哮鸣音等；偶有中毒患儿仅以单项症状或体征为主要表现，如高热、腹痛、惊厥、肢体软瘫、行路不稳以致倾跌、全身浮肿伴尿常规改变等。

（二）有机磷农药中毒的治疗

有机磷农药中毒是急诊科较多见的一种临床急症，病情危、急、重，病死率高，科学、及时的救治是提高患者生存率的关键。阻断农药继续接触途径、早期清洗皮肤、抗胆碱能药物的合理应用及对症支持治疗的有效开展是有机磷农药中毒抢救成功的关键，各种治疗措施应配合并举，方能取得较好疗效。

1. 常规处理　对有机磷农药皮肤接触中毒患者的救治均应立即脱离中毒场所，同时阻止人体与毒物的继续接触，具体措施包括脱去中毒者所穿衣物，用肥皂水、碱水或 2%～5% 碳酸氢钠溶液彻底清洗皮肤及头发、指甲（敌百虫中毒时，忌用碳酸氢钠等碱性溶液洗胃，用清水或 1% 食盐水清洗）。眼部污染者可用 1% 碳酸氢钠溶液或生理盐水反复冲洗，以后滴入 1% 阿托品溶液 1 滴；最后更换洁净的衣物。同时，对于涉及消化道接触有机磷农药的患者，无论时间长短，均应立即选用 1% 碳酸氢钠溶液或 1∶5 000 高锰酸钾溶液反复洗胃。且目前临床认为洗胃越早越好，即使服毒 12～24 h 仍应洗胃。除已有心搏骤停等紧急情况外，仍应一面洗胃，一面抢救呼吸循环衰竭。部分文献主张加入去甲肾上腺素溶液洗胃，使胃黏膜血管收缩，减缓毒物吸收。对硫磷、内吸磷、甲拌磷、马拉硫磷、乐果、杀螟松、亚胺硫磷、倍硫磷、稻瘟净等硫代磷酸酯类忌用高锰酸钾溶液等氧化剂洗胃，因硫代磷酸酯被氧化后可增加毒性。洗胃后用硫酸钠导泻，禁用油脂性泻剂。

2. 合理使用解毒药物　有机磷农药急性中毒的主要病理生理学机制是胆碱酯酶失活导致的乙酰胆碱堆积，因此应早期、反复、足量给予抗胆碱能药。目前临床治疗有机磷农药急性中毒的抗胆碱能药以作用于外周性受体为主，阿托品是临床应用的首选药，急救时应尽快患者达到阿托品化并维持。在给予阿托品的同时，也应早期使用胆碱酯酶复能剂以恢复胆碱酯酶活力，对抗烟碱样症状。目前比较常用的药品是 I 解磷定（PAM-I）或氯解磷定（PAM-Cl），这类药物可恢复胆碱酯酶活力，并与有机磷酸酯化合物化合成为无毒物质经泌尿系统排出，因此可恢复患者正常的神经肌肉传导。

造成有机磷农药中毒患者死亡的直接因素有重要脏器的损伤、中间综合征和反跳反应等。为提高中毒者的生存率，医护人员在救治过程中必须做到对中毒者各项生命体征的监测，对于胆碱酯酶复能剂、阿托品等的使用剂量力求做到准确把握，其中阿托品的使用原则是尽早、足量、反复持续使用和阿托品化。

3. 支持对症疗法　急性有机磷农药中毒所引发的呼吸衰竭可分为中枢型及外周型，前者是因为有机磷毒物使呼吸中枢受到直接或间接性抑制所致；后者则可能因呼吸肌麻痹或呼吸道分泌物增多、支气管平滑肌收缩导致气道阻塞而引发通气困难。对重症、昏迷患者应常规进行气管插管，维持气道通畅，防止误吸。同时给予静脉补液，营养支持治疗，及早恢复肠道功能，并严密观察患者病情变化，根据心率、体温、神情变化等判断阿托品用量是否合适，谨防阿托品中毒。

（三）有机磷农药中毒的预防

虽然有机磷农药均具毒性，但只要在使用过程中能小心谨慎，还是可以预防的。具体可以归纳为以下几点：①严格按照农药使用说明进行操作。如需配比使用，要遵守配比原则。使用时戴手套，防止农药沾在皮肤上；喷洒时戴口罩，严防吸入中毒。②喷洒完毕迅速离开，呼吸新鲜空气。更换工作服装，清洗双手，做好清洁工作。不可用酒精和热水擦洗皮肤。③不得食用最近喷洒过农药的蔬菜水果。至少在喷洒农药 15～30 d 后才能食用。新鲜水果在使用前要很好地清洗。④药品保存期间，用袋封存，远离其他物品。⑤农药使用应严格按照 GB 8321·4—93《农药合理使用准则》进行操作。

参考文献

［1］　Karamimohajeri S，Nikfar S，Abdollahi M. A systematic review on the nerve-muscle electrophysiology in human organophosphorus pesticide exposure［J］. Human & Experimental Toxicology，2014，33(1)：92-102.

［2］　Kaur P. Heterogeneous photocatalytic degradation of selected organophosphate pesticides：a review［J］. Critical Reviews in Environmental Science and Technology，2012，42(22)：2365-2407.

［3］　Kazemi M，Tahmasbi A M，Valizadeh R，et al. Importance and toxicological effects of organophosphorus pesticides：A comprehensive review［J］. Basic Research Journal of Agricultural Science & Review，2012，1(3)：43-57.

［4］　Kozac N，Akpınar A，Satar S，et al. Causes of death and treatment of organophosphorus pesticide poisoning［J］. Journal of Academic Emergency Medicine，2012，11(3)：176-182.

［5］　Musilek K，Dolezal M，Gunn-Moore F，et al. Design，evaluation and structure-activity relationship studies of the AChE reactivators against organophosphorus pesticides［J］. Medicinal Research Reviews，2011，31(4)：548-575.

［6］　Sharma D，Nagpal A，Pakade Y B，et al. Analytical methods for estimation of organophosphorus pesticide residues in fruits and vegetables：a review［J］. Talanta，2010，82(4)：1077-1089.

［7］　安莹波，王汉斌. 有机磷农药中毒致迟发性神经病的发病机制及治疗研究进展［J］. 中华内科杂志，2006，45(6)：520-521.

［8］　Li Q，Nagahara N，Takahashi H，et al. Organophosphorus pesticides markedly inhibit the activities of natural killer，cytotoxic T lymphocyte and lymphokine-activated killer：a proposed inhibiting mechanism via granzyme inhibition［J］. Toxicology，2002，172(3)：181-190.

［9］　Yolton K，Xu Y，Sucharew H，et al. Impact of low-level gestational exposure to organophosphate pesticides on neurobehavior in early infancy：a prospective study［J］. Environ Health，2013，12(1)：79-80.

［10］　Karami-Mohajeri S，Nikfar S，Abdollahi M. A systematic review on the nerve-muscle electrophysiology in human organophosphorus pesticide exposure［J］. Hum Exp Toxicol，2014，33(1)：92-102.

［11］　Mehta A，Verma RS，Srivastava N. Chlorpyrifos-induced DNA damage in rat liver and brain［J］. Environ Mol Mutagen，2008，49(6)：426-433.

［12］　Karami-Mohajeri S，Ahmadipour A，Rahimi HR，et al. Adverse effects of organophosphorus pesticides on the liver：a brief summary of four decades of research［J］. Arh Hig Rada Toksikol，2017，68(4)：261-275.

［13］　Ojha A，Gupta YK. Study of commonly used organophosphate pesticides that induced oxidative stress and apoptosis in peripheral blood lymphocytes of rats[J]. Hum Exp Toxicol,2017,36(11):1158-1168.

[14] Saquib Q,Attia SM,Siddiqui MA,et al. Phorate-induced oxidative stress,DNA damage and transcriptional activation of p53 and caspase genes in male Wistar rats[J]. Toxicol Appl Pharmacol,2012,259(1):54-65.

[15] Ojha A,Yaduvanshi SK,Pant SC,et al. Evaluation of DNA damage and cytotoxicity induced by three commonly used organophosphate pesticides individually and in mixture,in rat tissues[J]. Environ Toxicol,2013,28(10):543-552.

[16] Ojha A,Gupta YK. Evaluation of genotoxic potential of commonly used organophosphate pesticides in peripheral blood lymphocytes of rats[J]. Hum Exp Toxicol,2015,34(4):390-400.

[17] 曾家源,黄硕俊.有机磷农药检测方法的研究进展[J].广东化工,2015,42(5):70-71.

[18] 邓波,王珊珊,陈国元.2007—2011年全国蔬菜农药残留状况规律分析[J].实用预防医学,2013,20(2):253-256.

[19] 郭映花,杨惠芳.我国禁(限)用农药的管理与控制现状[J].现代预防医学,2013,40(12):2198-2202.

[20] Jensen AF,Petersen A,Granby K. Cumulative risk assessment of the intake of organophosphorus and carbamate pesticides in the Danish diet[J]. Food Addit Contam,2003,20(8):776-785.

[21] Boon PE,Van der Voet H,Van Raaij MT,et al. Cumulative risk assessment of the exposure to organophosphorus and carbamate insecticides in the Dutch diet[J]. Food Chem Toxicol,2008,46(9):3090-3098.

[22] Moser VC,Casey M,Hamm A,et al. Neurotoxicological and statistical analyses of a mixture of five organophosphorus pesticides using a ray design[J]. Toxicol Sci,2005,86(1):101-115.

[23] 周蕊,李荷丽,杨立新,等.动物性食品中有机磷农药残留的污染水平及暴露评估[J].中华预防医学杂质,2014,48(5):412-415.

[24] 郭蓉,王玮,刘存卫,等.陕西省部分蔬菜中有机磷农药残留的膳食暴露风险评估[J].预防医学,2018,3(2):148-152.

[25] 蒋长征,戎江瑞,张立军,等.宁波市鲜活水产品有机磷农药残留调查分析[J].海峡预防医学杂志,2007,13(5):65-66.

[26] 李亭亭,王灿楠,龚玲芬,等.有机磷农药膳食累积暴露风险评估的研究进展[J].公共卫生与预防医学,2014,25(5):67-69.

[27] 马瑾,潘根兴,万洪富,等.有机磷农药的残留、毒性及前景展望[J].生态环境学报,2003,12(2):213-215.

[28] 孙运光.有机磷农药生物标志物的研究进展[J].环境与职业医学,2000,17(1):58-60.

[29] 滕瑞菊,王雪梅,王欢,等.有机磷农药的降解与代谢研究进展[J].甘肃科技,2016,32(4):46-50.

[30] 王绍谦.有机磷农药中毒临床特征及治疗方法探讨[J].中国卫生标准管理,2015,6(33):66-68.

[31] 伍一军,杨琳,李薇.有机磷农药的多毒性作用[J].环境与职业医学,2005,22(4):367-370.

[32] 许媛媛,陶芳标,储成顶,等.有机磷农药代谢产物分析的研究进展[J].中华劳动卫生职业病杂志,2008,26(10):638-640.

[33] 闫长会,檀德宏,彭双清.有机磷农药长期低剂量暴露致认知功能损伤的研究进展[J].中国药理学与毒理学杂志,2011,25(4):397-401.

[34] 杨彦,陆晓松,李定龙.我国环境健康风险评价研究进展[J].环境与健康杂志,2014,31(4):357-363.

[35] González-Alzaga B,Lacasaña M,Aguilar-Garduño C,et al. A systematic review of neurodevelopmental effects of prenatal and postnatal organophosphate pesticide exposure[J]. Toxicol Lett,2014,230(2):104-121.

[36] 于锐,刘景双,王其存,等.长春市郊区蔬菜有机磷农药残留与健康风险评价[J].环境科学,2015,36(9):3486-3492.

[37] 余以刚,卢志洪,朱珍,等.广州市售蔬菜有机磷农药残留情况调查分析[J].现代食品科技,2010,26(7):742-745.

[38] 俞发荣,李登楼.有机磷农药对人类健康的影响及农药残留检测方法研究进展[J].生态科学,2015,34(3):197-203.

（陈田　王艺培）

第三章 拟除虫菊酯类农药污染与健康

20世纪70年代，许多国家陆续开始限制和禁用一些高残留、高毒性的农药，有机氯农药、有机磷农药及氨基甲酸酯农药相继被淘汰，而拟除虫菊酯类农药这种广谱、高效、低毒、低残留的新型仿生农药得到了飞速的发展和广泛应用。近年来，由于用量的不断增加，拟除虫菊酯类农药在环境介质及生物体内被广泛检出，给环境生物的生存和人类健康带来严重威胁，这类农药所带来的生态健康安全问题逐渐引起了人们的关注。

第一节 拟除虫菊酯类农药污染

一、理化性质和特征

（一）拟除虫菊酯类农药的来源与种类

2000—2001年，美国环保署（United States Environmental Protection Agency，US EPA）发出毒死蜱和二嗪磷的禁用通知，此后，拟除虫菊酯农药开始进入市场并在农作物灭虫、兽医、园林和日常家庭卫生害虫防治中得到越来越广泛的使用。目前，杀虫剂市场中部分有机磷和氨基甲酸酯农药因其毒性和残留量大而被禁用，因此拟除虫菊酯农药使用量逐渐增大，现已经成为世界农用和卫生杀虫剂市场的主要支柱之一，约占整个杀虫剂市场1/4的份额，使用量位于杀虫剂市场的第2位，仅低于有机磷农药的使用量。中国于20世纪80年代初期开始禁用高毒、高残留的有机氯农药，拟除虫菊酯农药开始进入中国农药市场。据统计，2013年，中国的拟除虫菊酯农药使用量高达8 000 t。随着拟除虫菊酯杀虫剂在世界范围内的大规模使用，必然会大量进入环境，从而引起农药的残留及一系列的环境问题。

拟除虫菊酯是由白菊花中提取的天然除虫菊素中发展而来的，拟除虫菊酯对哺乳类和鸟类低毒，但对水生生物具有很高的毒性，而人工合成的菊酯农药一方面保留了天然除虫菊素的高杀虫活性，另一方面提高了这类农药的光稳定性，使其在环境中具有较高的持久性。拟除虫菊酯农药根据是否含有α-氰基分为两种类型：Ⅰ型和Ⅱ型。Ⅰ型菊酯农药不含α-氰基，毒性较低，主要包括丙烯菊酯（allethrin）、联苯菊酯（bifenthrin）、苯醚菊酯（d-phenothrin）、氯菊酯（permethrin）、苄呋菊酯（resmethrin）和胺菊酯（tetramethrin）；Ⅱ型菊酯农药含α-氰基，中等毒性，相对于Ⅰ型具有更高的杀虫活性和光稳定性，主要包括三氟氯氰菊酯（cyhalothrin）、氯氰菊酯（cypermethrin）、氟氯氰菊酯（cyfluthrin）、溴氰菊酯（deltamethrin）、高效氰戊菊酯（esfenvalerate）、氰戊菊酯（fenvalerate）、氟胺氰菊酯（fluvalinate）和功夫菊酯（lambda-cyhalothrin）。

天然除虫菊素中含有6种活性成分：除虫菊酯（pyrethrins）Ⅰ、Ⅱ，瓜菊酯（cinerins）Ⅰ、Ⅱ和茉莉菊酯（iasmolins）Ⅰ、Ⅱ。1949年，美国Schechter及他的团队合成出第一个拟除虫菊酯农药——丙烯菊酯，随后又陆续合成了生物丙烯菊酯（bioallethrin）、胺菊酯、苄呋菊酯和生物苄呋菊酯（bioresmethrin）等第一代拟除虫菊酯农药。与天然除虫菊素相比，尽管第一代菊酯农药具有了更高的杀虫活性和较低的哺乳动物毒性，但仍然存在光照条件下很不稳定、容易降解的不足，而且第一代菊酯农药在使用时需要加入一种增强活性的物质——增效醚（piperonyl butoxide）。第一个光稳定性和持久性较强的第二代拟除虫菊酯农药——氯菊酯于 1973 年由 Rothamsted 带领的团队研发合成，随后，氰戊菊酯、溴氰菊酯、氯氰菊酯、联苯菊酯、氟氯氰菊酯和功夫菊酯等相继合成并进入农药市场。目前，全球范围内商品化的拟除虫菊酯农药品种有 70 多个，常用种类包括溴氰菊酯、氯氰菊酯、高效氯氟氰酯、联苯菊酯、顺式氯氰菊酯、顺式氰戊菊酯、氟氯氰菊酯、七氟菊酯和己体氯氰菊酯，它们占拟除虫菊酯类杀虫剂市场份额的 84.6%。

（二）拟除虫菊酯类农药的理化特征

1. 拟除虫菊酯类农药化学结构　拟除虫菊酯类农药是从一种具有杀虫功能的菊科植物（白花除虫菊）中所含的天然除虫菊素发展而来的，是一类含有苯氧烷基的环丙烷酯类化合物，呈弱极性和电负性，易溶于丙酮、乙腈、苯等有机溶剂，其光稳定性比天然菊酯强。

天然除虫菊素是一种酯类化合物，在认识到其具有杀虫活性后，在 20 世纪初期，科学家对其化学结构进行了深入研究。1924 年，瑞士化学家 Staudinger 和 Ruzicka 首先提出其化学结构，但直到 1947 年，研究者才完全确定天然除虫菊酯的化学结构，包括酸部分、醇部分和酯键（图 3-1）。

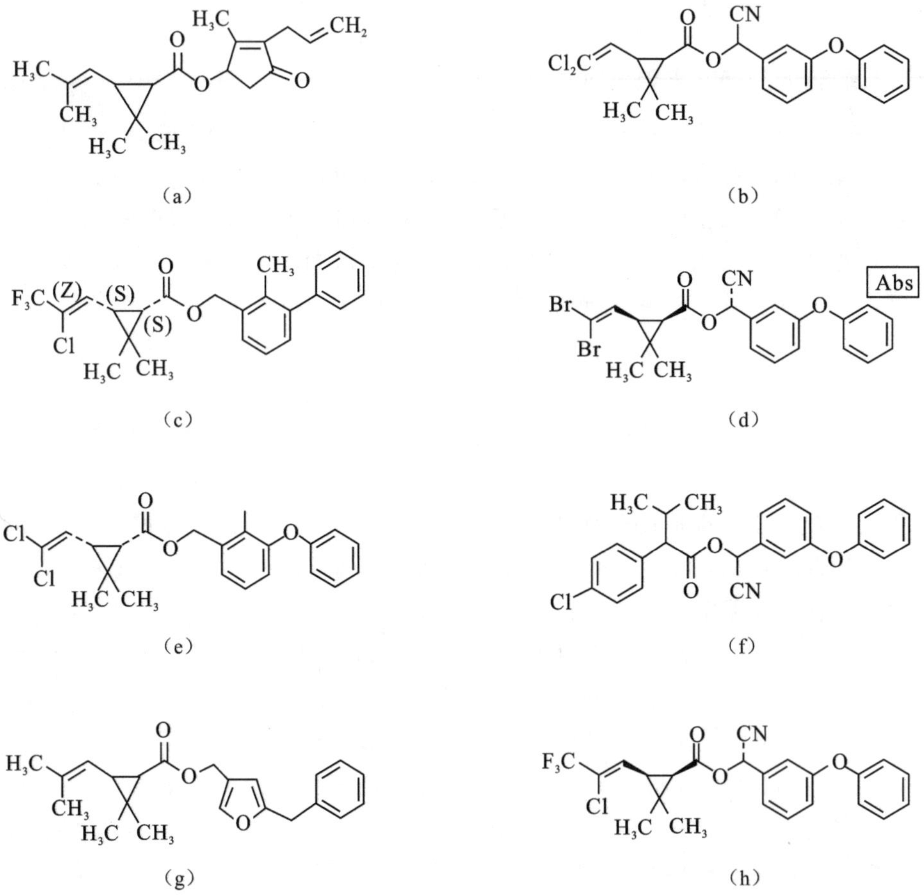

图 3-1　典型 Ⅰ 型和 Ⅱ 型拟除虫菊酯农药的化学结构

（a）丙烯菊酯；（b）氯氰菊酯；（c）联苯菊酯；（d）溴氰菊酯；（e）氯菊酯；（f）氰戊菊酯；（g）苄呋菊酯；（h）三氟氯氰菊酯

拟除虫菊酯农药大部分为手性农药，包含了类似的结构：酸部分、酯键和醇部分，主要区别在于酸和醇部分取代基的不同。拟除虫菊酯农药不同对映体的杀虫活性也显著不同，这主要是与手性碳原子上的取代基团相关，天然除虫菊素 Pyrethrin I 的酸组分中有两个手性碳原子，醇组分有 1 个手性碳原子，可以构成 8 个对映异构体，但只有 1 个异构体具有除虫活性。人工合成的菊酯农药通常含有 1～3 个手性中心，共有 2～8 个对映异构体。拟除虫菊酯中多存在手性中心和顺反异构，其立体构型与生物活性之间有很大的关系，以氯菊酯为例，R 构型氯菊酯杀虫活性远高于 S 构型。为了减少农药的使用量，提高菊酯农药的杀虫活性，部分菊酯农药是以单一对映体剂型销售的。例如，氰戊菊酯由 4 个光学异构体组成，其生物活性 S 构型要比 R 构型高 10～100 倍，其生物活性顺序为 αS-2S-FV＞αR-2S-FV＞αS-2R-FV＞αR-2R-FV，高效氰戊菊酯，即 αS-2S-FV，于 1995 年在日本获得登记许可并开始生产。

2. 拟除虫菊酯农药特性

（1）杀虫活性强且人畜低毒。拟除虫菊酯杀虫剂的杀虫效力比老一代有机氯、氨基甲酸之类杀虫剂要高 1～2 个数量级，是一般有机磷杀虫剂的 2～10 倍。拟除虫菊酯杀虫剂对人畜的毒性一般比有机氯类、氨基甲酸酯类及有机磷杀虫剂低，使用较安全、用量少，因而大量应用于农业害虫、卫生害虫防治及粮食贮藏等。拟除虫菊酯类农药属于神经毒物，多为中等毒性和低毒类，可经呼吸道、皮肤和消化道吸收，但也有个别的品种毒性偏高。拟除虫菊酯对鸟类低毒，对蜜蜂有一定的忌避作用。

（2）使用广谱。拟除虫菊酯杀虫剂对农林、园艺、畜牧、仓库、卫生等方面中的多种害虫均有良好的防治效果；对棉花、蔬菜、果树、茶叶等多种作物害虫有高效的杀虫效果，对鳞翅目幼虫有特效。

（3）低残留，对食品和环境污染轻。拟除虫菊酯是模拟天然除虫菊素的化学结构人工合成的，在自然状态下易分解的特性使其在农产品中残留量低，不易污染环境。除虫菊酯由于分子量大，亲脂性强，因而缺乏内吸性，其对农作物表皮渗透性较弱，施用后药剂残留部位绝大部分在农产品表面。拟除虫菊酯进入土壤环境后，易被土壤胶粒和有机质吸附，在微生物作用下容易降解，对土壤生态环境影响较小，药剂也不会渗漏入地下水。在动物体内易代谢，不会通过生物浓缩富集，也没有累积作用，对环境污染较轻。

（4）高水生毒性。多数种类拟除虫菊酯杀虫剂对鱼、贝、甲壳类水生生物的毒性高，其高水生物毒性长期以来限制了在水稻害虫防治上的应用，例如，溴氰菊酯对鱼的 LC_{50} 约 1 $\mu g/L$，这是由于拟除虫菊酯是一类很强的化合物，甚至在水中浓度很低时，也可被鱼鳃强烈地吸收。目前也出现一些对鱼、虾毒性较低的品种。

（5）害虫容易产生抗药性。拟除虫菊酯杀虫剂是一类较容易产生抗药性的杀虫剂，而且抗药性的倍数很高。有研究发现，过去 10 年间非洲疟蚊对菊酯的抗药性急剧增强。虽然在无杀虫剂选择的情况下抗性会出现下降且开始几代较快，但当下降至一定水平后，抗性基本趋于稳定，很难再完全恢复对拟除虫菊酯的敏感性。

典型拟除虫菊酯农药的物化性质如表 3-1 所示。

表 3-1 典型拟除虫菊酯农药的物化性质

拟除虫菊酯	外观	熔点（℃）	水中溶解度	剂型①
氯氰菊酯	无色晶体	80.5	0.004 mg/L	EC、GR、WP
高效氯氰菊酯	白至黄色晶体	64～71	52.5～276 $\mu g/L$	EC、SC
高效氟氯氰菊酯	白色晶体	81～106	1.2～2.1 $\mu g/L$	EC、SC、EW、GR

拟除虫菊酯	外观	熔点（℃）	水中溶解度	剂型①
顺式氯氰菊酯	无色晶体	78～81	0.01 mg/L	EC、SC、EW、GR
溴氰菊酯	无色晶体	100～102	<0.2 μg/L	EC、SL、SC、GR、WP
联苯菊酯	结晶或蜡状固体	51～66	0.1 mg/L	EC、SC、WP、GR
氯氟氰菊酯	黄棕色稠液体	60	0.004 μg/L	EC、WP
高效氯氟氰菊酯	无色晶体	49.2	0.005 mg/L	EC、EW、CS、WP、WG
氟氯氰菊酯	无色晶体	81	2.2～2.5 μg/L	EC、EW、WP、GR
甲氰菊酯	黄棕色固体	45～50	14.1 μg/L	EC、SC、WP
乙氰菊酯	黄棕色稠液体	25	0.091 mg/L（25℃）	EC、GR、DP
氰戊菊酯	黄棕色稠液体	39.5～53.7	<10 μg/L	EC、SC、WP
氯菊酯	黄棕色稠液体	34～35	0.2 mg/L（30℃）	EC、WP
胺菊酯	黄至棕色固体	68～70	1.83 mg/L（25℃）	EC、EW、DP
醚菊酯	白色晶体	36.4～38	<1 μg/L（25℃）	EC、WP、EW、CS、SL
七氟菊酯	无色固体	44.6	0.02 mg/L	EC、GR、CS
四溴菊酯	橙黄色树脂固体	138～148	80 μg/L	EC、SC、WP
溴氟菊酯	黄至棕色稠液体	—	不溶于水	10%EC（国内开发）

注：①EC：乳油，EW：水乳剂，SC：悬浮剂，CS：悬浮微胶囊剂，WP：可湿粉剂，WG：水分散粒剂，GR：颗粒剂，TB：片剂。

二、国内外分析方法和标准

(一) 前处理技术

1. 土壤样品的前处理　由于拟除虫菊酯易降解的特性，土壤中的拟除虫菊酯含量比较低，因此测定痕量的土壤中拟除虫菊酯浓度，需要完全的萃取-净化-浓缩等前处理过程。拟除虫菊酯类药物为非极性亲脂化合物，根据相似相溶原理，一般选用有机溶剂提取。土壤中常用的拟除虫菊酯残留萃取溶剂包括甲醇、乙酸乙酯、乙腈、丙酮、丙酮-石油醚、丙酮-正己烷混合溶剂等；常用的土壤中拟除虫菊酯提取方法包括索氏提取、机械震荡提取、固相萃取、超声波萃取、超临界流体萃取、加速溶剂萃取和微波辅助萃取等。弗罗里硅土、氧化铝、硅胶、C₁₈、活性炭等是常用的净化柱填料，其中弗罗里硅土和氧化铝对样品均具有良好的除脂效果。考虑到拟除虫菊酯的亲脂性，常用甲醇、乙腈、乙酸乙酯、氯仿等有机溶剂来洗脱。拟除虫菊酯代谢产物的化学结构中含有较难气化的羧基，通常应用衍生化法改变待测物的极性以提高检测灵敏度，实现半挥发及不挥发拟除虫菊酯代谢物的痕量测定。洗脱后的提取液通常采用氮吹浓缩后进行测定。

2. 生物样品的前处理　生物样品基质组成较复杂，不同生物样品提取净化的预处理也不同。拟除虫菊酯杀虫剂生物样品提取中主要使用液液萃取和固相萃取法，液液萃取使用的萃取剂多为乙醚或正己烷；固相萃取多用 Oasis HLB SPE 柱，液液萃取相较效果更好。拟除虫菊酯的尿液检测主要是测定其亲水性代谢产物，亲水性结合物主要通过与葡萄糖醛酸、硫酸或氨基酸结合产生。这些物质水溶性大，易于从尿液中排出。拟除虫菊酯代谢物与葡萄糖苷酸结合物水解方法包括了酸化和酶解，酸化多使用一定浓度的盐酸，与尿样混合，随后可直接进行提取或是加热后再进行提取；酶解使用 β-葡萄糖苷酶，酶解得到的样品污染较酸化更少。粪便样品需要先冷冻干燥均质化样本，再经过提取和净化。血液样品中存在白蛋白、球蛋白等蛋白质干扰，因此应先去除蛋白质再经过液液萃取或固相萃取提取拟除虫菊酯。乳汁中拟除虫菊酯测定预处理中需着重注意的是排除脂肪和蛋白质干扰，乳汁中拟除虫菊酯常用脂质重量进行校正以确保不同样本浓度的可比性。

（二）拟除虫菊酯农药的检测技术

目前为止，国内外拟除虫菊酯农药的检测方法较多，色谱及其联用技术是最主要且最有效的检测手段，特别是色谱-多级质谱联用技术。拟除虫菊酯的检测方法包括气相色谱-质谱联用（GC-MS）、液相色谱-质谱联用（LC-MS）、超临界流体色谱（SFC）、薄层色谱法（TLC）、免疫分析法和分光光度法等。气相色谱测定方法检测拟除虫菊酯灵敏且快速；液相色谱相比气相色谱，减少了样品预处理时间，分析更加快速；分光光度法缺少专一性，灵敏度不高；薄层色谱法虽可同时检测多种农药，但准确性不高；免疫分析法可作为色谱-质谱联用技术的有效补充，对于拟除虫菊酯含有多个对映异构体的特征，免疫分析法在半抗原设计上具有较大难度。因而，色谱-质谱联用目前是测定拟除虫菊酯农药残留的主要方法。

例如，用 HPLC-MS 检测生物样本中除虫菊酯的主要代谢物 3-苯氧基苯甲酸（简称 3-PBA）、顺式-3-（2,2-二氯乙烯基）-2，2-二甲基环丙烷-1-羧酸（简称 cis-DCCA）、反式-3-（2，2-二氯乙烯基）-2，2-二甲基环丙烷-1-羧酸（简称 $trans$-DCCA）、4-氟-3 苯氧基苯甲酸（4F3PBA）、顺-3-（2，2-二溴乙烯基）-2，2-二甲基环丙烷-1-羧酸（DBCA）时，常以 $^{13}C_6$ 3-PBA、$^{13}C_7$ $trans$-DCCA、$^{13}C_6$ 4F3PBA 和 $^{13}C_6$ $trans$-DBCA 作为内标物，检测限为 $0.03\sim0.4$ ng/ml。用 GC-MS 检测 cis/trans-DCCA、DBCA、4F3PBA 和 3-PBA，常以 2-PBA 作为内标物，检出限为 $0.05~\mu g/L$。

（三）检测与限量标准

目前许多国家的现行标准中均规定了拟除虫菊酯类杀虫剂在不同环境介质和食品中残留的标准检测方法。中国卫生部发布的《植物性食品中有机氯和拟除虫菊酯类农药多种残留量的测定》标准（GB/T 5009.146—2008）规定了粮食、蔬菜、水果等多种植物性食品中多种拟除虫菊酯农药残留的标准测定方法、检出限和定量限；《动物性食品中有机氯农药和拟除虫菊酯农药多组分残留量的测定》标准（GB/T 5009.162－2008）规定了肉类、蛋类、乳类食品及油脂等动物性食品中多种拟除虫菊酯的标准测定方法、检出限和定量限。

许多国家的现行标准中也规定了拟除虫菊酯类杀虫剂在不同环境介质和食品中残留的最高限量。WHO 早在 1989 年就对氯菊酯的暴露做出规定。欧盟限定水产品中氯氰菊酯最高残留量为 $50~\mu g/kg$，溴氰菊酯最高残留量为 $10~\mu g/kg$；日本规定在水产品中氯氰菊酯最大残留量为 $10~\mu g/kg$，溴氰菊酯的最大残留量为 $10~\mu g/kg$，七氟菊酯的最大残留量为 $1~\mu g/kg$。我国在《地面水环境质量标准》（GB 3838－2002）和《生活饮用水卫生标准》（GB 5749－2006）也提出溴氰菊酯的限值为 0.02 mg/L。我国农业部 235 号公告中规定鱼肌肉中溴氰菊酯最高残留限量为 $30~\mu g/kg$；氟胺氰菊酯在动物肌肉中的最高残留量为 $10~\mu g/kg$；氟氯苯氰菊酯在动物肌肉中的最高残留量为 $10~\mu g/kg$，其他可食性部分中为 $10\sim150~\mu g/kg$。目前，国际上尚无可供参考的拟除虫菊酯农药的土壤环境质量标准，这主要由于土壤环境组分复杂，土壤理化性质如有机质含量和 pH 值等的差异对拟除虫菊酯杀虫剂的生物有效性及毒性影响较大，另外，有关该类杀虫剂的土壤生态毒理学研究工作目前尚不系统。

美国《食品质量与安全条例》规定，US EPA 在设定食物中农药的容许检测值时，要将婴儿和儿童的累积暴露危险考虑进去。联合国粮农组织（food and agriculture organization of the united nations，FAO）和 WHO 也陆续对其在农产品中的残留规定了严格的限量。

三、污染现况及其影响因素

(一) 土壤中拟除虫菊酯污染现况及其影响因素

拟除虫菊酯杀虫剂在土壤中的残留普遍且具有高的检出率，这主要由于拟除虫菊酯大量施用于农作物后，大部分会转移到土壤环境中。调查表明，仅小部分拟除虫菊酯类农药可作用于靶生物，有80％甚至更多部分则作用于非靶生物并残留到土壤等环境介质中。土壤中拟除虫菊酯杀虫剂的残留，会有一些环境行为，直接导致农产品的污染，并进而通过食物链的传递威胁到人群健康。滇池周边土壤中5种拟除虫菊酯农药残留分析发现，在蔬菜和花卉地中，氯氰菊酯和三氟氯氰菊酯检出率最高，分别达到66.7％～100％和52.9％～100％。北京市售蔬菜的农药残留状况调查研究表明，拟除虫菊酯类农药残留检出率为23.3％，超标率为3.3％，其检出率显著高于有机磷农药（8.3％）。

土壤碳含量对拟除虫菊酯农药的吸附有很大的影响。联苯菊酯在土壤中的 K_{OC}（有机碳吸附系数）为 $1.31\times10^5\sim3.02\times10^5$ cm³/g，氯氰菊酯在5种不同类型的土壤中平均 K_{OC} 为 6.1×10^4 cm³/g，这意味着它们极易被土壤所吸附。根据 Agnihorti 等人的研究，氯氰菊酯在应用于水体或者土壤等沉积物时，消失很快，24 h 之内达到95％。消失主要是由于沉积物或者悬浮颗粒对它的吸附，而非降解。同时拟除虫菊酯的辛醇水分配系数很高（$K_{OW}=3.98\times10^6$），从而使它牢固地固定于有机物上。

(二) 水体中拟除虫菊酯污染现况及其影响因素

施于农作物的拟除虫菊酯农药会通过沉降和地表径流的途径进入水体环境。近些年来，由于拟除虫菊酯农药在农业、卫生除虫等领域大规模的使用，菊酯农药在水体环境中检出率也逐渐升高。研究发现，美国加州主要农业区萨克拉门托圣华金河三角洲地区地表径流中有大量菊酯农药残留，其中，检出率较高的是联苯菊酯、氯菊酯、氯氰菊酯和氟氯氰菊酯，最高检出浓度分别为 29.8 ng/L、45.8 ng/L、12.3 ng/L 和 17.8 ng/L，主要原因就是该地区拟除虫菊酯杀虫剂农业上的大量使用。在西班牙北部的埃布罗河三角洲中检出率最高的是氯氰菊酯，其中地表水中氯氰菊酯检出浓度为 0.73～57.2 ng/L。希腊东北部的运河地表水中，联苯菊酯、氯氰菊酯和功夫菊酯都被大量检出，其中氯氰菊酯检出浓度高达 9.8 μg/L。在一些农业为主的国家，拟除虫菊酯农药的检出浓度更高：在伊朗胡泽斯坦省农田地表水中，氯菊酯残留浓度高达 3.2～811 μg/L；在阿根廷南美大草原大豆种植区地表径流中，氯氰菊酯最高检出浓度为 194 μg/L。近年来，在中国的梁滩河水域、九龙江河口、厦门西海域及珠江三角洲等水体环境中，拟除虫菊酯农药被频繁检出，表明这些地区的水生生态系统安全面临潜在的风险。

沉积物的物理化学性质和组成、结构，拟除虫菊酯自身的理化性质和分子结构，及环境条件（共存有机物、介质的 pH 值、盐度、温度）等，均是影响拟除虫菊酯在沉积物上吸附的因素。一般来说水溶解度越小的有机污染物，它的疏水性越强，K_{OW} 值越大，因而沉积物中的有机质也越容易对其进行吸附。大量研究表明，有机物在沉积物上的吸附量与沉积物及其他载体的有机质含量之间相关性是十分显著的，一般情况下，沉积物中菊酯农药的含量与沉积物中有机碳含量和黏粒含量成正比，因为吸附点位会随着有机质含量的增加而相应的增加，从而提高对农药的吸附。拟除虫菊酯农药会牢固吸附在细小有机颗粒物上，造成沉积物中拟除虫菊酯富集。温度也会影响拟除虫菊酯农药在沉积物中的吸附特性，拟除虫菊酯的水溶性和表面吸附活性会随着温度的改变而发生变化。pH 值在很大程度上影响着沉积物的吸附特性，大多数农药在较低或较高的 pH 值下是很不稳定的，一般来说，拟除虫菊酯杀虫剂的吸附量会随着 pH 值降低而升高。

（三）食品中拟除虫菊酯污染现况及其影响因素

拟除虫菊酯在植物中，尤其是农作物中残留污染也备受关注。2008 年在深圳市光明新区蔬菜中对拟除虫菊酯农药残留状况进行了检测分析，共抽样检测样品 120 份，检出率为 24.2％、超标率为 1.7％，其中氯氰菊酯检出率高达 15.8％。2010 年对北京市通州区食品污染物监测结果进行分析，结果发现 60 件检测样品中，7 种拟除虫菊酯杀虫剂的检出率为 16.67％，其中检出氯氟氰菊酯农药的样品有 7 件，最高检出浓度为 0.35 mg/kg。2011 年对石家庄地区随机抽取的 240 个蔬菜样品进行农药残留分析，拟除虫菊酯检出率为 6.25％，其中 2 份样品超标，超标率为 0.83％。在 2009—2010 年共抽检了 438 个食用菌样品，有 23 种农药被检出，19 个批次样品检出甲氰菊酯，检测出的最高残留浓度为 0.785 mg/kg；17 个批次样品中检出氯氰菊酯，8 个批次样品超标。

各种拟除虫菊酯农药在食物不同烹饪过程中都有不同程度消解，因为炒制的加热程度远不如油炸过程，因此炒制时的消解率较油炸的小；煮制时的消解率也较小，且开锅盖煮制比盖锅盖煮制消解率高。茶叶样品在分别贮藏于室温、冷藏、冷冻等不同条件下，拟除虫菊酯的降解率不同，表明低温可以有效延缓拟除虫菊酯的降解。

（四）人群中拟除虫菊酯污染现况及其影响因素

研究发现，拟除虫菊酯类农药在人群中普遍存在，在血浆、尿样、乳汁、胎粪和毛发等多种介质中均检测到拟除虫菊酯及其代谢产物的残留。人群除了生产加工和使用拟除虫菊酯农药相关产品的直接接触以外，还可通过食品中农药残留经口等途径间接接触，进入人体内。拟除虫菊酯杀虫剂因其多具有亲脂性或不易降解、易挥发等特点，可通过生物富集和食物链的放大作用造成人体内的生物蓄积。除以上途径外，由于广泛适用于日常生活中的卫生害虫防治，人群还可能在家居环境里暴露于拟除虫菊酯杀虫剂，由于人在家居环境中长时间、持续地暴露，导致拟除虫菊酯的暴露概率是室外暴露的1 000 倍以上。美国有 70％以上的孕妇在家居环境里会接触到拟除虫菊酯杀虫剂，在这些孕妇尿液中能够检测到拟除虫菊酯的代谢产物。

2010—2011 年对江苏省的 481 名婴儿（265 名男婴，216 名女婴）的尿样进行检测，发现拟除虫菊酯代谢产物 3-PBA、cis-DCCA、trans-DCCA 中值浓度分别为 0.39 μg/L、0.18 μg/L 和 0.92 μg/L，且 60.9％的婴儿尿液中 3 种代谢产物浓度超过了检测限（0.10 μg/L）。美国健康与营养调查（NHANES）报道了 1999—2002 年 5 046 例普通人群尿样中拟除虫菊酯类代谢产物 3-苯氧基苯甲酸（3-phenoxy-benzoic acid，3-PBA）的含量，在 70％的人群中均检测到了该物质的存在，其几何均值从 1999—2002 年的 0.292 μg/L 增加到 2001—2002 年的 0.318 μg/L。美国疾病预防控制中心（united states centers for disease control and prevention，US CDC）2009 年的调查结果发现，1 346 名女性中 3-PBA 中位数为 0.25 μg/L。德国 2002 年报道的 46 名 17～61 岁非职业接触者中，3-PBA、cis 及 trans-DCCA 中位数分别为 0.16 μg/L、0.06 μg/L 和 0.11 μg/L。

（五）室内环境中拟除虫菊酯污染现况及其影响因素

由于拟除虫菊酯杀虫剂是许多室内杀虫剂的主要成分，在家庭生活和生产中广泛应用；室内毛毯和壁纸等用品，由于其在生产过程中原材料含有拟除虫菊酯的，也会使人暴露于拟除虫菊酯中。在对美国北卡莱罗纳州、俄亥俄州、加利福尼亚州和马萨诸塞州的室内地板灰尘样品的检测中发现，12 种拟除虫菊酯被检出，其中氯菊酯检出率大于 85％，其中 cis-氯菊酯和 trans-氯菊酯在室内地板灰尘样品中检出浓度分别为 150～804 ng/g 和 230～711 ng/g。越来越多的拟除虫菊酯在室内环境样品中被检测出，长时间居住在室内的人群存在着拟除虫菊酯暴露风险。

四、拟除虫菊酯类农药的环境行为

（一）拟除虫菊酯类农药在土壤中的环境行为

进入土壤中的拟除虫菊酯类农药主要分布在表层土壤中，其环境行为包括了吸附在土壤中、通过挥发迁移至大气、通过径流或淋溶等过程迁移至水体、被植物吸收、光解、化学降解、生物降解等多种过程。拟除虫菊酯农药为非离子型农药，有机碳吸附系数（K_{OC} 值）高，这些特征使拟除虫菊酯强烈吸附在土壤中并影响着农药在土壤中的挥发、移动及生物和化学降解过程。拟除虫菊酯的土壤吸附过程受到了土壤的含水量、pH 值、温度、有机质含量、土壤土矿物含量、表面活性剂和阳离子交换量等多种因素的影响。拟除虫菊酯类农药的亲酯疏水性和弱极性等特征，使其不易迁移到水体中；另外，大多拟除虫菊酯杀虫剂为稠液体，不易挥发进入大气中。

拟除虫菊酯杀虫剂在好氧土壤环境中的持久性不同，因而不同种类半衰期范围很大，如氟氯氰菊酯的半衰期为 11.5 d，而联苯菊酯的半衰期为 96.3 d。光解是拟除虫菊酯杀虫剂主要的降解途径之一，另外，微生物降解也是菊酯农药降解的另一个重要方式。

（二）拟除虫菊酯类农药在水环境中的迁移行为

进入水环境中拟除虫菊酯杀虫剂的量在逐渐增加，水环境中的来源途径包括了大气中农药的干湿沉降、径流或淋溶、直接施用于水体的拟除虫菊酯及生产和加工厂排放的废水等。水体中拟除虫菊酯含量主要受到拟除虫菊酯使用频率、使用量及降水量等因素的影响，同时水体周围植被覆盖率、温度、拟除虫菊酯在土壤中的持久性也是影响径流或淋溶过程中拟除虫菊酯水体迁移的重要因素。

拟除虫菊酯农药具有很强的疏水性，因此迁移至水体的含量较少，而溶解于水体中的菊酯农药较易迁移或被降解。由于拟除虫菊酯类农药具有较高的 K_{OW}，其进入水环境后易被油滴或颗粒物吸附，只有 0.4%～1% 的部分以溶解态的形式存在于水体中，吸附在悬浮颗粒物上的拟除虫菊酯农药持久性大幅增加，通常在沉积物中的半衰期为 150～200 d，而后大部分吸附的拟除虫菊酯向沉积层迁移，最终在沉积物中积累。降雨地表径流中，溶解态的拟除虫菊酯杀虫剂含量占总量的比例可达 10%～27%，但大多数拟除虫菊酯农药在水体中的半衰期只有几天到几周，容易被降解。

（三）拟除虫菊酯类农药的其他环境行为

拟除虫菊酯可能通过多种途径进入生物甚至人群体内，从而对健康产生影响。挥发是农药的环境归趋中的一个重要因素，大气中的农药可从高浓度区域向低浓度区域扩散，极可能使新的人群暴露于农药的毒性作用中；拟除虫菊酯常作为蔬菜、水果和家用杀虫剂，往往在蔬菜、茶叶等食物中有残留现象，人们可通过消化道、呼吸道等途径接触到农产品或空气中的拟除虫菊酯类农药，使人群广泛暴露于拟除虫菊酯；另外，水体中的拟除虫菊酯经水生生物富集，会通过食物链进入水产品中，也会通过膳食途径进入人群体内。

第二节　拟除虫菊酯类农药的毒性作用

一、代谢动力学

（一）拟除虫菊酯的吸收

生物对外源性化合物的吸收首先通过直接或间接接触从暴露部位转运到体循环，在此过程中，拟除虫菊酯杀虫剂可能通过肝脏、胃肠道、肺、消化道膜的作用被清除，而这种排除过程可能是对这些器官产生毒性作用的过程。鳃是鱼类对拟除虫菊酯的主要吸收位点，拟除虫菊酯通过鳃吸收后进入血液循环，鳃和血液中拟除虫菊酯的浓度在很短时间（几个小时）内就可达到稳态，然后被其他组织器官吸收。进入土壤或水体中的拟除虫菊酯类农药，可通过植物的吸收而进入植物体内，农药的理化性质和环境特征如农药的水溶性、蒸汽压、水体的流动性等影响了其在植物体内的稳定平衡状态及在各组织的分配情况。人类对于拟除虫菊酯的暴露途径存在差异，但对这类农药的吸收主要通过呼吸和膳食摄入。由于拟除虫菊酯疏水的特性，很少在饮用水中被检出，因此通过饮用拟除虫菊酯污染的水引起的农药吸收并非主要途径；皮肤直接接触而造成的吸收也并不是主要途径，因为皮肤对拟除虫菊酯的吸收非常缓慢。人对于拟除虫菊酯的吸收主要受人自身吸收速率及拟除虫菊酯杀虫剂性质、暴露浓度、人体暴露部位等因素影响，而拟除虫菊酯的脂溶性是影响其生物体吸收的最重要特性。

（二）拟除虫菊酯的分布

对哺乳动物的研究发现，拟除虫菊酯能分布到多种组织中，包括肝、肾、神经系统、乳汁和胚胎。大鼠1∶2服氯菊酯后的组织分布研究发现，拟除虫菊酯在细胞间隙和细胞内均有分布，说明这类农药可以顺利跨越细胞膜；在坐骨神经、下丘脑、额叶皮质、海马等神经组织发现了氯菊酯的集中分布；在暴露之后的不同时间点，在血浆、肝脏中也发现氯菊酯的分布；神经系统中对氯菊酯代谢产物的检出量低于母体化合物。通过^{14}C标记拟除虫菊酯，研究者还发现氯菊酯在肾脏中、氯氰胺菊酯在胎儿中及其他各种组织中均有分布。拟除虫菊酯在生物体组织、系统中的广泛分布可能是多种潜在毒性发生的原因之一。由于拟除虫菊酯的高脂溶性可能使其在人体内广泛分布，会快速通过扩散作用进入脂肪、中枢和外周神经组织等高脂含量的组织，而后到达特定的细胞表面或内部的大分子和酶等靶作用部位。

（三）拟除虫菊酯的代谢与排泄

对拟除虫菊酯代谢作用的研究主要采用哺乳动物模型，动物模型实验表明，拟除虫菊酯在生物体中的代谢开始于中央酯键的水解、氧化、结合反应形成一系列初级和二级水溶性的代谢产物，最后随尿液和胆汁排出体外。拟除虫菊酯杀虫剂中，结构中是否含有氰基会对其生物体代谢产生影响，研究发现Ⅱ型（含α-氰基）比Ⅰ型（不含α-氰基）的拟除虫菊酯更难降解和代谢。对于拟除虫菊酯的主要代谢器官，尚无研究明确其代谢过程是发生在血液系统还是神经系统，但由于拟除虫菊酯代谢产物的脂溶性远低于母体化合物，因此推断拟除虫菊酯母体化合物转运至神经系统后发生代谢的可能性更大。

拟除虫菊酯在人类体内的生物代谢研究主要集中于职业暴露的研究，对研究人群的尿液和血液样本中的拟除虫菊酯代谢产物进行检测，以此判断其代谢过程。对于拟除虫菊酯的职业暴露研究发现，人体内多数拟除虫菊酯在4 d之内完全被转化，其代谢产物能在尿液中检出；但当人体对拟除虫菊酯长时间高剂量暴露时，拟除虫菊酯可在脂肪组织中长时间滞留，还没有研究证明脂肪中未被转化的拟除虫菊酯能否通过扩散作用被重吸收。另外，拟除虫菊酯在人类和哺乳动物体内的代谢产物非常类似，其在人类和哺乳动物体中的代谢途径也可能一致，因此也可以用动物模型的结果模拟人体代谢过程。研究发现，拟除虫菊酯在人体内的半衰期约为6 h，其在人体内代谢过程首先是酯键形成相应的菊酸和醇，醇继续氧化为酸，随后与体内葡萄糖醛酸形成结合型的酯。

二代拟除虫菊酯的代谢物主要为3-苯氧基苯甲酸（3-PBA）、顺式-3-（2，2-二氯乙烯基）-2，2-二甲基环丙烷-1-羧酸（*cis*-DCCA）、反式-3-（2，2-二氯乙烯基）-2，2-二甲基环丙烷-1-羧酸（*trans*-DC-CA）等，这些代谢物主要通过粪便和尿液排出体外。研究发现，暴露24 h后，93％的氟氯氰菊酯就能通过尿液排出。

二、毒性效应

（一）急性毒性

美国最早合成并在农业中使用拟除虫菊酯杀虫剂，因而很早开始关注拟除虫菊酯农药大量使用带来的潜在生物毒性效应。2005 年，美国跨部门生态规划研讨会（interagency ecological program work-shop）报告指出，旧金山河口上游表层鱼类和浮游动物种群大幅下降，主要原因是拟除虫菊酯类农药在鱼类产卵的春夏季节的高频大量使用使得该地区水体中的残留量达到高峰，加速了多种鱼类和浮游动物种群的灭亡。研究发现，拟除虫菊酯痕量浓度暴露条件下，就可以引起鱼类较高的致死毒性及鱼类早期胚胎发育的致畸毒性。

目前已经开展了较多的关于拟除虫菊酯杀虫剂的蚯蚓生态毒理学研究，研究结果均证实拟除虫菊酯对蚯蚓具有一定的毒性效应。例如，甲氰菊酯对蚯蚓的 2 d、7 d 和 14 d LD_{50} 分别为 7.46 mg/kg、3.05 mg/kg 和 1.08 mg/kg，由此判定其为中等毒性农药；氯氰菊酯对蚯蚓的 7 d 和 14 d LC_{50} 分别为 121.6 mg/kg 和 80.2 mg/kg，由此判定氯氰菊酯为低毒农药。

在哺乳动物模型的研究中发现，Ⅰ型拟除虫菊酯类农药中毒后的症状主要为躁动不安、过度兴奋、麻痹和身体震颤（T-综合征）；Ⅱ型拟除虫菊酯杀虫剂的中毒主要表现为哺乳动物过度活跃、动作失调、分泌唾液、抽搐和身体（CS-综合征）。常用拟除虫菊酯类杀虫剂的急性毒性（GB/T 27779—2011）如表 3-2 所示。

表 3-2　常用拟除虫菊酯类杀虫剂的急性毒性

通用名称	实验动物急性毒性	其他动物急性毒性
溴氰菊酯 deltamethrin	大鼠急性经口 LD_{50} 135～5 000 mg/kg；大鼠急性经皮 LD_{50} >2 000 mg/kg	野鸭急性经口 LD_{50} >4 640 mg/kg；虹鳟鱼（96 h）LC_{50} 0.91 μg/L；蜜蜂经口 LD_{50} 79 ng/只
氯氰菊酯 cypermethrin	大鼠急性经口 LD_{50} 250～4 150 mg/kg；大鼠急性经皮 LD_{50} >4 920 mg/kg	野鸭急性经口 LD_{50} >10 000 mg/kg；蜜蜂经口 LD_{50} 0.035 μg/只
顺式氯氰菊酯 alpha-cypermethrin	大鼠急性经口 LD_{50} 79～400 mg/kg；大鼠急性经皮 LD_{50} >2 000 mg/kg	野鸭急性经口 LD_{50} >10 000 mg/kg；蜜蜂经口 LD_{50} 0.059 μg/只
高效氯氰菊酯 beta-cypermethrin	大鼠急性经口 LD_{50} 649 mg/kg；大鼠急性经皮 LD_{50} >1 830 mg/kg	野鸭急性经口 LD_{50} >10 000 mg/kg；虹鳟鱼（96 h）LC_{50} 12 mg/L
氯菊酯 permethrin	大鼠急性经口 LD_{50} 430～4 000 mg/kg；大鼠急性经皮 LD_{50} >4 000 mg/kg	野鸭急性经口 LD_{50} >9 800 mg/kg；虹鳟鱼（96 h）LC_{50} 2.5 μg/L；蜜蜂经口 LD_{50} 0.098 μg/只
胺菊酯	大鼠急性经口 LD_{50} >5 000 mg/kg；大鼠急性经皮 LD_{50} >5 000 mg/kg	野鸭急性经口 LD_{50} >5 620 mg/kg；虹鳟鱼（96 h）LC_{50} 0.010 mg/L
右旋胺菊酯 d-tetramethrin	大鼠急性经口 LD_{50} >5 000 mg/kg；大鼠急性经皮 LD_{50} >5 000 mg/kg	野鸭急性经口 LD_{50} >5 620 mg/kg；虹鳟鱼（96 h）LC_{50} 0.010 mg/L
烯丙菊酯 allethrin	大鼠急性经口 LD_{50} 1 100 mg/kg；大鼠急性经皮 LD_{50} >2 500 mg/kg	虹鳟鱼（96 h）LC_{50} 0.134 μg/L

通用名称	实验动物急性毒性	其他动物急性毒性
生物烯丙菊酯 ioallethrin	大鼠急性经口 LD_{50} 709 mg/kg；大鼠急性经皮 LD_{50} ＞2 660 mg/kg	虹鳟鱼（96 h）LC_{50} 0.134 μg/L
Es-生物烯丙菊酯 esbiothrin	大鼠急性经口 LD_{50} 440～730 mg/kg；大鼠急性经皮 LD_{50} ＞2 500 mg/kg	野鸭急性经口 LD_{50} ＞5 000 mg/kg；虹鳟鱼（96 h）LC_{50} 0.01 mg/L
炔丙菊酯 rallethrin	大鼠急性经口 LD_{50} 640 mg/kg；大鼠急性经皮 LD_{50} ＞5 000 mg/kg	野鸭急性经口 LD_{50} ＞2 000 mg/kg；虹鳟鱼（96 h）LC_{50} 0.012 mg/L
右旋反式氯丙炔菊酯 d-trans allethrin propargyl chloride	大鼠急性经口 LD_{50}（雌）794 mg/kg；大鼠急性经皮 LD_{50} ＞5 000 mg/kg	—
氯烯炔菊酯 chlorempenthrin	大鼠急性经口 LD_{50} 340 mg/kg	野鸭急性经口 LD_{50} ＞2 250 mg/kg；虹鳟鱼（96 h）LC_{50} 0.001 7 mg/L
右旋烯炔菊酯 mpenthrin	大鼠急性经口 LD_{50} ＞5 000 mg/kg；大鼠急性经皮 LD_{50} ＞2 000 mg/kg	蜜蜂经口 LD_{50} 0.069 μg/只，经皮 LD_{50} 0.015 μg/只
苄呋菊酯 esmethrin	大鼠急性经口 LD_{50} ＞2 500 mg/kg；大鼠急性经皮 LD_{50} ＞3 000 mg/kg	鸡急性经口 LD_{50} ＞10 000 mg/kg；虹鳟鱼（96 h）LC_{50} 0.000 62 mg/L；蜜蜂经口 LD_{50} 2 ng/只，经皮 LD_{50} 6.2 ng/只
生物苄呋菊酯 ioresmethrin	大鼠急性经口 LD_{50} 8.6～8.8 g/kg；大鼠急性经皮 LD_{50} 10 g/kg	鸡急性经口 LD_{50} ＞10 000 mg/kg；虹鳟鱼（96 h）LC_{50} 0.000 62 mg/L；蜜蜂经口 LD_{50} 2 ng/只，经皮 LD_{50} 6.2 ng/只
右旋苄呋菊酯 d-resmethrin	大鼠急性经口 LD_{50} ＞5 000 mg/kg；大鼠急性经皮 LD_{50} ＞5 000 mg/kg	虹鳟鱼（96 h）LC_{50} 0.13 μg/L
噻嗯菊酯 adethrin	大鼠急性经口 LD_{50} 1 324 mg/kg；大鼠急性经皮 LD_{50} ＞3 200 mg/kg（雌大鼠）	美洲鹌鹑＞5 620 mg/kg；虹鳟鱼（96 h）LC_{50} 0.000 34 mg/L
右旋苯醚氰菊酯 d-cyphenothrin	—	野鸭急性经口 LD_{50} ＞2 500 mg/kg；虹鳟鱼（96 h）LC_{50} 2.7 μg/L
右旋苯醚菊酯 d-phenothrin	大鼠急性经口 LD_{50} ＞5 000 mg/kg；大鼠急性经皮 LD_{50} ＞2 000 mg/kg	美洲鹌鹑＞5 620 mg/kg；虹鳟鱼（96 h）LC_{50} 0.000 34 mg/L
右旋反式苯氰菊酯 d-trans-cyphenothrin	大鼠急性经口 LD_{50} 188 mg/kg（雄），220 mg/kg（雌）	—
右旋反式炔呋菊酯 d-trans-furamethrin	大鼠急性经口 LD_{50} 1 700 mg/kg；大鼠急性经皮 LD_{50} ＞3 500 mg/kg	—

续表

通用名称	实验动物急性毒性	其他动物急性毒性
氟氯苯菊酯 flumethrin	大鼠急性经口 LD_{50} （雌）584 mg/kg；大鼠急性经皮 LD_{50}＞5 000 mg/kg	野鸭急性经口 LD_{50}＞3 950 mg/kg；虹鳟鱼（96 h）LC_{50} 0.36 μg/L；蜜蜂经口 LD_{50} 38 ng/只，经皮 LD_{50} 909 ng/只
高效氯氟氰菊酯 ambda-cyhalothrin	大鼠急性经口 LD_{50} 79 mg/kg；大鼠急性经皮 LD_{50} 1 293～1 507 mg/kg	—
甲醚菊酯 ethothrin	大鼠急性经口 LD_{50} 4 040 mg/kg	—
戊烯氰氯菊酯 entmethrin	大鼠急性经口 LD_{50} 4 640 mg/kg；大鼠急性经皮 LD_{50}＞11 400 mg/kg	—
富右旋反式戊烯氰氯菊酯 rich-d-t-pentmethrin	大鼠急性经口 LD_{50}＞10 000 mg/kg；大鼠急性经皮 MLD＞2 500 mg/kg	—
环戊烯丙菊酯 erallethrin	大鼠急性经口 LD_{50} 174～224 mg/kg	—
四氟苯菊酯 ransfluthrin	大鼠急性经口 LD_{50}＞5 000 mg/kg；大鼠急性经皮 LD_{50}＞5 000 mg/kg	虹鳟鱼（96 h）LC_{50} 0.7 μg/L

（二）神经毒性

拟除虫菊酯具有较强的神经毒性，主要的靶标器官是中枢神经系统，在中枢神经系统有多个作用位点，尤以大脑受到影响最大。拟除虫菊酯农药在昆虫和哺乳动物体内的主要作用靶标都是神经系统的电压门控钠离子通道（voltage-gated sodium channels，VGSCs），通过延迟钠离子通道的关闭使其持续放电，周围神经出现重复的动作电位及去极化期延长，最后使膜内外的离子梯度衰减，最终导致传导阻滞，引发神经毒性。Ⅰ型和Ⅱ型拟除虫菊酯杀虫剂的神经系统毒性不同，主要因为两种类型拟除虫菊酯与神经元细胞膜上的钠离子通道结合位点不同。此外，延缓钠离子通道关闭所持续时间的长短也不同。Ⅰ型拟除虫菊酯只是适度延长了钠离子通道的渗透性，而Ⅱ型拟除虫菊酯使钠离子通道的渗透性处于持续延长的状态。

除钠离子通道外，钙离子通道、氯离子通道、GABA$_A$受体和 ATP 酶等也是拟除虫菊酯毒性作用靶标。例如，拟除虫菊酯可作用于中枢神经系统谷氨酸（Glu）和氨基丁酸（ABA）递质信号系统，直接作用于神经系统的 ATP 酶，从而影响神经系统的能量代谢，进而影响神经系统发育。有研究发现，Ⅰ型拟除虫菊酯对钙 ATP 酶有抑制作用，而Ⅱ型菊酯农药却能够抑制钙镁 ATP 酶。除此之外，Ⅱ型拟除虫菊酯杀虫剂能够显著阻断神经系统的氯离子通道，引发分泌唾液的 CS-综合征，增强中枢神经系统的兴奋性。拟除虫菊酯也易溶于髓磷脂鞘，引起髓鞘脱失，导致正常的神经传导受阻。

（三）内分泌干扰效应

拟除虫菊酯被认为是一种环境内分泌干扰物，具有类雌激素活性、生殖内分泌毒性。可能是通过影响支持细胞（serto cell）的功能来干扰下丘脑；通过影响性腺轴的调节作用，使精子发生过程受损，导致少精、无精。在哺乳动物中，拟除虫菊酯对下丘脑-垂体-性腺内分泌调控轴（hypothalamus-pituitary-gonadal，HPG）有干扰作用，而 HPG 轴对哺乳动物的生长发育和生殖起关键调控作用。拟除虫菊酯通过清除中央酯链进行快速代谢，从而生成不同的代谢产物。这些代谢产物大多具有拟雌激素和抗雄激素活性，且这些活性远高于拟除虫菊酯杀虫剂原形。

动物研究发现，高效氰戊菊酯暴露可抑制未成年雌性大鼠体内黄体生成素（luteinizing hormone，LH）的释放，并延迟未成年雌性大鼠的青春期。氯氰菊酯、氯菊酯和溴氰菊酯能够引起雄性小鼠或大鼠体内促性腺激素（follicle-stimulating hormone，FSH）、LH水平升高。在氯氰菊酯作用下，研究发现小鼠垂体促性腺细胞 LβT2 中 FSHβ、LHβ 和 Cgα 的表达都有了显著的提高，并且细胞中 FSH 和 LH 合成也明显提高，分泌到细胞液中的 LH 水平也显著提高，说明拟除虫菊酯能够直接作用垂体促性腺细胞并合成促性腺激素，从而在垂体水平上引起内分泌干扰作用。

（四）免疫毒性

随着免疫毒理学研究方法的不断发展，拟除虫菊酯类农药的免疫毒性作用也有许多新的发现。拟除虫菊酯能够损坏哺乳动物的免疫系统，降低哺乳动物的免疫力，从而引起免疫毒性。有研究发现拟除虫菊酯通过影响免疫系统的昼夜节律及细胞因子发挥作用，其他研究发现拟除虫菊酯杀虫剂对免疫系统的保护有抵抗作用，并且可能造成淋巴结和脾脏的损害。

已有研究解释了拟除虫菊酯免疫毒性的机制，例如，溴氰菊酯的使用会引起脾脏抗体生成细胞数量增加并且加强自然杀伤细胞（NK）的活动能力以此来激活免疫系统；功夫菊酯和 α-氯氰菊酯对人体周边血液的淋巴细胞存在细胞毒性的作用，能够引起细胞和免疫系统受损；氯氰菊酯能够提高人淋巴细胞突变率；氯菊酯也能够对人淋巴细胞产生细胞毒性和氧化损伤作用；氰戊菊酯能通过交替途径活化免疫系统中的补体系统，同时还能引起巨噬细胞细胞质液泡化、异染色质缩合、亚二倍体核和 DNA 断裂，从而对免疫系统造成损伤。

（五）植物毒性

拟除虫菊酯会对植物的生理生化过程产生影响，从而对植物生长和发育产生遗传毒性。有研究表明，拟除虫菊酯类农药甲氰菊酯可使蚕豆根尖细胞产生微核，在一定浓度范围内，呈现剂量-效应关系，例如，微核率随甲氰菊酯农药浓度的提高而上升，但当处理浓度继续升高时微核率呈出下降的趋势。甲氰菊酯还能引起蚕豆根尖有丝分裂的细胞数增多，并能导致细胞产生较高频率、多种类型的染色体畸变，如染色体断裂、形成染色体桥、核芽、核破裂等。其他研究发现，氰戊菊酯的推荐施用量及加倍施用量都可引起小白菜中丙二醛（malonaldehyde，MDA）含量明显增加，并且 MDA 含量随施药浓度的升高而增大，存在一定的量-效关系；氰戊菊酯的胁迫还会导致小白菜植株内超氧化物歧化酶（SOD）、过氧化氢酶（CAT）、过氧化物酶（POD）活性发生不同程度的变化。

（六）其他毒理学研究

拟除虫菊酯农药对土壤微生物具有明显的抑制作用，可使微生物的活性、生理状态、数量和结构发生改变，从而间接改变土壤中某些酶的活性。拟除虫菊酯杀虫剂对土壤原生动物也有一定的毒性，研究发现在试验范围内，所有原生动物类群数量都有不同程度的减少；但原生动物的种类不同对拟除虫菊酯农药的耐受性也不尽相同，部分以菌和碎屑为食的鞭毛虫对拟除虫菊酯杀虫剂耐受力较强，污染物的浓度升高，其在群落中的优势表现更为显著。

三、生物标志物

根据研究目的的不同，可以选择多种物质作为农药在人体暴露的生物标志物，包括了农药原型、农药代谢物及乙酰胆碱酯酶等。由于在人体中代谢较快，在长期低剂量接触水平的相关研究中，常常采用拟除虫菊酯的代谢产物作为生物标志物。常见的拟除虫菊酯类农药的非特异性代谢产物如表 3-3 所示。拟除虫菊酯在血液中的浓度比尿液中低很多，因此，检测尿液中的代谢产物被认为是评价拟除虫菊酯实际暴露水平的有效手段。在已知的拟除虫菊酯尿液代谢产物中，3-PBA（CAS No. 3739-38-6）是氯氰菊酯、溴氰菊酯、苄氯菊和其他拟除虫菊酯的主要代谢产物。通常，检测尿液中这种拟除虫菊酯共同代谢产物的水平可以反映人群对多种拟除虫菊酯的复杂环境暴露水平。此外，3-PBA 也是普通人群中检出率最高的拟除虫菊酯代谢产物。

表 3-3　常见拟除虫菊酯类农药的代谢产物

拟除虫菊酯	CDCA	cis-DCCA	trans-DCCA	DBCA	3-PBA	4-F-3-PBA
氯菊酯		✓	✓		✓	
烯丙菊酯	✓					
苄呋菊酯	✓					
氟氯氰菊酯		✓	✓			✓
功夫菊酯			✓		✓	
氯氰菊酯		✓			✓	
溴氰菊酯				✓	✓	
杀灭阿菊酯					✓	
醚菊酯					✓	
氰戊菊酯					✓	
苄氯菊酯		✓	✓		✓	
苯醚菊酯	✓				✓	
四氟苯菊酯		✓	✓			

注：cis/trans-DCCA：顺式/反式-3-（2，2-二氯乙烯基）-2，2-二甲基环丙烷-1-羧酸；3-PBA：3-苯氧苯甲酸；cis/trans-CDCA：顺式/反式-菊二酸；cis-DBCA：顺式-3-（2，2-二溴乙烯基）-2，2-二甲基环丙烷-1-羧酸；4-F-3-PBA：4-氟-3-苯氧基苯甲酸

第三节　拟除虫菊酯类的健康危害

一、职业暴露与健康

以往对于农药暴露对人群健康影响的研究主要集中在职业暴露与健康。在对南京 12 名氰戊菊酯生产厂车间工人、12 名生产厂管理办公人员及 18 名其他职业人员的拟除虫菊酯职业暴露研究中，研究人员测定了生产车间空气中氰戊菊酯浓度、工人皮肤氰戊菊酯污染量及精液常规分析。结果发现，车间内氰戊菊酯平均浓度为 21.55×10^4 mg/m³，氰戊菊酯车间浓度显著高于对照区域（$P < 0.001$）；暴露区域（车间）的氰戊菊酯个体采样浓度（平均浓度为 0.11 mg/m³）和皮肤污染量（平均浓度 1.59 mg/m²）均显著高于对照区域（$P < 0.01$）；氰戊菊酯职业暴露组的心脏舒张压显著高于对照组（$P < 0.05$）；职业暴露工人精子非整倍体的发生和 DNA 损伤出现了显著的增加，提示氰戊菊酯暴露具有一定的遗传毒性作用，存在造成不良生殖结局的可能。也有其他研究选择了 18 名在拟除虫菊酯农药厂工作的工人作为职业暴露组，20 名未暴露于拟除虫菊酯的人作为非暴露组，在对血液中相关激素水平的检测中发现，暴露组工人血液中睾酮等激素的水平明显低于非暴露组，说明职业暴露于拟除虫菊酯存在内分泌紊乱的风险。

二、按照系统分类健康危害

（一）拟除虫菊酯对神经系统的健康影响

1. 拟除虫菊酯对神经系统影响的流行病学研究 一些流行病学研究发现拟除虫菊酯暴露会对人的神经系统产生健康危害，尤其是对于儿童等敏感人群。在对中国 1 149 名孕妇妊娠末期尿液中拟除虫菊酯类杀虫剂含量的检测中发现，94.1% 的孕妇尿中同时检出了 3 种拟除虫菊酯类杀虫剂代谢产物；3 种代谢产物 3-PBA、cis-DCCA 及 $trans$-DCCA 的中位数水平分别为 1.01 μg/L、0.44 μg/L 和 1.17 μg/L；母亲的受教育程度、孕期从事的职业及孕期是否使用过室内杀虫剂都是影响母亲尿液中拟除虫菊酯代谢产物浓度水平的影响因素；母亲拟除虫菊酯暴露水平不同，幼儿发育商（$P=0.042$）及智力指数（$P=0.088$）存在显著差异；随着宫内拟除虫菊酯杀虫剂暴露水平的升高，幼儿发育商及智力指数存在逐级降低的趋势。研究表明宫内拟除虫菊酯暴露与幼儿发育商及智力指数等指标有显著关联，提示拟除虫菊酯对幼儿神经系统发育存在影响。也有流行病学研究发现，如妇女怀孕前或者是在孕初期在居住空间内使用拟除虫菊酯杀虫剂，那么她们所生的孩子患自闭症谱系障碍和发育迟缓的概率将显著增加，比值比（odds ratio，OR）在 1.7～2.3。

2. 拟除虫菊酯对神经系统影响的相关机制 拟除虫菊酯对神经细胞内钙、肌醇磷脂系统和离子通道都有影响。其对 Na^+ 通道的毒作用特点为低剂量的激活作用和高剂量的抑制作用；对 Ca^{2+} 通道的影响亦表现为低剂量激活、高剂量抑制作用，但激活作用较弱而抑制作用明显。

（二）拟除虫菊酯对生殖发育的影响

一些人群研究发现拟除虫菊酯暴露与男性生殖能力，包括精液质量、计算机辅助精液分析系统参数（CASA 参数）及精子遗传毒性作用有联系，但是对于拟除虫菊酯对低暴露水平人群的生殖发育影响及其代谢产物的生殖发育影响方面的流行病学研究还很有限。在对中国南京 376 名男性精液中拟除虫菊酯共同代谢产物 3-PBA 的检测中发现，研究对象尿液中 3-PBA 检出率可达到 100%，肌酐调整后的 3-PBA 浓度中位数为 0.879 μg/g，浓度范围为 0.233～21.279 μg/g，比美国普通成年男性高 4 倍左右。肌酐调整后的 3-PBA 暴露水平与少数精子运动性和前向性参数有相关性，这种正向关联表现在一些 CASA 参数中，如曲线速度（VCL，$P=0.039$）和直线速度（VSL，$P=0.003$），提示拟除虫菊酯暴露会对男性生殖过程产生影响。在另外一个对南京 478 例原发性男性不育症病例及 194 例对照的病例-对照研究中，结果显示病例组人群尿液中 3-PBA 平均浓度为 1.41 ng/ml，显著高于对照组的 0.75 ng/ml；在氰戊菊酯暴露与生物钟 Clock 基因遗传多态性交互作用研究中，发现了 Clock 基因多态性位点 rs3817444、rs1801260 和氰戊菊酯代谢物暴露（3-PBA）之间的基因-环境交互作用与原发性男性不育有关。

目前，已有部分关于拟除虫菊酯类农药在非职业人群包括孕妇和儿童中的生物负荷水平的报道，但关于拟除虫菊酯类农药对儿童生长发育影响的人群研究还很有限。在对 449 例新生儿尿液的检测中发现，拟除虫菊酯代谢产物顺式-3-（2，2-二氯乙烯基）-2，2-二甲基环丙烷-1-羧酸［cis-3-（2，2-dichlorovinyl）-2，2-dimethylcyclopropane-1-carboxylic acid，cis-Cl2CA］、反式-3-（2，2-二氯乙烯基）-2，2-二甲基环丙烷-1-羧酸［$trans$-3-（2，2-dichlorovinyl）-2，2-dimethylcyclopropane-1-carboxylic acid，$trans$-Cl$_2$CA］、3-PBA 和总拟除虫菊酯浓度中位数分别为 0.19 μg/L、0.95 μg/L、0.40 μg/L 和 1.67 μg/L。结果显示各代谢物不同暴露水平组体重和身体质量指数（body mass index，BMI）不完全相同，差异具有统计学意义（$P<0.05$），随着暴露水平升高，婴幼儿体重和 BMI 逐渐下降（趋势检验 $P<0.05$）。cis-Cl$_2$CA 和总拟除虫菊酯不同暴露水平组行为不完全相同，差异具有统计学意义（$P<0.05$）。

（三）拟除虫菊酯的内分泌系统影响

1. 拟除虫菊酯内分泌系统影响的流行病学研究　目前对于拟除虫菊酯类杀虫剂的内分泌干扰研究正逐渐得到重视。人体研究发现尿液中拟除虫菊酯类杀虫剂代谢产物水平与血清（FSH）、促黄体生成素（LH）水平呈正相关，与睾酮、游离睾酮、抑制素 B 水平呈负相关，并且精液质量降低和精子DNA 损伤与尿液中拟除虫菊酯类杀虫剂代谢产物的升高有关。

2. 拟除虫菊酯内分泌系统影响的相关机制　目前关于拟除虫菊酯对垂体分泌促性腺激素干扰作用的机制尚不清楚。对甲状腺系统影响，研究认为促甲状腺素（thyroid stimulating hormone，TSH）水平升高，肝脏 5'-脱碘酶活性降低和脂质过氧化活性增加，并有剂量依赖性。对于糖脂代谢的影响机制，研究认为拟除虫菊酯可通过影响神经递质或离子通道系统等，影响糖脂代谢的动态平衡。对机体抗氧化应激的影响机制，研究发现拟除虫菊酯可刺激机体产生自由基，诱导脂质过氧化和干扰总抗氧化能力。

（四）拟除虫菊酯的致癌性和遗传毒性

1. 拟除虫菊酯的致癌性和遗传毒性的流行病学研究　目前拟除虫菊酯杀虫剂暴露与癌症之间关联的流行病学研究还很有限，因此缺乏拟除虫菊酯杀虫剂直接引发肿瘤的证据。在上海某医院进行的一项人群研究采用了配对的病例-对照研究设计，研究者将 176 名 0～14 岁患有急性淋巴细胞白血病（acutelymphoblastic leukemia，ALL）的儿童和 180 名有可比性的患儿配对，检测了这些儿童的尿液中拟除虫菊酯代谢产物（3-PBA，*cis*-DCCA，*trans*-DCCA）浓度，并分析了儿童尿液中非特异性拟除虫菊酯杀虫剂代谢物浓度与儿童罹患 ALL 的关系。研究发现，ALL 患儿尿液中拟除虫菊酯杀虫剂的代谢物检出量明显高于对照组，提示儿童暴露于拟除虫菊酯杀虫剂可能增加患 ALL 的风险。

2. 拟除虫菊酯的致癌性和遗传毒性的相关机制　从细胞水平来说，拟除虫菊酯杀虫剂使得癌症细胞中的间隙连接水平常趋向于低调节，而间隙连接细胞间通讯的缺失是造成癌变的重要步骤。

三、健康风险评估

随着有机磷农药的禁用，拟除虫菊酯的需求量不断增加，因不恰当和过量使用拟除虫菊酯引起的安全事件逐年增多，由其造成的生态安全和健康风险也引起越来越多研究者的重视。已有研究表明，拟除虫菊酯可能对非靶标生物存在内分泌干扰、免疫毒性、神经毒性等多种潜在毒性。因此，对于拟除虫菊酯类农药的风险评估工作也逐渐得到关注，我国农药行业管理部门正在积极探索建立、健全针对我国基本国情的农药风险评估制度。

（一）职业暴露的健康风险

在对麦田高效氯氟氰菊酯施药人员的暴露水平及健康风险研究中，施药者用手动背负式喷雾器，在麦田中施用高效氯氟氰菊酯微乳剂，通过全身整体取样方法（whole-body dosimetry，WBD）分析了3 名职业施药者的人体暴露量，并通过暴露界限（margin of exposure，MOE）研究了麦田施用高效氯氟氰菊酯对操作人员的暴露风险。施药者的人体暴露量为 18.57 ml/h，约占总施药液量的 0.03%，主要暴露部位为下身（大腿和小腿），约占总暴露量的 75%。施药者 MOE 值均远大于 100，说明在本研究的暴露场下喷施高效氯氟氰菊酯或其他菊酯类农药，人体暴露是安全的。

（二）非职业暴露的健康风险

基于 2013—2015 年中国农药残留检测项目，在对中国水果中拟除虫菊酯残留的人群健康风险评估的调查研究中，对 1 450 个水果样品检测了 7 种拟除虫菊酯类农药的残留水平，研究用确定性方法

(deterministic approach) 和半概率模型（semi-probabilistic model）来比较暴露水平，并用风险指数方法（hazard index approach）来估计累积风险。研究发现26％的样品含有拟除虫菊酯残留，浓度范围为0.005 0～1.2 mg/kg，30％的水果样品同时含有2～4种拟除虫菊酯类农药。风险评估结果表明，对于中国普通人群和1～6岁儿童来说，拟除虫菊酯的累积健康风险极低。

在对珠江河网水产品中拟除虫菊酯的暴露及健康风险评价中发现，虾类和贝类中拟除虫菊酯杀虫剂的检出率均很高，除联苯菊酯在虾类体内检出率为75％外，其他菊酯均为100％。氯菊酯在鱼类肌肉和贝类中的检出量最高，分别占总菊酯质量分数的52.2％和55.4％，鱼类肌肉中氯菊酯检出率达到100％。溴氰菊酯在虾类中检出率最高，占总菊酯质量分数的33.0％。根据FAO和WHO提出的拟除虫菊酯菊酯农药的参考剂量（reference dose，RD，0.04 mg/kg），有研究对居民通过食物摄入的拟除虫菊酯水平进行食用暴露风险评估，结果表明珠江河网水产品中拟除虫菊酯杀虫剂人体健康危害的年暴露风险指数介于$3.96 \times 10^{-13} \sim 1.21 \times 10^{-10}$，水产品的安全消费量为$5.54 \times 10^4$ kg/d，水产品中的拟除虫菊酯杀虫剂的健康危险风险很小。

四、研究挑战和展望

对于拟除虫菊酯的人群健康效应研究尽管已经取得了很多成果和突破，但其对人体健康影响的机制复杂，人群流行病学证据也还不足，因此我国环境健康的相关研究人员在未来的工作中仍充满挑战。

（一）目前研究存在的挑战

目前对于人体对拟除虫菊酯杀虫剂暴露水平的研究主要还是拟除虫菊酯的代谢产物作为生物标记物，试图找出生物标记物与健康损害的关联。但是，由于生物标记物易受到人体内外环境及物质的影响，因此以部分代谢物与健康影响的关联作为拟除虫菊酯健康效应的证据还不确切。

对于拟除虫菊酯生物毒性的研究较多，对于神经毒性、内分泌干扰效应、生殖发育毒性和免疫毒性都有涉及，但多集中于动物实验，且机制复杂，毒性作用机制尚未完全明确。人群流行病学证据较少，有限的关联结果不一致，需要大力开展拟除虫菊酯对于人群健康效应的流行病学研究。

在人群流行病学研究中，目前还多以单一时点的拟除虫菊酯暴露浓度来表征人群某一阶段的暴露水平，如以出生脐血浓度或孕期某时点的尿液浓度反映胎儿期对拟除虫菊酯的暴露水平，考虑到拟除虫菊酯在生物体内的代谢相对其他农药较快，且半衰期较短，用单一时点的暴露水平还不足以代表某一段时间拟除虫菊酯的累积暴露水平。

（二）未来研究的展望

拟除虫菊酯农药在不同的环境样品中已经有不同程度的检出，人群会随时通过接触这些环境介质而积累拟除虫菊酯。除了职业接触以外，大多数人群对于拟除虫菊酯类农药的暴露通常是低剂量的长期暴露。随着对于公共卫生和疾病预防的重视，对于农药潜在健康风险的研究将逐渐由职业高剂量短期暴露转向低剂量长期暴露模式下对非靶标生物引起的健康风险。因此，以环境中拟除虫菊酯农药残留水平为基础，模拟环境中低剂量长期暴露下水平可以更真实、准确地评价可能产生的潜在健康效应，为制定相关政策提供科学依据。

在拟除虫菊酯暴露与健康效应关系研究中，暴露评估、风险评价和毒理效应等依赖于人体样本检测技术的发展。基于色谱-质谱联用的生物监测技术被广泛使用，为评估人体化学污染物总暴露量与生物效应关系提供重要依据。开发简单易行、灵敏度更高且能同时分析多种拟除虫菊酯及代谢产物的分析技术也是未来研究的重要课题。

拟除虫菊酯类杀虫剂是手性化合物，由于不同的对映异构体的生物活性存在较大差异，不同对映体的杀虫效果及生态毒理效应也存在较大不同，而通过非手性分析得到的结果与实际的生理效应并不相符，因此，尽管手性农药对映体选择性行为的研究历史并不长，但对拟除虫菊酯类农药对映体水平的杀虫活性、环境行为及毒性作用的研究已经越来越被重视。

国外对于拟除虫菊酯的健康效应，包括了毒理学和流行病学的研究都取得一些研究进展，但国内的研究仍然比较匮乏，尤其是人群队列研究开展的较少。因此，建立大型的人群队列研究，通过多时点采样分析，探讨拟除虫菊酯的累积水平，从而追踪后续的健康影响，能够提供更全面可靠且符合中国国情的拟除虫菊酯与健康效应的流行病学证据。

第四节　拟除虫菊酯类的防治管理

一、防控技术

中华人民共和国国家标准《卫生杀虫剂安全使用准则拟除虫菊酯类》（GB/T 27779－2011）对拟除虫菊酯类杀虫剂的配置、使用、运输、包装、保管和清除制定了相应标准。

（一）基本原则

拟除虫菊酯类杀虫剂的命名应符合 GB 4839 的规定；标识应符合 GB 20813 的规定；包装应符合 GB 3796 和 GB 190 的规定；贮运、销售和使用应符合 GB 12375 的规定。

（二）安全使用原则

配制拟除虫菊酯类杀虫剂应使用专门工具和容器，不得用于人、畜、禽或改为他用；拟除虫菊酯类杀虫剂配置浓度不得超过产品说明（特殊试验除外）；配置过程使用的载体、添加剂不应与拟除虫菊酯类杀虫剂产生不良的化学反应；拟除虫菊酯类杀虫剂多数为低毒品种，用量少，使用安全，对毒性偏高的个别品种喷药时要注意安全防护，避免在高温和烈日下喷药；直接参与喷洒杀虫剂的人员应穿戴防治药剂进入人体的防护服；拟除虫菊酯类杀虫剂单剂在同一使用地点应根据当地抗药性资料确定年使用次数，并加强抗药性监测。拟除虫菊酯不宜在桑园、鱼塘、河流、养蜂场等处及其周围使用；使用时采取一般防护措施。贮存于地位干燥处，远离食品、饲料，避免儿童接触。

（三）保管与销毁

拟除虫菊酯类杀虫剂保管应遵循 GB 12475 规程；销毁应在农药管理部门指定的地点进行，销毁过程不应造成环境污染及给人、畜、禽和野生动物造成隐患；过期的杀虫剂应由专业管理部门按照有关规定处理。

二、管理体系

（一）拟除虫菊酯有效异构体的登记与开发

近年来大多数拟除虫菊酯类农药在欧盟并没有通过获得重新登记，主要原因是很多拟除虫菊酯类农药中含有可以取代外消旋混合物的具有生物活性的单一异构体，所以其外消旋混合物被拒绝重新登记。因而在拟除虫菊酯的开发中应根据拟除虫菊酯类农药各异构体的结构差异，找出有效构型并提高对映异构体的分离提纯效率，以此产生绿色高效的拟除虫菊酯杀虫剂产品，减少无效有害对映异构体对生态环境的危害。

（二）使用环境安全的拟除虫菊酯产品溶剂

拟除虫菊酯产品使用的溶剂主要有乳油、水乳剂和微乳剂等，其中乳油中含有大量的有害化合物，如甲苯、二甲苯和甲醇等；微乳剂中使用了甲醇、二甲基甲酰胺等具有亲水性和极性的有害溶剂。有害溶剂的使用一方面对生产安全存在威胁，例如，有的溶剂属于低闪点和易挥发溶剂，极易产生燃爆的危险，发生事故；另一方面对人群健康和生态环境存在毒性，部分溶剂有明确的致癌效应，对生产者和使用者的健康存在危害。国家工信部于2014年3月1日对涉及乳油等拟除虫菊酯产品实施《有害溶剂限量标准》。应使用环保溶剂替代有害溶剂拟除虫菊酯产品，替代溶剂应对人体和环境无害、不易燃、天然可再生、易生物降解并对农药活性成分有较好的溶解度，在不影响药剂活性同时不对作物造成药害。

三、拟除虫菊酯类农药中毒及治疗

（一）中毒症状

拟除虫菊酯类农药对人类低毒，但长时间皮肤吸收，口服可引起中毒。拟除虫菊酯可通过影响神经轴突的传导而导致中毒症状。按中毒途径不同，潜伏期可数十分钟至数十小时。主要表现为局部刺激症状，包括接触部位潮红、肿胀、疼痛、皮疹；消化道症状，包括流涎、恶心呕吐、腹痛、腹泻、便血；神经系统症状，包括头痛、头昏、乏力、麻木、烦躁、肌颤、抽搐、瞳孔缩小、昏迷；呼吸系统症状，包括呼吸困难、肺水肿等；心血管系统症状，包括心率增快、心律失常、血压升高等。职业性急性拟除虫菊酯中毒是由于在职业活动中短期内密切接触大量的拟除虫菊酯类杀虫剂所致的以神经系统兴奋性异常为主要表现的全身性疾病。根据《职业性急性拟除虫菊酯中毒诊断标准》（GBZ43—2002）可以分为轻、中、重度。轻度中毒仅有一般全身及胃肠道症状，经皮肤接触者可产生皮肤、黏膜刺激症状；中度中毒除以上症状外，尚出现肌束震颤、精神萎靡或轻度意识障碍；重度中毒除以上表现外可能出现阵发性抽搐伴短暂意识丧失、肺水肿、昏迷、休克或呼吸衰竭。儿童摄入拟除虫菊酯2 mg/kg就能够引起一个短期的全身反应。

1987—1999年对台湾48例杀虫剂中毒患者（包括氯菊酯患者，10例患者误食，38例患者试图自杀）进行观察，胃肠道中毒症状基本一致（包括咽喉痛、吞咽困难、上腹部痛、呕吐，29%的患者出现了胃部受损，在8名患者包括一名死亡患者中出现吸入性肺炎，2例患者出现肺水肿，16例患者出现中枢神经受损现象。

（二）中毒机制

拟除虫菊酯脂溶性很强，极易透过血脑屏障，高浓度进入体内后，通过体液循环进入大脑，使大脑多部位产生兴奋，因此被认为是一类神经毒剂。其对中枢神经的锥体外系、小脑、脊髓和周围神经的兴奋作用是由于选择性地减缓神经细胞膜钠离子通道"m"闸门的关闭，使钠离子通道保持开放，以致动作电位的去极化期延长，引起周围神经反复放电，进而使脊髓中间神经和周围神经兴奋性增强，出现一系列相应的临床表现。一般情况下，小剂量拟除虫菊酯在温血动物消化道和体内其他系统被水解并随小便排出，不会慢性积蓄中毒，但大剂量暴露会导致中毒。

（三）处理原则

尽量减轻症状及减少死亡，必须及早、尽快、及时地采取急救措施。拟除虫菊酯类农药职业中毒的处理原则如下：去除农药污染源，防止毒物继续进入体内；尽早排除已吸收的农药及其代谢物；尽早、足量、合并使用特效解毒剂，如有机磷农药中毒用阿托品及胆碱酯酶复能剂解毒，有机氯农药中毒可用巯基类络合剂解毒等；对症支持治疗，及时纠正缺氧，维持水、电解质及酸碱平衡，保护好脏器，预防继发感染，加强营养等。

第五节 案例分析

一、拟除虫菊酯杀虫剂暴露与中国男孩青春期发育水平的相关性研究

（一）研究方法

2014年5月至2015年12月，一项横断面研究分析了拟除虫菊酯杀虫剂暴露与中国男孩青春期发育水平的相关性，研究共纳入了中国浙江杭州市的463名9~16岁的男孩作为研究对象。研究通过问卷调查的形式收集了男孩生长发育水平信息包括了身高、体重和青春期发育程度，其中青春期发育程度采用了Tanner阶段分级示意图来进行自我评估；同时对父母进行问卷调查，收集了健康状况、生活方式、膳食结构、室内杀虫剂使用和有机食品食用情况等信息。研究在问卷进行的同时采集男孩尿液作为生物标本，测定了尿液中拟除虫菊酯代谢产物的水平，并且用肌酐浓度来调整尿液稀释度不同产生的浓度差异。拟除虫菊酯的代谢产物3-PBA和4-F-3-PBA作为测定的生物标志物，同时对尿液中FSH和黄体生成素LH的浓度也进行了测定。Logistic回归模型用来分析3-PBA和4-F-3-PBA与Genitalia stage、FSH和LH的相关性；年龄、身高、体重、出生体重、父母文化水平、收入和有机食品使用情况等作为协变量对模型进行调整。

（二）研究结果

尿液中LH浓度范围为0.36~9.44 IU/L，肌酐调整后浓度范围为0.09~158.80 IU/g；FSH浓度范围为3.17~23.53 IU/L，肌酐调整后浓度范围为0.97~1708.20 IU/g。尿液中3-PBA浓度中值为1.12 μg/L，范围为<LOD~29.02 μg/L，肌酐调整后浓度中值为0.97 μg/g，范围为<LOD~53.91 μg/g；4-F-3-PBA检出率较低，浓度最大值为0.35 μg/L，肌酐调整后为0.33 μg/g。

尿液中3-PBA浓度与促性腺激素浓度存在显著正相关（$P<0.001$），尿液中3-PBA浓度每增加10%，LH和FSH的浓度分别增加2.4%和2.9%。尿液中3-PBA浓度与男孩青春期发育程度也呈显著正相关。当3-PBA浓度增加时，男孩处于Genitalia stage 3（G_3）和G_4的风险是处于G_1的275%和280%（$P<0.05$），男孩睾丸体积在12~19 ml的风险是睾丸体积<4 ml的132%（$P<0.05$）。

（三）讨论与结论

与其他相关研究结果一致，拟除虫菊酯在杭州男孩尿液中检出率均较高，表明儿童暴露于拟除虫菊酯类杀虫剂是普遍情况。研究结果还表明有机食品的摄入与拟除虫菊酯代谢产物3-PBA水平显著负相关，提示儿童拟除虫菊酯暴露主要来源既包括了农业施药的接触也包括了农产品残留的膳食摄入。

对于拟除虫菊酯对动物的生殖毒性研究已有很多，但暴露剂量常常要明显高于环境暴露水平；对于拟除虫菊酯杀虫剂对成年男性促性腺激素的影响也有部分人群研究证据支持，但对于青春期男孩的研究还是很有限。青春期对于成年后体内激素水平和生殖能力是非常重要的发育阶段，因此研究青春期暴露于拟除虫菊酯类环境污染物与促性腺激素水平的关联十分重要。

3-PBA与青春期发育程度的正向关联提示暴露于拟除虫菊酯与男孩性早熟相关联，当然这些证据还需要前瞻性的人群流行病学研究来支持；考虑到环境污染物的联合毒性，而拟除虫菊酯类杀虫剂常常和有机磷杀虫剂共同使用，因此联合毒性研究也是需要进一步研究的方向。

二、拟除虫菊酯杀虫剂暴露与中国女孩青春期启动的相关性研究

（一）研究方法

2014 年 5 月至 2015 年 12 月，一项横断面研究分析了拟除虫菊酯杀虫剂暴露与中国女孩青春期启动的相关性，研究共纳入了中国浙江杭州市的 402 名 9～15 岁的女孩作为研究对象。研究通过对研究对象及父母进行问卷调查的形式收集了女孩生长发育水平信息包括了年龄、身高、体重、健康状况、生活方式、饮食偏好和青春期发育程度等，其中青春期发育程度采用了 Tanner 阶段分级来表示。研究在问卷进行的同时采集女孩尿液作为生物标本，测定了尿液中拟除虫菊酯代谢产物的水平，并且用肌酐浓度来调整尿液稀释度不同产生的浓度差异。拟除虫菊酯的代谢产物 3-PBA 和 4-F-3-PBA 作为测定的生物标志物。在排除了存在生物样品缺失及问卷信息不全的样本后，最终共纳入 305 例样本进行统计分析。Logistic 回归模型用来分析 3-PBA 和 4-F-3-PBA 与女孩青春期启动的相关性；年龄、身体质量指数（BMI）、父母文化水平等作为协变量对模型进行调整。

（二）研究结果

研究对象中有 60.81% 经历过月经初潮，平均月经初潮年龄为 11.97±0.96 岁。Tanner 分级阶段与年龄相关性分析后发现，乳房发育阶段、阴毛发育阶段和年龄之间有显著相关性，Tanner 分级指标能较好表征女孩青春期发育水平。

女孩尿液中 3-PBA 几何均值为 1.11 $\mu g/L$，范围为＜LOD～28.16 $\mu g/L$，肌酐调整后几何均值为 1.42 $\mu g/g$，范围为＜LOD～46.13 $\mu g/g$；4-F-3-PBA 检出率较低（＜5%）。尿液中 3-PBA 浓度与女孩青春期启动显著负相关。Logistic 回归分析结果表明乳房发育阶段与尿液中 3-PBA 浓度显著负相关：乳房发育阶段 3 的 OR 为 0.61（95% CI：0.36～1.04），在调整了其他混杂因素后，OR 为 0.55（95% CI：0.31～0.98，$P=0.042$）；阴毛发育阶段 2 的 OR 值为 0.56（95% CI：0.36～0.90，$P=0.015$）；调整混杂因素后，月经初潮的发生的 OR 值为 0.51（95% CI：0.28～0.93，$P=0.029$）。

（三）讨论与结论

不同于其他相关研究结果，拟除虫菊酯在杭州女孩尿液中检出浓度较高，不同国家儿童尿液中拟除虫菊酯浓度存在差异，提示我国女孩拟除虫菊酯类杀虫剂暴露水平较高。青春期启动与下丘脑-垂体-性腺轴（HPG）及一系列激素的分泌和调节紧密相关，尤其是女性体内的雌激素，青春期急剧增加的雌激素水平促使乳房发育，而雄激素促使阴毛发育。拟除虫菊酯能通过与雌激素受体作用从而表现出弱雌激素效应，与一些动物实验结果相一致，拟除虫菊酯暴露与女性青春期发育阶段表现出相反的关联。考虑到拟除虫菊酯杀虫剂的广泛使用，我国大量儿童有潜在的拟除虫菊酯杀虫剂的暴露风险，这个研究提示拟除虫菊酯与女孩青春期启动延迟有关联，今后需要大样本的前瞻性人群研究来验证其因果关系，同时也需要毒理实验来探究其影响机制。

参 考 文 献

[1] 杨叶.典型拟除虫菊酯杀虫剂和典型重金属对斑马鱼的联合毒性研究 [D].杭州:浙江大学,2015.

[2] 梁茹晶.土壤拟除虫菊酯暴露对蚯蚓的毒性效应研究 [D].沈阳:沈阳大学,2016.

[3] Katsuda Y. Development of and future prospects for pyrethroid chemistry [J]. Pesticide Science,1999,55(8):775-782.

[4] 金美青.典型手性农药拟除虫菊酯及其代谢产物对斑马鱼的发育毒性研究 [D].杭州:浙江大学,2010.

[5] 余桂春.拟除虫菊酯多残留酶联免疫检测方法的研究[D].天津:天津科技大学,2011.

[6] 齐小娟.宫内铅、镉及拟除虫菊酯类杀虫剂暴露对婴幼儿生长发育的影响[D].上海:复旦大学,2011.

[7] 陈莉.拟除虫菊酯残留检测方法及其土壤降解规律的研究[D].南京:南京农业大学,2006.

[8] Ranson H,N Guessan R,Lines J,et al. Pyrethroid resistance in African anopheline mosquitoes:what are the implications for malaria control?[J]. Trends in Parasitology,2011,27(2):91-98.

[9] 马慧慧.氯氰菊酯对小鼠垂体 L-T_2 细胞分泌促性腺激素干扰作用的机制研究[D].杭州:浙江大学,2014.

[10] Crossland N O. Aquatic toxicology of cypermethrin. Ⅱ. Fate and biological effects in pond experiments[J]. Aquatic Toxicology,1982,2(4):205-222.

[11] Weston D P,Lydy M J. Urban and Agricultural Sources of Pyrethroid Insecticides to the Sacramento-San Joaquin Delta of California[J]. Environmental Science & Technology,2010,44(5):1833-1840.

[12] Feo M L,Ginebreda A,Eljarrat E,et al. Presence of pyrethroid pesticides in water and sediments of Ebro River Delta[J]. Journal of Hydrology,2010,393(3-4):156-162.

[13] Vryzas Z,Alexoudis C,Vassiliou G,et al. Determination and aquatic risk assessment of pesticide residues in riparian drainage canals in northeastern Greece[J]. Ecotoxicology and Environmental Safety,2011,74(2):174-181.

[14] Shahsavari A A,Khodaei K,Asadian F,et al. Groundwater pesticides residue in the southwest of Iran-Shushtar plain[J]. Environmental Earth Sciences,2012,65(1):231-239.

[15] Marino D,Ronco A. Cypermethrin and chlorpyrifos concentration levels in surface water bodies of the Pampa ndulada,Argentina[J]. Bulletin of Environmental Contamination and Toxicology,2005,75(4):820-826.

[16] Mehler W T,Li H,Lydy M J,et al. Identifying the Causes of Sediment-Associated Toxicity in Urban Waterways of the Pearl River Delta,China[J]. Environmental Science & Technology,2011,45(5):1812-1819.

[17] 龚得春.梁滩河流域拟除虫菊酯农药多介质残留和环境行为研究[D].重庆:重庆大学,2013.

[18] 孙广大.九龙江河口及厦西海域水环境中 103 种农药污染状况及其初步风险评价[D].厦门:厦门大学,2009.

[19] 狄楠楠.典型拟除虫菊酯在渤海海岸带环境中的迁移与转化[D].秦皇岛:燕山大学,2010.

[20] 康文斌.食用菌栽培料农药残留情况调查及对子实体安全生产的影响研究[D].福州:福建农林大学,2011.

[21] 吴延灿.拟除虫菊酯杀虫剂在木耳中的残留及消解规律研究[D].合肥:安徽农业大学,2013.

[22] Morgan M K. Children's Exposures to Pyrethroid Insecticides at Home:A Review of Data Collected in Published Exposure Measurement Studies Conducted in the United States[J]. International Journal of Environmental Research and Public Health,2012,9(8):2964-2985.

[23] 张颖.典型拟除虫菊酯类农药潜在毒性的整合评价研究[D].杭州:浙江大学,2011.

[24] Schettgen T,Heudorf U,Drexler H,et al. Pyrethroid exposure of the general population—is this due to diet[J]. Toxicology Letters,2002,134(1):141-145.

[25] 王智睿.几种菊酯农药在果园土壤中的残留动态研究[D].杨凌:西北农林科技大学,2009.

[26] Phillips B M,Anderson B S,Voorhees J P,et al. The contribution of pyrethroid pesticides to sediment toxicity in four urban creeks in California,USA[J]. Journal of Pesticide Science,2010,35(3):302-309.

[27] Liu W,Gan J,Schlenk D,et al. Enantioselectivity in environmental safety of current chiral insecticides[J]. Proceedings of the National Academy of Sciences,2005,102(3):701-706.

[28] Anadon A,Martinez-Larranaga M R,Diaz M J,et al. Toxicokinetics of permethrin in the rat[J]. Toxicol Appl Pharmacol,1991,110(1):1-8.

[29] Anadon A,Martinez-Larranaga M R,Diaz M J,et al. Effect of deltamethrin on antipyrine pharmacokinetics and metabolism in rat[J]. Archives of Toxicology,1991,65(2):156-159.

[30] Sun H,Xu X,Xu L,et al. Antiandrogenic activity of pyrethroid pesticides and their metabolite in reporter gene assay[J]. Chemosphere,2007,66(3):474-479.

［31］ Tyler C R,Beresford N,van der Woning M,et al. Metabolism and environmental degradation of pyrethroid insecticides produce compounds with endocrine activities［J］. Environmental Toxicology and Chemistry,2000,19(4):801-809.

［32］ Leng G,Leng A,Kuhn K H,et al. Human dose-excretion studies with the pyrethroid insecticide cyfluthrin:urinary metabolite profile following inhalation［J］. Xenobiotica,2008,27(12):1273-1283.

［33］ Blechinger S R,Warren J J,Kuwada J Y,et al. Developmental toxicology of cadmium in living embryos of a stable transgenic zebrafish line［J］. Environtal Health Perspectives,2002,110(10):1041-1046.

［34］ Soderlund D M,Clark J M,Sheets L P. Mechanisms of pyrethroid neurotoxicity:implications for cumulative risk assessment［J］. Toxicology,2002,171(1):3-59.

［35］ Rosas L G,Eskenazi B. Pesticides and child neurodevelopment［J］. Current Opinion in Pediatrics,2008,20(2):191-197.

［36］ Hossain M M,Richardson J R. Mechanism of Pyrethroid Pesticide-Induced Apoptosis:Role of Calpain and the Er Stress Pathway［J］. Toxicological Sciences an Official Journal of the Society of Toxicology,2011,122(2):512-513.

［37］ 郑明岚. 婴幼儿拟除虫菊酯及邻苯二甲酸酯暴露与生长发育的关系［D］. 上海:复旦大学,2012.

［38］ Burr S A. Structure-Activity and Interaction Effects of 14 Different Pyrethroids on Voltage-Gated Chloride Ion Channels［J］. Toxicological Sciences,2004,77(2):341-346.

［39］ Meeker J D,Barr D B,Hauser R. Pyrethroid insecticide metabolites are associated with serum hormone levels in adult men［J］. Reproductive Toxicology,2009,27(2):155-160.

［40］ Garg U K,Pal A K,Jha G J,et al. Haemato-biochemical and immuno-pathophysiological effects of chronic toxicity with synthetic pyrethroid,organophosphate and chlorinated pesticides in broiler chicks［J］. International Immunopharmacology,2004,4(13):1709-1722.

［41］ Bu N,Wang S H,Yu C M,et al. Genotoxity of Fenpropathrin and Fenitrothion on Root Tip Cells of Vicia faba［J］. Bulletin of Environmental Contamination and Toxicology,2011,87(5):517-521.

［42］ 夏彦恺. 氨基甲酸酯和拟除虫菊酯农药暴露的男性生殖毒性研究［D］. 南京:南京医科大学,2007.

［43］ 郭剑秋,邬春华,周志俊. 人体生物样本中拟除虫菊酯类农药的检测方法研究进展［J］. 中华劳动卫生职业病杂志,2016,34(7):551-555.

［44］ Shelton J F,Geraghty E M,Tancredi D J,et al. Neurodevelopmental disorders and prenatal residential proximity to agricultural pesticides:the CHARGE study［J］. Environ Health Perspect,2014,122(10):1103-1109.

［45］ Bian Q,Xu L C,Wang S L,et al. Study on the relation between occupational fenvalerate exposure and spermatozoa DNA damage of pesticide factory worker［J］. Occupational&Environmental Medicine,2004,61(12):999-1005.

［46］ Kamijima M,Hibi H,Gotoh M,et al. A survey of semen indices in insecticide sprayers［J］. Journal of Occupational Health,2004,46(2):109-118.

［47］ Xia Y,Bian Q,Xu L,et al. Genotoxic effects on human spermatozoa among pesticide factory workers exposed to fenvalerate［J］. Toxicology,2004,203(1-3):49-60.

［48］ 沈欧玺. 农药氰戊菊酯对男(雄)性生殖功能的时间毒性及其机制［D］. 苏州:苏州大学,2016.

［49］ Ding G,Shi R,Gao Y,et al. Pyrethroid pesticide exposure and risk of childhood acute lymphocytic leukemia in Shanghai［J］. Environmental Science & Technology,2012,46(24):13480-13487.

［50］ Leithe E,Sirnes S,Omori Y,et al. Downregulation of gap junctions in cancer cells［J］. Crit Rev Oncog,2006,12(3-4):225-256.

［51］ Kojima H,Katsura E,Takeuchi S,et al. Screening for estrogen and androgen receptor activities in 200 pesticides by in vitro reporter gene assays using Chinese hamster ovary cells［J］. Environtal Health Perspectives,2004,112(5):524-531.

［52］ Blaylock B L,Abdelnasser M,Mccarty S M,et al. Suppression of Cellular Immune-Responses in BALB/C Mice Following Oral-Exposure To Permethrin [J]. Bulletin of Environmental Contamination and Toxicology,1995,54(5):768-774.

[53] Clifford M A,Eder K J,Werner I,et al. Synergistic effects of esfenvalerate and infectious hematopoietic necrosis virus on juvenile chinook salmon mortality [J]. Environmental Toxicology and Chemistry,2005,24(7):1766-1772.

[54] Diel F,Detscher M,Schock B,et al. In vitro effects of the pyrethroid S-bioallethrin on lymphocytes and basophils from atopic and nonatopic subjects [J]. Allergy,1998,53(11):1052-1059.

[55] 陈青莲.1例拟除虫菊酯中毒病例的救治探讨[J].医学信息,2016,29(32):324-325.

[56] Ye X,Pan W,Zhao S,et al. Relationships of Pyrethroid Exposure with Gonadotropin Levels and Pubertal Development in Chinese Boys[J]. Environmental Science & Technology,2017,51(11):6379-6386.

（唐梦龄）

第四章　氨基甲酸酯类农药污染与健康

氨基甲酸酯类农药（carbamate pesticides）是继有机磷酸酯类农药之后发展起来的一类新型广谱杀虫剂，1937年由德国勒沃库森的 I. K. 法尔莫实验室开始研发，1959年正式投入商业使用。凭借其高效、广谱、高选择性、对人畜低毒、原料易获取、合成简单、易分解、残留少等优点，氨基甲酸酯类农药已在农业、林业和牧业等方面得到了广泛的应用，成了继有机磷农药之后，世界产量排名第二的农药。我国常用的氨基甲酸酯类农药有甲萘威、异丙威、克百威、丁苯威、害扑威、涕灭威、仲丁威等。

第一节　氨基甲酸酯类农药污染

一、概述

（一）理化性质

氨基甲酸酯类农药多呈无色或白色结晶，一般无特殊气味，难溶于水，易溶于有机溶剂。在酸性环境、光、热条件下稳定，遇碱易分解。

（二）结构与活性

氨基甲酸酯类化合物包含3个类别：氨基甲酸酯、硫代氨基甲酸酯和二硫代氨基甲酸酯，3者的基本结构式如图4-1所示。氨基甲酸酯类化合物用途广泛，可用作农药、医药和有机合成的中间体等，其中氨基甲酸甲酯是典型的氨基甲酸酯类化合物。

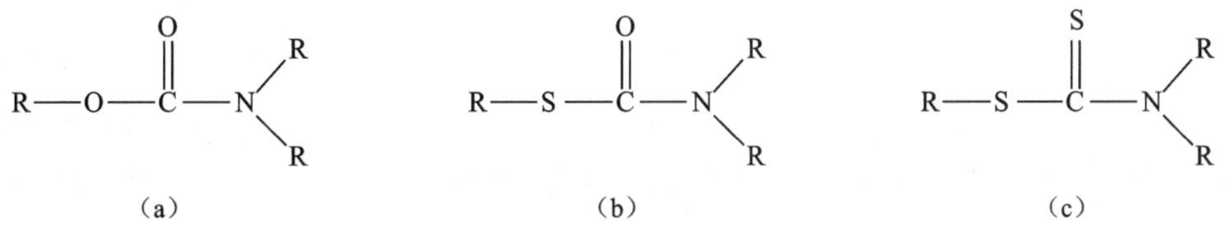

图 4-1　氨基甲酸酯类化合物基本结构式
（a）氨基甲酸酯；（b）硫代氨基甲酸酯；（c）二硫代氨基甲酸酯

氨基甲酸酯类农药是含有氨基甲酸基团的酯类化合物，由 N-甲基（或 N，N-二甲基）氨基甲酸（H_2NCOOH）形成的酯类化合物，属于尿素的衍生物。氨基甲酸酯类农药的结构通式如图4-2所示。在此结构中，R_1 和 R_2 通常为有机基团，如 $-H$、$-CH_3$、$-C_2H_5$ 和 $-C_3H_7$；R_3 主要是取代苯基、萘、环烷及肟类结构，有时也可以是金属。当 R_2 为氢，R_1 为甲基时，氨基甲酸酯显示出杀虫活性；如果 R_1 是芳族基团，则化合物用作除草剂；此外，如果 R_1 是苯并咪唑部分，则存在杀真菌剂活性。

（三）分类

氨基甲酸酯类农药品种繁多，根据防治对象不同，氨基甲酸酯类农药可以分为氨基甲酸酯类杀虫

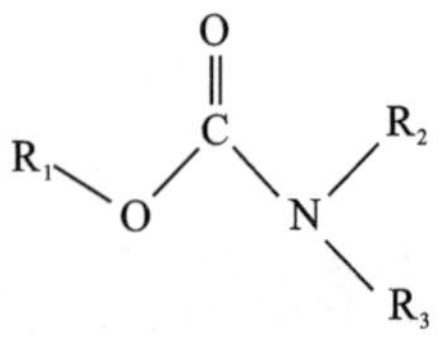

图 4-2　氨基甲酸酯类农药的结构通式

剂、氨基甲酸酯类除草剂和氨基甲酸酯类杀真菌剂三大类。各分类中的常见代表性农药见表 4-1。

表 4-1　氨基甲酸酯类农药分类中的代表性农药

氨基甲酸酯类农药分类	代表性农药
氨基甲酸酯类杀虫剂	甲萘威、残杀威、异丙威、速灭威、仲丁威、克百威、丁硫、灭多威、硫双威、涕灭威、混灭威、恶虫威、杀线威
氨基甲酸酯类除草剂	黄草灵、燕麦灵、氯苯胺灵、卡灵草、苯敌草、丁草特、草灭特、燕麦敌、丙草丹、禾草敌、野麦畏、威百亩
氨基甲酸酯类杀真菌剂	福美铁、代森锰锌、代森锰、福美双、霜霉威、乙霉威、霜霉盐、苯菌灵

二、国内外分析方法和标准

对于氨基甲酸酯类农药的分析，目前国内外均采用了气相色谱法（gas chromatography，GC）、高效液相色谱法（high performance liquid chromatography，HPLC）、质谱法（mass spectrometry，MS）、气相色谱与质谱联用法（gas chromatography-mass spectrometry，GC-MS）和高效液相色谱与质谱联用法（high performance liquid chromatography-mass spectrometry，HPLC-MS）等方法。我国已出台一系列关于氨基甲酸酯类农药分析的国家标准，详见表 4-2。

表 4-2　我国关于氨基甲酸酯类农药分析的部分国家标准一览表

标准类别	标准号	标准名称
国家标准	GB 23200.99—2016	蜂王浆中多种氨基甲酸酯类农药残留量的测定 液相色谱-质谱/质谱法
国家标准	GB 23200.90—2016	乳及乳制品中多种氨基甲酸酯类农药残留量的测定 液相色谱-质谱法
国家标准	GB/T 5009.145—2003	植物性食品中有机磷和氨基甲酸酯类农药多种残留的测定
国家标准	GB/T 19373—2003	饲料中氨基甲酸酯类农药残留量测定气相色谱法
国家标准	GB/T 5009.163—2003	动物性食品中氨基甲酸酯类农药多组分残留高效液相色谱测定
国家标准	GB/T 5009.104—2003	植物性食品中氨基甲酸酯类农药残留量的测定
国家标准	GB/T 5009.199—2003	蔬菜中有机磷和氨基甲酸酯类农药残留量的快速检测
中国环境保护行业标准	HJ 827—2017	水质氨基甲酸酯类农药的测定超高效液相色谱-三重四极杆质谱法
农业标准	NY/T 448—2001	蔬菜上有机磷和氨基甲酸酯类农药残毒快速检测方法
农业标准	NY/T 1679—2009	植物性食品中氨基甲酸酯类农药残留的测定液相色谱-串联质谱法
进出口行业标准	SN/T 2560—2010	进出口食品中氨基甲酸酯类农药残留量的测定 液相色谱-质谱/质谱法
进出口行业标准	SN/T 0134—2010	进出口食品中杀线威等12种氨基甲酸酯类农药残留量的检测方法 液相色谱-质谱/质谱法

标准类别	标准号	标准名称
进出口行业标准	SN/T 2085－2008	进出口粮谷中多种氨基甲酸酯类农药残留量检测方法 液相色谱串联质谱法（中英文版）
地方标准	DB34/T 1076－2009	蔬菜、水果、粮食、茶叶中 40 种有机磷和氨基甲酸酯类农药多残留同时测定方法——气相色谱法

三、污染来源、影响因素及其污染现况

农药作为农业生产中必不可少的生产资料，对农业发展和人类粮食供给做出了巨大的贡献。然而，近年来随着农药长期滥用，农药残留及污染问题日益严重，已成为农业污染的重要来源之一。联合国粮食及农业组织统计司不完全数据显示，1990－2010 年，全球每年平均大约使用 56.6 万 t 除草剂、34.2 万 t 杀虫剂和 35.3 万 t 杀菌剂。中国是使用农药最早的国家之一，目前已经成为世界上最大的农药生产国和出口国，也是世界上第二大农药消费国。据统计，在农药使用过程中，仅有 1% 的农药真正发挥其有效效应，其余 99% 的农药被释放到非目标土壤、水体和大气中，最后被机体吸收，危害人体健康。

（一）土壤中氨基甲酸酯类农药污染的来源、影响因素及其污染现状

1. 土壤中氨基甲酸酯类农药污染的来源　主要包括：①农业生产过程中为防治农林牧业病、虫、草害直接向土壤施用氨基甲酸酯类农药；②氨基甲酸酯类农药生产和加工企业废气排放及农民直接喷洒导致的大气中较大粒径的农药颗粒降落到土壤上；③氨基甲酸酯类农药生产和加工企业废水、废渣向土壤的直接排放及氨基甲酸酯类农药在运输过程中的事故泄漏；④被氨基甲酸酯类农药污染的动植物残体分解及随灌溉水或降水带入到土壤中等。

2. 土壤中氨基甲酸酯类农药污染的影响因素　氨基甲酸酯类农药对土壤的污染取决于使用农药的基本理化性质、施药地区土壤的性质（土壤有机质含量、温度和 pH 值等）、土壤环境中的微生物种类和数量等众多因素。不同农药，因其理化特性不同，其在土壤中的降解速率也不一样，从而决定了其在土壤中的残留时间也不一样。如克百威在土壤中的半衰期一般为 3 个月左右，而同为杀虫剂的涕灭威在土壤中的半衰期仅为 9～12 d。相同农药在不同性质的土壤中，降解速度也相差甚远。如甲萘威在碱性环境中降解速度快，半衰期为 10～17 d；但在酸性环境下非常稳定，半衰期大于 1 500 d。涕灭威及其有毒代谢物在偏酸性条件下相对稳定，但在碱性条件下容易分解，且分解速率随 pH 值的增加而加快。此外，土壤中的微生物种类和数量也会影响土壤中农药的污染。如甲萘威在土壤中的降解途径主要是通过水解作用生成 1-萘酚，而后来发现，这一过程中假单胞菌起着非常关键的作用。进一步研究发现，土壤微生物梭链孢菌还可进一步将 1-萘酚分解，代谢成水溶性的代谢产物，从而加速其降解。

3. 土壤中氨基甲酸酯类农药的污染现况　一般认为氨基甲酸酯类农药在土壤中降解快、残留少。如辽宁省沈阳市南郊 35 个代表性的农田土样检测结果显示，并没有检出氨基甲酸酯类农药。来自萨拉热窝公共游乐场内土壤调查数据显示，土壤中尽管有多种氨基甲酸酯类农药（包括甲萘威、克百威、涕灭威、灭多威、残杀威等）检出，但其浓度均小于 0.05 mg/kg。也有研究发现，氨基甲酸酯类农药作为非持久性农药的代表，在天然土壤环境下也会存在残留。在 2010 年对埃及未耕种、未施肥的天然土壤中克百威含量检测发现，氨基甲酸酯类农药浓度高达 80.9 mg/L，经过 6 周的改良后，总量降到 12.0 mg/L；而作为对照的马铃薯地的含量也高达 81.17 mg/L。正常情况下，涕灭威残留很短，一般

不会延长到另一个生长季节，但有趣的是有学者施入涕灭威（3.4 kg/10^4 m²）后，经过一年时间，还能检出到涕灭威的存在，但残留量仅为 0.01×10^{-6}。上述研究提示，土壤中氨基甲酸酯类农药的污染问题仍不容忽视。

（二）水体中氨基甲酸酯类农药污染的来源、影响因素及其污染现状

1. 水体中氨基甲酸酯类农药污染的来源　水体中的氨基甲酸酯类农药主要来自：①直接向水体施药；②农田施用的氨基甲酸酯类农药随雨水或灌溉水向水体的迁移；③氨基甲酸酯类农药生产、加工企业废水的排放；④大气中的残留氨基甲酸酯类农药随降雨进入水体；⑤氨基甲酸酯类农药使用过程中，雾滴或粉尘微粒随风飘移进入水体及施药工具和器械的清洗等。

2. 水体中氨基甲酸酯类农药污染的影响因素　氨基甲酸酯类农药对水环境污染的原因也很多，首先与农药的性质、剂型、次数、用量等有关。通常情况下，易溶于水、残效期长的农药易污染水体。如涕灭威是氨基甲酸酯类农药中水溶性较高的一种，25℃时它在水中的溶解度可达到 6 000 mg/L，且其两个主要代谢产物涕灭威亚砜和涕灭威砜也都具有较高的水溶性（25℃时分别为 4 300 mg/L 和 7 800 mg/L），因而它们在土壤中的移动性强，更容易对地下水造成污染。也有研究发现，在氨基甲酸酯类农药施用时，水剂比粉剂农药更容易飘浮于空气中，而空气中的氨基甲酸酯类农药又可通过降水返回到陆地和水体中，降落到陆地土壤上的农药也可通过地表径流进入含水层，污染水资源。此外，水的性质也会影响氨基甲酸酯类农药的降解。如甲萘威在海水中比在淡水中更稳定。也有研究发现，不同水体，遭受农药污染的程度也各不相同，其污染次序依次为农田水＞田沟水＞塘水＞浅层地表水＞河流水＞自来水＞深层地下水＞海水。此外，工业废水的任意排放、农民使用技术和机械落后、农药监督与管理工作不到位等都会加大农药对水体的污染。

3. 水体中氨基甲酸酯类农药的污染现况　大部分氨基甲酸酯类农药属于中等或低毒性，且在环境中易降解，半衰期短，残留小，但也有少数氨基甲酸酯类农药属于高毒性农药，如克百威。这些农药可以通过地表径流、大气干湿沉降等环境迁移行为进入地表水体。据美国环境保护署 1988 年公布的数据，在地下水中检测到的 20 多种农药中，一半以上的都是所谓的非持久性农药，其中包括涕灭威和克百威。2001—2011 年间关于埃布罗河流水样中农药监测报告显示，埃布罗河常见的污染物中，氨基甲酸酯类农药排名第 2，其浓度范围为 107～751 ng/L。太平洋西北地区 2003—2010 年间两次水质监测结果均发现存在氨基甲酸盐污染，其中甲萘威、克百威的浓度分别达到了 146 μg/L 和 58.4 μg/L。安大略南部 2007—2010 年间地表水采样发现，甲萘威的平均浓度达到了 18 ng/L。在我国大陆，浙江、广东和山东等省也均有关于水体氨基甲酸酯类农药污染的报道。浙江省对市级饮用水源地中氨基甲酸酯类农药检测后发现，河流型水源地水体中氨基甲酸酯类农药污染比水库型水源地严重，检出的农药种类中以高毒性农药为主，如涕灭威（0.86～29.00 ng/L）、克百威（＜0.10～170.00 ng/L）、灭多威（＜0.10～14.00 ng/L）等。深圳地表水中二硫代氨基甲酸酯农药污染调查显示，深圳市地表水已经普遍受到二硫代氨基甲酸酯农药污染，其中河流检出率接近 90%，残留量范围为低于 LOD～4.78 μg/L，平均 1.16 μg/L；水源地检出率为 100%，残留量范围为 0.17～1.28 μg/L，平均 0.80 μg/L。烟台市农村饮用水水源地农药残留监测分析显示，氨基甲酸酯类农药残留仅次于有机磷、拟除虫菊酯类和有机氯农药，且丰水期农药含量高于枯水期。据研究报道，饮用水源的污染将会造成居民饮水困难、居民癌症和胃肠疾病的流行及自来水生产成本提高等问题，因此，应想尽一切办法避免不必要的水体污染。

（三）大气中氨基甲酸酯类农药污染的来源、影响因素及其污染现状

1. 大气中氨基甲酸酯类农药污染的来源　大气中氨基甲酸酯类农药污染的途径主要来源于：①地面或飞机喷雾或喷粉施药；②氨基甲酸酯类农药生产、加工企业废气直接排放；③残留氨基甲酸酯类

农药的挥发等。大气中的残留氨基甲酸酯类农药可以被大气中的飘尘所吸附，也可以以气体和气溶胶的状态悬浮在空气中，并随着大气的运动而扩散，使大气的污染范围不断扩大。一些具有高稳定性的氨基甲酸酯类农药能够进入到大气对流层中，从而传播到很远的地方，使污染范围不断扩大。

2. 大气中氨基甲酸酯类农药污染的影响因素　氨基甲酸酯类农药挥发性较低，对大气造成的污染程度主要取决于农药的剂型、所采用的施药方式及用药时的自然环境与气候条件（风速、气温等）的不同而异。如在有风时进行飞机喷雾或喷粉时，氨基甲酸酯类农药损失率可达到70%以上；而对于颗粒剂型氨基甲酸酯类农药若通过土壤穴施，其挥发损失率几乎可以忽略不计。一般情况下农药的蒸气压越高，风速越大，气温越高，其挥发能力越强，对大气造成的污染也越大；不同剂型的氨基甲酸酯类农药，其对大气污染的强度也不同，一般认为烟剂＞粉剂与水剂＞乳油＞颗粒剂。

3. 大气中氨基甲酸酯类农药的污染现况　由于氨基甲酸酯类农药挥发性较低，通常在大气中不会达到危害人类的浓度。目前，国内外关于氨基甲酸酯类农药对大气污染的研究报道较少，但大气中的残留氨基甲酸酯类农药可以通过降雨等方式进入水体和土壤，造成污染。因此，开展大气氨基甲酸酯类农药污染的监测对于丰富氨基甲酸酯类农药污染问题具有重要的科学意义。

（四）食品中氨基甲酸酯类农药污染的来源、影响因素及其污染现状

1. 食品中氨基甲酸酯类农药污染的来源　氨基甲酸酯类农药污染土壤的同时，也会对食物造成污染。①氨基甲酸酯类农药直接污染植物性食物。农药施用后，一部分附着于植物体上，一部分渗入株体内残留下来，这样使粮食、蔬菜、水果等受到污染。②农产品中残留的氨基甲酸酯类农药可以通过饲料污染禽畜类食物。③食品在加工、运输、储存过程中与氨基甲酸酯类农药混放、混装，或使用被污染的容器、运输工具等也可能造成污染。

2. 食品中氨基甲酸酯类农药污染的影响因素　氨基甲酸酯类农药对食品的污染程度主要取决于农药的理化性质及其残留食品的种类。通常情况下，氨基甲酸酯类农药不易在生物体内蓄积，在农作物中残留时间短，在谷类中半衰期为3～4 d，在禽畜肌肉和脂肪中残留量低，残留时间一般约为7 d。

3. 食品中氨基甲酸酯类农药的污染现况　氨基甲酸酯类农药在农作物、畜禽脂肪组织中的半衰期较短，故在植物性和动物性食品中的残留并不高，但随着其用量和使用范围的不断增大，其在食品中的残留问题日渐突出。根据美国环境保护署（EPA）、农业部（USDA）和食品药品监督管理局（FDA）2002年和2003年公布的数据，由于1999年全年甲萘威在美国的使用量高达1 800 t，在全美不同地区的室内尘土和食物中均检出不同浓度的甲萘威，对生活环境和食品环境造成了广泛的污染。我国云南省某县农村居民食用蔬菜中氨基甲酸酯类农药残留调查分析发现，氨基甲酸酯类农药残留阳性率达7.96%，主要为克百威。来自杭州地区的调查也发现，食品中有3种氨基甲酸酯类农药（克百威、灭多威和异丙威）被检出，检出率为2.41%。鉴此，政府管理部门要加大对食品农药残留的监管，从而更好保护公众健康。

四、氨基甲酸酯类农药的环境行为

氨基甲酸酯类农药在环境中的吸附、迁移、转化和归宿评价是一个相对复杂的过程，研究氨基甲酸酯类农药的环境行为对于氨基甲酸酯类农药合理使用、环境污染预防与修复具有重要意义。

（一）氨基甲酸酯类农药在环境中的吸附

土壤既是农药的汇集体，又是农药的来源。农药在土壤中的吸附是影响其向大气、水、土壤或沉积物迁移及最终归宿的重要环境化学行为。在pH值为4～8的范围内，氨基甲酸酯类化合物一般不会产生电离，因此，其吸附作用基本上为非离子型反应。如克百威、灭多威、残杀威主要通过表面吸附和微孔吸附而发生作用。也有研究发现，涕灭威在干燥土壤中吸附主要通过C＝O基团和吸附位点的阳离子产生微弱的键合，而在潮湿的土壤中则通过C＝O基与吸附位点吸着水的氢原子建立的"水桥"和土壤矿物结构发生键合。进一步研究发现，土壤（有机质含量为2%）对涕灭威的吸附系数为10。此外，也有学者对氨基甲酸酯类农药在海洋沉积物上的吸附行为进行了研究，结果发现，克百威、残杀威、灭多威在沉积物上的吸附平衡时间分别约为3 h、8 h、10 h。

（二）氨基甲酸酯类农药在环境中的迁移

氨基甲酸酯类农药在水中的溶解度仅为6～10 g/L，这些农药往往通过地表径流、大气干湿沉降等环境迁移行为进入地表水体。也有研究发现，在干燥的土壤中，涕灭威持留在处理土层中；而在潮湿土壤中，可明显观察到涕灭威的上行迁移。当土壤湿度降低一半时，有50%的涕灭威上行移动了10 cm以上的距离。上述研究提示，涕灭威也可以通过垂直方式进行迁移，且土壤湿度在涕灭威的垂直迁移中发挥重要作用。

（三）氨基甲酸酯类农药在环境中的降解

1. 氨基甲酸酯类农药在环境中的降解途径　不同种类的氨基甲酸酯类农药其降解途径也完全不一样。氨基甲酸酯类杀虫剂易被生物体内的酯酶所水解，引起酯键断裂，最后生成酚（肟或烯醇）、胺及二氧化碳。以甲萘威为例，其生物降解途径如图4-3所示，已确定的降解产物为1-萘酚、甲胺和CO_2。

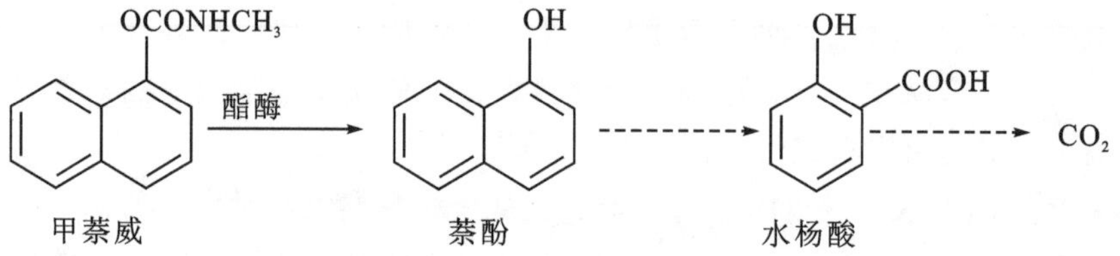

图 4-3　甲萘威的生物降解途径

对于氨基甲酸酯类除草剂，同样可以被生物体内的酯酶所水解，产生脂肪醇、苯胺（或氯代苯胺）和CO_2。以氯苯胺为例，其生物降解途径如图4-4所示。

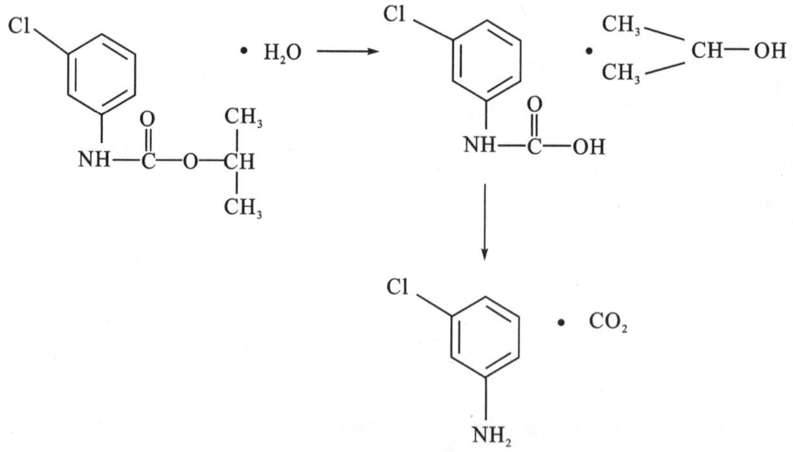

图 4-4　氯苯胺灵的生物降解途径

对于氨基甲酸酯类杀菌剂，该类化合物在土壤和植物体内先降解生成多菌灵，多菌灵在酯酶作用下水解生成 2-氨基苯并咪唑，并经过一系列途径生成苯胺。典型氨基甲酸酯类杀菌剂苯菌灵的生物降解途径如图 4-5 所示。

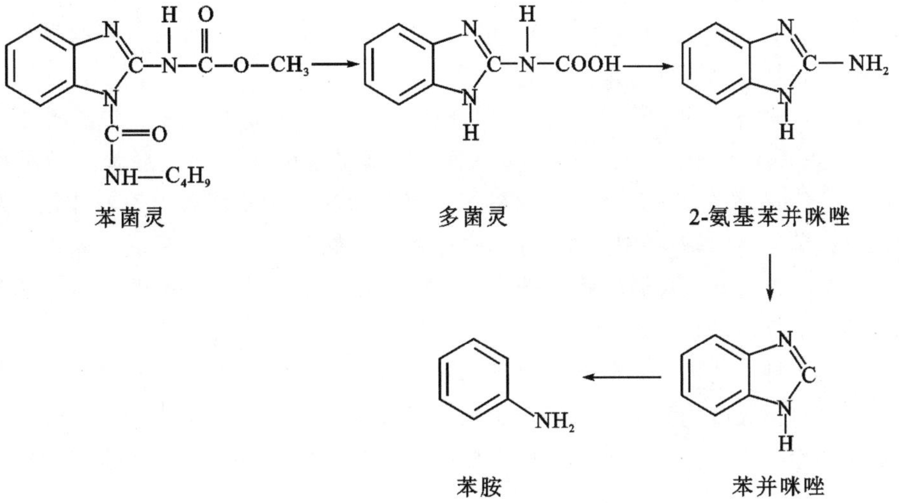

苯菌灵　　　　　　　　　多菌灵　　　　　　　2-氨基苯并咪唑

苯胺　　　　　　　　　苯并咪唑

图 4-5　苯菌灵的生物降解途径

综上所述，氨基甲酸酯类农药的典型降解途径如图 4-6 所示，它们在酯酶作用下酯键断裂生成酚（或醇和肟）和胺，然后在氧化酶（单加氧酶和双加氧酶）作用下，形成三羧酸循环的中间氧化物，最后代谢为 CO_2 和 H_2O。

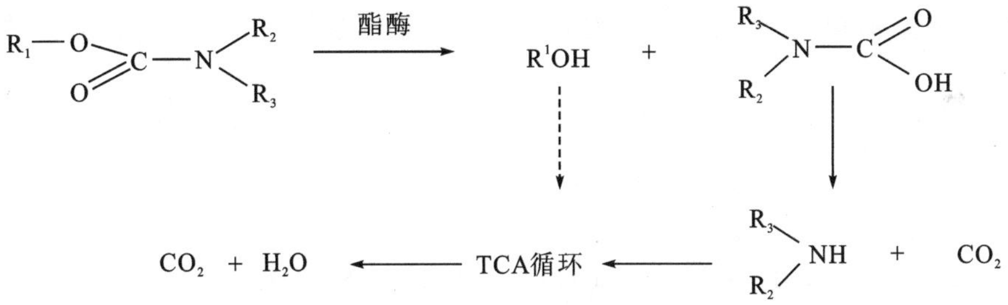

图 4-6　氨基甲酸酯类农药的生物降解途径

2. 氨基甲酸酯类农药在环境中的降解方式

（1）氨基甲酸酯类农药在环境中的水解。氨基甲酸酯类农药在中、酸性环境条件下均稳定，而在碱性条件下易于水解，水解后可生成氨基甲酸和酚，氨基甲酸很快又可分解成甲胺和 CO_2。据研究报道，涕灭威及其代谢产物涕灭威亚砜和涕灭威砜在 pH 值为 6 和 8 的蒸馏水中，三者的水解半衰期分别为 266 d、4 421 d、1 458 d 和 266 d、42 d、14 d；在 pH 值为 6 和 8、1% 乙醇溶液中，三者的水解半衰期分别为 266 d、679 d、420 d 和 266 d、23 d、10 d；且涕灭威及其代谢产物的水解速率随湿度升高而加快。

（2）氨基甲酸酯类农药在环境中的光解。在环境中，氨基甲酸酯类农药可以发生光解。在 30 W 的紫外灯照射下，研究者观察到了灭多威的光解，且光解反应非常彻底，通过 IR 谱图证明其终产物为 $(NH_4)_2SO_4$。在 300 W 高压汞灯的照射下，残杀威和克百威也发生了显著光解，通过 GC-MS 确定其降解中间体分别为残杀威酚和克百威酚。在缺氧条件下，涕灭威在 24 d 内即开始光解，生成甲胺、二甲醚、二氰基甲基丁二酸、二甲基脲、氰基硫代甲基丁烯二酸及其他化合物。此外，有研究者发现，涕灭威和涕灭威砜对紫外光（290 nm）敏感，两者的光解半衰期分别为 8～12 d 和 36～38 d，而涕灭威亚砜在 14 d 中仅分解了 2%。在水中，涕灭威及其代谢产物的光解速度与水体中光敏物质的存在密切相关；而在田间条件下，光解并不是涕灭威消解的主要途径。

（3）氨基甲酸酯类农药在环境中的微生物降解。几乎所有土壤微生物均可参与对氨基甲酸酯类农药的降解过程，其中包括真菌和细菌。

正常情况下，土壤中残留的甲萘威降解很少，但在土壤微生物的作用下，甲萘威很快可以代谢成 1-萘酚、1-萘基-羟基-甲基氨基甲酸酯、4-羟基-1-萘基甲基氨基甲酸酯和 5-羟基-1-萘基甲基氨基甲酸酯。更为重要的是，Caro 等在田间试验中观察到了明确的土壤微生物降解甲萘威作用。随着研究的不断丰富，发现假单胞菌、黄曲霉、镰孢菌、腐皮镰孢菌、长蠕孢菌、根霉菌属、绿色木霉、粘帚霉菌等均可降解甲萘威。有趣的是土壤微生物梭链孢菌在降解甲萘威生成 1-萘酚的同时，还可进一步将 1-萘酚代谢生成水溶性的代谢产物。

涕灭威也易于被土壤中的微生物降解。早期的研究发现，粘帚霉菌、青霉菌、丝核菌、小克银汉霉菌、木霉菌等可以将涕灭威代谢生成涕灭威亚砜和涕灭威砜。后来进一步研究发现，涕灭威及其代谢产物又可被水解和生物降解，转变成相应的低毒或无毒的腈或肟代谢物，最终降解成 CO_2。

第二节　氨基甲酸酯类农药的毒性机制

一、暴露途径

氨基甲酸酯类农药可经呼吸道、消化道侵入机体，也可经皮肤黏膜缓慢吸收。在农田喷药及氨基甲酸酯类农药生产制造过程的包装工序中，皮肤污染的机会较常见，故经皮肤侵入人体途径应引起高度重视。

二、代谢、分布、排泄和蓄积

进入人体的氨基甲酸酯类农药，可随血液循环分布于全身各个组织器官，如肝、肾、肺、脂肪、肌肉等。鉴于氨基甲酸酯类农药大多数是亲脂性的，故此类农药在体内的分布尤以脂肪组织和大脑中居多。

氨基甲酸酯类农药在体内易分解，肝脏是其主要的代谢和解毒器官。在体内各种代谢酶的作用下，氨基甲酸酯类农药通过氧化、还原、水解和结合等反应进行生物转化，最终，少数以原形或代谢产物的形式蓄积于体内，大部分经尿或胆汁等途径排出体外。正常情况下，氨基甲酸酯类农药在肝脏中代谢后，多数转化为毒性较低或无毒的代谢物。然而，也有一些氨基甲酸酯类农药的代谢产物是相当有毒的，如呋喃丹的两种主要代谢产物 3-羟基呋喃和 3-酮基呋喃。

氨基甲酸酯类农药因其化学结构上的不同，在各种动物体内的代谢速率也相差甚远。一般而言，氨基甲酸酯类农药在 24 h 内即可排出摄入量的 70%～80%。也有研究发现，氨基甲酸酯类农药在脂肪组织中的半衰期可达 7 d。据研究报道，涕灭威经口给药后，吸收迅速，呈全身性分布，在动物血液及脏器中贮留时间为 0.5～1 h，3 d 后排出率为 90%，但涕灭威不易通过血脑屏障进入脑组织。

三、毒性机制

对于氨基甲酸酯类农药的毒作用机制研究，除了对乙酰胆碱酯酶（acetylcholinesterase，AChE）

抑制产生急性中毒之外，还可以通过诱导氧化应激、遗传损伤、降低肝脏代谢酶的活性、内分泌干扰等机制造成各种慢性健康损害。

1. 抑制 AChE 的活性　氨基甲酸酯类农药毒作用机制与有机磷农药类似，主要是通过抑制 AChE 的活性来发挥其毒性作用。有机磷农药可以与 AChE 不可逆结合形成一种比较稳定的复合物，而氨基甲酸酯类农药引起的 AChE 抑制是可逆的。氨基甲酸酯类农药不需体内代谢活化，直接以整个分子与胆碱酯酶形成疏松的复合体，使酶活性中心丝氨酸的羟基被氨基甲酰化，因而失去对乙酰胆碱的水解能力。但氨基甲酰化产物并不稳定，通常在 30～40 min 内会发生去氨基甲酰化反应，使酶的活性在几个小时之内完全恢复。因此，氨基甲酸酯类农药中毒综合征往往比由有机磷农药中毒引起的症状更少、更轻。

目前，关于氨基甲酸酯类农药对生物体内乙酰胆碱酯酶的抑制作用有两种不同的看法，即可逆的竞争性抑制和不可逆的竞争性抑制。氨基甲酸酯分子可以与 AChE 结合形成一种比较稳定的复合物，从而使 AChE 失去活性。但在一定的条件下，这种复合物又可分解，使酶复活。由于在该抑制过程中，氨基甲酸酯和 AChE 没有发生真正的化学反应，因此，这种抑制作用属于可逆的竞争性抑制。另一种看法则认为，氨基甲酸酯类农药和有机磷酸酯类杀虫剂一样，可以与体内的 AChE 发生化学反应，生成氨基甲酰化酶，从而抑制 AChE 的活性。由于此过程是不可逆的，因此这种抑制属于不可逆的竞争性抑制。

2. 氧化应激　在生理情况下，机体内产生的活性氧（reactive oxygen species，ROS）和机体的抗氧化能力保持着动态平衡状态，当 ROS 产生增加或抗氧化能力减低，抗氧化系统无法消除或中和过多的 ROS 时，就会引起体内氧自由基增加并损伤生物大分子，从而导致氧化应激的发生。

据研究报道，氨基甲酸酯类农药主要通过 4 种机制诱导氧化应激的发生。①促进活性氧的生成。ROS 主要由需氧有机体在氧化代谢过程（如线粒体呼吸过程）中产生，在农药的代谢解毒过程中也会大量生成 ROS。此外，氨基甲酸酯类农药还可以使线粒体氧化和磷酸化解偶联，抑制 ATP 的形成，使线粒体功能发生障碍，促进活性氧的产生。动物实验发现，甲萘威可作用于 Wistar 大鼠肝脏线粒体，使线粒体的氧化能力降低，ATP 的生成显著减少，并不涉及对线粒体膜和磷酸化过程完整性的破坏。代森锰锌体外研究也发现，该农药可以通过影响线粒体酶的活性进而影响线粒体功能；进一步研究发现，代森锰锌或者代森锰在低浓度时可解耦联线粒体的电子传递链，而在较高浓度时直接抑制线粒体呼吸，上述过程的干扰都会导致更多活性氧的产生。②消耗 GSH。GSH 含有活性 SH 基团，可与体内的自由基等毒性物质结合，转化成容易代谢的酸类物质从而加速自由基的排泄，因此，GSH 被认为是重要的非酶类抗氧化化合物。瑞士白化病小鼠腹腔一次性注射 7 mg/kg 体重的灭多威后，GSH 含量相对对照组明显降低；CD-1 小鼠经口给予 1 mg/kg 体重的灭多威 10～30 d 后，也发现 GSH 和总 SH 基团含量均明显降低。③发生脂质过氧化。脂质过氧化被认为是氨基甲酸酯类农药产生各种慢性损伤的重要机制，该过程包括氧化降解多不饱和脂肪酸，导致生物膜结构和功能的改变，如降低膜的流动性，使铆定在生物膜上的多种酶失活等。丙二醛（malondialdehyde，MDA）是脂质过氧化的一种终产物，其含量的多少可反映组织中脂质过氧化的速率和强度，并间接反映自由基的水平和细胞氧化损伤的程度。中国仓鼠卵巢细胞（CHO-Kl）在涕灭威染毒后，MDA 含量增加。体内实验也发现，Wistar 大鼠在给予灭多威染毒后，肝肾功能受损，多种肝酶（丙氨酸转氨酶、碱性磷酸酶、乳酸脱氢酶等）、尿素和肌酐水平增高，与此同时，MDA 含量显著增高。因此，有研究者认为氨基甲酸酯类农药对肝肾的慢性损害主要是通过脂质过氧损伤所造成的。此外，残杀威作用后的红细胞、克百威作用后的脑组织和多菌灵作用后的大鼠睾丸间质细胞中都观察到了 MDA 含量增高的现象。GSH 具有缓解脂质过氧化损伤的作用，氨基甲酸酯类农药对 GSH 的大量消耗可能是导致脂质过氧化产物 MDA 含量增加的原因之一。④对酶类抗氧化系统的抑制。机体内的抗氧化系统包括谷胱甘肽（glutathione，GSH）和一些抗氧化酶，如超氧化物歧化酶（superoxide dismutase，SOD）、过氧化氢酶（catalase，CAT）、谷胱甘肽过氧化物酶（glutathione peroxidase，GSH-Px）、谷胱甘肽还原酶（glutathione reductase，GR）和谷胱甘肽-S-转移酶（glutathione-s-transferase，GST）。这些抗氧化酶类可和非酶类抗氧化剂（如 GSH）协同作用中和自由基，在保护细胞脂质、蛋白和 DNA 免受氧化损伤方面发挥重要作用。已有的研究表明，多种氨基甲酸酯类农药均具有降低抗氧化酶活性的能力。如具有内分泌干扰特性的克百威，它在改变动物体内激素水平的同时，各种抗氧化酶类如 SOD、CAT 和 GST 的活性也被显著抑制；大鼠暴露于涕灭威后，红细胞内的 SOD 和 CAT 活性降低；灭多威对小鼠肝肾组织造成病理改变的同时，体内 GST、SOD 和 CAT 的活性也显著降低。此外，大量的体内和体外实验结果均发现，氨基甲酸酯类农药造成各种慢性损害（如 DNA 断裂、内分泌功能障碍、肝肾损伤、胚胎毒性、神经毒性）的同时，都伴有多种抗氧化酶活性不同程度的降低。Lohitnavy O 等人用灭多威经口染毒，发现大鼠脾脏重量减轻、脾脏细胞数目减少；但用抗氧化剂硒干预后，上述损害逐渐降低甚至消除，因而他们提出氨基甲酸酯类农药对生物体的各种慢性损害与抑制胆碱酯酶的关系不大，而与氧化性损伤的关系更为密切。类似的结果不断被后来的研究者所证实，其他的抗氧化剂如维生素 E、维生素 C、牛磺酸等都和硒一样能缓解氨基甲酸酯类农药慢性接触所产生的多种生物学损害。由此可见，氧化应激是引起氨基甲酸酯类农药慢性中毒的重要机制之一。

3. 遗传损伤　大量的研究已经证实，氨基甲酸酯类农药可以造成遗传损伤。①氧化性 DNA 损伤。氨基甲酸酯类农药进入机体后可以促进活性氧（如 H_2O_2、O_2^- 和 OH）的产生，这些亲电子的自由基易与 DNA 分子上的亲核位置结合，导致 DNA 链的断裂和其他形式的 DNA 损伤。希腊学者 Christina 通过动物学实验证实了这一点，他用相当于半数致死剂量 1/30 和 1/15 的残杀威经口染毒兔子，结果发现，实验动物的肝肾出现了不同程度的炎症和坏死改变，并在 DNA 分子中发现了无碱基位点（abasic site）。无碱基位点是 DNA 糖基化酶特异性识别 DNA 链中已受损的碱基，并将其水解去除而产生的，一般被认为是 DNA 发生氧化损伤后的特异产物。Christina 进一步研究发现，无碱基位点随着残杀威暴露剂量的增加而增多。意大利学者 Gabriella 用代森锰锌染毒大鼠纤维细胞和外周血淋巴细胞时发现，两种细胞 ROS 产生增加，同时 DNA 氧化损伤特异性产物 8 羟基脱氧鸟苷（8-HdG）的含量也明显增加。②代谢物所致遗传毒性。氨基甲酸酯类农药有的本身毒性很低，但在代谢过程中产生的中间产物毒性有的比母体还高，甚至可以致癌。如代森锰锌本身是广谱保护性低毒杀菌剂，但容易降解为乙撑硫脲（ETU），ETU 具有慢性毒性，可以在动物中诱发甲状腺癌和肝癌的发生。Tyagi 等人报道代森锰锌及其代谢物有诱导人类和小鼠皮肤瘤状物形成的潜能。因而国际癌症研究机构（IARC）把 ETU 归为人类可能致癌物。苯并咪唑的代谢产物具有抗有丝分裂的作用，使有丝分裂延迟甚至停止，还有微弱的致染色体损伤作用，因此，WHO 认为这类化合物具有微弱的遗传毒性。另外，还有 N-氨基甲酸酯类农药如甲萘威和残杀威，代谢成 N-亚硝基氨基甲酸酯后就具有了致癌和致突变的能力。残杀威本身并没有发现其具有致突变的能力，但是它的亚硝基衍生物是鼠伤寒沙门菌和酿酒酵母菌的强致突变剂，并且残杀威和亚硝基残杀威均能提高人淋巴细胞姐妹染色单体互换（sister chromatid exchanges，SCE）和微核（micronuclei，MN）形成的概率。③遗传不稳定性和染色体畸变。残杀威属于 N-亚硝基氨基甲酸酯类农药，用不产生明显细胞毒性浓度的 N-亚硝基残杀威作用于人胃细胞株 SC-M1 后发现，hprt 基因产生了明显的突变，细胞周期被阻滞在 G_2/M 期；进一步利用这个时间段进行 DNA 修复，最后细胞并没有出现明显的生长抑制或染色体畸变。尽管残杀威不会对遗传物质造成最终损伤，但其具有诱发遗传不稳定性的能力，随着遗传不稳定性出现频率的增高，也会导致细胞恶性转变的机会增加。

　　有的氨基甲酸酯类农药也可以直接导致染色体畸变，如灭多威。虽然这种农药降解较快，代谢产物也是低毒性的，但是人类长期暴露于灭多威也会诱发各种遗传损害。据目前研究报道，灭多威的遗传损害主要包括 MN 形成、染色体畸变和 SCE。在植物系统和哺乳动物系统中，多个体内和体外实验已经证实，灭多威可以显著诱导蚕豆根细胞和小鼠的生殖细胞发生染色体畸变。Lin 等报道灭多威染毒中国仓鼠卵巢 CHO-W8 细胞后，细胞出现 SCE；灭多威的混合物诱发了人外周血淋巴细胞出现 SCE、MN 和 DNA 单链断裂；并且，灭多威在农药工人和温室工人中也诱发了染色体畸变、外周血淋巴细胞出现 MN。也有研究发现，灭多威慢性经口染毒大鼠和狗，并没有发现明显的致癌性，且对肝脏的损伤也很小。此外，代森锰锌、残杀威、甲萘威等也有关于诱发暴露人群出现 SCE、MN 的报道。

尽管氨基甲酸酯类农药的遗传毒性已被上述多个农药所证实，但也有一部分氨基甲酸酯类农药并没有发现明显的遗传毒性。如异丙威染毒人淋巴细胞和小鼠活体骨髓细胞，离体与在体实验均没有发现异丙威具有诱发 SCE 的效应。一般认为，甲基氨基甲酸酯类农药对哺乳动物没有致突变的作用，但是苯并咪唑氨基甲酸酯类、苯菌灵和 2-苯撑双硫脲基甲酸乙酯衍生物在高剂量时却诱导了阳性反应的发生。总之，基于现有的研究，还没有足够证据表明氨基甲酸酯类农药是人类明确致癌物，IARC 也仅将其中的甲萘威和涕灭威归入人类可能致癌物（3 类）。

4. 对肝脏代谢酶的影响　细胞色素 P450 和 NADPH-细胞色素 C 还原酶在各种外源化合物的羟基化过程中起着非常重要的作用。因此，它们在体内含量和活性的变化直接影响肝脏对外源化合物的代谢解毒能力。氨基甲酸酯类农药可导致细胞色素 P450 及一些微粒体酶的含量和活性发生变化。如甲萘威可以使大鼠肝脏微粒体中 NADPH-细胞色素 C 还原酶活性明显下降。残杀威可以使动物肝脏微粒体中 NADPH-细胞色素 C 还原酶的含量和活性都明显下降。国外也有人研究发现甲萘威能诱导丁醛缩酶、磷酸果糖激酶、转酮酶、葡萄糖-6-磷酸酶、果糖-6-磷酸脱氢酶等多种代谢酶的活性降低。小剂量亚急性经口毒性实验发现，甲萘威和残杀威可影响动物肝脏代谢外源化合物的能力。GSH 是体内重要的非酶抗氧化剂，在酶催化或非酶催化的作用下，其嗜核的 SH 基团可与外源的嗜电子毒物（如致癌剂或农药）相结合，形成不溶物直接排出体外，发挥其重要的解毒功能。而氨基甲酸酯类农药进入体内后，可通过氧化应激消耗大量的 GSH，从而大大降低机体对氨基甲酸酯类农药的解毒能力。

5. 内分泌干扰　内分泌干扰物（endocrine disrupting chemicals，EDCs），也称为环境激素，指环境中存在的能干扰人类或动物内分泌系统诸环节并导致异常效应的物质。据研究报道，目前我们使用的农药 70%～80%属于内分泌干扰物。

激素是多细胞生物体内产生的具有调节性的生化物质，影响多种生理功能，如精子的活力和雄性激素睾酮的含量。氨基甲酸酯类农药的暴露可引起性激素含量的变化，如灭多威慢性染毒雄性大鼠 2 个月后大鼠睾酮含量逐渐降低，而促卵泡生长素、黄体生成素和催乳素含量不断增高。克百威也具有内分泌干扰物的特点，用克百威染毒鲇鱼后，不论雄雌性均出现皮质醇含量增高、雌二醇和睾酮含量降低的现象。因而有人推测氨基甲酸酯类农药可能是通过改变内分泌而影响精子质量（如活力）和男（雄）性的生育力，而不是像以前推测的通过损伤精子 DNA 来影响精子质量。

雌性生殖发育研究发现，氨基甲酸酯类农药可改变动物体内多种雌性激素水平，使卵巢和子宫功能降低、动情周期紊乱，最终导致女（雌）性生育能力降低。克百威具有明显的内分泌干扰物特点，可以改变关键基因的表达，影响血清中多种雌性激素和甲状腺激素的水平，使生长、代谢和生殖过程异常。甲萘威单独染毒可使雌性大鼠血清中黄体酮（progesterone，P4）的含量增高，雌二醇（estraiol，E2）的含量降低。进一步研究发现，氨基甲酸酯类农药对雌激素水平的影响可能是通过改变动物下丘脑-垂体-卵巢轴的反馈平衡，从而破坏卵巢的分泌功能；也有可能是通过改变关键基因的表达导致血清中激素水平紊乱所致。

最近的研究发现，内分泌干扰农药可以深度破坏体内免疫系统的平衡，进而影响其免疫功能。下丘脑-垂体-肾上腺轴（HPA 轴）是神经内分泌系统的重要组成部分，可以控制应激反应并调节免疫应答。有研究报道，氨基甲酸酯类农药可以通过调节下丘脑促性腺激素释放激素（gonadotropin-releasing hormone，GnRH）的生物合成来扰乱免疫系统。也有研究发现，甲萘威可以与 HPA 轴相互作用引起细胞因子网络的变化。

四、毒性效应

氨基甲酸酯类农药急性中毒的临床表现与有机磷农药中毒相似，但比有机磷农药中毒轻，一般在短时内能够恢复正常。不同程度的氨基甲酸酯类农药的急性中毒均表现为三大综合征，即 M 样症状、N 样症状和中枢神经系统症状。轻度中毒主要表现为类神经症，如头晕、头痛、烦躁不安、乏力、恶心、呕吐、流泪、流涎、多汗、食欲不振、瞳孔缩小、视力模糊等。中度中毒除上述症状加重以外还可出现呼吸困难、肌颤、腹痛、腹泻。重度中毒可出现意识障碍、惊厥、昏迷、大小便失禁等，甚至引起肺水肿、心肌损害和肝肾功能损害，最后呼吸循环衰竭而致死。有的可引起皮肤和黏膜刺激症状，如皮肤局部奇痒、灼痛、潮红和丘疹，出现接触性皮炎，眼结膜充血、流泪等。

长期接触氨基甲酸酯类农药，除抑制胆碱酯酶活性外，还可以造成腺体、肝、肾、造血系统、神经系统的功能障碍、重量减轻或组织病理改变。大鼠经口染毒甲萘威 250 mg/kg，出现体重减轻、血红蛋白降低、骨髓红细胞系中度超常增生。经口染毒甲萘威 0.7～70 mg/kg 连续 6～12 个月，大鼠的脑垂体、性腺、肾上腺和甲状腺功能都受到不同程度的损伤。哺乳动物慢性中毒的主要表现是厌食、体重减轻、运动失调、肌肉震颤和阵发性痉挛，严重时可见瘫痪。长期低浓度暴露于氨基甲酸酯类农药后，动物还可以发生行为和神经化学方面的改变。人类慢性中毒的表现主要是神经衰弱综合征、记忆力减退等，但长期接触也可能导致内分泌的改变、生殖功能障碍、肿瘤的发生，甚至影响胎儿的正常发育。

氨基甲酸酯类农药致畸作用研究较多的是代森锰锌。代森锰锌及其代谢产物都可以通过小鼠胎盘屏障损伤胚胎的 DNA，使 F1 代的肿瘤发生率增加。人群研究中曾有 3 例在怀孕期间暴露于代森锰锌，结果使得婴儿出生后出现各种发育缺陷。此外，涕灭威也具有损伤动物胚胎 DNA 的能力，暴露于涕灭威的斑马鱼的胚胎 DNA 出现断裂现象，并且随着涕灭威浓度的增加而增强，低浓度时造成的单链断裂可以在短时间内修复，高浓度造成的双链断裂则难以修复。异丙威在 50 mg/kg 体重浓度染毒大鼠，对胚胎有一定毒性，可以造成流产、胚胎早期吸收和死胎，但主要是引起胚胎死亡，致畸的作用不明显。

五、生物标志物

生物标志物应用非常广泛，在暴露评估到风险评估这一过程中均起着非常重要的作用。由于氨基甲酸酯类农药是不稳定的化合物，通常认为可以在血清/血浆、全血和尿液中检测到氨基甲酸酯类农药的代谢物，以估计氨基甲酸酯类农药的暴露水平。在农药中毒事件中遇到的氨基甲酸酯类农药有涕灭威、恶虫威、苯菌灵、甲萘威、克百威、丁硫克百威、灭多虫、抗蚜威和残杀威。除了母体化合物之外，许多主要代谢产物也可以协助诊断氨基甲酸酯类农药中毒，如甲萘威的主要代谢产物 1-萘酚、2-萘酚和/或 4-羟基甲酰基葡萄糖醛酸苷；呋喃丹的主要代谢产物 3-羟基呋喃和 3-酮基呋喃；残杀威的主要代谢产物 2-异丙氧基苯酚。此外，在药代动力学和剂量的测定中，也有关于唾液中氨基甲酸酯类农药及其代谢物的检测报道。近年来，随着检测仪器的飞速发展，液相色谱-质谱法可以用来检测反映农药暴露后 AChE 抑制的新生物标志物，即丁酰胆碱酯酶和白蛋白的加合物。作为脑组织 AChE 抑制的敏感替代终点，红细胞 AChE 抑制已被科学界所推荐，作为氨基甲酸酯类农药暴露的敏感生物标志物。可惜的是，AChE 抑制测量不能归因于某种特定的农药暴露事件，因而不具备特异性。

第三节　氨基甲酸酯类农药的健康危害

一、急性毒性

急性氨基甲酸酯类农药中毒是短时间内密切接触氨基甲酸酯类杀虫剂后，因体内胆碱酯酶活性下降而引起的毒蕈碱样、烟碱样和以中枢神经系统症状为主的全身性疾病。急性中毒一般在接触农药 2～4 h 发病，最快半小时，口服中毒多在 10～30 min 发病。轻度中毒表现毒蕈碱样症状与轻度神经系统障碍，如头昏、眩晕、恶心、呕吐、头痛、流涎、瞳孔缩小等。有些患者会伴有肌肉震颤等烟碱样表现。重度中毒多为口服患者。除上述症状外，可出现昏迷、脑水肿、肺水肿、呼吸抑制。

除涕灭威、克百威等少数品种毒性较强外，多数氨基甲酸酯类农药对人和动物毒性较低，部分氨基甲酸酯类农药对大鼠和小鼠经口 LD_{50} 值见表 4-3。克百威、涕灭威等毒性较强的氨基甲酸酯类农药中毒后主要表现为头昏、四肢麻木、流涎、昏迷及阵发性惊厥等，有时和有机磷农药中毒很类似。但由于氨基甲酸酯类农药与胆碱酯酶结合形成的复合物在机体内可自行水解，故临床症状相对较轻，脱离接触后，胆碱酯酶活性较易恢复，故其毒性作用比有机磷农药轻。

涕灭威急性中毒后主要表现为毒蕈碱样和烟碱样症状，并有明显的呼吸抑制。多因急性起病，胆碱酯酶活力急剧下降，0.5 h 达最低点，相当于染毒前 50% 左右。患者出现头晕头痛、恶心呕吐、多汗、肌颤、瞳孔缩小、心动过缓，严重者可出现肺水肿甚至昏迷和呼吸衰竭。胆碱酯酶活力 1 h 后回升至 80% 左右 6 h 后逐渐恢复正常，症状随之缓解。动物实验表明涕灭威无明显的蓄积作用，对大鼠脑组织胆碱酯酶活力的影响不明显。

克百威中毒一般在夏季发生，最常见的表现为恶心、瞳孔缩小、乏力，大部分有呕吐、头痛、头晕，有的还会出现视物模糊、多汗、肉跳，重症患者才有肺水肿和昏迷。经皮吸收中毒者还可出现局部皮肤、潮红、出血疹等皮损现象，这是高浓度克百威对皮肤刺激的结果。皮肤接触中毒在潜伏期 15～30 min，一般在接触 2～4 h 出现症状，多数 24 h 内出现症状，仅 10% 在接触后半小时左右出现。口服者 10 min 内即可发生中毒。中毒后多数于 2～3 h 内恢复，个别患者需要 2～3 d 才恢复，恢复后一般不遗留任何症状。

表 4-3　部分氨基甲酸酯类农药对大鼠和小鼠经口 LD_{50}　　　单位：mg/（kg·bw）

农药名称	大鼠经口 LD_{50}	小鼠经口 LD_{50}
甲萘威	250～560	171～200
残杀威	128	44
异丙威	403～485	487～512
速灭威	580	268
仲丁威	410～635	340（雄）
克百威	5.3	8～14
丙硫克百威	138	175
灭多威	17～45	/
抗蚜威	68～147	107

续表

农药名称	大鼠经口 LD_{50}	小鼠经口 LD_{50}
硫双威	＞200（雄）	66
涕灭威	1	0.3
燕麦灵	600	322
燕麦敌	395	790
福美双	780～865	1 500～2 000

二、慢性中毒

农药作为农业生产的重要原料，对农业发展和人类粮食供给做出重大贡献的同时，其对环境、生物和人类造成的污染和危害不容忽视。据研究报道，全世界每年使用的农药超过 $4 \times 10^6 t$，实际发挥效能的仅 1%，其余 99% 都逸散于空气、土壤及水体之中，直接或间接对人类健康造成影响。农药在人体内的不断积累，除了对胆碱酯酶的抑制产生急性中毒之外，长期慢性低剂量暴露还会诱导机体产生氧化损伤、遗传损伤、酶活性降低，进而引起神经系统、生殖系统、免疫系统损害，甚至发生致畸和致癌作用。

（一）神经系统

氨基甲酸酯类农药是一种典型的 AChE 抑制剂，可以导致乙酰胆碱在神经突触中的积累而诱发神经毒性，主要表现为胆碱能神经的过度刺激症状，包括流涎、流泪、腹泻、胃肠痉挛、呕吐等，严重者可出现意识模糊、呼吸抑制、癫痫发作等症状。据研究报道，氨基甲酸酯类农药的神经毒性在很大程度上与农药本身的急性毒性大小无关，但发育过程中的暴露比成年期更有害，其原因可能与幼年期对氨基甲酸酯类农药的清除率低有关。上述研究结果已经在甲萘威相关研究中得到了证实。

甲萘威急性神经毒性的表现包括低活动水平、肌束震颤、全身震颤甚至呼吸困难。Wesseling C 等人发现氨基甲酸酯和有机磷农药轻微中毒的工人在意识运动、视觉技巧和语言功能的水平明显低于没有发生农药中毒的工人，数字编码测验的编码技能和神经精神症状相关的两项测试结果更是显著低于没有发生中毒的工人。也有研究发现甲萘威主要影响记忆功能和操作行为，具有选择性损害操作记忆的作用，但是出现的症状较轻，脱离接触后，一般可恢复。在中枢神经和外周神经损害方面，Branch 报道了一名农药老工人，由于常年接触高浓度甲萘威，引起了严重的神经衰弱综合征，并随接触时间的延长而进行性地加重，后期的主要症状是外周神经系统的病变逐渐加重。

来自多个国家的流行病学研究发现，30%～93% 的母亲/新生儿样本及 11% 儿童和青少年样本中检测到了有机磷酸酯类农药或其代谢产物的存在。尽管这些研究都发现了氨基甲酸酯类农药的明显暴露，但是很少有流行病学研究描述该类农药的发展效应。在菲律宾，Ostrea 等研究发现，氨基甲酸酯类农药产前暴露与 2 岁以下儿童慢性运动发育之间存在显著的相关关系。Shelton 等利用商业农药应用数据来调查怀孕期间氨基甲酸酯类农药暴露是否与自闭症发生或发育迟缓相关，结果发现，氨基甲酸酯类农药暴露和自闭症发生之间并没有关联，但妊娠期间住宅离甲萘威和灭多威暴露越近，2～5 周岁儿童神经发育迟缓越明显。最近的研究发现，7 岁儿童产前住宅临近农业使用区，其 IQ 平均下降 2.2～2.9 个百分点，其中就包括氨基甲酸酯类农药的暴露。

（二）生殖系统

1. 男性生殖系统　氨基甲酸酯类农药暴露可以导致精子形态异常、精子细胞 DNA 损伤或染色体数目、形态的异常。甲萘威具有潜在的遗传毒性，它不仅可以使精子活力降低，还可以诱导精子的形态异常；同时，甲萘威暴露与人类精子的 DNA 断裂和染色体畸变有关。在甲萘威暴露的男性工人中发现，精子细胞 X 和 Y 染色体数目发生异常，同时出现了非整倍体和胞质不分离细胞。此外，代森锰锌也有报道可导致精子数目降低和形态异常。

男性精子细胞的数量和质量在生殖过程中的重要性不言而喻，很多报道认为精子 DNA 损伤与受精率低、流产有关，而精子染色体异常和不孕、妊娠终止、自发流产、出生缺陷等密切相关。多项研究发现，氨基甲酸酯类农药暴露后，男性生育能力降低，女性的不良妊娠结局出现概率相应增加。甲萘威暴露工人的配偶出现流产、死胎、出生缺陷、不孕不育等不良妊娠结局比对照组工人显著增多。

2. 女性生殖系统　加拿大安大略地区流行病学调查发现，2 110 名使用农药的女性农民及男性农民的妻子在怀孕时自然流产的发生率增加。对于氨基甲酸酯类农药，也有关于甲萘威的报道。在排除糖尿病、心血管疾病及孕期急性传染病等可引起自然流产因素的影响外，发现职业接触甲萘威可以诱导自然流产率增加，研究者推测其发生原因可能与甲萘威对女性染色体造成损伤有关。近年来的流行病学资料表明，氨基甲酸酯类农药暴露还可能引起女性月经异常，临床表现为月经过多、经期延长、月经周期缩短、月经紊乱、痛经等。但也有研究者得出了相反的结论，提示，下一步还需扩大样本量继续研究氨基甲酸酯类农药对女性生殖系统的影响。

（三）免疫系统

免疫系统的主要作用是保护所有器官系统免受病原体的侵害。越来越多的证据表明，氨基甲酸酯类农药能够损伤机体的免疫系统，在暴露于氨基甲酸酯类农药的工人调查研究中发现，氨基甲酸酯类农药可能通过干扰髓过氧化物酶活性，消除嗜中性粒细胞的杀伤能力。另一项流行病学研究发现，与非暴露女性相比，长期暴露于 16.1×10^{-9} 涕灭威污染的地下水的女性 CD8$^+$ T 淋巴细胞比例增加，CD4$^+$/CD8$^+$ 比值显著下降，存在明显的剂量-效应关系。也有研究发现，氨基甲酸酯类农药可以影响 IL-2、免疫球蛋白的生成，进而影响 T 细胞增殖。在甲萘威全身中毒的患者体内发现，甲萘威可以诱导机体免疫抑制。近年来研究发现，氨基甲酸酯类农药可以通过一系列独立的机制调节免疫反应，包括抑制免疫细胞中丝氨酸水解酶、氧化应激和影响信号转导途径等。

宿主体内的免疫系统，能识别并清除从环境中入侵的病原体及其产生的毒素，以及内环境中因基因突变产生的肿瘤细胞，实现免疫防卫功能，从而保持机体内环境稳定。由 CD4$^+$/CD25$^+$/Foxp3$^+$ 调节性 T 细胞介导的氨基甲酸酯类农药引起的肿瘤免疫抑制可能是肿瘤免疫逃逸的主要机制之一，已成为肿瘤免疫治疗的关键障碍。有研究发现，呋喃丹可以通过削弱细胞毒性 T 淋巴细胞的功能来逃避免疫监视。上述研究提示，氨基甲酸酯类农药可以通过干扰免疫监视或抑制先天性免疫功能导致肿瘤的发生。尽管有许多正在进行的研究，但大多数氨基甲酸酯类农药的确切免疫毒性仍不清楚。此外，应进行更多的流行病学和实验研究，以提示暴露水平与毒性作用之间的确切关系。

三、健康风险评价

健康风险评价（health risk assessment，HRA）是利用人群流行病学调查、毒理学试验、环境监测和健康监护等多方面研究资料，科学、系统地评估人类暴露于各种有害因素及条件可能产生的潜在不利健康影响。目的是确定可接受的危险度和实际安全剂量，为政府管理部门科学决策、制定相应的管理法规和卫生标准提供科学依据。健康风险评价框架一般由 4 个关键步骤所构成：危害识别、剂量-效应关系评价、暴露评定和危险度特征分析。目前，关于氨基甲酸酯类农药全面的健康风险评价较少，下面以呋喃丹和涕灭威为例阐述氨基甲酸酯类农药的健康风险评价。

（一）呋喃丹暴露的健康风险评价

呋喃丹小样本单次经口随机双盲毒性实验显示，受试者给予 0.05 mg/kg 呋喃丹并没有出现相应的临床症状；随着剂量的增加，给予 0.1 mg/kg、0.25 mg/kg 呋喃丹的受试者红细胞内 I 型胆碱酯酶显著降低，并出现胆碱酯酶抑制相关的临床表现，如嗜睡、恶心、眩晕、头痛、呕吐、口干、唾液分泌等。进一步研究发现，上述胆碱酯酶的抑制经过 3～6 h 后又全部恢复到正常状态。美国国家环境保护局（environmental protection agency，EPA）对该人类数据进行了基准剂量（benchmark dose，BMD）分析，计算得出呋喃丹引起红细胞胆碱酯酶抑制的 BMD_{10} 及其可信限下限（benchmark dose lower confidence，BMDL）分别为 0.039 mg/kg、0.026 mg/kg。两项研究设计基本相似，但受试物不同（一个使用的是技术产品 75% 呋喃丹，另一个使用的是制剂 4% 呋喃丹）的经皮毒性实验研究发现，0.5 mg/kg、1.0 mg/kg、2.0 mg/kg 剂量下受试者红细胞内 I 型胆碱酯酶出现了相似的抑制程度，4 mg/kg 呋喃丹皮肤暴露可以诱导明显的胆碱能作用。以红细胞内 I 型胆碱酯酶作为效应标志，两项研究均发现，0.5 mg/kg 呋喃丹皮肤暴露是诱导红细胞内 I 型胆碱酯酶抑制的观察到有害作用水平的最低剂量（lowest observed adverse effect level，LOAEL）。2008 年，粮农组织/世界卫生组织农药残留联合专家会议（the joint FAO/WHO meeting on pesticide residues，JMPR）根据最新递交的呋喃丹急性毒性实验结果，将呋喃丹的每日容许摄入量（acceptable daily intake，ADI）和急性参考剂量（acute reference dose，ARfD）确定为 0.001 mg/（kg·bw）。随后，JMPR 根据 13 类全球污染物监测系统/食品污染物食物聚类饮食，计算得到的国际估计的日摄入量为新规定的 ADI 值 0.001 mg/（kg·bw）的 20%～70%，因此委员会认为长期摄入呋喃丹残留食物不太可能对公众健康造成危害。

（二）涕灭威暴露的健康风险评价

早在 1973 年就有关于涕灭威的人群流行病学研究报道，每组由 4 名成年男性组成的志愿者分别口服 0.025 mg/kg、0.05 mg/kg、0.1 mg/kg 涕灭威，结果发现，在 0.025 mg/kg、0.05 mg/kg 时并没有观察到涕灭威的毒性迹象，但在 0.1 mg/kg 时，胆碱酯酶抑制非常明显。进一步研究发现，在第一个 8 h 间隔内，约 10% 的给药剂量可以经尿排出体外。另一项调查研究中的 2 名受试者分别给予 0.05 mg/kg、0.26 mg/kg 的涕灭威，结果发现，给药后 1 h 内受试者就出现了明显的胆碱酯酶抑制症状，并且所有受试者在 1～2 h 内检测到了非常高的 I 型胆碱酯酶水平。随后，Wyld 等进行了比较科学的随机、双盲、安慰剂对照研究。在该研究中，涕灭威采用单次口服给药，给药剂量如下：安慰剂对照组（22 名受试者，包括 16 名男性和 6 名女性）、0.01 mg/kg（8 名男性）、0.025 mg/kg（8 男 4 女）、0.050 mg/kg（8 男 4 女）和 0.075 mg/kg（4 名男性）。结果发现，0.01 mg/kg、0.025 mg/kg 涕灭威受试者并没有观察到红细胞内胆碱酯酶抑制，但 0.05 mg/kg、0.075 mg/kg 涕灭威受试者在给药后 1 h 内就出现了红细胞内 I 型胆碱酯酶活性显著降低，且 0.075 mg/kg 组志愿者出现了广泛出汗等症状。提示，涕灭威引起临床症状的最大无作用剂量（no observed adverse effect level，NOAEL）为 0.05 mg/kg，而基于细胞胞内 I 型胆碱酯酶抑制的 NOAEL 为 0.025 mg/kg。1992 年，JMPR 根据最新递交的涕灭威毒性实验数据，计算得出涕灭威的 ADI 为 0.003 mg/（kg·bw）。

ADI 和 ARfD 不是代表毒性的值，而是用于评价由于长期慢性暴露和短期急性暴露于某一外来化学物所造成的可能危害健康的标准，对农药残留而言主要用于农药残留长期膳食摄入量和急性膳食摄入量的风险评估，以制定合适的最大残留量（maximum residue limits，MRLs），确保消费健康。目前，JMPR 已经为 200 多种农药制定了相应的 ADI 和/或 ARfD。表 4-4 中列出了部分氨基甲酸酯类农药的 ADI 和/或 ARfD。

表 4-4 部分氨基甲酸酯类农药 ADI 和 ARfD 单位：mg/（kg·bw）

农药名称	ADI	ARfD
甲萘威	0～0.008	0.2
甲硫威	0～0.02	0.02
克百威	0～0.001	0.001
丁硫克百威	0～0.01	0.02
涕灭威	0.003	0.0013
灭多威	0.02	0.02
残杀威	0.02	/
杀线威	0.009	0.009
霜霉威	0～0.4	2
抗蚜威	0～0.02	0.1
硫双威	0～0.03	0.04
福美双	0.01	/
福美铁	0.003	/
福美锌	0.003	/
灭菌丹	0～0.1	0.2
代森锰	0.03	/
代森锰锌	0.03	/
代森锌	0.03	/
代森联	0～0.03	/

四、研究挑战和展望

回顾氨基甲酸酯类农药的研究简史，我们看到了诸多实实在在的进展，但仍然存在许多挑战。

（1）开发高效低毒、滞留期短、生物降解快、有选择作用、对人类和环境安全的新氨基甲酸酯类农药是今后氨基甲酸酯类农药研究开发的新方向。

近年来，随着人民生活水平的不断提高，越来越多的人开始关注果蔬的质量安全问题，尤其是农残超标问题。为了更好地保护生态环境，维护农业的可持续发展，发展高效、低毒、环境友好的绿色农药是实现绿色生态农业的必经之路。随着生物技术、组合化学、高通量筛选、计算机辅助设计、原子经济化学、生物信息学等现代高新技术的发展和利用，为绿色农药的研发开辟了更有效的途径，使之能够继续为人类社会的可持续发展和人类健康提供新的贡献。

（2）继续开展土壤氨基甲酸酯类农药污染修复的新技术，并促进其转化应用。

工业化、城镇化和农业集约化的快速发展，大量的不同类型污染物进入土壤，导致污染面积扩大，加剧生态环境恶化，影响食物安全，危及人群健康。2014 年 4 月 17 日国家环境保护部与国土资源部联合发布的《全国土壤污染状况调查公报》显示，全国土壤环境状况总体不容乐观，总污染超标率为 16.1%，其中就包括农药污染。加强土壤污染与修复的基础理论研究，进行污染土壤修复技术的研发与示范是当前我国土壤环境与污染修复领域的重要研究方向。近30年来，国内外学者对土壤中氨基甲酸酯类农药污染的环境化学行为、微生物修复、根-土界面的迁移转化和交互作用等方面开展了研究，取得了长足进展，然而，到目前为止，尚未出台针对氨基甲酸酯类农药土壤污染修复的技术标准，因此，开展土壤氨基甲酸酯类农药污染修复的新技术，并促进其转化应用，仍然是目前农药研究的热点和难点。

（3）进一步完善氨基甲酸酯类农药的风险评估体系。

风险评估是费时、费力的评价手段，但其科学性已被国内外学者所认同。农药风险评估包括健康风险评估和环境风险评估两部分，目前关于氨基甲酸酯类农药风险评估主要集中在健康风险评估方面，而对于氨基甲酸酯类农药的环境风险评估相对比较薄弱。我国农药环境风险评估工作始于2008年农业部农药检定所与荷兰开展"农药环境风险评估项目"，至今已在多方面开展了卓有成效的工作。但目前为止，尚缺乏农药环境风险评价的评价标准和农药合理使用降低风险的长效机制，且风险的监测有待于进一步加强。因此，联合各部门的力量，探索氨基甲酸酯类农药环境风险监测的长效工作机制和思路、完善农药环境风险评价体系是农药研究工作的重要问题。

（4）开发更加快速、灵敏、可靠的检测技术，使其能够满足人们对于氨基甲酸酯类农药低检出限的需求。

对于氨基甲酸酯农药的分析，目前国内已经开发和使用了气相色谱法、高效液相色谱法、质谱法、气相色谱与质谱联用法和高效液相色谱与质谱联用法等方法。随着人们健康和环保意识的不断加强，人们对农药残留检测下限的要求越来越低，这些都在极力呼吁更加快速、灵敏、可靠的检测技术的诞生。因此，在未来农药研究过程中，开发更加快速、灵敏、可靠的检测技术仍是农药研究工作的重要组成部分。

（5）研发高通量农药安全性评价研究方法，使其能够适应农药用量快速增长的需求。

随着组学、计算科学的迅猛发展，新的化学物质不断涌现，这势必给农药安全性评价工作带来严峻的挑战。因此，革新现有的技术方法，创新农药安全性评价体系，开发一些高通量的农药安全性评价研究方法显得非常重要，以适应不断增长的新化学物质的需求。

第四节　氨基甲酸酯类农药的防治管理

氨基甲酸酯类农药是继有机磷和有机氯农药后发展起来的一类新型农药，在我国农药使用量中位居第二。虽然此类农药毒性相对较小，但中毒发生率也逐年增加。据世界卫生组织，发展中国家的农民由于缺乏科学知识和安全措施，每年有200万人发生农药中毒，其中有4万人因中毒而死亡，平均每10 min有28人中毒，每17 min有1人死亡。这还不包括因农药污染而导致死胎、致癌、流产的受害者。因此对农药中毒的预防工作应该引起各级主管部门和农药暴露者的高度重视。

一、防控技术

（一）氨基甲酸酯类农药中毒的防控措施

（1）各级农业和卫生行政部门积极开展对氨基甲酸酯类农药生产、运输、储存和使用环节的组织和管理工作。各农业和卫生行政部门直属的业务单位开展监督、检测和评价工作，并提供各种服务。

国家应督促相关部门明文规定各种氨基甲酸酯类农药的使用范围、用药量、用药次数、用药方法和安全间隔期，防止过度施用污染农副产品。国家相关部门应出台有关政策和制度，由各级卫生行政部门组织实施，各级卫生防疫、职业病防治、医疗和卫生宣教等单位贯彻执行，共同开展卫生监督监测，进行卫生防护措施评价，宣传防治知识，培训专业人员。省级和地市级卫生防疫、职业病防治单位全面负责所辖地区氨基甲酸酯类农药中毒的预防管理工作，重点进行农药毒性、中毒原因、防毒方法、监测方法的研究，以及防毒措施的卫生评价，指导和协助下级单位开展预防农药中毒的卫生监督工作，并向有关部门推荐行之有效的防治措施和经验。县级卫生防疫、职业病防治单位应掌握本地区氨基甲酸酯类农药中毒的基本情况，并对中毒较多的乡镇进行调查，分析中毒原因，提出预防办法。乡镇卫生院（所）应积极参加预防氨基甲酸酯类农药中毒的经常性卫生监督工作，了解安全使用氨基甲酸酯类农药的情况，督导施药人员积极采取措施，防止中毒事故的发生。

（2）各级卫生宣教、卫生防疫、职业病防治单位应积极配合当地农业、供销部门对植保、供销及施药人员进行培训，宣传农药的毒性、对人兽的危害和防毒方法等安全用药知识。

省级卫生宣教、卫生防疫、职业病防治单位负责全省氨基甲酸酯类农药防毒宣传工作，组织宣传活动，培训宣传人员，提供宣传资料，推广先进经验。地、市、县级卫生宣教、卫生防疫、职业病防治单位负责组织、检查、指导农药防毒宣传材料，进行宣传效果的考核，编制适合本地特点的宣传材料，组织社会力量开展宣传。乡镇卫生院（所）要充分利用各种形式，广泛宣传氨基甲酸酯类农药的防毒知识，要组织和指导乡村医生将宣传教育工作做到田间地头，将防毒常识普及到广大群众。各医疗单位也应向群众宣传氨基甲酸酯类农药的防毒知识，特别应对氨基甲酸酯类农药中毒就诊人员及其家属进行预防氨基甲酸酯类农药中毒及氨基甲酸酯类农药污染物品消毒处理知识的宣传。各级卫生行政部门应举办培训班，组织卫生医疗单位从事氨基甲酸酯类农药中毒防治工作的人员学习氨基甲酸酯类农药中毒的预防、急救治疗等专业知识，不断提高技术水平。

（3）基层农业管理和组织机构既要加强对氨基甲酸酯类农药使用的管理，也要重视对氨基甲酸酯类农药接触者预防中毒知识的宣传。

对于氨基甲酸酯类农药的管理：做到有固定地点存放农药，加锁并派专人掌管。剧毒、高毒氨基甲酸酯类农药谨慎用于防治虫害，不得用于蔬菜、瓜果、茶叶和中草药材。避免人群出现经消化道摄入导致的中毒。瓜果成熟期前1～1.5个月，不得使用任何农药。对于农业人口进行氨基甲酸酯类农药中毒的宣传教育工作。首先是思想教育，让农业人口了解到氨基甲酸酯类农药对个人和后代健康的危害，同时告知氨基甲酸酯类农药对健康的危害是可以预防的。加强对氨基甲酸酯类农药正确保管和毒性知识的宣传，严格掌握氨基甲酸酯类农药使用方法及配制浓度。妥善处理好农药器械、包装，用完的农药喷雾器、包装袋和容器等即时清洗，固定地点保管或销毁，绝不能用农药容器盛装食品。重点宣传氨基甲酸酯类农药使用注意事项，如夏季是各类蔬菜生长和上市的旺季，也是病虫繁殖的活跃时段，提醒个别农户不能为了赶收成，违规使用这类农药。因为这样可能导致销售的蔬菜、瓜果等农药残留超标，消费者如果食用前处理不当，容易造成农药中毒。

（二）预防氨基甲酸酯类农药中毒的注意事项

施用化学农药是防治病、虫、草、鼠害，获得农业丰收的重要措施，农业人口接触氨基甲酸酯类农药机会很多，在购买、使用这类农药的过程中，要注意如下事项：

（1）购买氨基甲酸酯类农药时首先要注意农药的包装，防止破漏，注意农药的品名、有效成分含量、出厂日期、使用说明等，标识不清楚或过期失效的农药不准使用。另外注意购买合适的品种，如防治赤霉病用多菌灵等拌种对地下害虫、麦蚜及一些病毒病都有较好的防治效果。

（2）运输和保存氨基甲酸酯类农药时，应先检查包装是否完整，发现有渗漏、破裂的，应用规定的材料重新包装后运输。这类农药不得与粮食、蔬菜、瓜果、食品、日用品等混载、混放，并要有专人保管。盛过农药的包装物品，不准用于盛粮食、油、酒、水等食品和饲料，要集中处理。

（3）掌握病虫特点，选择正确的施药时间和施药方式。首先根据各病虫的防治指标确定最佳的防治时期。在多病虫混合发生时，要明确主要病虫及其发生动态，综合分析，确定主治与兼治对象，协调好关键农药的使用时期。其次要选择最佳剂量，即把病虫害控制在经济损害水平以下所需氨基甲酸酯类农药的最小剂量。这和农作物本身的抗感染性、病虫害发生程度和发生时间及环境条件等因素有关。此外，还要注意运用先进的施药技术，如运用隐蔽施药技术（如拌种）或高效喷雾技术（如低容量细雾滴喷雾）提高药剂利用率，减少用药量，减少对环境的污染。用氨基甲酸酯类农药治疗畜禽体外寄生虫时，避免动物接触当天喷洒过农药的田地、牧草或涂抹过农药的墙壁，以免误食中毒。

（4）施用氨基甲酸酯类农药时，操作者注意正确操作和个人防护。配药人员要戴胶皮手套，严禁用手拌药。包衣种子进行手撒或点时，也必须戴防护手套，以防皮肤吸收中毒。多余的毒种要销毁、不能用作口粮或饲料。施药前仔细检查药械开关、接头、喷头，喷药过程中如发生堵塞时，绝对禁止用嘴吹吸喷头和滤网。凡体弱多病者、患皮肤病或其他疾病尚未恢复者、哺乳期、孕期、经期的妇女不得施药。施药人员在施药期间不得饮酒，施药时要戴防毒口罩，穿长袖上衣、长裤和鞋袜，在操作时禁止吸烟、喝酒、吃东西，被农药污染的衣服要及时换洗。施药人员每天施药时间不得超过 6 h，使用背负式机动药械要两人轮流操作。连续施药 3～5 d 后应休息 1 d。操作人员如有头痛、头昏、恶心、呕吐等症状时，应立即离开施药现场，换掉污染的衣服，并漱口，冲洗手、脸和其他暴露部位，及时到医院治疗。

非生产性接触也是氨基甲酸酯类农药中毒的重要原因。农药对蔬菜瓜果污染的根本原因是部分农民违反农药使用规范，滥用高毒的氨基甲酸酯类农药或在接近收获期使用农药。根据各地蔬菜市场监测结果综合分析，农药污染较重的蔬菜有白菜类（小白菜、油菜）、韭菜、黄瓜、甘蓝、花椰菜、菜豆、番茄等，其中韭菜、小白菜、油菜受到氨基甲酸酯类农药污染的比例最大。个人购买蔬菜、瓜果等要注意清除残留农药后再食用，以下是根据氨基甲酸酯类农药的理化特征采取的一些简易清除方法。

（1）浸泡水洗法。蔬菜污染的氨基甲酸酯类农药常见的是克百威和涕灭威，由于此类农药难溶于水，此种方法仅能除去部分污染农药。但水洗是清除蔬菜水果上的污染物和去除残留农药基础方法。主要用于叶类蔬菜，如菠菜、金针菜、韭菜花、生菜、小白菜等。一般先用水冲洗表面污物. 然后用清水浸泡，浸泡不少于 10 min。果蔬清洗剂可增加农药的溶出，所以浸泡时可加入少量果蔬清洗剂。浸泡后要用流水冲洗 2～3 遍。

（2）小苏打溶液浸泡法。氨基甲酸酯类农药在碱性环境下分解迅速，这是有效去除农药污染的措施，可用于各类蔬菜瓜果。方法是先将表面污物冲洗干净，浸泡到碱水中（一般 500 ml 水中加入小苏打 5～10 g）5～15 min，然后用清水冲洗 3～5 遍。

（3）去皮法。蔬菜瓜果表面农药量相对较多，所以削皮是一种较好去除残留农药的方法。可用于苹果、梨、黄瓜、胡萝卜、冬瓜、南瓜、西葫芦、茄子、萝卜等。处理时要防止再次污染。

（4）储存法。农药在环境中随时间能够缓慢的分解为对人体无害的物质。所以对易于保存的瓜果蔬菜可通过一定时间的存放，减少农药残留量。适用于苹果、猕猴桃、冬瓜等不易腐烂的种类。一般存放 7 d 以上。

（5）加热法。氨基甲酸酯类杀虫剂随着温度升高、分解加快。所以对一些用其他方法难以处理的蔬菜、瓜果可通过加热去除部分农药。常用于芹菜、菠菜、小白菜、圆白菜、青椒、菜花、豆角等。先用清水将表面污物洗净，放入沸水中 2～5 min 捞出，然后用清水冲洗 1～2 遍。

（6）综合处理法。可根据实际情况，以上几种方法联合使用会起到更好的效果。

二、管理体系

为了确保可持续农业技术能够落到实处，全世界对农药的安全使用、监督管理都十分重视。通过加强农药立法、严格使用管理和积极做好抗药性研究，指导合理用药来保证农产品质量、保护环境。

（一）美国农药管理体系

美国的农药生产量与使用量均居世界前列。在保护环境与人类健康的基础上，美国政府制定了一系列法律与法规，对农药的生产与使用进行规范与管理，以保证现代农业的发展。

1906 年美国国会通过第一部有关农药的法律，该法规定任何食品、医药、化妆品不能含有农药。1910 年、1938 年相继出台了联邦杀虫剂法和补充法，其宗旨是防止卖假劣农药，保护农业生产。1947 年通过《联邦杀虫剂、杀菌剂、杀鼠剂法》（FIFRA）。目前，该法与美国《联邦食品、药物、化妆品法》（FFDCA）一起成了美国农药管理的法律依据。1972 年美国对 FIFRA 进行了重新修订，并确立了以联邦政府管理为主、联邦与各州政府相互配合的管理体制。1973 年设定了濒危物种法案（ESA），禁止可以影响濒危或受威胁物种或其栖息地的任何行为，EPA 必须确保农药在登记时不会伤害这些物种。1988 年美国联邦政府颁布了 FIFRA88 修正法案，增加了农药再登记内容，并对现有农药制定新的残留限量标准。1996 年发布了《食品质量保障法》（FQPA），该法修正了 FIFRA 和 FFDCA 的部分内容，对农药新、老品种设定了安全标准，对加工和未加工的食品设定统一要求，在进行残留限量评估时，必须包括累计暴露（含膳食暴露、饮用水及非职业暴露）风险评估，还必须考虑累积效应、各有关农药毒性的共同模式及潜在的内分泌干扰作用，设定安全系数，对婴儿和儿童实行特殊保护。要求 EPA 每 15 年对登记农药进行重评审，对紧急情况下豁免使用的农药设定残留限量值；要求 EPA 重新制定农药在食品中的残留限量标准，用于食品上的农药按标签使用后必须安全，对每种农药进行全面的危险性评估，包括农药在食品、饮用水、居住地的残留量，农药及有毒物质的效应，对未成年人的特殊敏感性，致癌、致畸、致突变的影响等；毒理学数据引用时，强调引入安全系数，以保护敏感人群。

（二）欧盟农药管理体系

欧盟农药管理体现的是和谐中的统一，在可持续发展战略引导下，严格管控风险，强调健康、安全与环境友好。欧盟农药登记管理的法律主要是欧洲议会和欧盟理事会第 1107/2009 法案，它是欧盟地区农药评价与风险评估的指导性文件。为了消除各成员国之间不同水平造成的可能的贸易壁垒，该法案制定了对有效成分和投放市场的植保产品审批的一致性规定，包括相互承认授权和平行贸易的规则。为了达到预期、高效和一致的效果，法案还制定了评价有效成分是否能被批准的详细程序。此外，欧盟理事会第 396/2005 法案规定了食品与饲料中的农药残留及限量标准（MRLs），并监控植物保护产品的使用对农畜产品中农药残留的影响。

（三）我国农药管理体系

我国的农药登记管理水平与材料要求日趋完善，并逐渐与国际发达国家接轨。1978 年 11 月 1 日，国务院批准《关于加强农药管理工作的报告》，要求由农林部负责审批农药新品种的投产和使用，复审农药老品种，审批进出口农药品种，督促检查农药质量和安全合理用药；恢复建立农药检定所，负责具体工作。1982 年 4 月 10 日，农业部、林业部、化工部、卫生部、商业部、国务院环境保护领导小组联合颁布《农药登记规定》，并发布了《农药登记资料要求》，成立了由农业部牵头的首届农药登记评审委员会，形成了以登记评审委员会为核心、各专业部门分工协作的工作机制。1997 年 5 月 8 日，国务院颁布实施了《中华人民共和国农药管理条例》。解决了我国长期以来农药管理无法可依的问题，标志着我国农药管理逐步走向法制化、规范化管理的道路。此后，各部门、各地方相继制定并实施了一系列配套的部门规章和地方法规，进一步完善了农药管理的法制体系。在《农药管理条例》的框架下，农业部及相关部门制定并实施了《农药管理条例实施办法》《农药登记资料规定》《农药标签和说明书管理办法》《农药生产管理办法》《农药安全使用规定》《农药限制使用管理规定》《农药广告审查办法》等一系列部门规章和指导性文件，形成了比较完备的法规体系。农业部、原卫生部和化工部等部门还先后制定了农药质量、农药残留、农药安全使用、农药试验或检验方法技术规范（标准）525 项，形成了较完善的农药技术标准体系，增强了农药管理的可操作性。围绕《农药管理条例》的实施，各地也结合实际制定了地方性的农药管理法规。2017 年 6 月 1 日，新《农药管理条例》正式实施，该版立足农药管理工作实际情况，针对当前存在的问题，顺应行政体制改革和行业发展要求，对农药管理的体制、制度、措施等进行了重要调整，标志着我国农药管理工作迈向了一个新的台阶。

三、氨基甲酸酯类农药中毒及治疗

各级医疗、职业病防治单位应了解本地区所用氨基甲酸酯类农药的品种、毒性，掌握中毒的急救治疗方法，储备必要的治疗药物和器械，随时做好生产性和非生产性农药中毒患者的救治工作。

1. 非生产性氨基甲酸酯类农药中毒的一般表现和急救措施　非生产性氨基甲酸酯类农药中毒最常见的原因是摄入了含有残留农药的食物。然而个体是否出现中毒症状，要根据农药的种类及进入体内的药量决定。如果污染程度较轻、人摄入的农药量较小时，往往不出现明显的症状，但有头痛、头昏、无力、恶心、精神差等一般性表现。当农药污染严重、人体摄入的农药量较多时，可出现明显的不适，如乏力、呕吐、腹泻、肌颤、心慌等表现，严重者可出现全身抽筋、昏迷、心力衰竭等表现，甚至引起死亡。不同种类氨基甲酸酯类农药中毒后，人体的表现也各有差异，其中容易引起中毒的主要是克百威。

一旦发生摄入残留氨基甲酸酯类农药中毒后，要立即催吐。患者神志清楚且能合作时，让患者饮温水 300～500 ml。然后用手指、压舌板或筷子刺激咽喉后壁或舌根诱发呕吐。如此反复进行，直至胃内容物完全吐出为止。简单处理后应立即送往医院急诊治疗。同时必须注意的是，如果中毒者处于昏迷、惊厥状态时不能催吐，以免因呕吐物进入气管窒息导致生命危险。呕吐物要用容器或者塑料袋装下以备后续检验所用。对非生产性氨基甲酸酯类农药中毒的治疗原则和措施与生产性氨基甲酸酯类农药中毒类似，值得一提的是早期彻底反复洗胃是抢救的关键。

2. 生产性氨基甲酸酯类农药中毒的特点、治疗原则和措施　氨基甲酸酯类农药与有机磷农药类似，通过抑制乙酰胆碱酯酶的活性，影响人体神经冲动的传递。但氨基甲酸酯类农药中毒的发病更快，恢复也快。如没有采取适当防护措施就喷洒这类农药，施用者片刻就会感到不适。如果立刻停止工作，终止继续接触，患者就会逐步好转，当然，通过污染的衣服或皮肤继续吸收农药的情况除外。氨基甲酸酯类农药中毒一般在连续工作 3 h 后出现症状，经皮吸收中毒者只需 0.5～6 h，农药的直接作用可以使局部皮肤潮红，甚至出现皮疹，经口中毒的发病则更快。此类农药开始的中毒症状为患者感觉不适并可能有呕吐、恶心、头痛、眩晕、疲乏和胸闷。随后患者开始大量出汗和流涎，视觉模糊，肌肉自发性收缩、抽搐，心动过速或心动过缓，少数人可能出现阵发痉挛和进入昏迷。由于氨基甲酸酯类农药与胆碱酯酶结合是可逆的，且在机体内很快被水解，胆碱酯酶活性较易恢复，故其毒性作用较有机磷农药弱，一般在 24 h 内完全恢复（极大剂量的中毒者除外），无后遗症或遗留残疾。严重中毒时，可出现昏迷、肺水肿、大小便失禁，也可因呼吸麻痹致死，死亡多发生于中毒发作后的 12 h 之内。

3. 氨基甲酸酯类农药中毒的治疗原则及治疗措施　氨基甲酸酯类农药中毒后的治疗原则和措施与轻度有机磷农药中毒类似，但不完全相同。阿托品为治疗氨基甲酸酯类农药中毒的首选药物，疗效极佳，能迅速控制由胆碱酯酶抑制所引起的症状和体征，以常现用量 0.5～1 mg 口服或肌注为宜，不必应用过大剂量。由于氨基甲酸酯类农药在体内代谢迅速，胆碱酯酶活性恢复很快，不需要肟类胆碱酯酶复能剂。有些氨基甲酸酯类农药中毒，如急性甲萘威中毒，使用肟类胆碱酯酶复能剂反而会增强毒性和抑制胆碱酯酶活性，影响阿托品的治疗效果，这是和有机磷中毒的治疗有区别的地方。如为氨基甲酸酯类农药和有机磷农药混合中毒，可先用阿托品，治疗一段时间后，可酌情适量使用胆碱酯酶复能剂。氨基甲酸酯类农药中毒后具体的治疗措施如下：

（1）采取措施。尽量减少毒物继续被吸收，清除毒物，迅速脱离中毒环境，除去染毒衣物，及时用稀肥皂水或 2% 碳酸氢钠溶液清洗全身，注意清洗毛发、腋窝、腘窝、会阴部等部位，特别是毒物接触部位要重点清洗。口服中毒者，立即用 2%～3% 碳酸氢钠溶液洗胃，直至洗出液无色无味，再用 50% 硫酸钠导泻，并使用利尿剂如呋塞米等促进毒物排泄。

（2）应用拮抗剂治疗。以硫酸阿托品、氢溴酸东莨菪碱等抗胆碱药为首选。常使用阿托品，用药原则同有机磷农药中毒，宜早期足量给药，但剂量比有机磷农药中毒要低。轻度中毒者每次口服或肌注 1～2 mg，每 1～2 h 一次，至阿托品化后改为 1～3 mg/d；中度中毒者，首剂量 1～3 mg 肌注或静脉给药，以后每 15～30 min 一次，阿托品化后改为每 4～6 h 肌注 0.1～1 mg；重度中毒者，首剂量 3～5 mg，极严重时可加大至 10～50 mg，静脉给药，然后每 5 min 一次，阿托品化后改为每 30～60 min 肌注 0.5～2 mg。根据病情逐渐减量，1～3 d 后停药。维持时间不宜太长，以免阿托品过量，并注意阿托品过量中毒与氨基甲酸酯类农药中毒的区别。

目前认为东莨菪碱的疗效显著优于阿托品。因前者对腺体、睫状肌、虹膜括约肌上的 M 受体的抑制作用强于阿托品，且小剂量时可兴奋呼吸中枢，防止呼吸衰竭；大剂量时具有明显的催眠作用，不易导致惊厥，对烦躁不安病例尤为适合。而阿托品剂量较大时对中枢神经有兴奋作用，能引起烦躁不安、惊厥等，甚至出现昏迷或呼吸麻痹。东莨菪碱的一般用法：轻中度者每次肌注 0.3～0.6 mg，1～2 h 一次；重度中毒者每次静脉注射 0.6～1.2 mg，每 30～60 min 一次，达到阿托品化指征后减量维持 2～3 d。阿托品与东莨菪碱均为抗胆碱药，均可对因治疗，两者有协同作用，合用要注意减量。

（3）对症治疗及防治并发症。中毒严重者可选用糖皮质激素以抑制应激反应，防治肺水肿、脑水肿、支气管痉挛及休克等。保持呼吸道畅通，维持水、电解质平衡，选用适当的抗生素以预防感染。有肺水肿或脑水肿者，应给予强心、利尿、脱水治疗，并限制液体输注速度及用量。

（4）注意事项。氨基甲酸酯类农药中毒抢救时，禁用解磷定等肟类复能剂。因肟类复能剂可使氨基甲酸酯类农药与胆碱酯酶结合的可逆反应减慢甚至停止，抑制胆碱酯酶的恢复，同时还降低阿托品等抗胆碱药的疗效。另外，当此类农药与有机磷农药混合中毒时，如乙阿合剂类除草剂中毒，应先使用阿托品，使部分胆碱酯酶恢复后，再使用肟类复能剂。

第五节　案　例　分　析

【案例背景】　涕灭威，化学名 O-（甲基氨基甲酰基）-2-甲基-2-硫基丙醛肟，英文名为 aldicarb，别名铁灭克、丁醛肟威，CAS No. 671－04－5。涕灭威是一种氨基甲酸酯类杀虫剂，具有广泛的杀虫活性，主要针对昆虫、螨虫和线虫，目前商业化使用的剂型为 15% 颗粒剂。涕灭威原药为白色结晶，具有硫黄气味，可溶于丙酮、苯、四氯化碳等大多数有机溶剂。涕灭威具有触杀、胃毒和内吸作用，能被植物根系吸收，传导到植物地上各部位，速效性好，持效期长，主要防治棉花害虫。撒药量过多或集中在撒布在种子及根部附近时，易出现药害。涕灭威在土壤中易被代谢和水解，在碱性条件下易分解，对人畜高毒。涕灭威原药大鼠急性经口 LD_{50} 为 0.9 mg/kg，是目前商业化农药中毒性最高的品种，FAO/WHO 建议其 ADI 为 1 μg/（kg·bw）。食品中涕灭威最高残留量，联邦德国规定烟草中不超过 10.0 mg/kg，特定植物中不超过 0.05 mg/kg；美国规定未加工农产品（特定动植物性食品）中涕灭威的最高残留量为 0.002～1 mg/kg。

问题1：农药风险评估的意义是什么？

问题2：农药风险评估的基本框架？

问题3：如何进行涕灭威的健康风险评估？

近年来，农产品质量安全及环境问题备受社会关注，农药作为农业生产中不可或缺的重要投入品，也是一类有毒化学品，其带来的人群健康损害和环境破坏问题成为社会广泛关注的焦点，农药风险评估势在必行。

农药风险评估是指在特定的条件下，利用现有的资料和信息，科学、系统地评价农药对人类健康及环境产生不良效应的可能性和严重性。根据风险评估的性质不同，农药风险评估可分为定量风险评估、定性风险评估及半定量/半定性风险评估。此外，也可以按照保护目标的不同，将农药风险评估分为健康风险评估和环境风险评估（又称为生态风险评估）两大类。对于非癌性毒理学终点，风险评估的基本框架包括4个关键步骤：危害识别、剂量-效应关系评价、暴露评估及危险表征。本案例主要以涕灭威为例，侧重从人群健康风险评估方面来阐述氨基甲酸酯类农药风险评估的基本过程。

一、危害识别

在涕灭威的急性、亚慢性和慢性毒作用数据库中，已有大量关于大鼠、小鼠、豚鼠、狗、灵长类动物和兔子的报道，动物中毒后均出现了因胆碱酯酶抑制导致的烟碱样症状和副交感神经兴奋的症状。人群研究可以直接观察到受试物的毒性，减少实验动物结果外推至人的某些不确定性。在涕灭威对人类志愿者的急性经口毒性实验发现，涕灭威可以明显抑制胆碱酯酶活性，并出现胆碱酯酶抑制相关的临床症状。以上研究均证实，涕灭威可以诱导体内胆碱酯酶抑制，并产生相应的毒性危害。

二、剂量-效应关系评价

目前，在涕灭威人群急性毒性研究中有两个类似的实验。每组由4名成年男性组成的志愿者分别口服 0.025 mg/kg、0.05 mg/kg、0.1 mg/kg 涕灭威，结果发现，在 0.025 mg/kg、0.05 mg/kg 时并没有观察到涕灭威的毒性迹象，但在 0.1 mg/kg 时，胆碱酯酶抑制非常明显。另一项类似的研究发现，2名受试者分别给予 0.05 mg/kg、0.26 mg/kg 的涕灭威，在给药后 1 h 内受试者就出现了明显的胆碱酯酶抑制症状，并且所有受试者在 1～2 h 内检测到了非常高的 I 型胆碱酯酶水平。随后，Wyld 等进行了比较科学的随机、双盲、安慰剂对照研究。结果发现，0.01 mg/kg、0.025 mg/kg 涕灭威受试者并没有观察到红细胞内胆碱酯酶抑制，但 0.05 mg/kg、0.075 mg/kg 涕灭威受试者在给药后 1 h 内就出现了红细胞内 I 型胆碱酯酶活性显著降低，且 0.075 mg/kg 组志愿者出现了广泛的胆碱酯酶抑制相关的临床症状。提示，涕灭威引起临床症状的无明显损害作用剂量（no observed adverse effect level，NOAEL）为 0.05 mg/kg，而基于细胞胞内 I 型胆碱酯酶抑制的 NOAEL 为 0.025 mg/kg。

关于涕灭威的每日允许摄入量（allowable daily intake，ADI）值，美国政府经历了多次修改。1969年，美国 FDA 首次评估了涕灭威的安全性，计算得出涕灭威的 ADI 值为 0.001 mg/（kg·bw）。1977年，美国国家科学院和国家研究委员会认为，涕灭威不可能作为饮用水中的主要污染物出现，并根据大鼠和狗研究确定了 0.1 mg/kg 的 NOAEL 值，使用安全系数为 100，建议 0.001 mg/（kg·bw）作为涕灭威的 ADI；在后来的评估（1980年、1983年、1986年）中，尽管使用了不同的国家标准，但该委员会还是坚持其最初的建议，涕灭威的 ADI 值为 0.001 mg/（kg·bw）。1981年，美国 EPA 根据当时的最新数据确定了 NOAEL 为 0.125 mg/kg，使用安全系数为 40，建议涕灭威的 ADI 值为

0.003 mg/（kg·bw）。1982 年，JMPR 评估了涕灭威的其他毒性数据，主要审查了一项饮用水中涕灭威的膳食研究，并推荐涕灭威 ADI 增加到 0.005 mg/（kg·bw）。1983 年，Wilkinson 利用康奈尔大学动力模型分析表明，涕灭威及其代谢物 ADI 值的安全范围为 0.003～0.01 mg/（kg·bw），进一步证实了 JMPR 的评估。1986 年，在没有新的毒理学信息的情况下，美国 EPA 根据系统内的数据，将涕灭威的 ADI 降低至 0.001 mg/（kg·bw）。1990 年，美国 EPA 根据最新的研究数据，将 ADI 又一次降低至 0.000 2 mg/（kg·bw）。1992 年，JMPR 审查了第二次人体实验的结果，根据该实验报道的 NOAEL 为 0.025 mg/kg，推荐使用 0.003 mg/（kg·bw）作为涕灭威的 ADI 值。

三、暴露评估

涕灭威暴露途径主要是通过食入涕灭威残留的食物或饮用水而进入体内。动物饲养实验发现，涕灭威残留预计不会发生在肉、牛奶、家禽或鸡蛋中。美国国防部可靠性分析中心和一些加工商品的残留数据显示，干豆、山核桃、花生、甜菜、咖啡、椰子、高粱、大豆和甘蔗的平均田间试验残留量从甘蔗的 0.007 mg/kg 到山核桃的 0.145 mg/kg。美国农药数据计划主要负责监测婴儿和儿童主要食品的残留物，在 926 个甘薯样本中，有 5 个可以检测到涕灭威残留，其检测范围为 0.02～0.16 mg/kg。美国农业部农药数据计划还进行了一项特别研究，测量了复合马铃薯片和单纯马铃薯样品中涕灭威的残留。结果发现，342 个复合马铃薯片样品中有 20 个可以检测到涕灭威，其检测范围为 0.012～0.172 mg/kg；160 个单纯马铃薯片样品中有 96 个可以检测到涕灭威，其检测范围为 0.012～0.372 mg/kg。市场篮子调查数据显示，399 个橙色柑橘样品中，有 16 个显示有涕灭威残留，其检测范围为 0.001～0.0025 mg/kg。

关于饮用水，地下水和地表水都有涕灭威残留的可能。在许多监测结果中已经测量了地表水中的涕灭威残留，但最全面的地表水研究还数美国进行的 28 个不同社区水系统中鳕鱼残留物研究，该研究历时 3 年。结果显示，佛罗里达州南部的残留总量最高，其中 6 个社区水系中的有 3 个在该年份具有低水平的涕灭威残留，在成品水中观察到的最大浓度为 0.16 g/L，最大时间加权年平均值为 0.068 g/L；残留物也在东南部其他地区的浓度较低，时间较短；该国其他地区的涕灭威氨基甲酸酯残留量微不足道。

四、危险表征

涕灭威目前已注册用于柑橘、咖啡、棉花、干豆、高粱、花生、山核桃、马铃薯、大豆、甜菜、甘蔗、甘薯、苜蓿种子和烟草。这些和水一样，都是我们日常生活饮食的一部分。24 h 急性饮食暴露分析显示，暴露最多的人群估计风险是 1～2 岁儿童的 ARfD 的 37%，这远远低于大多数监管机构 100% ARfD 的关注阈值。24 h 急性饮用水暴露分析显示，最高暴露人群估计风险仅是婴儿的 ARfD 的 27%。每日综合评估（包括食品和饮水）显示，暴露最多的儿童群体涕灭威残留都在可接受的健康风险范围之内。涕灭威所造成的潜在饮食风险已通过食品和饮水中检测到的涕灭威残留数据库及每日食物和饮水消耗量综合评估，其 ARfD 为 0.001 3 mg/kg。尽管涕灭威存在非常广泛的危害，但目前的数据清晰地表明，日常接触不会发生不可接受的健康风险。

参 考 文 献

[1] Balaji B,Rajendar B,Ramanathan M. Quercetin protected isolated human erythrocytes against mancozeb-induced oxidative stress [J]. Toxicology and industrial health,2014,30(6):561-569.

［2］ Curtis D. Klaassen. Casarett and Doull's Toxicology：The Basic Science of Poisons，eight editor ［M］. New York：McGraw-Hill Medical，2013.

［3］ Dhouib I，Jallouli M，Annabi A，et al. From immunotoxity to carcinogenicity：the effects of carbamate pesticides on the immune system ［J］. Environmental science and pollution research international，2016，23(10)：9448-9458.

［4］ Krieger R I，Doull J W. Dedication from Hayes' Handbook of Pesticide Toxicology，Third Edition A2-Hodgson，Ernest ［M］. Pesticide Biotransformation and Disposition，Boston：Academic Press. 2012.

［5］ Moreira R A，Da Silva Mansano A，Rocha O. The toxicity of carbofuran to the freshwater rotifer，Philodina roseola ［J］. Ecotoxicology，2015，24(3)：604-615.

［6］ Onunga D O，Kowino I O，Ngigi A N，et al. Biodegradation of carbofuran in soils within Nzoia River Basin，Kenya ［J］. Journal of environmental science and health Part B，Pesticides，food contaminants，and agricultural wastes，2015，50(6)：387-397.

［7］ Srivastava A K，Mishra S，Ali W，et al. Protective effects of lupeol against mancozeb-induced genotoxicity in cultured human lymphocytes ［J］. Phytomedicine：international journal of phytotherapy and phytopharmacology，2016，23(7)：714-724.

［8］ 周宜开，王琳. 环境污染与健康研究丛书(第 1 辑)土壤污染与健康 ［M］. 武汉：湖北科学技术出版社，2015.

（曾奇兵）

下　篇
兽药污染与健康

第五章　兽药污染与健康概述

随着我国经济社会发展和人民生活的改善，饮食文化和膳食结构发生了巨大变革，动物性食品逐步成为餐桌主角。但随之而来的食品安全问题，特别是食品中兽药残留问题备受人们关注。动物养殖过程中兽药的合理使用对于有效地预防和治疗动物疾病，提高养殖业的经济效益，推动社会经济发展，促进动物性产品出口贸易具有重要的意义。兽药行业被称为"永远的朝阳行业"，是当前利润增长最快的十大行业之一。巨大的市场潜力和利润空间使得我国兽药生产和流通领域的竞争呈现愈演愈烈之势。不合理使用，特别是滥用兽药容易带来食品中兽药残留超标，不仅危害消费者身心健康乃至生命安全，引发恶劣的食品安全事件；而且威胁生态环境安全，导致养殖环境逐步恶化，需要投入更大的生产成本，也不利于养殖和食品加工行业的健康发展。

第一节　兽药种类和残留现状

一、兽药及其兽药残留

按照我国《兽药管理条例》（2004 年发布，2016 年第二次修订）的规定：兽药是指用于预防、诊断、治疗动物疾病或者有目的地调节动物生理功能的物质（含药物饲料添加剂），主要包括血清制品、疫苗、诊断制品、微生态制品、中药材、中成药、化学药品、抗生素、生化药品、放射性药品及外用杀虫剂、消毒剂等。在我国，渔药、蜂药、蚕药也列入兽药管理范畴。兽药一词的概念，原意仅限于防治家畜、家禽疾病的药物。但是，随着药物使用范围扩大和饲料药物添加剂的兴起与发展，兽药正逐步被"动物医药品"所取代，后者范围更广，涉及家畜、家禽、野生动物、观赏动物、鱼、蜜蜂、蚕等，从兽类、禽类动物扩大到水生类动物和部分昆虫。事实上，在 20 世纪 60 年代之前，我国还没有专业的兽药生产企业，所谓的兽药实际上就是人类用药。随后，虽然我国也制定了兽药质量管理体系，提出兽药质量的"有效性、经济性、安全性"。但是，兽药的"有效性"往往被列为首位，"安全性"未得到足够重视，且只关注养殖动物的安全。改革开放以后，随着养殖业的集约化生产和兽医科技水平的逐步提高，加之人民生活质量不断改善的同时，健康消费意识也在不断增强，兽药安全性才开始被大众消费者所关注，并逐步上升到药品生产质量管理规范（good manufacturing practice，GMP）兽药安全性层次，要求兽药不仅对养殖动物安全，而且对人类和环境健康也必须安全。然而，在动物养殖过程中很多企业和个体户为追求经济利益，存在盲目超量甚至滥用抗生素，不遵守按休药期使用规范的行为，极易导致动物性食品中兽药残留，严重威胁消费者健康和生态环境。根据世界卫生组织（world health organization，WHO）和联合国粮农组织（food and agriculture organization of the united nations，FAO）兽药残留联合立法委员会的定义，兽药残留是指动物产品的任何可食部分含有兽药的母体化合物及其代谢物，以及其兽药有关杂质。动物性食品是指肉（包括肝、肾等内脏）、蛋和乳及其制品的总称。食品中残留的兽药，既包括原药，也包括药物在动物体内的代谢产物和兽药生产中伴生的杂质。

二、兽药的种类

畜牧业生产中使用的兽药种类繁多。然而，在动物性食品中主要残留的有抗生素类、合成抗菌药类、抗寄生虫药、生长促进剂和杀虫剂。抗生素和合成抗菌药均为抗微生物药，是最主要的药物添加剂，也是动物性食品中主要的残留药物。目前，兽药的分类方法有很多种，主要包括以下 3 类：

1. 按作用特点和用途分 抗生素、抗寄生虫药、消毒防腐药、解毒药、麻醉药、解热镇痛药、止痢药、催吐药、止吐药、止血药、健胃药、泻药、中枢兴奋药、强心药、祛痰药、平喘药、利尿药、激素药等。

2. 按动物对象分 畜用药、禽用药、蜂药、渔药、蚕药等。

3. 按剂型分 液体或半液体制剂、固体剂型、半固体剂型、气体剂型。

三、兽药的残留现状

在动物养殖过程中，很多企业和个体户片面地追求经济利益，存在盲目超量甚至滥用抗生素、不遵守休药期使用规范的行为，导致动物性食品中兽药残留的问题严重，威胁消费者健康和生态环境。国际食品法典委员会（CAC）、食品添加剂联合委员会（JECFA）及欧美和日本等发达国家非常重视兽药的安全性评价和动物性食品中药物残留问题，也制定了相应的最大残留限量标准及其检测方法。中国也制定了《动物性食品中兽药最高残留限量》及《饲料药物添加剂使用规范》，明确兽药的科学合理使用。目前，在动物性食品中较容易引起药物残留量超标的兽药主要有四环素类、磺胺类、呋喃类、抗寄生虫类和激素类药物。

对于抗生素类兽药而言，2015 年中科院广州地球化学研究所应光国课题组公布了中国第一份抗生素使用量和排放量清单，显示 2013 年我国使用抗生素 16.2 万 t，其中 52％为兽用。养殖过程中使用抗生素的目的一方面是预防和治疗动物疾病，提高养殖业的经济效益；另一方面是作为饲料添加剂，帮助动物增重、产肉，起催肥作用，且绝大部分抗生素以原形排出体外，进入水体和土壤中被吸收，再次通过食物链回到人体。第 10 届全军检验医学学术会议上，国家细菌耐药性监测中心副主任马越研究员曾指出：滥用抗生素的现象远比人们想象的要严重，全球每年消耗的抗生素总量中 90％被用在食用动物身上，且药物中 90％都只是为了提高饲料转化率而作为饲料添加剂来使用。2016 年下半年畜禽及全年蜂产品兽药残留监控计划检测结果显示：畜禽产品的合格率为 99.88％，主要表现为猪肉样品中磺胺二甲嘧啶超标，鸡蛋中恩诺沙星和环丙沙星超标。同样 2015 年抽检结果也指示 6 批不合格产品均来自恩诺沙星和环丙沙星。各省市食品监督抽查结果也指出食品中恩诺沙星和磺胺类抗生素含量超标问题严重。此外，养殖过程中抗生素药物的滥用还会进一步影响生态环境，导致大气、饮用水、地表水及其土壤样本中均可以检出相应的抗生素药物。据估算，我国水产养殖业投入使用的抗生素仅有10％～20％被鱼类吸收，80％～90％直接进入水环境中。相关研究表明我国地表水环境中能够检出 68 种抗生素，其中一些抗生素在珠江、黄浦江等地的检出频率高达 100％，检出浓度是国际工业发达国的 5 倍以上，且抗生素种类大多是兽用抗生素。由此可见，抗生素兽药的滥用对人群健康和生态环境带来严重的威胁。

对于抗寄生虫类兽药而言，虽然其毒性较低，但是大剂量使用依然会对人群健康和生态环境带来影响。目前，在畜禽产品养殖中大多使用阿维菌素、泰乐菌素、氯羟吡啶等兽药。2016 年农业部抽检结果报告指出鸡肉样品中尼卡巴嗪残留标示物阳性样本数（2/134），2015 年前很少在国家抽检结果中报告抗寄生虫类兽药的超标现象。需要引起注意的是阿维菌素、伊维菌素和美倍霉素对生态环境的影响，这些药物可以在动物粪便中保持 8 周左右的活性，对草原中的多种昆虫都有强大的抑制或杀灭作用。

对于激素类兽药而言，我国在畜禽等产品中重点关注地塞米松、克仑特罗、同化激素和β-受体激动剂等药物残留，而在水产品中，我国重点抽检己烯雌酚、甲基睾酮等兽药的残留。2016年国家食品药品监督总局曾通报过肉类食品中地塞米松的超标问题。2017年北京市食药监局通报5起食品抽检不合格信息，其中2起为地塞米松超标，1起为克仑特罗超标。各省市食品监督抽查结果也指出动物性食品中地塞米松和克仑特罗含量超标问题严重。这些激素类药物在低剂量条件下就可以对人群健康产生极大危害，能够干扰人体内分泌系统，引起多种不良效应。兽药本身及其代谢物还可以随动物粪便、尿被排泄到环境中，造成环境中的兽药残留。其中，己烯雌酚在环境中降解很慢，能在食物链中高度富集而造成药物残留超标的情况。

第二节　兽药合理使用及其影响因素

一、兽药使用原则

兽药是预防、诊断和治疗动物疫病的特殊商品，其产品质量直接关系到重大动物疫病预防和控制成效、养殖行业的健康发展及人民群众的身体健康和社会稳定。因此，在兽药使用过程中，必须严格按照《兽药管理条例》等有关法规政策要求，科学合理地使用兽药，保证动物源性食品质量安全，维护人民群众的身体健康。具体兽药使用原则包括：

1. 要认清兽药的双重特性　科学合理地使用药物能够最大限度发挥效能，达到预防和控制疾病的目的，保障动物源性食品质量安全。然而，为提高经济效益，盲目地滥用兽药，甚至违法添加违禁药物，不仅会造成动物源性食品的药物残留，危害人群健康，甚至引发公共安全事件，而且会危害生态安全，恶化养殖环境，导致养殖成本的进一步提高，也不利于养殖行业的良性发展。

2. 要通过正当途径购买合法兽药

（1）要从通过农业部GMP认证、取得兽药生产许可证或取得进口兽药注册证书的国内外合法生产企业购买兽药。

（2）要从兽药GSP验收合格，持有《兽药经营许可证》的经营企业采购兽药。一般通过兽药GSP验收合格的《兽药经营许可证》标注有"经审核，符合《兽药经营质量管理规范》要求，准予从事兽药经营"的红色字样。

3. 要科学合理使用兽药　在兽药使用过程中必须严格按照适应证、用法与用量、休药期、免疫规程等规定程序合理使用兽药。

（1）坚持合理用药。兽药使用一定要合乎动物病情的需要，不能盲目增大剂量或是只认准新药物。感染性疾病应依据药敏试验结果选择最佳的抗生素。在用药时间上，一般推荐早期用药，特别是微生物感染性疾病。但细菌性痢疾却不宜过早止泻，因为这样会使病菌无法及时排出，使其在体内大量繁殖，引起更严重的腹泻。

（2）注意用药途径和有效浓度。要充分考虑药物的特性来确定治疗方案，同时要兼顾动物体内的有效浓度。苦味健胃药如龙胆酊、马钱子酊等，只有通过口服途径才能有效刺激味蕾，加强唾液和胃液的分泌。如果使用胃管投药，则无法起到健胃的疗效。对于肌内注射卡那霉素而言，有效浓度维持时间为12 h，因此连续注射间隔时间应在10 h以内。

（3）注意药物配伍禁忌和种属差异。酸性药物与碱性药物不能混合使用；口服活菌制剂时应禁用抗菌药物和吸附剂；磺胺类药物与维生素C合用，会产生沉淀；磺胺嘧啶钠注射液与大多数抗生素配合都会产生浑浊、沉淀或变色现象，应单独使用。此外，在猪和犬发生食物中毒的初期，可选用催吐药，但马属动物不易呕吐，故不能投喂催吐药。

（4）注意用药不良反应的监控。链霉素与庆大霉素、卡那霉素配合使用，会加重对听觉神经中枢的损害。家禽对敌百虫很敏感，应避免使用。盐霉素抗球虫效果较好，但它对马属动物有害，只能用于猪、牛、兔、禽。

（5）严格遵守休药期制度。有些抗菌药物因为代谢较慢，用药后可能会造成药物残留。因此，这些药物都有休药期的规定，用药时必须充分考虑动物许可屠宰或其产品许可上市的间隔时间，防止兽药残留超标而带来的食品安全隐患。

4. 违规使用兽药要承担相应的法律责任 《兽药管理条例》明确规定：未按照国家有关兽药安全使用规定使用兽药的、未建立用药记录或记录不完整真实的，或者使用禁止使用的药品和其他化合物的，或者将人用药品用于动物的，责令相关企业立即改正，并对饲喂了违禁药物及其他化合物的动物及其产品进行无害化处理；对违法单位处 1 万元以上 5 万元以下罚款；给他人造成损失的，依法承担赔偿责任。销售尚在用药期、休药期内的动物及其产品用于食品消费的，或者销售含有违禁药物和兽药残留超标的动物产品用于食品消费的，责令其对含有违禁药物和兽药残留超标的动物产品进行无害化处理，没收违法所得，并处 3 万元以上 10 万元以下罚款；构成犯罪的，依法追究刑事责任；给他人造成损失的，依法承担赔偿责任。

5. 禁止人药兽用 很多养殖户片面认为人药兽用肯定会很安全，不会带来健康危害。由于部分兽药企业产品质量不过关、药物名称混乱、兽药生产和使用等因素，很多养殖户又单纯追求疗效，导致大剂量使用人药情况时有发生。对于兽药而言，许多动物的用药剂量是按照动物神经系统的发达程度来决定的。动物越低级，神经系统越不发达，单位体重的用药量就越大。特别对于普通动物（如鱼）而言，其单位体重用药量有时可达人体单位体重用药量的几十倍。这样大剂量的药物进入动物体内是不可能被动物完全吸收和分解的，必将导致动物体内药物残留，进一步危害人群健康和生态环境安全。此外，人药兽用会使人畜共患病的治疗难度加大。在我国已知的 200 多种动物疾病中，有 70% 以上疾病可以感染到人。如果对养殖动物大量使用人用抗菌及抗病毒药物，就必然造成药物在动物体内的残留。当人类食用了这种食品后，残留药物会随之进入人体，导致多种不良反应。一旦人感染上了与动物一样的疾病，该病原微生物很快就会对治疗药物产生抗药性，贻误病情。

二、影响药效的相关因素

1. 药物方面的因素

（1）药物的剂量决定动物体内的血药浓度及其作用强度，是决定药效的重要因素。因此，准确选择合适用量才能获得预期的药效，且不会引起药物残留。

（2）剂型 药物必须制成一定的剂型才能作用于动物体，目的是使药物更快更完全地进入动物体内，在作用部位产生有效的药物浓度。常用剂型有注射剂、粉剂、片剂、煎剂等。剂型的选择常需要根据疾病、病情、治疗方案或用药目的而定。如起效快的用针剂，禽类大规模用药可采用混饲或饮水模式给药。

（3）生物利用度是指药物制剂被机体吸收利用的程度。制剂的生物利用度和药效的强度与速度有关，临床上应根据动物病情的缓急选用不同的药物剂型。

（4）给药途径、剂量、时间间隔及疗程。一般来说，制剂和剂型决定给药方法，如针剂是注射用，粉剂是内服用。但给药途径不同也会影响药物的生物利用度和药效出现的快慢，需要根据疾病治疗的需要及药物的性质选择合适的给药途径。猪、牛多采用肌注给药，家禽多采用混饲或混饮的群体给药方法。临床上要维持药物在体内的有效浓度必须多次给药。如大多数抗菌药物要求有充足的疗程才能保证稳定的疗效，一般 3～5 d 为 1 疗程。

（5）需要长期给药且消除慢的药物，应注意避免长期给药导致的中毒反应。如磺胺类药物在连续用药的情况下极易产生耐药性。

（6）临床上同时使用 2 种或 2 种以上的药物治疗疾病称为联合用药，其目的是提高疗效，消除或减轻某些毒副作用。但是，同时使用 2 种或 2 种以上药物，可能会发生药动学的相互作用，从而影响药物的吸收、分布、生物转化和排泄，或在药效上可能发生协同作用、相加作用或拮抗作用。另外，2 种以上药物如果混合使用，可能出现混浊、沉淀、产生气体及变色等外观异常现象，称为配伍禁忌。如甲氧苄氨嘧啶（TMP）与四环素按 1∶4 合用时，对金黄色葡萄球菌的作用增强 2～16 倍，对大肠杆菌的作用增强 4～8 倍，对绿脓杆菌的作用增强 8.16 倍；利福平或氯霉素均可导致氟喹诺酮类药物作用的降低，如可使诺氟沙星的作用完全消失及氧氟沙星和环丙沙星的作用部分抵消，因此，氟喹诺酮类药物不能与利福平、氯霉素联合应用。

2. 动物方面的因素

（1）不同种属的畜禽对同一药物的反应有很大差异。如牛、羊、鹿等反刍动物对麻醉药物水合氯醛比较敏感，而猪对其不敏感。许多家禽对有机磷类、氯化物较敏感，特别是哺乳动物。

（2）不同年龄、性别、怀孕的哺乳动物对同一药物反应不同。如雏禽对呋喃唑酮特别敏感，极易导致中毒。而孕畜和初生仔畜在使用甲氧苄啶时，易引起叶酸摄取障碍，宜慎用。

（3）家畜的病理状态也会影响药物效应。如肾功能损害时，药物不断经肾排出而引起药物积蓄，诱发毒性反应；肝功能不全时可引起药物半衰期延长或缩短；胃肠功能失调能明显改变药物的吸收和生物利用度。

3. 环境方面的因素　环境温度、光照的改变、饲养密度的增加等都可能导致环境应激，影响药物的疗效。例如，有些兽药在日光紫外线照射下极容易发生氧化、分解，使兽药的疗效降低，甚至有可能产生有毒物质。因此，需要避光保存的兽药，应放在阴凉干燥、光线不易直射到的地方。空气中的氧气和水分子也会使某些药物氧化变质，滋生微生物。因此，兽药存放一定要注意防潮，装药器皿应当密闭，必要时用蜡封口。

第三节　兽药检测技术与质量控制

一、检测技术

兽药残留检测技术具有目标物浓度偏低、种类繁多、样品基质复杂等特点，这就要求兽药残留分析方法具有灵敏度高、特异性强、准确性好和线性范围宽等特点。兽药残留检测方法按照其分离或检测原理可以分为基于微生物学和免疫学原理的生物学方法和基于色谱、质谱等原理的理化分析方法；按照被测组分数量可分为单组残留分析和多组分残留分析方法；按分析目的可分为筛选方法、常规分析方法和确证分析方法。

（一）免疫分析方法

免疫分析技术是基于抗原与抗体的特异性识别、可逆性结合反应为基础的分析技术。按照标记物及其检测体系来划分，免疫分析方法又分为放射免疫测定法、酶免疫测定法、荧光免疫测定法、化学发光免疫测定法等；按反应介质可以分为均相或非均相免疫测定法。通过抗原-抗体的特异性识别，能够选择性识别和富集目标分子，降低样本基质干扰，因而能够获得较高的特异性，实现复杂样本中痕量目标物的残留分析。而此类分析方法的灵敏度依赖于抗体表面标记的信号分子及其相应的检测体系，如酶、荧光分子、聚合反应的引发剂、功能纳米材料等，因而可以通过催化显色、发光、电化学响应等手段，获得高灵敏的检测技术。此外，与常规理化分析技术相比，免疫分析方法还具有快速便捷、简单灵敏、高通量分析等优点，无需样本前处理过程，容易实现集成化、自动化和智能化。然而，不足之处在于抗体种类有限，缺少很多危险因子的识别抗体。对于已有抗体也存在一定的交叉识别反应，因而在多残留分析方面具有一定的局限性。

1. 酶联免疫分析法　酶联免疫分析法（enzyme linked immunosorbent assay，ELISA）是20世纪70年代发展起来的非同位素免疫分析方法（表5-1）。最基本过程是将已知抗体吸附在固相载体（聚苯乙烯微量反应板）表面，能够选择性识别食品样本中靶标分子，去除游离成分后形成抗体-抗原复合物，再利用酶标记抗体二次识别靶标分子，增强分析方法的特异性，同时利用标记酶催化底物显色而获取检测信号。由于ELISA具有检测速度快、费用低廉、仪器简单易携、灵敏度高和选择性强、可用于现场分析等优点，使其在食品分析领域得到迅速的发展和广泛应用。目前，随着各种功能材料的发展和分离分析技术的不断更新，商业化ELISA试剂盒无论在灵敏度、稳定性和精密度方面基本能够达到欧盟、美国、日本等的残留检测限值，已成为目前国内外兽药残留快速筛选检测的主流。

表 5-1　动物性食品中主要兽药残留的酶联免疫分析方法

兽药类别	兽药名称	抗体类型	检测样本	检测限（μg/kg）
氨基糖苷类	庆大霉素，卡那霉素，新霉素	多抗	牛奶	9～113
	庆大霉素	单抗	牛奶	6
	双氢链霉素	单抗	牛奶	100
多肽类	黏菌素	多抗	牛奶	19.9
呋喃类	3-氨基-2噁唑烷酮	单抗	虾肉，禽肉，猪肉，牛肉	0.4
	呋喃唑酮	多抗	虾肉	1
磺胺类	磺胺甲基嘧啶	多抗	猪食用组织	10
	磺胺嘧啶	多抗	鸡肉，鸡肝	0.3
	磺胺二甲嘧啶	单抗	鸡肉	1
	磺胺氯哒嗪	多抗	鸡蛋，牛奶，牛肉，羊肉，猪肉，鸡肉，猪肾，猪肝	0.18～3.9
聚醚类	莫能菌素	多抗	鸡组织（肌肉，肝脏，肾脏，脂肪）	5.0～5.8
	盐霉素	单抗	鸡肉	300
喹诺酮类	氧氟沙星	单抗	鸡肝、鸡肉、牛奶	<10
			猪肉、鸡肉、牛奶	1.6
	环丙沙星	多抗	牛奶、牛肾	<6
			鸡肉	0.05
	环丙沙星、氧氟沙星、氯甲喹、萘嘧啶	多抗	兔肉	20

续表

兽药类别	兽药名称	抗体类型	检测样本	检测限（μg/kg）
氯霉素类	氯霉素	多抗	水产品	0.05
			鸡肉、鸡蛋、牛奶、蜂蜜	≤0.22
内酰胺类	青霉素类	多抗	牛奶	0.5~1
	氨苄西林钠	多抗	牛奶	2.5
	头孢氨苄	单抗	牛奶	3
四环素类	四环素、金霉素、土霉素	多抗	猪肉	100

2. 胶体金免疫测定　胶体金是由氯金酸（$HAuCl_4$）在还原剂如白磷、抗坏血酸、枸橼酸钠、鞣酸等作用下聚合而成的纳米金颗粒，并随着粒径的不同呈现不同的颜色。由于静电作用的存在，纳米金溶液成为一种稳定的胶体状态，故称胶体金。胶体金免疫测定法是在免疫渗滤的基础上建立的一种简单、快速的免疫学检测技术，它往往以纤维素层析滤纸材料为固相，将特异性的抗体以条带状固定在膜上，胶体金标记的抗体吸附在结合垫上。当待检样本加到试纸条一端的样本垫后，通过毛细作用向前移动，溶解结合垫上的胶体金标记试剂，并与之发生相互作用形成胶体金标记抗体-抗原复合物，再移动至固定的抗体区域时进一步发生特异性结合，形成固定抗体-抗原-胶体金标记抗体复合物而被聚集在检测区域上，形成肉眼可见的检测条带。这种方法灵敏度较高，操作简便快捷，不需要特殊仪器设备，应用范围较广，分析结果易于判定，且标记物稳定（标记样品在4℃贮存2年以上，无信号衰减现象），特别适用于现场快速筛选性分析。不足之处在于纳米金试纸条法只能用于定性或半定量分析，不能显示样本中靶标化合物的准确浓度。

3. 免疫传感技术　免疫传感器作为一种新兴的生物传感器，凭借高度特异性、敏感性和稳定性而受到青睐。它将传统的抗原-抗体的特异性结合和现代生物传感技术融为一体，集两者的优势于一身，不仅简化分析流程、缩减分析时间、提高方法的灵敏度和准确度，易于实现自动化和智能化，而且能够显著降低样本基质干扰，实现复杂样本中痕量目标组分的直接分析，有着广阔的应用前景。依赖于抗原或抗体标记的信号分子产生一些物理化学信号的变化（如光、热、声、质量、颜色、电化学等）。依据信号转换元件的不同（如光敏管、压电装置、光极、热敏电阻、离子选择性电极等）可以表现出不同性能的免疫传感器。目前，常见的免疫传感器如下。

（1）光学传感器。最常见的是荧光传感器、化学发光传感器和最近非常热门的表面增强拉曼光谱传感器。荧光免疫传感器是利用荧光试剂标记的抗体作为分子识别单元，通过抗体与抗原之间的特异性反应实现对抗原或抗体的测定。由于大部分兽药分子不会产生荧光信号，因而分析方法的特异性较好，然而普通光激发荧光物质的分析方法容易受到背景干扰等原因，限制了荧光免疫传感器的灵敏度。近年来发展起来的荧光偏振免疫测定法、荧光猝灭免疫测定法和时间分辨荧光免疫测定法，显著提高了荧光免疫传感器的灵敏度（0.1~1 nmol/L），使得荧光免疫传感器在兽药残留检测方面的应用得到进一步发展。然而，荧光试剂的合成难度较大，成本较高，商品化试剂较少也限制了荧光免疫技术的进一步发展。化学发光免疫分析法是将标记物改为能产生化学发光的化合物，最后获得的信号是化学发光的强度。常用的发光剂为氨基苯二酰肼（异鲁米诺和鲁米诺）和吖啶酯类。抗体通常采用小分子吖啶酯进行标记，这类试剂的分子量小（48ku），不会增加抗体的空间阻碍，1s内就能获得较强的发光且非靶物质不产生化学发光，能明显缩短检测时间，实现现场快速诊断。目前已有氯霉素、β-内酰胺类药物、四环素类药物等的化学发光免疫分析方法报道。虽然化学发光免疫分析法的灵敏度较高，但是由于化学发光属于瞬时发光，且容易受到外界环境的干扰，因此方法的精密度不高，实验误差较大。拉曼光谱属于分子振动光谱，可以反映分子特征结构。1974 年，Fleischmann 等人第一次在吡啶吸附的粗糙银电极上观察到表面增强拉曼信号（surface-enhanced raman spectroscopy，SERS）。由于表面增强效应可以使拉曼强度增大 6 个数量级，因而能够实现目标物的高灵敏检测。Porter 于 1999 年首次将SERS 标记和免疫分析技术结合，完美实现表面增强拉曼免疫分析。由于其样品预处理、操作简便、检测速度快、准确率高、仪器便携等特点，表面增强拉曼检测在食品安全快速检测，特别是无损检测方面起到了积极的作用。目前，表面增强拉曼免疫分析的研究热点主要局限在降低非特异性吸附和提高方法的灵敏度方面，仪器成本也较为昂贵。

（2）电化学及其光电传感器。电化学免疫传感器具有快速、灵敏、便捷的优点，是目前传感分析中最成熟的一项技术，在传感器领域产业化方面处于重要地位。目前电化学免疫传感器正在朝着功能化、智能化、集成化和微型化方向发展。特别是随着功能纳米材料和技术的发展，抗原或抗体标记的成分已经转变为各种功能材料。例如，许多纳米碳材料具有高催化活性，能够高效催化底物获得相应的电化学信号，或是表现出类酶催化特性，能够模拟酶联免疫中所用的氧化酶，催化水解底物间接获得电化学信号。电致化学发光免疫分析技术是利用电化学发光剂作为标记物标记抗体或抗原而形成稳定的复合物。当这种复合物与被检测物中对应的抗原或抗体结合后，在加电电极的作用下激发出特异的光，根据发光的强度可检测出被测物的浓度等参数值。化学发光是通过化合物混合启动发光反应，而电致化学发光是电启动发光反应。因此，电致化学发光反应易精确控制，表现出以下优点：无放射性辐射危害；灵敏度高，检测线性范围在 6 个数量级，达到或超过放射免疫技术水平；检测线性范围快，分析时间短；方法的稳定性好，自动化程度高。

（二）微生物学分析方法

常用的微生物学分析方法包括微生物抑制法和放射受体分析法。微生物抑制法是一种传统的测定抗生素分析方法，常用的微生物包括枯草芽孢杆菌、蜡状芽孢杆菌、藤黄微球菌和嗜热乳酸链球菌等。相对于其他分析方法，微生物抑制法操作简单、价格低廉、不需要精密仪器和复杂的样品前处理过程，适合大量样品的筛选，因而在世界范围仍然在广泛使用微生物抑制法。欧盟官方方法 EUR15127 法就是采用杯蝶法同时对包括青霉素类、四环素类、大环内酯类、氨基糖苷类、磺胺类、喹诺酮类和氯霉素在内的多类兽药残留进行筛选检测。我国 GB/T 4738.27－2003《食品卫生微生物学检验鲜乳中抗生素残留量检验》可对鲜乳中的青霉素、链霉素、庆大霉素和卡那霉素进行筛选检测。微生物抑制法的最大缺点是不能区分具体的药物种类，因此也难以进行定量检测。放射受体分析测试法是一种已经商业化的放射受体分析法，目前广泛用于快速选择性测定牛奶中 β-内酰胺类、磺胺类、四环素类、大环内酯类、氨基糖苷类和氯霉素等抗生素。该方法是基于样品中的待测物质与示踪放射标记物在特定受体位点竞争性反应。受体存在于微生物细胞的表面并被添加进入样品中，与受体结合的放射性标记示踪物的量通过专用的分析器或液体闪烁计数器测定。优点是样品处理简单、快速、灵敏度高。但缺点是对于不同的样品种类和药物种类需要不同的检测试剂，而且价格较为昂贵，对于同一类的药物也难以区分具体的药物种类。

（三）理化分析方法

兽药残留分析属于一种多学科交叉的方法学领域，分析对象和样品基质复杂，几乎所有的分析理论和技术在兽药残留分析中都得到了研究与应用，但色谱及色谱质谱联用技术一直占据主导地位。随着国际上对食品安全的日益重视，对检测方法的灵敏度和准确性的要求越来越高，追求高灵敏度和高分辨率已成为兽药残留分析方法的两个基本主题。随着兽药种类的增多、兽药分子结构的日益复杂化、低剂量化和样品数量的增多，提高兽药残留的分析能力和效率已成为兽药残留分析的重要发展方向。兽药残留检测技术的主要发展方向可概括为：①更高的灵敏度，更低的检测限；②高度的选择性、特异性和抗干扰性能；③多组分残留分析；④高通量分析；⑤现场快速分析；⑥分析仪器的微型化、集成化和便携化。

1. 样品前处理技术 样品前处理是兽药残留检测的核心环节和主要步骤，耗时最长，操作最为复杂，是整个分析方法实验误差的主要来源。目前，样本前处理趋向于简单化、微型化和自动化模式。现在几乎所有的液相色谱填料都有相应的商品化固相萃取柱（solid phase extraction，SPE）出售，包括各种正相、反相和离子交换柱，并且出现了自动化固相萃取装置。鉴于兽药样本基质的复杂性，选择性识别目标物的分子印迹吸附剂逐步成为固相萃取吸附剂的新宠儿。分子印迹技术是模拟自然界中酶-底物及受体-抗体作用的基础之上发展来的一项技术，借助目标分子（模板）与功能单体相互作用，在引发剂作用下利用有机聚合反应形成一个高分子聚合物，洗掉模板后就能得到一个富含多种功能基团且三维空间构象与目标分子一致的印迹空穴，因而能够选择性识别目标物分子，实现复杂样本基质中目标分子的高选择性识别和富集。此外，出现了一些高效样品提取技术及专门的自动化提取装置，如超临界流体萃取（supercritical fluid extraction，SFE）、微波辅助提取（microwave-assisted extraction，MAE）、超声波辅助提取（ultrasonic-assisted extraction，SAE）和加速溶剂萃取（accelerated solvent extraction，ASE）等。当前兽药残留前处理的方向还在于前处理设备和与检测设备的集成化联用。例如，将固相萃取通过柱切换装置与色谱系统进行连接，实现在线固相萃取净化和色谱分析同时进行，进一步缩短分析时间，提高分析灵敏度（所有洗脱液全部注入色谱系统）和准确度。

2. 色谱质谱联用检测技术 气相色谱法有许多高灵敏度、通用性或专一性强的检测器供选用，如氢焰离子化检测器，氮磷检测器等，检测限一般可以达到 $\mu g/kg$ 级。但是大多数兽药极性或沸点都偏高，需烦琐的衍生化步骤，限制了气相色谱法的应用范围。而几乎所有的化合物包括高极性/离子型待测物和大分子物质均可用于高效液相色谱法进行测定。兽药残留分析要求的检测器主要是质谱仪器。色谱质谱联用技术可以集高效分离和结构鉴定于一体，是目前兽药残留检测中最主要的确证分析手段。单四极杆质谱、离子阱质谱和三重四极杆质谱运用选择离子扫描或多反应监测扫描方式，具有极高的灵敏度和选择性，能够实现一般兽药残留检测的需求。在此基础上，高分辨质谱（如飞行时间质谱、轨道阱质谱等）能够提供高质量准确度、高质量分辨率的全扫描数据，理论上可以分析的化合物没有数量限制。如果需要增加新的目标化合物，高分辨质谱的全扫描数据还可以随时进行重新处理，不会因为目标化合物的增加而损失灵敏度。

在未知物筛查方面，四级杆质谱和飞行时间质谱均可在没有标准品的情况下进行快速、准确的筛查和定量，及时发现非法添加药物。Waters飞行时间质谱技术可对样品中所有残留的兽药及其代谢产物及未知物进行信息全采集（无歧视、无条件地对所有化合物的母离子、子离子、保留时间等进行采集），不仅能快速锁定化合物，而且能全自动地对所有非目标未知物进行鉴定，大大增强了兽药残留筛查的灵敏度和准确度。

二、质量控制

（一）兽药残留分析全面质量控制

兽药残留分析全面质量控制是利用现代科学管理的方法和技术来降低分析过程中的误差，控制与分析有关各个环节，确保实验结果的准确可靠，也称为实验室质量保证。质量控制即产生达到质量要求的测定所遵循的步骤。众所周知，兽药残留广泛分布于含动物源性食品的各种基体中，因此样品来源复杂、多样，并且兽药残留的绝对含量相对于常规污染物还是极低的，而且受常规污染物的干扰，样品前处理的难度很大。制定严格的全程质量保证程序，控制数据的准确度和精密度也就显得十分重要。

按照《NYT 1896－2010 兽药残留实验室质量控制规范》和《GB/T 27025－2008 检测和校准实验室能力的通用要求》，对兽药残留检测的过程进行控制，涉及实验室检测过程中控制的关键因素包括合同评审、抽样、样品的处理、方法及方法的确认、检验和分包、数据处理与控制、结果报告，保证实验结果的准确性。

对于抽样而言，要求抽样方案应建立在数理统计学的基础上，抽取的样本应具有代表性，使所取样本的测定结果能代表样本总体的特征。抽样量应满足检测精度的要求，且足够满足分析、复查或确证、留样用。如需要进行测量不确定度评定的样品，应适当增加样本量。要求最大限度地保障物质能被检测的方式进行样品的采集、预处理和运送。分析过程中应避免二次污染或分析物的损失。应使用洁净的容器盛装样品，不可使用橡胶制品的包装容器。每件样品都应加贴唯一标识，注明品名、编号、抽样日期、抽样地点、抽样人等。

对于样品的处置而言，实验室应制定样品管理程序和具体的作业指导书。实验室应设样品管理员负责样品的接收、登记、制备、传递、保留、处置等工作。在整个样品传递和处理过程中，应保证样品特性的原始性，应避免二次污染或分析物的损失。

对于检测方法的选择，采用的检测方法必须满足客户要求并适合相应的检测工作；一般推荐采用国际标准、国家（或区域性）标准、行业标准；保证采用的标准为最新有效版本。实验室应使用受控的标准方法，并定期跟踪检查标准方法的时效性，确保实验室使用的标准方法现行有效。

在实际样本检测过程中，样品在接收、制备和测试等各个过程中应始终确保样品的原始特性、未受污染、变质和混淆。测试前应做好各项准备工作，严格按检测方法和作业指导书操作。必要时，随同样品测试做试剂空白试验、阴性控制样品（空白样品）试验和阳性控制样品（含药标准物质或加标样品）的回收率试验。分析过程中进样顺序为试剂空白、阴性控制样品、待测样品、阴性控制样品再进样、阳性控制样品。顺序可根据实际情况调整，但都应有充分的理由证明其合理性。当检出分析物含量超过控制限量时，应采用共色谱法、质谱、光谱、双柱定性等方法进行确证或复测。当测试过程出现不正常现象应详细记录，采取措施处置。常规样品的检测至少应做双样品平行试验，新开验项目应进行方法学验证工作，并按要求填写原始记录并出具检测结果。

在数据处理过程中，检测人员对检测方法中的计算公式应正确理解，保证检测数据的计算和转换不出差错，计算结果应进行自校和复核。如果检测结果用回收率进行校准，应在最终结果中明确说明并描述校准公式。检测结果的有效数字应与检测方法中的规定相符，计算中间所得数据的有效数应多保留一位。数字修订遵守 GB 8170 标准并使用法定计量单位。

在出具检测结果时，实验室应根据实际工作的需要制订检测结果质量控制程序和内部质量保证计划，保证监控检测的有效性，明确内部质量控制的内容、方式和要求。计划应尽可能覆盖所开展的常规检测项目和全体检测人员，保证质量控制有效和检测人员定期进行能力评估。管理评审应对计划和实施效果进行评审。

（二）实验室内部质量控制

实验室内部质量控制是实验室分析人员对分析质量进行自我控制的全过程，它是保证实验室提供准确可靠分析结果的必要基础，它主要反映分析质量的稳定性。内部质量控制程序可包括（但不限于）下列内容：

（1）定期使用有证标准物质（参考物质）进行监控（俗称盲样检测）和（或）使用次级标准物质（参考物质）（俗称质控品）开展内部质量控制。

（2）参加实验室间的对比或能力验证计划。

（3）使用相同或不同方法进行重复检测。

（4）对存留样品进行重复检测。

（5）实验室内部比对，包括实验室内部不同人员、设备的比对。

（6）分析某样品不同特性结果的相关性。

（7）阴性质控对照、阳性质控对照、空白质控对照等。

（8）应对质量控制的数据汇总、分析和评价，判断是否满足对检测有效性和结果准确性的质量控制要求；若发现质量控制数据超出预定的判断时，应采取相应的改进措施纠正出现的问题，并防止报告错误的结果。

（9）所得质量控制数据记录应便于使用统计技术分析、发现检测结果的发展趋势。

（10）实验室应有开展新方法、新技术的研究和开发工作的政策和措施，使检测结果更准确、快速和简便；实验室对质量控制的数据进行分析，当发现质量控制数据将要偏离预先确定的判断依据时，将采取有计划的措施来纠正出现的问题，并防止报告错误的结果。

（三）实验室外部质量控制

室间质量评价是指多家实验室分析同一标本，由外部独立机构收集、分析和反馈实验室检测结果，评定实验室常规工作的质量，观察实验的准确性，建立起各实验室分析结果之间的可比性。有两种类型的计划可进行室间质量评价，一种是能力比对检验，一种是区域性质控活动。

1. 实验室认证　从 20 世纪 80 年代中期开始，我国逐步建立了 232 个国家级的产品质量监督检验中心，结合各省、部级质检中心，形成了一支国家级质检队伍。1994 年 9 月成立了中国实验室国家认可委员会（CNACL）。2006 年在原中国认证机构国家认可委员会（CNAB）和原中国实验室国家认可委员会（CNAL）基础上，整合而成中国合格评定国家认可委员会（CNAS），主要负责认证机构认可、实验室认可、检验机构认可。获得实验室认可表明具备了按相应认可准则开展检测和校准服务的技术能力，获得签署互认协议方国家和地区认可机构的承认，有机会参与国际间合格评定机构认可双边、多边合作交流，可在认可的范围内使用 CNAS 国家实验室认可标志和 ILAC 国际互认联合标志。

2. 能力认证　能力验证作为评价实验室技术能力和管理水平的重要手段，在建立和实施食品安全检测实验室的质量控制规范中具有重要的作用。近年来，由于各国政府的重视和市场需求的不断增长，国际上能力验证活动的规律和领域发展很快，能力验证在政府监督管理、实验室认可、工业产品质量管理等领域都得到了广泛的应用。能力验证已经成为国际实验室互认的重要条件。

实验室应制定相应的政策和措施，定期、有计划地参加外部质量保证活动，改进质量管理，保障检测结果的准确，提升实验室检测结果的可信度。实验室可采用以下方法（但不限于此）：

（1）参加国家权威部门组织的能力验证计划，包括参加国际、国内、行业间的比对计划。例如，为加强兽药残留检测机构能力建设，提升兽药残留监控水平，每年农业部都将组织开展全国兽药残留检测能力验证活动。一般而言，农业部兽医局负责验证试验活动的组织领导工作。中国兽医药品监察所负责验证试验活动具体实施工作。考核样品由中国兽医药品监察所统一制备，统一编号。农业部兽医局会通报兽药残留检测能力验证活动结果。

（2）参加实验室间的比对计划，包括参加国际、国内、行业间的比对计划。

（3）与同行实验室进行盲样的比对试验。实验室完成样品分析后应及时递交及保存试验结果和相关记录，对实验室参加的能力验证和实验室间比对结果进行评估，评价实验室的管理体系和检测能力，对识别出的问题或不足应采取纠正措施，确保纠正措施有效，并作为管理评审的重要内容。

（4）应根据外部评审、能力验证、考核、比对等结果来评估本实验室的工作质量，并采取相应的改进措施。

（5）实验室应广泛吸收外部先进的检测技术，提高实验室检测水平，保证检测结果的质量。

第四节　兽药残留对人群健康的危害

动物组织中兽药残留水平通常都较低，除极少数能发生急性中毒外，绝大多数药物残留通常产生的都是慢性、蓄积毒性作用。长期食用兽药残留超标的食品，当机体内蓄积的药物浓度达到一定量时会对人体产生多种急、慢性中毒乃至癌症的发生。特别是有些兽药还能够借助环境介质进行扩散，并通过食物链途径进行富集，对人群健康产生多重危害作用。

一、急性毒性

一般动物性食品中兽药残留浓度很低，加上人们的食用数量有限，除非一次性摄入兽药残留物的量过大或是婴幼儿这样的敏感人群，否则大多数兽药残留并不能引起急性毒性作用。如 2001 年 11 月 7 日广东信宜市 484 人因食用残留有盐酸克伦特罗的猪肉而导致食物中毒。2012 年 1 月，浙江省两地分别发生大量市民食物中毒事件，中毒原因为市民所吃猪肉中含有盐酸克伦特罗。我国食品安全体制已经逐步完善，市场监管逐步正规之后，虽然兽药残留导致大面积人群急性中毒的公共安全事件逐步消失，但是关于兽药残留导致急性毒性的思想意识不能放松，仍需要进一步加强监管，保证人民群众的身体健康。

二、慢性毒性

长期摄入含有兽药残留的食品后会导致药物不断在人体内蓄积，当浓度达到一定量后会对机体产生毒害作用，常常表现为：①肝脏毒性。肝脏担负着几乎所有外来物质的代谢和解毒作用，因此肝脏是药源性组织损伤的主要靶器官之一，而且是首当其冲受损的靶器官。大部分兽药是脂溶性化合物，容易在肝脏组织中富集，进一步加剧肝脏损伤。如红霉素等大环内酯类可以导致严重的肝毒性。②肾脏毒性。磺胺类药物可引起肾损害，特别是乙酰化磺胺在酸性尿中溶解度降低，析出结晶后容易损害肾脏。从 2000 年起，我国将动物肝中磺胺类药物残留作为重点监控内容。③特殊毒性。链霉素对第八对颅神经的毒性主要损害前庭和耳蜗神经，并与年龄增长和剂量增大成正比。此外还可以经胎盘进入羊水和胎儿循环，妊娠者误食这类药物残留的食品易造成婴幼儿先天性耳聋。氯霉素超标可引起致命的"灰婴"反应，严重时还会造成人的再生障碍性贫血，是第一个被禁止使用的兽药。

三、耐药性及其肠道微生态

正常机体肠道内寄生大量菌群，如果长期摄入食品中残留的抗菌药物就会抑制或者杀灭敏感菌，造成一些非致病菌的死亡，而耐药菌和条件性致病菌就会大量繁殖，使得微生物菌群平衡遭到破坏，从而导致肠道微生态的失衡。某些肠道有益菌群还能合成人体所需的 B 族维生素和维生素 K。长期或过量摄入广谱抗生素残留的动物产品，会使敏感菌群受到抑制，从而导致二次感染、破坏菌群平衡，导致消化道功能紊乱、维生素缺乏等疾病。最终结局将表现在以下两个方面：一方面可以导致机体内耐药菌株的出现和大范围扩散。研究表明，随着抗菌药物的不断应用，细菌中的耐药菌株数量也在不断地增加。动物在反复接触某一种抗菌药物的时候，其体内的敏感菌受到选择性抑制，从而使耐药菌株大量繁殖。此外，动物体内耐药菌株也可以通过动物性食品传播，将带有药物抗性的耐药因子传递给人类，给临床感染性疾病的治疗造成困难。虽然一般可采用替代药品，但在寻找替代药品的过程中，耐药菌感染往往会延误正常治疗过程，而且替代药品的毒性可能更高、价格更贵或疗效更低。此外，细菌的耐药基因可以在人群、动物群和生态系统中的细菌网络间互相传递，进一步发生突变，由此导致更多的细菌产生耐药性。

在研究抗生素和抗菌药物耐药性时，需要严格区分耐药性基因、耐药性细菌、细菌的耐药性。耐药基因主要来自 NDM-1（新德里金属-β-内酰胺酶-1）。它是科学家发现的一种新的超级耐药基因，能够编码高效的 β-内酰胺酶，分解大多数抗生素并使之失去功效，导致耐药性的发生。细菌对某种抗生素是否有抗药性，与其引发疾病的能力，即致病性无关。在自然环境中存在很多的细菌群落，这些细菌群落含有各式各样的耐药基因，但是这些细菌的致病性可能较弱，并不会感染人体，不会将耐药基因引入到肠道细菌中。因此，细菌的耐药性是指某种抗菌药物对某种细菌不起作用，治疗起来困难，并不是说这个细菌的致病性很强。事实上，耐药性也不是第一次出现的新生事物。自从人类发明抗生素以来，细菌等微生物与抗生素之间就在不断博弈的过程中。

另一方面是对肠道菌群微生物的影响。人体内存在一个结构复杂、种类庞大的微生物群落，且主要分布在肠道环境中（占总重量的 80% 以上）。许多研究结果证实肠道微生物与人体健康密切相关，可参与人体营养吸收、代谢、肠道和免疫系统的发育等重要生理过程。肠道菌群结构的改变与急性或慢性肠道炎症、糖尿病、肥胖症、食物过敏、肿瘤等诸多疾病的发生和发展有着重要联系。此外，肠道微生物不仅调控肠道活动，还影响宿主的脑功能与行为，借助肠-脑神经轴调控宿主行为，与自闭症、抑郁症、帕金森、中风等疾病的发生密切相关。肠道微生态的稳定与人群健康的关系已成为当前研究的热点。人群反复接触广谱抗生素会破坏肠道里的微生态系统，带来一定的健康影响，这个结论被大众所认可，但是抗生素应用究竟会引起肠道菌群怎样的改变，这些变化能否在停用抗生素后恢复正常，这些科学问题依然没得到解决。西班牙瓦伦西亚大学的 Pérez Cobas 团队以 β-内酰胺类抗生素为研究对象，探索了不同时间节点中人粪便中肠道微生物的变化情况。结果表明：在抗生素应用第 6 天时，革兰阴性微生物减少，能量代谢降低，对胆酸、胆固醇、激素和维生素的运转和代谢明显减弱，显著影响机体的身体健康。在第 11 天时，肠道微生物多样性达到最低点，大量维生素菌群数量显著降低，一直到第 14 天革兰阳性菌群开始生长，肠道菌群多样性有所恢复。对于生命早期的婴幼儿而言，抗生素不合理使用对于肠道菌群稳态的影响最为显著。虽然干扰较为短暂，但在成长后期依然能够引起一系列持久性的免疫应答反应，而这些免疫因子变化是婴幼儿成长后期肥胖、哮喘、糖尿病、高血压等慢性病发生的早期因素。Popovic 等的出生队列研究结果表明孕期第 3 个阶段暴露抗生素与 18 个月内婴幼儿的反复哮喘发作密切相关，校正的 RR 值为 2.29（95% CI：1.32~3.29）。

四、变态反应

在食用抗菌药物残留的食品后，容易使易感人群出现过敏反应。这些药物包括青霉素、四环素、某些氨基糖苷类抗生素和磺胺类药物等。青霉素类药物及其代谢和降解产物都具有很强的致敏作用，变态反应比较轻微的，可见皮炎或皮肤瘙痒症状；变态反应比较严重的会出现过敏性休克，甚至对生命构成威胁。据统计，对青霉素有过敏反应的人为 0.7%~10%，过敏休克的人达 0.004%~0.015%。此外，四环素药物可引起荨麻疹。呋喃类可引起以周围神经炎和以嗜酸性细胞增多为特征的过敏反应。磺胺类药物残留能破坏人的造血系统，引起溶血性贫血、粒细胞缺乏症和血小板减少症等疾病。

五、"三致"作用

"三致"作用即致癌、致畸、致突变作用。当人们长期食用这类药物残留的食品后会在人体内不断蓄积，最终可引起基因突变或染色体畸变，对消费者带来潜在危害。雌激素、硝基呋喃类、喹噁啉类的卡巴氧、砷制剂等都已被证明具有致癌作用，许多国家都已禁止这些药物用于动物养殖。苯并咪唑类药物，通过抑制细胞活性来杀灭蠕虫及虫卵，作用广泛，但其可持久地残留于肝内，其抑制细胞活性的作用必将成为对人体潜在的危害。喹诺酮类药物中个别品种已在真核细胞内显示出致突变作用。链霉素具有潜在的致畸作用，可引发动物体细胞发生突变。

六、内分泌干扰效应

激素类兽药，除用于疾病防治和同步发情外，还曾用于畜、禽的促生长作用，后来发现其存在致癌作用，因此先后被禁止用作促生长剂。20世纪70年代，美国和加拿大因使用激素作为肉牛促生长剂并出口到欧盟时遭到了封杀。美国和加拿大等出口国为此上诉至世界卫生组织（WTO），此案历时10年之久。欧盟虽然败诉，但仍迫使美、加在出口牛肉的生产中不得使用任何激素。事实上，人们摄入动物性食品时，难免会摄入一些内源性激素。只要激素浓度处于正常的生理范围以内，不会干扰人体的激素机能。但是这种激素类兽药的非法添加却常常导致食品中激素类药物大量残留，并随着养殖废物的随意排放进一步污染生态环境（水、大气、土壤等），通过食物链途径再次摄入动物或人体内，干扰人体的正常内分泌功能，被称为"环境激素"。例如，玉米赤霉醇及其代谢产物具有雌激素类物质的生物活性，对促性腺激素结合受体、体外肝脏激素结合受体均有抑制作用，能够引起人体性激素机能紊乱及影响第二性征的正常发育。

儿童阶段对环境毒物具有高度的易感性。特别是一些能够引起甲状腺素干扰效应的兽药，会影响儿童智力发展，对其一生都将带来不可估量的影响。按照美国国家科学研究委员会的详细分析，儿童通过饮用水、食物、空气等途径接触污染物的量要远高于成人。1～5岁儿童摄入的食物是成人摄入量的3～4倍，对于污染所致的健康危害更加易感。此外，由于儿童的代谢途径尚未发育完全，对于污染物的吸收、代谢、转移和排泄方式不同于成人，容易带来其他的健康危害，必须引起我们足够的重视。对于胎儿而言，存在母体孕期污染物暴露对于子代健康的影响。对于新生儿和婴幼儿而言，呼吸、免疫、生殖系统，特别是神经系统的发育都不完全，这些系统还不足以修复兽药污染物带来的健康损害，极易造成持久性或是不可逆的功能障碍。

七、兽药安全的健康风险评估

食品安全风险评估（risk assessment）是科学制定食品安全标准的重要基础。开展兽药残留风险评估，对科学制定动物源食品中兽药最大残留限量（maximum residue limit，MRL）和促进食品安全具有重要意义。国际兽药残留的食品安全风险评估工作主要由联合国粮农组织/世界卫生组织食品添加剂联合专家委员会（JECFA）负责开展，其评估报告是国际食品法典委员会制定标准的重要依据。2006年实施的《中华人民共和国农产品质量安全法》规定：国务院农业行政主管部门应当设立由有关方面专家组成的农产品质量安全风险评估专家委员会，对可能影响农产品质量安全的潜在危害进行风险分析和评估。国务院农业行政主管部门应当根据农产品质量安全风险评估结果采取相应的管理措施，并将农产品质量安全风险评估结果及时通报国务院有关部门。目前，我国已初步建立以国家农产品质量安全风险评估机构为龙头、风险评估实验室为主体、主产区风险监测实验站为基点的农产品质量安全风险评估体系。

兽药残留风险评估程序包括危害识别、危害描述、暴露评估和风险描述。对于兽药残留而言，危害识别是指识别兽药残留对人体潜在的不良反应和引起该不良反应的作用机制，并对其特征进行定性描述，属于定性风险评估的范畴。但是大部分兽药的流行病学资料和临床研究的资料很难获得。危害描述主要聚焦于不良反应的剂量-效应关系、针对特定不良反应最敏感的动物或菌株的鉴定和不良反应与剂量-效应关系的外推。在此过程中，药物或毒物动力学资料会再次起到重要作用，它们有助于理解主要代谢产物的形成及与细胞大分子的结合情况，为种间差异和个体间的变异性提供解释。剂量-效应关系评估，用于确定危害的暴露强度与不良反应的严重程度和/或频率之间的关系，无观察作用剂量的确定是该评估过程的重点所在。JECFA 通常按照传统的假设将非致癌性终点和非遗传毒性终点作为阈剂量。暴露评估是指兽药残留经过动物源食品被摄入的定性和/或定量评价。在评估兽药残留的过程中，必须要估计兽药的饮食摄入量及将其与每日允许摄入量（acceptable daily intake，ADI）进行比较。推荐兽药最大残留限量标准值也是 JECFA 兽药残留风险评估最重要的目的。风险描述是在危害鉴定、危害特征描述和暴露评估的基础上，针对特定人群就已知或潜在的不良反应发生的可能性和严重性所进行的定量和/或定性估计。对于存在阈值的化学物，人群风险可以采用摄入量与 ADI 相比较作为风险的描述，如果所评价的化学物质的摄入量较 ADI 小，则对人体的健康危害可能性甚小，甚至为零风险。对于没有阈值的化学物质，其对人群的风险是摄入量与危害强度的综合结果。在描述风险时，必须认识到在风险评估过程中每一步所涉及的不确定性。

第五节　兽药管理

一、我国兽药管理机构

我国的兽药行政管理体系实现从中央到地方的 4 级管理模式，国务院畜牧兽医行政管理部门（即农业部畜牧兽医局）主管全国的兽药管理工作，县级以上地方人民政府畜牧兽医行政管理部门主管所辖地区的兽药管理工作。兽药质量监督检验机构分为国家和省级两级，中国兽医药品监察所为农业部设立的兽药管理技术单位，各省均设立了兽药质量监察机构，并建有 4 个国家级兽药残留基准实验室（分别设在中国兽医药品监察所、中国农业大学、华中农业大学、华南农业大学），为兽药管理提供必要的技术支持。

二、我国兽药管理法规及其标准情况

我国兽药管理的行政法规主要依赖 2004 年国务院令第 404 号发布新《兽药管理条例》，并于 2004 年 11 月 1 日起施行。内容包括总则、兽药生产企业的管理、兽药经营企业的管理、兽医医疗单位的药剂管理、新兽药审批和进口兽药管理、兽药监督、兽药的商标和广告管理、罚则和附则等共 9 章 21 条。

我国兽药管理的部门规章制度主要包括以下内容：《兽药管理条例实施细则》、《兽药注册办法》、《新兽药研制管理办法》、《兽用生物制品管理办法》、《兽药质量监督抽样规定》、《兽药生产许可证》、《兽药经营许可证》、《兽药制剂许可证》、《兽药广告审查办法》（国家工商局、农业部 29 号令）、《兽药广告审查标准》（国家工商行政管理局 26 号令）、《兽药标签和说明书管理办法》（农业部 22 号令）、《兽药进口管理办法》。

农业部针对兽药管理不同时期出现的具体问题，还下发了一些规范性文件，主要包括：《注册资料分类与注册资料要求》《兽药行政许可部分》《新兽药监测期期限表》《兽药生产质量管理规范检查验收办法》《饲料药物添加剂使用规范》《农业部办公厅关于兽药商品名称有关问题的通知》《农业部关于新兽药监测期规定的通知》等。

针对兽药的技术标准，我国先后颁布了《中华人民共和国兽药典》、《兽药质量标准》和《进口兽药质量标准》等标准，并按照控制质量需要和现代技术水平，对其进行了多次修订。最近，农业部将对未列入《中国兽药典》（2015 年版）的兽药质量标准进行了修订，编纂为《兽药质量标准》（2017 年版），包括化学药品卷、中药卷和生物制品卷等 3 个部分，并制定了配套的说明书范本，并于 2017 年 11 月 1 日起施行。为规范和合理使用兽药，避免药物残留，1994 年中国公布了允许 94 种物质作为饲料药物添加剂使用，1997 年和 2001 年分别进行了修订，2001 年公布了 30 多种饲料药物添加剂的使用规范。为从源头控制好兽药残留工作，正确、合理地使用药物，2003 年农业部第 278 号公告又规定了 202 种兽药及制剂的停药期，并确定了不需制定停药期规定的品种。

对人群健康关系最为密切的是动物性食品中兽药残留限量标准。因此，为加强兽药残留监控工作，保证动物性食品卫生安全，我国农业部按照《兽药管理条例》规定，颁布了《动物性食品中兽药最高残留限量》，主要分为 4 类：①不需要制定最高残留限量的兽药 88 种；②需要制定最高残留限量的兽药 94 种；③可以用于食品动物，但不得检出兽药残留的兽药 9 种；④农业部明令禁止使用的兽药 31 种（表 5-2），比如瘦肉精。

表 5-2　农业部明令禁止使用的兽药清单

兽药名称	禁用动物种类	靶组织
氯霉素（chloramphenicol）及其盐、酯（包括琥珀氯霉素 chloramphenico succinate）	所有食品动物	所有可食组织
克伦特罗（clenbuterol）及其盐、酯	所有食品动物	所有可食组织
沙丁胺醇（salbutamol）及其盐、酯	所有食品动物	所有可食组织
西马特罗（cimaterol）及其盐、酯	所有食品动物	所有可食组织
氨苯砜（dapsone）	所有食品动物	所有可食组织
己烯雌酚（diethylstilbestrol）及其盐、酯	所有食品动物	所有可食组织
呋喃它酮（furaltadone）	所有食品动物	所有可食组织
呋喃唑酮（furazolidone）	所有食品动物	所有可食组织
林丹（lindane）	所有食品动物	所有可食组织
呋喃苯烯酸钠（nifurstyrenate sodium）	所有食品动物	所有可食组织
甲苯喹唑酮（methaqualone）	所有食品动物	所有可食组织
洛硝达唑（ronidazole）	所有食品动物	所有可食组织
玉米赤霉醇（zeranol）	所有食品动物	所有可食组织
去甲雄三烯醇酮（trenbolone）	所有食品动物	所有可食组织
醋酸甲羟孕酮（medroxyprogesterone acetate）	所有食品动物	所有可食组织
硝基酚钠（sodiumnitrophenolate）	所有食品动物	所有可食组织
硝呋烯腙（nitrovin）	所有食品动物	所有可食组织
毒杀芬（氯化烯）（camahechlor）	所有食品动物	所有可食组织
呋喃丹（克百威）（carbofuran）	所有食品动物	所有可食组织

续表

兽药名称	禁用动物种类	靶组织
杀虫脒（克死螨）（chlordimeform）	所有食品动物	所有可食组织
双甲脒（amitraz）	水生食品动物	所有可食组织
酒石酸锑钾（antimony potassium tartrate）	所有食品动物	所有可食组织
锥虫砷胺（trypanosomiamine）	所有食品动物	所有可食组织
孔雀石绿（malachite green）	所有食品动物	所有可食组织
五氯酚酸钠（pentachlorophenol sodium）	所有食品动物	所有可食组织
氯化亚汞（甘汞）（calomel）	所有食品动物	所有可食组织
硝酸亚汞（mercurous nitrate）	所有食品动物	所有可食组织
醋酸汞（mercurous acetate）	所有食品动物	所有可食组织
吡啶基醋酸汞（pyridyl mercurous acetate）	所有食品动物	所有可食组织
甲睾酮（methyltestosterone）	所有食品动物	所有可食组织
群勃龙（trenbolone）	所有食品动物	所有可食组织

为便于兽药残留监督工作的开展，我国出台了多项兽药及化学物质在动物可食性组织中残留的检测方法。我国已经对135种兽药做出了禁限规定，其中有兽药残留量规定的兽药94种，涉及限量值1 548个。建立兽药残留检测方法标准519项。目前，我国是制定标准最快的国家，主要依据食品安全的需求而制定。现有的兽药残留标准基本覆盖了百姓经常消费的动物性食品种类，为我国食品安全提供了保障。此外，农业部已制定农兽药残留标准制修订5年行动计划，力争到2020年使我国农兽药残留限量标准及其配套检测方法标准达到1万项以上。

三、兽药质量管理

1. 饲料药物添加剂的管理　按照农业部第168号公告《饲料药物添加剂使用规范》，农业部批准具有预防动物疾病，促进动物生长，可以在饲料中长时间添加使用的饲料药物添加剂，其产品标签上必须用"药添字"，含有该添加剂的饲料产品的标签中必须标明所含兽药成分的名称、含量、适用范围、停药期规定及注意事项等。

凡农业部批准的用于防治动物疾病并规定疗程、仅是通过混饲给药的饲料药物添加剂（包括预混剂或散剂），其产品批准文号须用"兽药字"，各畜禽养殖场及养殖户须凭兽医处方购买、使用，所有商品饲料中不得添加《饲料药物添加剂使用规范》附录二中所列的兽药成分。除《饲料药物添加剂使用规范》收载品种及农业部今后批准允许添加到饲料中使用的饲料药物添加剂外，任何其他兽药产品一律不得添加到饲料中使用。兽用原料药不得直接加入饲料中使用，必须制成预混剂后方可添加到饲料中。

2. 生物制品的管理　兽用生物制品分为国家强制免疫计划所需兽用生物制品和非国家强制免疫计划所需兽用生物制品。国家强制免疫用生物制品名单由农业部确定并公告。国家强制免疫用生物制品由农业部指定的企业生产，依法实行政府采购，省级人民政府兽医行政管理部门组织分发。发生重大动物疫情、灾情或者其他突发事件时，国家强制免疫用生物制品由农业部统一调用，生产企业不得自行销售兽用生物制品，生产企业可以将本企业生产的非国家强制免疫用生物制品直接销售给使用者，也可以委托经销商销售。经销商只能经营所代理兽用生物制品生产企业生产的兽用生物制品，不得经营未经委托的其他企业生产的兽用生物制品。经销商只能将所代理的产品销售给使用者，不得销售给其他兽药经营企业。未经兽用生物制品生产企业委托，兽药经营企业不得经营兽用生物制品。

3. 兽药标签和说明书管理　根据《兽药标签和说明书管理办法》规定，兽药标签和说明书必须注明规定的内容，经农业部或省级畜牧兽医行政管理部门审核批准后方可使用。

4. 兽药质量监督抽样管理　兽药的质量监督必须根据规定抽取样品，必须在被抽样单位存放产品的现场进行，包括兽药生产企业成品仓库和药用原、敷料仓库；兽药经营企业的仓库或营业场所；兽医医疗机构的药方或药库；以及需要抽样的场所。

5. 兽药的使用管理　兽药使用单位和个人应当遵守国务院畜牧兽医行政管理部门制定的兽药安全使用规定。禁止使用假兽药、劣兽药、无批准文号兽药和禁用兽药及走私进口的兽药。农业部于2012年发布了《食品动物禁用的兽药及化合物清单》（农业部193号令），禁止29种兽药用于所有食品动物，限制8种兽药用于动物促生长剂。

6. 兽药名称的管理　兽药国家标准、行业标准、地方标准中收载的兽药名称为兽药法定名称，即通用名称。兽药生产企业可以根据需要拟定兽药专用商品名，并应在报批兽药产品或申请产品批准文号时向兽药管理部门提出申请。

7. 人用药品转为兽用药品的管理　兽药经营单位、兽医医疗单位和个体兽医为满足兽药使用管理需要，以人用合格药品补充兽药品种的不足时，采购的人用药品必须是兽药国家标准、行业标准收载的品种，并加盖"兽用"标志。

8. 兽医微生物菌种保藏管理　国家对兽医微生物实行分类管理，根据微生物致病的危害性分为4类。其中，第一类和第二类菌种经省、市、自治区畜牧（农业）局进行条件审查，最终经农业部批准方能供给；使用第三类强毒菌种的单位，须经省、自治区、直辖市批准由管理中心或分管单位直接供应；第四类菌种，除生产用各种弱毒菌种须经农业部批准外，可由使用单位具函直接索取。

参 考 文 献

[1]　岳振峰.食品中兽药残留检测指南[M].北京:中国标准出版社,2010.

[2]　陈一资,胡滨.动物性食品中兽药残留的危害及其原因分析[J].食品与生物技术学报,2009,28(3):162-166.

[3]　李伟华,袁仲,张慎举.兽药残留对动物性食品安全的影响与控制措施[J].安徽农业科学,2007,35(19):5864-5865.

[4]　于康震.中国兽药管理[J].特别关注,2003,20(2):2-3.

（荆涛　杨书剑）

第六章　抗生素污染与健康

第一节　抗生素污染

抗生素是某些微生物如细菌、放线菌、真菌等的代谢产物或合成的类似物，对各种病原微生物有强力的杀灭或抑制作用。临床上多数抗生素用于治疗细菌感染性疾病。除临床使用外，1950年美国食品与药品管理局（FDA）首次批准抗生素可作为饲料添加剂，抗生素因此被全面推广应用于动物养殖业，在预防和治疗动物传染性疾病、促进动物生长及提高饲料转化率等方面发挥了重要作用。目前，抗生素已经成为人们日常生活中最常见的物品。伴随着抗生素的大量生产与应用，其造成的污染也逐渐扩大。当抗生素进入环境之中，必定会在环境介质中堆积富集，诱导耐药菌株产生，影响生物生长发育，对环境微生态造成严重影响。

目前使用的抗生素按化学结构可分为β-内酰胺类、四环素类、氨基糖苷类、大环内酯类等。按作用机制可分为干扰细菌细胞壁的合成和影响细菌蛋白质的合成两种。β-内酰胺类（青霉素类、头孢菌素类）属于前一种；四环素类、氨基糖苷类、大环内酯类和氯霉素属于后一种。应用最为广泛并进入环境造成污染与抗性的主要为β-内酰胺类与四环素类，因此本章将主要从以下两类抗生素进行介绍。

一、理化性质和特征

（一）β-内酰胺类抗生素理化性质与特征

β-内酰胺类抗生素是指分子中含有β-内酰胺环的抗生素。根据β-内酰胺环是否连接杂环及所连接杂环的化学结构，β-内酰胺类抗生素又可被分为青霉素类（penicillins）、头孢菌素类（cephalosporins）及非典型的β-内酰胺类抗生素。β-内酰胺环是β-内酰胺类抗生素活性的基团，在与细菌作用时，β-内酰胺环开环与细菌发生酰化反应，抑制细菌的生长。青霉素的作用机制是抑制细菌细胞壁的合成。

（二）四环素类抗生素理化性质与特征

四环素类抗生素是放线菌产生的一类广谱抗生素，包括金霉素（chlortetracycline）、土霉素（oxytetracycline）、四环素（tetracycline）及半合成四环素类抗生素。具有十二氢化并四苯基本结构。该类药物有共同的A、B、C、D四个环的母核，仅在5、6、7位上有不同的取代基。对四环素类抗生素进行结构改造，发展了半合成四环素类抗生素，如多西环素（doxycycline）、米诺环素（minocycline）等。多西环素又名强力霉素，化学结构与土霉素的差别仅在于6位去除了羟基，使化学稳定性增加。米诺环素（minocycline）又名二甲胺四环素，抗菌谱与四环素相近，在四环素类抗生素中抗菌作用较强，具有高效、长效作用。

四环素类抗生素在水中溶解，在乙醇中略溶，在氯仿或乙醚中不溶。四环素盐酸盐为黄色结晶性粉末；无臭，味苦；有吸湿性；遇光色渐变深，在碱性溶液中易破坏失效。为广谱抑菌剂，高浓度时具有杀菌作用。除了常见的革兰阳性菌、革兰阴性菌及厌氧菌外，多数立克次体属、支原体属、衣原体属、非典型分枝杆菌属、螺旋体也对它敏感。对革兰阳性菌的作用优于革兰阴性菌，但肠球菌属对其耐药。如放线菌属、炭疽杆菌、单核细胞增多性李斯特菌、梭状芽孢杆菌、奴卡菌属等对四环素敏感。对淋病奈瑟菌具一定抗菌活性，但耐青霉素的淋球菌对四环素也耐药。对弧菌、鼠疫杆菌、布鲁菌属、弯曲杆菌、耶尔森菌等革兰阴性菌抗菌作用良好，对铜绿假单胞菌无抗菌活性，对部分厌氧菌属细菌具一定抗菌作用。

四环素在临床上作为首选或选用药物应用于下列疾病：立克次体病（包括流行性斑疹伤寒、地方性斑疹伤寒、洛矶山热、恙虫病和 Q 热），支原体属感染，衣原体属感染（包括鹦鹉热、性病、淋巴、非特异性尿道炎、输卵管炎、宫颈炎及沙眼），回归热，布鲁菌病，霍乱，兔热病，鼠疫，软下疳。治疗布鲁菌病和鼠疫时需与氨基糖苷类联合应用。还可用于对青霉素类过敏的破伤风、气性坏疽、雅司、梅毒、淋病和钩端螺旋体病及放线菌属、单核细胞增多性李斯特菌感染的患者。

四环素类由于具备抗菌谱广及价格低廉等优点，已被广泛应用于畜禽、水生动物和蜜蜂养殖中，用于预防和治疗多种感染性疾病、促生长、提高饲料转化率等。天然的四环素类抗生素中金霉素因毒性大，只作外用。土霉素和四环素现在在临床上也已少用，主要用作兽药和饲料添加剂。金霉素、土霉素、四环素理化性质相似。化学结构中 4 位的二甲氨基显碱性，C3、C5、C6、C10、C12、C12a 含有酚羟基或烯醇基，显酸性，故为酸碱两性化合物，能在酸性或碱性溶液中溶解。在干燥条件下比较稳定，但遇光易变色。在酸性、碱性条件下均不稳定，失去活性。

二、国内外分析方法和标准

为了有效地使用抗生素类药物必须控制和保证药物及制剂的质量进行成品药物分析还要对体内药物进行分析，这些都对分析方法提出新的、更高的要求。

（一）β-内酰胺类抗生素分析方法

β-内酰胺类抗生素分子中都含有 β-内酰胺环，如与酸、碱，重金属，青霉素酶，羟胺等作用，均导致内酰胺环的破坏而失去抗菌活性，形成一系列的降解产物，而使效价下降。通常用反相高效液相色谱法（RPHPLC）或薄层层析法（TLC）来检查其杂质含量，用高效液相色谱法、碘量法、汞量法等方法来进行含量测定。

1. 高效毛细管电泳法

（1）胶束电动毛细管色谱（micellarelectrokinetic capillary chromatography，MEKC）是一种基于胶束增容和电动迁移的新型液相色谱，其一个显著用途是可以分离中性分子。由于该方法分析速度快、分辨率高、样品预处理简单，在抗生素分析中具有很好的应用前景。

（2）毛细管区带电泳（capillaryzoneelectrophoresis，CZE）是目前应用最广泛的毛细管电泳的分离模式。毛细管内填充物为缓冲液，可含有一定作用的添加成分。应用 CZE 分析的物质必须带有电荷，离子的电荷与尺寸不同使它们的迁移速度不同，改变缓冲液的 pH 值也会改变离子的电荷密度。因此调节缓冲液的 pH 值可改善分离效果，也可在缓冲液中加入离子对试剂、有机溶剂和各种附加剂，以增加选择性。CZE 突出的特点是简单、高效、快速、样品用量小、易自动化操作。

2. 液相色谱-质谱联用　液相色谱-质谱联用（LC-MS）技术是当代最重要的分离分析方法之一。液相色谱的高分离效能与质谱的高选择性、高灵敏度及丰富的结构信息相结合成为强有力的分析工具，几乎应用于药学研究的各个领域。

ESI-MS 是近年来发展最为迅速的技术，由于其形成多电荷离子，故可用常规质谱仪（如四极质谱仪）分析高分子量的化合物，是高效液相色谱与质谱法联用的一种较好的接口技术。利用 ESI-MS 法测定了牛奶中的 7 种 β-内酰胺类抗生素混合物中的各成分，为多组分抗生素的测定提供了一种新方法。

3. 近红外光谱法 近10年来，红外光谱（IR）最重要的进展是近红外光谱技术的迅速发展并得到广泛应用。电磁波中的近红外谱区指可见光谱区到中红外谱区之间的电磁波，其波数范围为780～2 526 nm。近红外分析的应用主要是利用分子的振动信息，但与中红外区的分子振动基频吸收不同，近红外区由于频率较高，因此分子对其吸收主要是分子振动的倍频吸收与合频吸收。近年来，由于仪器制造技术的发展，新的光谱理论和新的光谱实验技术的不断建立，特别是化学计量学的深入研究及广泛应用，促进了近红外光谱法（NIRS）分析技术的复兴与发展。已有大量文献报道近红外光谱技术在药学、生物化学、生物物理学等方面的应用，其方便、灵活、快速、节约等优点使其在制药工业中作为药品质量控制手段具有良好的应用前景。NIRS技术与传统的气相色谱法（GC）相比具有更高的选择性、精密度与重现性，应用前景诱人。

4. 荧光分析法 荧光分析法用于测定具有荧光基团的物质，适用范围较窄，但具有灵敏度高、专属性强等优点。氨苄西林、阿莫西林和头孢噻吩的甲醇溶液放置久了会被二价离子催化，生成具有荧光的降解产物，通过检测其荧光强度来监测其降解产物的形成情况。之后，对更多的带 α-氨基的 β-内酰胺类抗生素的降解产物进行了进一步的研究。

5. 电化学法 在头孢菌素类抗生素结构中，β-内酰胺环上的羰基很容易被亲核和亲电试剂作用。除 β-内酰胺环外，双键的存在与位置对其抗菌活性都有意义。因此，有必要研究头孢菌素类抗生素的电化学性质来为其构效关系研究提供依据。

6. 可见-紫外光谱法 可见-紫外光谱法具有操作快速、简便等优点。氨苄西林选择性的检测波长为223.5 nm，而双氯西林的检测波长为207 nm和225 nm。此方法快速、简便，无须对样品进行任何预处理，且具有令人满意的准确度与精密度。导数分光光度法近年来在紫外（UV）光谱分析中运用较多，还被运用于头孢氨苄、头孢噻肟、头孢羟氨苄等头孢菌素类抗生素的含量测定。应用荷移络合反应的荷移带进行 β-内酰胺类抗生素含量测定已见报道，利用7，7，8，8-四氨基对二次甲基苯醌与 β-内酰胺类抗生素进行荷移反应来进行。这类荷移络合物具有特征的吸收峰，摩尔吸光系数高，测定方法简单。

7. 晶型 β-内酰胺类抗生素原料药通常按其结晶水的多少分为不同的假多晶型。晶型不同，其理化性质、溶解度、稳定性、生物利用度等都可能不同。鉴别晶型主要采用粉末X射线衍射谱法。每一种晶状体的粉末X射线衍射谱中衍射线的分布位置和强度有着特征性的规律，在药物晶型的鉴别与质量控制上起着决定性作用。

（二）四环素类抗生素分析方法

由于环境中抗生素类药物的浓度相对较低，并且环境基质复杂，因此准确定量环境中的四环素类抗生素需要建立起一套完整的样品预处理方法和仪器检测技术。

1. 微生物法 是目前公认而又广泛应用的测定四环素类抗生素残留的经典方法，原理是抗生素抑制微生物生长，根据对抗生素敏感的实验菌，在适当条件下所产生的抑菌圈的大小与抗生素浓度成正相关的关系而设计的。此法原理和操作相对简单，费用低，适用批量样品快速筛选，但是测定所花费的时间较长，易受到抗生素的干扰，常缺乏专一性和精确度。许多发达国家都有一套微生物法快速检测抗微生物药物在动物组织中的残留：美国和加拿大使用微生物拭子检测法（swab test on premises）、牛的抗生素和磺胺实验法（calf antibiotic and sulfa test）、快速抗生素筛选实验法（fast antibiotical screen test）；欧盟常用的方法为德国三碟实验法（german three plate test）、欧盟四碟实验法（european union four plate test）、新的荷兰肾实验法（new dutch kidney test）等。有关微生物学检测方法国标有《GB/T 20444－2006 猪组织中四环素族抗生素残留量检测方法 微生物学检测方法》《GB/T 5009.95－2003 蜂蜜中四环素族抗生素残留量的测定 SN 0179－92 出口食品中四环素族抗生素残留量检验方法》《SN 0205－93 出口蜂产品中四环素族残留量检验方法》《GB/T 9695.16－1988 肉与肉制品四环素族抗生素残留量检验》。

2. 色谱法 色谱法包括高效液相色谱法（HPLC）、薄层色谱法（TLC）等。食品中四环素族抗生素的测定方法主要为液相色谱法，在多残留抗生素分析方面，HPLC 更显优势。

（1）薄层色谱法（TLC）。薄层色谱法具有简便、快速、不需要复杂仪器等优点，因此该法已广泛应用于四环素类抗生素混合物的快速定性鉴定。但是该方法分辨率、灵敏度均比高效液相色谱法差。薄层色谱法又可分为正相薄层色谱（NP-TLC）和反相薄层色谱（RP-TLC）两种方法。通常制板时在吸附剂和溶剂体系中加入 EDTA 以消除金属离子的影响。把高效薄层板预先在饱和的 Na_2EDTA 溶液中展开，用时再活化，这样的薄板可以获得较好的分离效果，在薄层板上测定四环素类抗生素，需要一个光密度计，测定波长在 360 nm，该波长对所有四环素类抗生素都有强吸收。因吡甲四环素（Rol-itetracycline，PRMTC）在水溶液中快速降解成 TC，而且这种水解在薄层展开时就发生了，因此很难直接用 TLC 测定 PRMTC。

（2）高效液相色谱法（HPLC）。高效液相色谱法是最主要的色谱分析方法，此种方法的灵敏度、特异性都非常高，可以准确地定性、定量。见于《GB/T 18932.4－2002 蜂蜜中土霉素、四环素、金霉素、多西环素残留量的测定方法液相色谱法》《GB/T 5009.116－2003 畜、禽肉中土霉素、四环素、金霉素残留量的测定（高效液相色谱法）》《GB/T 14931.1－1994 畜禽肉中土霉素、四环素、金霉素残留量测定方法（高效液相色谱法）》《GB/T 20764－2006 可食动物肌肉中土霉素、四环素、金霉素、多西环素残留量的测定液相色谱-紫外检测法》《GB/T 22990－2008 牛奶和奶粉中土霉素、四环素、金霉素、多西环素残留量的测定 液相色谱－紫外检测法》《农业部 958 号公告－2－2007 猪鸡可食性组织中四环素类残留检测方法高效液相色谱法》《GB/T 24800.1－2009 化妆品中九种四环素类抗生素的测定高效液相色谱法》《GB 21317－2007 动物源性食品中四环素类兽药残留量检测方法 液相色谱-质谱/质谱法与高效液相色谱法》《SC/T 3015－2002 水产品中土霉素、四环素、金霉素残留量的测定》。

3. 毛细管电泳法 毛细管电泳法原理是在毛细管柱中充入缓冲溶液，插入处于同一水平的两个缓冲液槽中，样品从毛细管的一端（称进样端）导入，当毛细管的两端加上一定的电压时，带电溶质便朝与其电荷极性相反的电极方向移动，由于组分间的浓度不同，它们的迁移速度不同，所以经过一定时间后，各组分将按其速度或浓度大小排序，依次到达检测器而被检出，得到按时间分布的电流谱图。此法具有操作简单、色谱柱不受样品污染、分析速度快、分离效率高、样品用量少、运行成本低等优点。

4. 酶联免疫吸附法 见于《农业部 1025 号公告－20－2008 动物性食品中四环素类药物残留检测酶联免疫吸附法》《GB/T 18932.28－2005 蜂蜜中四环素族抗生素残留量测定方法酶联免疫法》。免疫分析法是以抗原与抗体的特异性、可逆性结合反应为基础的分析技术，抗体是核心试剂，一旦制备出特异性抗体，免疫分析有许多模式可供选择，新的分析手段和应用亦不断涌现，这也是这几十年来免疫分析的研究和应用经久不衰的重要原因。目前应用的残留免疫分析法有放射免疫测定法、酶联免疫吸附测定法（ELISA）、固相免疫传感器等。由于 ELISA 具有操作简便、灵敏度高、专一性强、适用于批量样品分析的特点，已广泛用于牛奶、动物组织、蜂蜜等动物源性食品中四环素类抗生素残留的检测。

5. 分析技术联用 可以取长补短，获得单一分析技术难以达到的效果，联用技术主要解决两个问题，一是样品的净化或纯化；二是确证分析。前者应用于样品的前处理，分离除去不需要的干扰物，如采用固相免疫亲和柱净化样品；后者弥补分析技术特异性不强的缺点。常见的不同方法的技术联用有液相色谱-质谱（HPLC-MS）、气相色谱-质谱（GC-MS）、免疫分析-液相色谱（IAS-HPLC）、薄层层析-免疫分析（TLC-IAS）、超临界萃取-免疫分析（SFE-IAS）和微生物-色谱法。现有的应用标准包括《GB/T 18932.23－2003 蜂蜜中土霉素、四环素、金霉素、多西环素残留量的测定方法 液相色谱-串联质谱法》《GB/T 23409－2009 蜂王浆中土霉素、四环素、金霉素、多西环素残留量的测定 液相色谱-质谱/质谱法》《农业部 1025 号公告－12－2008 鸡肉、猪肉中四环素类药物残留检测 液相色谱－串联质谱法》《GB 21317－2007 动物源性食品中四环素类兽药残留量检测方法 液相色谱-质谱/质谱法与高效液相色谱法》。该方法专属性好，灵敏度高，适用于牛奶、动物性食品或生物样品中四环素类药物的测定。

6. 放射受体分析法 见于《SN/T 2309－2009 进出口乳及乳制品中四环素类药物残留检测方法 放射受体分析法》。

在四环素类药物残留检测方法中，微生物法不够灵敏，适合于快速筛选；色谱法特别是高效液相色谱法（HPLC）是目前研究四环素类药物残留最常用的检测方法，具有高效、快速、灵敏度高等特点，但前处理比较复杂；免疫分析法特异性比微生物法强，但由于存在一定的交叉反应，不适合残留确证，而适用于快速筛选；分析技术联用分析范围广，灵敏度高，结果精确可靠，但所需仪器要求高，不易在基层推广，多用于残留确证。在实际工作中，检测四环素类药物在动物性食品中的残留，应根据自己的工作条件和要求，选择合适的分析方法。

三、污染现况及其影响因素

近年来，越来越多的抗生素类药物用于医疗、畜禽和水产养殖业。由于其机体代谢率低，大部分以原药或代谢物的形式经由尿液和粪便排出体外进入环境中，造成抗生素在水体和土壤等环境介质中的残留（图 6-1）。以四环素为例，自 1983 年以来，一些发达国家，如德国、美国、西班牙、韩国等已经陆续在土壤、水体等环境中检测到四环素药物的存在。对德国某污水处理厂的出水口和地表水进行分析，检测到四环素类、磺胺类等 18 种抗生素的存在，其中四环素的浓度为 20 ng/L。在美国的 30 个州的 139 条河流中检测到四环素、磺胺类、林可霉素等 21 种抗生素，浓度低于 1.0 μg/L。分析美国爱荷华州 4 个地下水样时发现有土霉素、金霉素、林霉素等多种抗生素物质存在。在韩国的汉江，采用在线 SPE-LC/MSD 法监测到 0.2 μg/L 的四环素类抗生素。在液体粪肥中检测到四环素的含量为 4.0 mg/kg，而金霉素含量为 0.1 mg/kg；在施用粪肥的土壤层（0～90 cm）中也检测到四环素（10～20 cm）和金霉素（0～30 cm），其最高浓度分别可达 198.7 μg/kg、7.3 μg/kg。在施用粪肥的土壤中检测到四环素残留。某些调查也显示鱼塘沉积物中存在大量兽用抗生素，其中土霉素浓度为 0.1～10 mg/kg。饮用水甚至地下水中也可检测到抗生素类药物，西班牙的地下水中就出现了痕量的四环素。

我国关于抗生素污染的研究尚处于起步阶段，目前国内相关报道较少。分析中国北方地区的市政污水发现，受控水体中均有四环素族抗生素检出，且四环素、土霉素、金霉素浓度分别高达 1 114.27 ng/L、2 175.65 ng/L、149.09 ng/L。对我国 7 省市、自治区的典型规模化养殖场畜禽粪便的主要成分进行分析，结果表明猪粪中土霉素平均含量为 9.09 mg/kg，四环素为 5.22 mg/kg，金霉素为 3.57 mg/kg；而在北京地区，万头猪场猪粪样品的检测结果表明，3 种四环素均有不同程度的检出，其中土霉素浓度为 10.5～513.4 mg/kg，四环素浓度为 12.53～77.10 mg/kg，金霉素浓度为 0～19.22 mg/kg。畜禽粪肥施用于土壤将直接向环境中引入抗生素并长期存于土壤中。

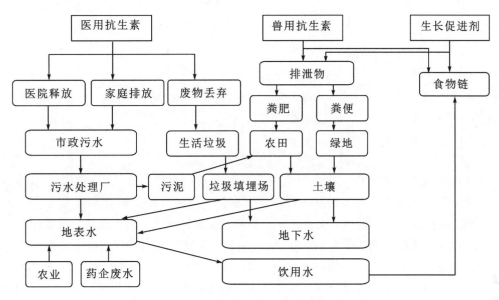

图 6-1　环境中抗生素来源于迁移

环境中的抗生素除了会造成化学污染外，更重要的是可能会诱导环境中抗性微生物和抗性基因（antibiotic resistance genes，ARGs）的产生，并加速抗生素抗性的传播和扩散。这些抗性微生物可以通过直接或间接接触的方式进入人体，增强人体的耐药性，从而给人类公共健康造成威胁。越来越多的证据显示，抗性微生物和抗性基因与致病菌耐药性的产生密切相关，而致病菌耐药性的增加和扩散已经成为全球疾病治疗面临的一个巨大问题。要根本解决这一问题，对环境中抗生素药物的去除机制及其环境行为开展研究是十分必要的。

四、抗生素在环境行为

畜禽养殖业、医院和药厂排污向环境中释放大量抗生素，环境中抗生素的来源、归趋和残留状况情况复杂。以四环素为例，其进入环境后，会在其中参与一系列物理、化学、生物过程，其主要环境行为包括吸附和解吸、降解及植物吸收等。

（一）吸附和解吸

吸附和解吸是四环素在环境中迁移的重要过程（表 6-1），是四环素与土壤相互作用的规律。一般认为，四环素在土壤中的吸附很大程度上取决于四环素和土壤的自身特性。土壤对四环素的吸附能力与土壤黏粒、有机质含量及氧化物呈正相关的关系，同时受到 pH 值、温度、离子强度等因素的影响。

四环素类抗生素在土壤、黏粒，包括沉积物中都有很强的吸附性，其吸附机理主要是离子交换作用，这可能与四环素类抗生素的自身性质有关。pH 值为 3～9 时，四环素类抗生素分子表现出两性特征，而土壤的 pH 值通常为 6～9，恰好落在四环素分子具有两性特征的 pH 值区间内。因此，四环素类抗生素可以同时与土壤中的阴离子和阳离子发生作用，这一特征对四环素类抗生素在土壤中的离子交换吸附具有重要意义。

表 6-1 四环素类抗生素在土壤基质中的吸附-解吸常数

土壤介质	四环素类抗生素	吸附常数/（L·kg^{-1}）	解吸滞后系数/（L·kg^{-1}）
泥炭（pH＝4.55）	四环素	1620	
泥炭（pH＝6.14）	四环素	1140	
0.01 mol/L Ca^{2+} 处理褐土	金霉素	304＋93	
0.01 mol/L Ca^{2+} 处理红壤	金霉素	204＋46	
0.01 mol/L K$^+$ 处理褐土	土霉素	356＋145	0.053
0.01 mol/L K$^+$ 处理红壤	土霉素	81＋66	0.019

目前关于土壤吸附四环素类抗生素的研究主要着眼于单一组分的影响，而真实的土壤环境复杂，污染物通常以复合污染的形式出现，因此探讨四环素在复合污染状况下的环境行为更具现实意义。通过对不同 pH 值、黏土含量、不同离子交换容量、阴离子交换容量及不同有机碳含量条件下，土壤吸附四环素、金霉素及土霉素的影响的研究结果表明，3 种四环素都表现出强烈的吸附性能，并且黏土含量越高，四环素的吸附越强烈。土壤中的矿物和有机质组分是四环素的主要吸附点，同时疏水分配、阳离子交换、阳离子键桥、表面配位螯合及氢键等作用都可能在吸附中发挥作用。通过对不同 pH 值和离子强度下四环素对黄土的吸附行为研究结果显示，离子强度的增加会降低黄土表面的四环素吸附量，表明四环素在土壤表面的吸附以阳离子交换作用为主；此外，增加可溶性腐殖酸可以减少四环素中黄土中的吸附量，其吸附行为符合 Freudlich 等温方程。一些金属离子可能影响四环素在黏土表面的吸附，如 Zn^{2+} 会影响土霉素在黏土表面的吸附，同时还跟 pH 值的大小有关，这是由于 Zn^{2+} 也会吸附在土壤表面，从而与土霉素形成竞争关系；而彼此竞争力的强弱又受到 pH 值的影响。Cd^{2+} 与四环素抗生素对土壤的竞争吸附-解吸附过程，发现 Cd^{2+} 能够增强四环素类抗生素对红壤和褐土的吸附作用；同时 Cd^{2+} 还能够降低四环素在土壤中的解析滞后系数。金属离子的络合作用强弱，与促进四环素类抗生素在有机质表面吸附的影响力呈正相关关系。

（二）降解

与其他抗生素相比，四环素类抗生素在环境中持久性强，难于降解，因而也更容易存留在环境中，影响生态系统和人体健康。四环素类抗生素因其所处环境的不同而表现出不同的降解性能，诸如水解、光降解、微生物降解及复合降解等。通常来说四环素类抗生素自身的化学性质，如水溶性、挥发性、周围的环境条件（如温度、湿度、土壤类型、pH 值等）及使用剂量等都会对其降解产生影响，表现出的半衰期从几天至上百天不等。目前，关于四环素类抗生素在不同介质中的降解已有相关研究，其结果见表 6-2。

表 6-2 四环素类抗生素在土壤和动物粪便中的降解

四环素类抗生素	环境介质	降解率（%）	时间（d）
金霉素	土壤	0	180
四环素	猪粪（有氧）	50	4.5
	猪粪（无氧）	50	9.0
土霉素	土壤＋牛粪	0	180
	粪便沉积物（有氧）	50	43.5

据报道，相较于四环素而言，土霉素和金霉素更易被吸附在土壤上受到保护而具有更长的半衰期，而在红土中金霉素和四环素的降解速率明显高于土霉素。温度对土霉素的降解影响显著，在25℃恒温条件下，6 d 内土霉素的降解率可达95％，而在室温条件下同等时间内仅降解12％～18％。通过对四环素在水体与有机肥中的降解研究表明，进行通风处理比不进行通风处理的四环素降解速率明显加快，猪尿环境中有氧条件更利于四环素的降解，同时发现在一定范围内增加土壤湿度有利于土霉素的降解，但湿度过高会造成土壤缺氧，不利于土霉素降解。光照可以引起土霉素的光降解，降解速率比黑暗条件下快3倍。当光照条件下富含紫外光时，其半衰期进一步缩短，比滤除紫外光条件下明显加快。由此可见，基质环境、光照及紫外辐射对四环素的降解具有催化作用。

（三）植物吸收

四环素类抗生素普遍存在于畜禽粪便和土壤中，并具有降解机制复杂、半衰期长的特点，甚至在一些情况下降解产物还会转化为母体化合物而长期残留在土壤中，这些抗生素可能通过土壤-水-蔬菜体系的迁移而进入人体。近些年陆续有研究者在植物中检测到抗生素的存在，如在种植于施用猪粪的土壤的韭菜根中监测到土霉素和金霉素；以及以玉米、洋葱、卷心菜为研究载体，比较植物对金霉素和泰乐菌素的吸收情况，发现在这3种作物中均检测到金霉素的存在而未检测出泰乐菌素，提示抗生素可以迁移进入人类食物链。

第二节　抗生素的毒性作用

抗生素因其广泛使用进而对环境造成严重的污染，这些残留的抗生素会导致潜在的环境风险，也会对生态与人体造成各种毒性作用。

一、代谢动力学

（一）β-内酰胺类抗生素代谢动力学

抗生素因其结构与种类繁杂表现出的代谢动力学特性各有不同，以β-内酰胺类抗生素为例，因取代基不同，各β-内酰胺类抗生素体内代谢动力学过程也不同。如青霉素 G 口服易被胃酸及消化酶破坏，吸收少且不规则，通常做肌内注射，吸收迅速且完全。该药因脂溶性低难于进入细胞内，主要分布于细胞外液。能广泛分布于全身各部位，肝、胆、肾、肠道、精液、关节液及淋巴结中均有大量分布，房水和脑脊液中含量较低，但炎症时药物较易进入，可达有效浓度。青霉素 G 几乎全部以原型迅速经尿排泄，约10％经肾小球滤过排出，90％经肾小管分泌排出，$t_{1/2}$ 为 0.5～1.0 h。

青霉素 V 为广泛使用的口服青霉素类药，抗菌谱和抗菌活性同青霉素 G。最大的特点为耐酸，口服吸收好。成人口服本品250 mg后约60％由十二指肠吸收，45 min 左右达高峰浓度。但食物可减少药物的吸收。血浆蛋白结合率为80％，肾排泄率为20％～40％，约30％经肝脏代谢。$t_{1/2}$ 为 1～2 h。

头孢菌素类抗生素体内过程中，凡能口服的头孢菌素类药均能耐酸，胃肠吸收好，其他均需注射给药。药物吸收后，能透入各组织中，且易透过胎盘，在滑囊液、心包积液中均可获得较高浓度。第三代头孢菌素多能分布至前列腺、眼房水和胆汁中，并可透过脑屏障，在脑脊液中达到有效浓度。头孢菌素类一般经肾排泄，尿中浓度较高，凡能影响青霉素排泄的药物同样也能影响头孢菌素类的排泄。头孢哌酮、头孢曲松则主要经肝胆系统排泄。多数头孢菌素的 $t_{1/2}$ 较短（0.5～2.0 h），有的可达3 h，但第三代中头孢曲松的 $t_{1/2}$ 可达 8 h。

（二）四环素类代谢动力学

动物的代谢动力学实验中，大鼠灌胃给予四环素，2 h 后可达血浆浓度峰值，组织 2 h 后达峰浓度，肝、肾中浓度最高。大鼠（结扎胆管）静脉注射氚标记的四环素，24 h 后在尿、胆汁、胃肠道检测到放射性。未结扎大鼠，67%～72%放射性药物经尿排泄、18%～20%经粪便排泄。2 只胆管结扎大鼠经尿排泄分别为 68%、88%，胆汁中分别为 30%、9%。胃肠道仅检测到少量（平均 2.5%），同样的四环素给予结扎输尿管大鼠，经粪便排泄四环素未见增加。

比格犬静脉注射给予氚标记的四环素，4 h 后处死，肝、肾中放射性药物含量最高，大部分分布于尿、肠内容物、胆汁，皮下脂肪中未见。犬静脉注射给予四环素 10 mg/（kg·bw），24 h 时血液浓度为 10.6 μg/ml，48 h 时为 0.14 μg/ml。至 72 h，约 58%给予剂量经尿排泄。比格犬经口给予四环素，2 h 后血液达峰浓度，至 72 h，约 10%给予剂量经尿排泄。

四环素在人胃肠道吸收不完全，空腹服用可吸收 60%～80%。口服 1 g/d，粪便中浓度为 10～97 μg/g。

四环素类抗生素会和食物或其他药物中的 Fe^{2+}、Ca^{2+}、Mg^{2+}、Al^{3+} 等金属离子络合而减少其吸收；碱性药、H_2 受体阻断药或抗酸药降低四环素的溶解度，减少其吸收；酸性药物如维生素 C 则促进四环素吸收；与铁剂或抗酸药并用时，应间隔 2～3 h。四环素体内分布广泛，可进入胎儿血循环及乳汁，并可沉积于新形成的牙齿和骨骼中；胆汁中的浓度为血药浓度的 10～20 倍，存在肠循环；药物不易透过血-脑脊液屏障。20%～55%由肾脏排泄，碱化尿液增加药物排泄。消除 $t_{1/2}$ 为 6～9 h。

长效半合成四环素多西环素是近年来四环素类药物的首选药，具有强效、速效、长效的特点，消除 $t_{1/2}$ 长达 12～22 h。米诺环素口服吸收率接近 100%，不易受食物影响，但抗酸药或重金属离子仍可减少米诺环素吸收。其脂溶性高于多西环素，组织穿透力强，分布广泛，脑脊液中的浓度高于其他四环素类。米诺环素长时间滞留于脂肪组织，粪便及尿中的排泄量显著低于其他四环素类，部分药物在体内代谢，消除 $t_{1/2}$ 为 11～22 h。肾衰竭患者的 $t_{1/2}$ 略长，肝衰竭对 $t_{1/2}$ 无明显影响。

二、抗生素的毒性效应

（一）抗生素动物毒性效应

根据对各抗生素在环境中的污染程度、毒性作用了解及对人类的潜在风险预测，四环素类抗生素最为重要，本节将重点介绍四环素抗生素的毒性效应。

1. 急性毒性　动物实验中，四环素的半数致死量（LD_{50}）如表 6-3 所示。

表 6-3　四环素急性毒性研究结果

动物	性别	给予途径	LD_{50} [mg/（kg·bw）]
小鼠	未报道	经口	2 550
小鼠	未报道	经口	＞3 000
小鼠（42 日龄）	未报道	经口	808
（3 日龄）			300
小鼠	未报道	静脉注射	160
小鼠	未报道	静脉注射	157
小鼠	未报道	静脉注射	170

续表

动物	性别	给予途径	$LD_{50}\ [mg/\ (kg \cdot bw)]$
小鼠	未报道	腹腔注射	340
小鼠	未报道	腹腔注射	330
大鼠	雄	经口（盐酸四环素）	>4 000
大鼠	未报道	经口	>3 000
大鼠（49 日龄）	未报道	经口	807
（3 日龄）			360
大鼠（成年）	未报道	经口（盐酸四环素）	6 443
（<2 日龄）			3 827
大鼠	未报道	静脉注射	220
大鼠	未报道	静脉注射	128
大鼠	未报道	静脉注射（盐酸四环素）	375
大鼠	未报道	腹腔注射	320

2. 四环素遗传毒性　组合试验（表 6-4）可见，除小鼠淋巴瘤实验（TK）提示在加 S9 10～120 μg/ml 有弱阳性结果，其他遗传毒性试验未见明显毒性。

表 6-4　四环素遗传毒性研究结果

系统实验	测试物质	浓度	结果
Ames 试验	鼠伤寒沙门氏菌 TA100、TA98 TA1535、TA1537	0～10 μg/ml 有毒：>3 μg/ml	阴性
小鼠淋巴瘤试验	L5178Y/TK+/－细胞	－S9：25～300 μg/ml 有毒：>200 μg/ml +S92：10～120 μg/ml +S93：20～120 μg/ml	阴性 阴性 弱阳性
姐妹染色体交换试验	中国仓鼠卵巢细胞	－S9：5～49.9 μg/ml 有毒：>40.2 μg/ml +S9：302～600 μg/ml 有毒：600 μg/ml	阴性 阴性
染色体畸变试验	人淋巴细胞	10 μg/ml	不明确
染色体畸变试验	中国仓鼠卵巢细胞	－S9：39.9～400 μg/ml 有毒：400 μg/ml +S9：1 000～2 750 μg/ml	阴性 阴性
基因突变	C3H 小鼠的 FM3A 细胞	10～100 μg/ml	阳性
染色体畸变试验	洋葱	12～20 μg/ml	阳性
SLRL 试验	果蝇	注射：5 000～5 300×10^{-6} 饲喂：9 005×10^{-6}	阴性 阴性

3. 四环素的亚慢性毒性实验结果

（1）小鼠亚慢性毒性实验，B6C3F1 小鼠饲喂给予四环素连续 13 周。无动物死亡。5％剂量组最终平均体重略有减轻，雄性、雌性均减少，四环素在骨骼中的浓度随着剂量增加而增加。

（2）大鼠亚慢性毒性实验，F344/N 大鼠饲喂给予四环素连续 13 周。无动物死亡。两个高剂量组雄性肝脏可见细胞质空泡形成。1 250 mg/（kg·bw）和 2 500 mg/（kg·bw）剂量组雌、雄性均可见骨髓萎缩。骨骼中四环素的浓度随着剂量增加而增加。

（3）犬类亚慢性毒性研究：杂种犬给予四环素胶囊 0 或 250 mg/（kg·bw）连续 98 d。无动物死亡。对外周血无影响，也未见病理学改变。杂种犬经口给予四环素连续 3 个月，体重、肝功能（溴磺酚酞廓清率）、肾功能（酚磺酞清率）、血液凝固时间、非蛋白氮水平、血糖值、总血细胞计数均未受影响。

将杂种犬与比格犬饲喂给予含四环素盐酸盐连续 24 个月。实验中期宰杀杂种犬和比格犬进行显微镜检查。临床体征、死亡率、体重、摄食量、血液学检查、碱性磷酸酶、溴磺酚酞廓清率、尿素氮检测、睾丸和附睾重量、肉眼检查、精子浓度和活力、精液外观均未受影响。所有处理组犬的骨骼都显示有微黄色沉着，颜色的强度与剂量相关，甲状腺黑褐色色素沉着也呈剂量-效应关系。显微镜检查大部分处理组犬甲状腺滤泡上皮细胞有胞质内颗粒。未见组织病理学改变。

4. 繁殖发育毒性　实验中 Wistar 大鼠，妊娠第 1～18 天及产后第 1～28 天给予四环素盐酸盐，怀孕时长、体重或体长均未受影响，未观察到畸形。但仔鼠在 28 日龄时较对照组鼠骨骼紫外线检测可见典型的四环素相关的荧光，表明四环素被吸收于骨骼内。

SD 大鼠交配前 3 天饲喂给予盐酸四环素，吸收胎、妊娠率、后代死亡率、产仔数和重量均无明显变化。骨骼和内脏检查，输尿管积水和腰椎碎裂增加。Wista 大鼠妊娠第 1～21 天经口给予四环素或盐酸四环素，可见仔鼠前肢骨化减少，后肢未见，高剂量组胎儿发生率更高。

5. 小鼠致癌性　研究中，B6C3F1 小鼠饲喂给予盐酸四环素，与对照组比较，两个处理组雌雄性平均体重均稍有减轻，摄食量无影响，肿瘤发生率也未见明显增加。相反，处理组雌性小鼠不形成肝细胞瘤或癌。

大鼠致癌性研究中，断乳大鼠，饲喂给予盐酸四环素含量连续 2 年。每隔一段时间处死每组 10 只大鼠，对处死或垂死大鼠做肉眼检查和组织学检查，临床体征、体重、摄食量和血液学检测均未受影响。在 18～19 个月观察到有益作用，与对照组比较，所有剂量组大鼠显得精力充沛体重增加更快，处理组死亡率比对照组低。组织病理学方面，高剂量组长骨和颅盖观察到黄色，肿瘤发生率没有升高。

F344/N 大鼠，饲喂给予盐酸四环素，连续 103 周。观察指标包括临床体征、体重、摄食量、肉眼及组织病理学检查。与对照组比较，低剂量和高剂量组雌性大鼠存活率明显更高。体重和摄食量未见处理相关作用。雄性大鼠肝脏透明细胞改变和嗜碱性细胞质改变发生率呈剂量效应性增加。雄性处理组雄鼠肾病变发生率和严重程度降低，肿瘤发生率没有升高。

（二）抗生素对土壤生物的生态毒性效应

1. 微生物　由于抗生素本身设计为抗菌药物，能直接杀死或抑制土壤中相关微生物的生长，从而影响微生物活性或功能。与其他污染物相似，抗生素的微生物毒性作用呈现剂量效应。多数研究显示低浓度的抗生素无显著毒性效应，这可能与土壤吸附有很大关系。有意思的是，部分研究显示添加低剂量的抗生素甚至可以对土壤微生物产生刺激作用，其原因可能在于这些抗生素可以作为某些微生物的碳源促进其生长。但也有学者研究发现，在低浓度抗生素条件下微生物活性也会受到显著影响。例如，磺胺二甲嘧啶和莫能菌素在环境浓度条件下（≤200μg/kg）对土壤铁还原和硝化作用产生显著影响。

　　抗生素对参与生态系统过程的功能微生物群落的研究显示，抗生素类药物有其靶标的微生物，因此，靶标微生物受到抑制后，环境中的微生物可以获得大量的资源，从而刺激其快速生长繁殖，对整个环境微生物群落结构产生影响。如抗生素处理土壤后能降低土壤细菌数量，进而增加土壤真菌/细菌比例。以及部分抗生素对革兰阳性菌（G^+）和革兰阴性菌（G^-）也具有选择性，因此 G^+/G^- 比例也会受到影响。

　　2. 动物　土壤动物（如蚯蚓、线虫、变形虫和轮虫等）不但对土壤起着天然的"过滤"和"净化"作用，而且在环境监测和生态毒性诊断研究等方面也起着重要的作用。现有研究显示，只有在高浓度条件下（效应浓度已远超过实际环境浓度），抗生素才会对土壤动物产生毒副作用。不同浓度土霉素和泰乐菌素影响土壤无脊椎动物蚯蚓、跳虫和线蚓的研究结果发现这两种药物对所测定的 3 种土壤动物的毒性较低，其 EC_{10} 达到 150mg/kg。尽管抗生素对土壤动物的急性毒性低，但并不能就此忽略。因为它们及代谢物在环境中可发生迁移，并可在环境生物中蓄积并造成蓄积毒性。因而有必要进一步进行抗生素及其降解产物对土壤动物的慢性毒性或蓄积毒性试验。

　　3. 植物　抗生素对植物生长发育的影响除与其自身的性质和使用剂量有关外，还与培养介质和植物品种等有关。研究发现，土培条件下 1 mg/kg 浓度土霉素、保泰松和恩诺沙星能显著抑制胡萝卜和莴苣生长，而相同浓度的阿莫西林、磺胺嘧啶、泰乐素、甲氧苄啶和氟苯尼考等对这两种蔬菜生长没有影响。与污染物相似，抗生素在低浓度下可促进植物生长，高浓度则抑制植物生长。同种抗生素对不同植物的生态毒性差异非常大。

　　4. 对水生生物的生态毒性效应　目前开展的相关研究较多针对水体的微生物、藻类、枝角类（或称"溞类"）及鱼类等，且多集中在急性毒害研究。一般来讲，抗生素对微生物和藻类产生毒性效应的浓度与高营养级生物相比要低 2～3 个数量级。研究表明，抗生素对低等水生生物（藻类和微生物）的半数效应浓度（EC_{50}）多在 $\mu g/L$ 级别。不同种类的抗生素对同种生物的毒性效应差异很大。

　　5. 环境中抗生素的生态毒性效应　抗生素在药物设计时主要针对人体和动物体内的病原性致病菌，因此，环境中残留的抗生素也会对环境中其他有机体产生不同程度的潜在的生态毒性效应。

第三节　抗生素的人群健康危害

一、按照系统/代表性目标物分类健康危害

　　抗生素主要应用于人类和动物的疾病治疗。但是发展至今，人类的抗生素滥用和误用情况日益加重，同时兽用抗生素主要作为动物预防性用药和生长促进剂（growth promoters）被大量使用。研究表明，抗生素被机体摄入吸收后，绝大部分以原形通过粪便和尿液排出体外，对土壤和水体等环境介质造成污染。接下来又通过环境暴露无所不在地对人体产生持续影响。因此，了解抗生素对人体的不良反应，评价抗生素污染对人群健康的影响，以及评价其潜在的人群暴露风险和制定干预措施具有极其重要的意义。

（一）β-内酰胺类抗生素不良反应

　　对于β-内酰胺类抗生素，变态反应为最常见的不良反应，尤其在青霉素类药物中居首位，Ⅰ、Ⅱ和Ⅲ型变态反应总发生率为 3%～10%。各种类型的变态反应都可出现，以Ⅱ型即溶血性贫血、药疹、接触性皮炎、间质性肾炎、哮喘和Ⅲ型即血清病样反应较多见，但多不严重，停药后可消失。最严重

的是Ⅰ型即过敏性休克，发生率占用药人数的（0.4～1.5）/万，死亡率约为0.1/万。

发生变态反应的原因是青霉素溶液中的降解产物青霉噻唑蛋白、青霉烯酸、6-APA高分子聚合物所致，机体接触后可在5～8 d内产生抗体，当再次接触时即产生变态反应。用药者多在接触药物后立即发生，少数人可在数日后发生。过敏性休克患者的临床表现主要为循环衰竭、呼吸衰竭和中枢抑制。

头孢菌素类药物毒性较低，不良反应较少，常见的是过敏反应，多为皮疹、荨麻疹等，过敏性休克罕见，但与青霉素类有交叉过敏现象，青霉素过敏者有5%～10%对头孢菌素类发生过敏。口服给药可发生胃肠道反应，静脉给药可发生静脉炎。第一代头孢菌素部分品种大剂量使用时可损害近曲小管细胞而出现肾脏毒性，第二代头孢菌素较之减轻，第三代头孢菌素对肾脏基本无毒，第四代头孢菌素则几无肾毒性。第三、四代头孢菌素偶见二重感染，头孢孟多、头孢哌酮可引起低凝血酶原症或血小板减少而导致严重出血。有报道大剂量使用头孢菌素类可发生头痛、头晕及可逆性中毒性精神病等中枢神经系统反应。

（二）四环素类抗生素不良反应

1. 对骨骼和牙齿生长的影响　四环素类药物经血液到达新形成的牙齿组织，与牙齿中的羟磷灰石晶体结合形成四环素-磷酸钙复合物，后者呈淡黄色，造成恒齿永久性棕色色素沉着（俗称牙齿黄染），牙釉质发育不全。药物对新形成的骨组织也有相同的作用，可抑制胎儿、小儿骨骼发育。孕妇、哺乳期妇女及8岁以下儿童禁用四环素和其他四环素类药物。

2. 二重感染（superinfection）　正常人口腔、咽喉部、胃肠道存在完整的微生态系统。长期口服或注射使用广谱抗菌药时，敏感菌被抑制，不敏感菌乘机大量繁殖，由原来的劣势菌群变为优势菌群，造成新的感染，称作二重感染或菌群交替症。婴儿、老年人、体弱者、合用糖皮质激素或抗肿瘤药的患者，使用四环素时易发生。

3. 四环素人群中毒病例时有发生　一次大剂量静注四环素引起儿童急性中毒一例：某铁路医院收治一例四环素急性中毒患儿，女，5岁半，因患急性扁桃体炎，于1978年9月4日下午误用盐酸四环素2 g加入10%葡萄糖600 ml内静滴。3 h输液完毕，由门诊返回家中（约10 min路程），发现患儿出现面色苍白、四肢厥冷、腹痛、恶心呕吐等症状，立即送来门诊，经查对确认是四环素过量引起急性中毒。

4. 过期变性四环素致急性药物性肝损害　2001年8—9月湖南株洲市一医院发生梅花K药物（黄柏胶囊）中毒事件，中毒原因主要是药物中含有过期变性四环素，对肝、肾、心及胃肠产生损害，该医院收治中毒患者60例。

二、抗生素在环境中的毒性效应及风险评估

环境中大量残留的抗生素会导致潜在的环境风险，对其所引起的毒性作用应该引起重视，其中最严重的是会诱发和传播各类抗生素抗性基因（antibiotic resistance genes，ARGs），进而对人类健康产生威胁，针对抗生素在环境中的毒性效应开展风险评估，并对制定相关管理制度提供客观依据。

1. 抗生素在环境中的毒性效应　抗生素在环境中广泛存在，其对生态和环境的潜在毒性风险已广受关注。抗生素作为细菌或病毒的致死药物不可避免地影响生物。在本章第二节内容已就抗生素对实验动物的毒性效应进行了介绍。

2. 对环境中抗生素的风险评估　国内外尚缺针对抗生素的专有风险评估体系，但是，国外对于药品及个人护理品（pharmaceutic and personal care products，PPCPS）潜在的环境风险评估研究起步较早，已经建立了一套初具成效的风险评估体系，而抗生素属于PPCPS中的一类，PPCPS的环境风险评

估的方法对其有一定的适应性，值得借鉴。在欧盟，监管机构正努力构建由人类活动所释放的 PPCPS 类物质的风险性和危害性评估的和谐系统。20 世纪 90 年代后期，美国环境保护署（EPA）和美国地质勘探局（USGS）开始研究水环境中的 PPCPS 的出现、来源、环境行为和对人类健康的潜在风险，结果表明：PPCPS 类物质虽然半衰期短，但具生物积累性，对人体健康和环境具潜在风险。我国对 PPCPS 的研究较晚，而抗生素近 10 年才成为热点，缺少较科学且完善的风险评估方法。目前对抗生素的风险评估多依据常规风险评价中的风险熵法，即用污染物在环境中的实测浓度与一些毒性试验中的 EC_{50} 的比值评估，若熵大于 1 表示风险较高，小于 1 表示风险较小或无风险。

秦延文等用此法评估了大辽河表层水体中的抗生素的风险，可知磺胺甲基异噁唑、罗红霉素、诺氟沙星、氧氟沙星和环丙沙星具高风险，而金霉素和四环素风险不显著，得出喹诺酮类抗生素在辽河污染较重。薛保铭选择了广西邕江水体检出率最高的 7 种抗生素进行干流和支流的风险评价，结果相似，磺胺甲基异噁唑和红霉素的风险较高，克拉霉素处于中等水平，其余 4 种磺胺嘧啶、磺胺二甲嘧啶、甲氧苄啶和阿奇霉素风险较低。以上两者虽河流不同，但风险结果基本吻合，喹诺酮类抗生素风险较高，应重视。抗生素虽对药品的污染贡献了绝大部分，但仅 32％ 的抗生素被列为优控药物，相对于完全被列为优控的降血脂药物来说，控制程度过低。

已有报道饮用水中存在抗生素和耐药基因。一旦这些耐药基因传递给病原体，将会引发人群的感染，甚至是感染性疾病的暴发。关于城市水循环中抗生素耐药的风险估计，Kim 和 Aga 在定量微生物风险模型基础上（quantitative microbial risk assessment，QMRA）提出了一种概念模型。该模型同时包括暴露模型和剂量反应模型，可以定量地估计个人通过饮水摄入的耐药微生物的含量和描述耐药微生物的平均数量与其引发感染可能性大小的关系。

总体上，当前抗生素在环境中的浓度多处于 ng/L 级，对环境和人体健康风险较小，但现有风险评价多用急性毒性试验，有一定不完全性，其慢性毒性风险不可忽视。且我国抗生素用量呈持续增加态势，抗生素连续进入水环境中，水体中浓度渐升，危害加剧。此外，耐药菌和抗生素抗性基因的污染大大提高了抗生素的环境和人体健康风险，故对环境中抗生素应进一步完善安全风险评价体系，探究其环境基准，做出合理并科学的风险评价结果。鉴于我国抗生素污染的严峻事实，建议应从国家层面上尽快开展有关抗生素的生态环境风险评估和生态毒害机理的系统研究。

第四节　抗生素滥用与抗生素耐药性

一、抗生素滥用

几乎在 20 世纪 40 年代第一代青霉素开始使用之时，就出现了细菌对其的耐药性，科学家也意识到抗生素的耐药性问题。在现实生活中，抗生素被许多人当作是包治百病的妙药，一遇到头痛发热或喉痒咳嗽，首先想到的就是使用抗生素，而对滥用抗生素产生耐药性的危害却知之甚少。事实上，抗生素耐药性是微生物的一种自然进化过程，但是在迄今的 70 年间，由于抗生素在医疗及养殖领域的大量使用，甚至滥用，这一进化过程被大大加快，导致抗生素耐药性的不断发展，在人类致病菌、动物致病菌、动物肠道传染病原体及人与动物共生菌中都出现了抗生素耐药性，并且由单一耐药性发展到多重耐药性。由于近年来耐药性病原菌特别是多重耐药菌的增多与人类研发新型抗生素进展缓慢间的矛盾日益凸显，有学者惊呼，人类即将进入无药可用的"后抗生素时代"或"耐药时代"。根据英国首相专门任命的一个独立研究委员会的报告指出：如果抗生素耐药性得不到有效控制，至 2050 年全球每年耐药感染的死亡人数可达 1 000 万，远远超出癌症所导致的死亡数。从经济角度讲，至 2050 年抗生素耐药性将造成的全球 GDP 损失累计达 100 万亿美元。由于耐药性的蔓延及其健康危害，抗生素已成为全球紧缺的不可再生资源。

中国是抗生素使用大国，也是抗生素生产大国：年产抗生素原料大约 21 万 t，出口 3 万 t，其余自用（包括医疗与农业使用），人均年消费量 138 g 左右（美国仅 13 g）。据 2006－2007 年度卫生部全国细菌耐药监测结果显示，全国医院抗菌药物年使用率高达 74％。而世界上没有哪个国家如此大规模地使用抗生素，在美、英等发达国家，医院的抗生素使用率仅为 22％～25％。中国的住院患者中，抗生素的使用率则高达 70％，其中外科患者几乎人人都用抗生素，比例高达 97％，妇产科长期以来同样也是抗生素滥用的重灾区。另据 1995－2007 年疾病分类调查，中国感染性疾病占全部疾病总发病数的 49％，其中细菌感染性占全部疾病的 18％～21％，也就是说 80％以上属于滥用抗生素，每年因抗生素滥用导致 800 亿元医疗费用增长，同时致使 8 万患者因不良反应死亡，这些数字使中国成为世界上滥用抗生素问题最严重的国家之一，长期不合理的使用及严格监管的缺乏所导致的抗生素耐药性问题十分严峻，亟须从国家战略的高度加以重视和采取积极有效的应对策略，一方面避免新的耐药性产生，另一方面阻止已经存在的耐药性传播，从而维护人体健康和生态系统安全。

（一）抗生素滥用的原因

1. 社会方面的原因　由于生产抗生素的厂家很多，造成他们竞争激烈，出现了销售无序、虚假宣传、利用非正当手段在医疗机构拓宽销售渠道等现象。另外，政府有关部门管理力度不够，药店不凭医师处方即可以随便购买，也是造成抗生素滥用的原因。

2. 医务工作者方面的原因　①经验性和臆断性用药情况太多，把抗生素当成"安慰剂"使用，只要有与之类似的症状就使用；②分不清抗生素与消炎药的区别，以至于应当使用消炎药的时候却使用抗生素；③联合用药不科学，有时医师为了让患者早日康复，使用多种抗生素联合使用，不仅起不到应有的效果，还会对患者造成伤害；④预防性用药使用不科学，随意扩大预防性用药的范围和量；⑤频繁更换使用抗生素，易使细菌对多种药物产生抗药性；⑥对患者使用抗生素的指导不够，造成某些患者对抗生素的使用量和间隔时间把握不够，不能正常地发挥药效；⑦用药的个性化强度不够，未运用药物代谢动力学和药效学的知识，指导合理用药，研究个性化的用药方案；此外还有对不良反应的重视程度不够，知识的获取力度不够，未能及时获得一些新药物的信息和某些已用药物的出现的一些问题，以及医德医风不正，一些医师受经济利益的驱使，不顾及患者利益和安全，违反原则超常使用抗生素。

3. 患者方面的原因　①习惯用药和盲目用药；②存在价高药好的观点，盲目使用进口药和贵重药；③不按时按量服药，按照自己的意愿随意改变药物的用量，或者在没理解医师的服药要求的情况下，按自己的想法服药。

（二）抗生素滥用的危害

1. 产生各种不良反应　任何抗生素均有不良反应，它的不良反应是指在正常剂量时发生的与用药目的无关的其他作用，一般症状较轻。

2. 毒性反应大、脏器损害重　由于大量、长期的使用或患者的高敏感性所致。常见的抗生素毒性反应对脏器的损害有胃肠道反应、肾脏损害、肝脏损害、造血系统损害和神经系统损害。

3. 易致院内双重感染率　医院内感染中，因不合理使用抗生素而引起人体内正常菌群失调，机体抗病能力下降，导致双重感染较常见，尤其是严重的疾病患者、手术患者、年老体弱者、婴幼儿更易发生。

4. 掩盖病情和干扰判断，延误诊断和治疗　由于对感染性疾病不合理地使用抗生素，致使对诊断有参考作用的症状和体征被掩盖，给诊断带来困难，而且有时因延误诊断而错过最佳治疗时机。

5. 产生严重变态反应　过敏反应是抗生素引起的最常见的不良反应，是抗原抗体相互作用而致，如青霉素和链霉素引起的过敏反应，使用前须进行皮肤过敏试验。

6. 引起药物热　在临床上许多感染性疾病在感染初期经过抗生素治疗后，虽然感染得到控制，但发热仍然得不到控制时，应考虑是否是药物引起的。

7. 发生后遗效应　是指停药后的后遗生物效应，如氨基苷类抗生素对听力的影响。

8. 浪费资源和增加经济负担　给不需要使用抗生素也能达到治疗效果的患者使用抗生素，或给不该联合用药或预防性用药的患者实施联合用药或预防性用药，可用价格低廉的抗生素进行治疗的疾病使用高价抗生素等均造成大量药物资源的浪费。同时增加患者的经济负担和精神压力，也给国家和医疗保险机构造成经济损失。

9. 不断产生的耐药菌株　专家学者对细菌耐药的研究表明：①耐药菌株产生速度快，研制 1 种新型抗生素大约需要 10 年或更长的时间，而细菌产生耐药性的时间却不足 2 年，新药的研制速度远远跟不上细菌耐药产生的速度。②大多数抗生素耐药情况严重，在 20 世纪 60 年代青霉素 1 次剂量只是 2 万～3 万 U，而如今则需用几百万（U）。我国金黄色葡萄球菌的耐青霉素比率高达 90%，我国使用喹诺酮类抗生素才 20 多年，而它的病菌耐药率已达 60%～70%，大环内酯类抗菌药曾使肺炎及肺结核的病死率降低了 80%，但目前对 70% 肺炎球菌感染无效。③耐药菌可以在不同地区或国家之间的人群中传播，而且母亲在妊娠期间滥用抗生素，新生儿也可能耐药。世界卫生组织曾发出过警告，抗生素的滥用将意味着抗生素时代的结束，人类有可能再一次面临很多感染性疾病的威胁。

二、抗生素耐药性

（一）抗生素耐药性的现状

环境中残留的抗生素会通过生物链对人体和其他生物体构成潜在危害。部分从人体分离出的耐药菌株已被证实来源于环境宿主，特别是一些新出现的感染性疾病的病原菌，可以说环境中抗生素污染引发的细菌耐药与抗生素耐药性已经成为威胁人类健康的重大挑战。

抗生素耐药性是指一些微生物亚群体能够在暴露于一种或多种抗生素的条件下得以生存的现象，其主要机制包括：①抗生素失活。通过直接对抗生素的降解或取代活性基团，破坏抗生素的结构，从而使抗生素丧失原本的功能。②细胞外排泵。通过特异或通用的抗生素外排泵将抗生素排出细胞外，降低胞内抗生素浓度而表现出抗性。③药物靶位点修饰。通过对抗生素靶位点的修饰，使抗生素无法与之结合而表现出抗性。

虽然一些抗生素抗性微生物和抗性基因很早就存在于自然界，但是抗生素大规模的生产和使用加速了固有抗性微生物和抗性基因的扩散，极大地增加了抗生素耐药性的发生频率。抗生素耐药基因的存在往往与抗生素的使用之间存在良好的相关性。由外源进入并残留在环境中的抗生素对环境微生物的耐药性产生选择压力，携带耐药基因的具有抗性的微生物能存活下来并逐渐成为优势微生物，并不断地将其耐药基因传播给其他微生物。众多研究证实抗生素耐药基因具有较高的移动性，主要是通过基因水平转移（horizontal gene transfer，HGT）机制，又称基因横向转移（lateral gene transfer）。即借助基因组中一些可移动遗传因子，如质粒（plasmids）、整合子（integrons）、转座子（transposons）和插入序列（insertion sequences）等，使耐药基因在不同的微生物之间，甚至致病菌和非致病菌之间相互传播。环境中拥有基因横向转移等内在机制的微生物组成一个巨大的抗性基因储存库，并可能将抗生素耐药性转移到人类共生微生物和病原体中。

医学专家很早就指出，抗生素的广泛使用导致了内源性感染和细菌耐药性的增加。而通过宏基因组学的研究方法，科学家在人类肠道微生物群中发现了高丰度、高多样性的抗生素耐药基因，也印证了这一观点。

（二）人类活动与耐药性

已有文献和相关统计资料显示，我国是抗生素的生产和消费大国，2007年的一项调查显示，我国抗生素原料生产量约为21万t，其中有9.7万t（占年总产量的46.1%）的抗生素用于畜牧养殖业，2009—2010年畜用抗生素的年消耗量均接近10万t，远超其他国家。全球范围来看，至少50%的抗生素都用于养殖业，美国年畜用抗生素的消耗量从2002年的9300t增至2006年的11200t。欧盟实施"限抗令"后，畜用抗生素年消耗量从2002年的5000t降至2006年的3800t。据预测，我国养殖业抗生素占全球消费总量的比重将从2010年的23%升至2030年的30%。在美国，兽用抗生素甚至是人用的4倍，世界卫生组织的调查表明，当前增加人和动物感染风险的抗生素基本属于同一类。由于抗生素在医疗及养殖业中的大量使用，导致环境中出现了大量抗性污染热点区，抗性基因可以通过多种直接或间接的传播途径（图6-2）在其间扩散并最终进入水体和土壤，从而最终影响人类健康。环境中抗生素残留对人类作用方式通常有以下几种：

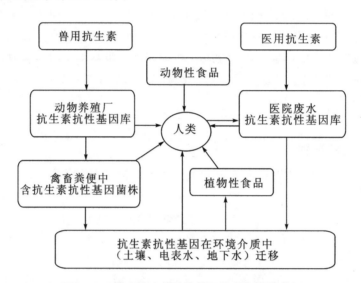

图6-2 环境中抗生素抗性基因的预期暴露途径

1. 抗生素耐药由动物到人群的直接接触传播 长期低剂量的喂食抗生素使得动物体内产生耐药菌株。这些耐药菌可以通过动物与人的直接接触和间接接触传递给人类，并且通过质粒等介导的水平基因转移而不断扩增。受感染的动物可以直接将耐药菌传播给与其密切接触的养殖户、农场工人、兽医等职业工作者。

2. 抗生素耐药通过食物链传播 除了直接接触外，耐药菌株通过食物链的传播对人类健康的威胁更加严重和复杂。1983年美国6个州暴发了多重耐药的新港沙门菌的疫情，经调查显示主要是消费者食用了受污染的牛肉所致。这些牛肉主要是来源于一家使用金霉素作为生长促进剂的养殖场，在养殖场动物体内也分离出了相同的菌株。

3. 水环境抗生素污染对人群健康的影响 水环境中抗生素的抗性基因会通过水体和陆地环境中的细菌发生基因交换而传递给人。分子流行病学研究显示，曾引起欧洲和美国部分伤寒暴发的沙门菌DT104的抗性决定簇可能来源于名为氟苯尼考抗生素诱导的抗性基因的编码，这种抗生素在当时亚洲地区的水产养殖业大量使用。这说明了水环境中细菌的抗性决定簇可以通过水平基因转移方式传递给生活在陆地环境的病原体。水产养殖业中抗生素的使用也会影响其他生态位的细菌耐药性，包括人类致病菌。喂食抗生素的鱼类和贝类等水产品携带有耐药菌，过多的这些水产品会改变人体内的正常菌群，增加疾病的易感性，并且获得耐药。

4. 环境抗生素污染对儿童的健康影响　儿童特别是婴儿由于其生理结构和功能发育的不完善，更容易受到环境中抗生素的不良影响。一项对多重耐药海德堡沙门菌引起的新生儿病房的腹泻暴发调查显示：原发新生儿病例的母亲来自养殖户家庭，分娩前常与初生牛崽有密切接触，其中部分牛崽患有感染性疾病。尽管该怀孕母亲未出现任何症状，但新生儿出生后 4 d 即出现腹泻，其血样和粪便样品细菌培养结果均为阳性。食源性感染调查显示 20% 的弯曲杆菌感染和超过 1/3 的非伤寒沙门菌感染发生在 10 岁以下的儿童，这些食源性耐药菌株的出现与农业上大量使用抗生素密不可分。

因此，婴幼儿和低龄儿童暴露于环境中抗生素诱导的耐药菌的风险显著高于一般人群。另外，由于较低的自身免疫力和不良的饮食卫生习惯，周围人群的感染也极易引发儿童的感染。肺炎是婴幼儿死亡的首要因素，目前儿童肺炎链球菌的耐药率远远高于成人，除了临床抗生素的滥用外，环境中抗生素的污染也是不能忽视的因素。

5. 环境抗生素暴露对肠道微生态的影响　寄居在肠道中为数众多的肠道菌群既具有对外来菌抗定植作用，也与肠黏膜的屏障和免疫功能有密切关系。各种直接或间接从环境中的抗生素进入人体肠道后可以改变肠道菌群的构成。多种抗生素可以改变肠道中厌氧和需氧菌的比例，影响其中某些特定种属的数量。

除上述主要暴露途径外，环境中抗生素还可能通过其他途径影响人类的健康。有研究显示，养殖场空气灰尘中的抗生素可能是危害养殖户人群健康的新来源。这些灰尘中的抗生素来自于粉末或颗粒状动物饲料中的兽药或动物的干粪，总浓度能达到 12.5 mg/kg。长期暴露于含有抗生素的灰尘中，可能会引发过敏反应和增加呼吸道疾病的风险。此外，灰尘中的多种抗生素可能产生抗生素耐药。虽然其浓度很低，但持久的暴露效应仍然值得关注。

三、抗生素耐药性评估

2012 年 3 月在加拿大魁北克省举行的一个研讨会（环境中的耐药性：评估和管理人类活动的影响）集中讨论了环境中的耐药性及评估和管理类活动对此影响的方法。

对人类健康的影响是指从环境中衍生并可能对人类健康产生不利影响的抗生素耐药性细菌（ARB）（如临床抗生素使用的疗效降低，感染更严重或更持久），它们通过患者直接接触抗生素耐药性病原体或通过患者接触耐药决定因子并随后发生水平基因转移（HGT）至人类宿主体表或体内的细菌病原体来影响人类健康，首先分析了医院和社区环境对 ARB 感染在人类中传播、维持所做的贡献和所起到的作用。就社区环境中的暴露而言，畜牧生产中使用抗生素及动物源性食品中存在 ARB 是一个备受关注的问题。ARB 在水源和饮用水中的出现进一步凸显了将这些新出现的环境风险纳入长远考量的必要性。然而，评估环境对抗生素耐药性的影响范围十分复杂，不仅是由于缺乏定量数据，也由于需要各环境风险及人畜健康管辖部门的协调工作。

环境中 ARB 产生的一个关键问题是耐药基因的出现可能是自然现象。另外，在农作物、动物和人类中使用的抗菌剂使抗生素不断涌入到环境中，还可能伴随着新的基因和 ARB。在土地施用抗生素喂饲的食用动物排出的排泄物或经污水处理流入地表水的废物后，抗生素及耐药基因的归趋、迁移和长期存在强调了需要更好地理解遗传选择和基因获取的环境机制及耐药基因（耐药基因组）和其细菌宿主的动态。例如，在世界某些地方的制药厂废水、集约化容纳动物排泄物的池塘、养殖水体和排污口中出现抗生素残留是导致地表水中出现 ARG 的重要来源。特别是药厂的流出水中发现抗生素浓度相对较高与地表水中的 ARG 增长有关。

1. 对环境 ARB 风险评估的总体考虑 了解其他正在进行的相关国际活动和使用的抗生素种类，为制定 ARB 的风险评估框架提供了良好的起点。国际食品法典委员会（2011）描述了食源性抗生素耐药性风险分析的 8 项原则，其中几项普遍适用于环境 ARB 的 HHRA。应当指出，在抗生素的使用、耐药模式及人体暴露途径中存在显著的国家和地区差异。一般情况下，是通过识别风险和确定管理目标来制定风险评估框架的，所以该评估应为可行管理方式提供信息，并对管理是否成功予以评价。

2. 传统风险评估方法的适用性 环境中抗生素的人类健康风险评估建立于传统的化学风险评估基础上，该两种风险评估方法均从根据耐药性数据确定的每日允许摄入量（ADI）着手。相应的环境抗生素浓度测量可以根据最小选择浓度（MSC）的概念制定，定义为可以产生耐药性的抗生素的最低剂量。不同于传统的化学风险评估方法，通过 MSC 方法可以确定由 ARB 导致的人类健康效应及 ARB 的耐药决定因子。在某种数据缺失的情况下，MSC 分析可以为风险评估人员提供选择基质中一种药物或多种混合物的选择浓度，以此描述 ARB 产生的阈值。

病原体风险可以通过微生物风险评估（MRA）来评价，MRA 是一种结构化、系统化、以科学为基础的方法，它建立在化学品风险评估模式之上。MRA 包括：①问题建立（描述危害、风险等级和途径）；②危害（ARB、ARG）的暴露评估；③量化人类 pARB 感染和危害剂量之间关系的剂量-效应评估；④综合利用前述程序，描述待评估病原体不同暴露途径的风险特征。MRA 用于定性或定量评估微生物危害的暴露水平及其人类健康风险。在过去的 20 年中，MRA 在很大程度上受到国际食品安全组织的影响，目前是一种公认和广为接受的食品安全风险分析方法。

3. 危害识别和危害特征描述 对于抗生素，一般情况下，需要以下信息来描述危险特征：①当地重点关注的抗生素类名单；②已知的环境归趋；③可能的积聚之地，特别是某些环境组成部分（例如，植物根际、一般土壤、混合肥料、生物被膜、污水处理池、河流、沉积物、水产养殖、植物、鸟类、野生动物、农畜或宠物）。ARB 的选择将取决于选择/共选择剂的类型和原位生物可利用度、细菌宿主的丰度和 ARB 决定因子的丰度。

除了 ARB 危害的巨大差异，有几种病原体可以用微生物风险评估来评价：①以空肠弯曲菌、肠道沙门氏菌或各种致病性大肠杆菌为代表的食源性和水源性粪便病原体；②环境病原体，如以嗜肺军团菌、金黄色葡萄球菌和铜绿假单胞菌为代表的存在于呼吸道、皮肤或者伤口的病原体。

4. 剂量-效应关系 人类的风险表征的典型方法是选择有剂量-效应健康数据（无论是确定或推测）的危害因素，供参照的肠道致病菌（如空肠弯曲菌、沙门氏菌、大肠杆菌）同样也应具有这些数据，但这些剂量-效应健康数据还需要被量化才能分析皮肤/伤口的参考病原体。

MRA 的最后一个步骤是风险特征描述，即综合危害识别、危害特征描述、剂量效应和暴露评估的结果，从而最终形成对风险的总体估计。此估计可在多种风险测量中使用，如个体或群体风险，也可以是基于特定危险因素暴露的年度风险评估。根据风险评估的目的，风险特征描述也包括在风险评估中使用的关键科学假设、多变性和不确定性的来源及对风险管理方案的科学评价。

5. 环境暴露评估 ARB 的重要环境组成部分和人类暴露情况分析如下。环境因子（如抗生素）和 ARB 的浓度，以及其至人体摄取点的归趋和迁移，对于暴露评估非常关键。就一项特定的 ARB 人体健康风险评估而言，根据在问题形成和危害特征描述阶段确定的抗生素/耐药决定因子，选择/扩展各传播路径（即识别与人接触的关键环境组成部分）非常重要。可能受影响的环境组成部分包括容纳动物粪便或生物固体的土壤、堆肥、氧化池、河流及容纳废水的沉积物，更传统的人类暴露途径是饮用水、被污水和/或抗生素生产废水污染的娱乐和灌溉用水、食物及受农场建筑和动物粪便影响的空气。

另一条路径对于医院饮用水系统尤其构成威胁，因为暴露人群相对易感。在确定环境中抗生素和病原菌的浓度以及每个环境组成部分中 ARB 水平和 ARB 产生速率后，就可用一系列归趋和迁移模型来估计与人接触时抗生素、病原体、ARB 和 ARG 的数量。这种模型主要建立在流体动力学基础上，用病原体特异性参数来计算土壤及水环境中可能的灭活/摄取，如阳光灭活。归趋和迁移模型的一个关键方面是考虑到任何体系组成部分的内在多样性。此外，该模型也应考虑我们对于评估模型参数值的不确定性，例如在运用贝叶斯合成法时就要考虑这一点。为了更好地解释参数的不确定性，越来越多的新模型纳入贝叶斯学习算法，运用气象、水文和微生物的解释变量整合信息。总体而言，这些模型也有助于确定缓解 ARB 和抗生素暴露的干预介入点，且在任何风险评估中都是描述人类暴露危害路径的重要工具。

第五节　抗生素的防治管理

一、防控技术

近几年，抗生素在环境中大量存在已经引起人们的广泛关注，抗生素在环境中不易降解，并在土壤和水中大量富集。检测中发现，浓度较低的抗生素也会危害生态环境的发展，科研人员开始研究去除抗生素的方法来防止环境污染。目前对于水环境中抗生素的除去通常采用下列方法。

（一）生物处理法

在污水生物处理过程中，最常用到的方法是过滤和聚沉/絮凝/沉积。在生物处理系统中，经常用到活性污泥技术，尤其是在处理工业废水的时候。这种系统主要由具有调节氧气含量的活性污泥反应器组成，期间要持续监测其中的温度和化学需氧量（COD）。但是这种技术在处理许多高毒性的污染物的应用上受到污染物浓度的限制，因为高浓度高毒性污染物会导致微生物的死亡。

（二）氯化法

由于氯气和次氯酸盐成本低，经常用于饮用水处理厂的消毒和杀菌。它们一般用于后续处理中，在水中会有一定量的残留。在所有氯化物中，次氯酸盐的氧化性最强，其次是氯气和二氧化氯。虽然利用氯化法能有效去除有机物含量低的基质（如饮用水）中的抗生素，但其反应速率还受到 pH 值的影响。为了避免在氧化过程中产生氯化物，此种方法已经被高级氧化技术所取代。

（三）高级氧化技术

由于传统的生物处理技术不能够有效去除污染物中的抗生素，在这种情况下，高级氧化技术（AOP）开始逐步替代生物处理技术来降解抗生素。AOP 法最显著的特点是以羟基自由基为主要氧化剂与有机物发生反应，反应中生成的有机自由基可以继续参加 HO· 的链式反应，HO· 的氧化活性高于其他氧化剂（如氯气、臭氧），能与很多有机物质反应，但是选择性比较差。这些高活性的自由基通常来自于臭氧（O_3）或过氧化氢（H_2O_2），并伴随着金属或半导体催化剂或 UV 照射。在此过程中，期望生成不稳定、低毒、易于生物降解，并且易于被 CO_2 和 H_2O 矿化的中间体。AOP 法主要包括臭氧法、Fenton 法、Photo-Fenton 法、光分解法、半导体光催化法和电化学处理法。

1. 臭氧法　臭氧是一个强氧化剂，它能够与有机物发生直接或间接的氧化反应。直接的氧化反应就是利用臭氧分子，它能够与含有 C—C 双键、芳环或者含有 N、P、O、S 原子的有机物进行反应，但是不能与亲核分子反应。臭氧在水中发生分解反应，生成羟基自由基（HO·）。总体来说，在有机碳含量低的情况下，应用高级氧化法处理这些抗生素，能够降解 76% 以上，并能轻微地提高废水的生物降解性。但是 β-内酰胺类抗生素的降解效率很低。对于降解后代谢产物的毒性评估也有不同的结论。有结果表明代谢产物的毒性与之前药物相比降低了；也有结果表明代谢产物的毒性与降解前相比没有发生变化；更有一些文章报道代谢产物的毒性要比降解之前要高。总之，对于这个问题并没有统一的说法，这取决于所研究的抗生素被氧化的情况。为了提高臭氧氧化法的有效性，经常采用 UV 照射、过氧化氢或者催化剂来辅助。在 UV 照射下，有些药物能够直接被光照降解，或者改变其分子结构，使其更容易被羟基自由基进攻。

2. Fenton 法和 Photo-Fenton 法　在 19 世纪 90 年代，HenryHorstman Fenton 研究出了 Fenton 试剂，由过氧化氢和亚铁离子溶液组成，具有很强的氧化性。增强此氧化反应的有效性的方法可以同采用 UV 照射，也就是 Photo-Fenton 法。影响 Fenton 法和 Photo-Fenton 法的主要因素包括：pH 值、温度、催化剂、过氧化氢和所降解物的浓度，最重要的变量是 pH 值。当 pH 值小于 3 的时候，Fenton 反应就会由于溶液中的羟基自由基含量降低而受到严重影响。过氧化氢在 pH 值较低的环境中以水和氢离子的形式存在，非常稳定，这就导致其与亚铁离子的反应活性降低。也有一些研究这报道在 pH 值比较低的时候三价铁离子的浓度下降，抑制了羟基自由基（HO·）的形成，Fenton 试剂的优点就是其采用了廉价、丰富且无毒的催化剂，而其中的过氧化氢也易于处理并对环境无害。

3. 光解法　光解法就是利用自然或人工光照对一些化合物进行分解或电解。经常用到的光诱导反应分为两种：一种是直接光解法，另一种是间接光解法。

4. 半导体光催化法　半导体光催化法是在发现水在 TiO_2 电极上发生裂解反应之后开始研究应用的，随后研究者发现被光照后的半导体能够催化很多有机物或无机物之间的氧化还原反应。在半导体光催化过程中，发生氧化反应的需要 3 个条件：一是光敏催化面（具有代表性的无机半导体材料如二氧化钛），二是光能，三是合适的氧化剂。此方法要求所选用的半导体在光照下具有较高的活性（如 TiO_2 稳定性好、性能高并且廉价）。

总的来说，半导体光催化法主要分为 5 个步骤进行：①将反应物从液相中转移至半导体的表面；②反应物的吸附；③吸附面上的反应；④产物的解吸；⑤将产物从接触面上去除。

5. 电化学处理法　电化学处理法在处理毒性有机化合物的应用中，具有高效性、多样性、低成本、操作简便、环境清洁友好等特点。电化学处理可以用于处理抗生素和 COD 浓度较高的毒性污水（如制药厂废水），但是，电化学处理过程中要求流速不能过高，并且此技术的操作成本很高，因而没有被广泛应用于污水处理。

（四）吸附法

吸附法的优点是在去除污染的同时不会产生有毒的代谢物。但是，这种方法并不能完全消除掉污染物，而是将其浓缩在一个新的相中。最常用吸附剂是活性炭颗粒（GACs），但是它存在成本高、不能再生利用的缺点。因此，人们开始寻找一些廉价、吸附效果好的诸如工业生产中的副产物或农业生产中的废弃物等作为吸附剂使用，从而替代活性炭。

（五）薄膜法

薄膜法被越来越多地应用于物质分离中。但是，这项技术不能消除污染物，而是将其从液相中转移并浓缩在一种新的相中（薄膜上）。反渗透法属于薄膜法的一种。此方法适用于截留污水中大分子化合物和离子化合物。

（六）超声空化效应法

空化效应是由于液体体系中的局部低压（低于相应温度下该液体的饱和蒸汽压）使液体蒸发而引起的微气泡（或称气核）暴发性生长的现象。热点理论认为超声化学反应通过超声空化作用能把声场能量聚集在微小空间内，导致产生了异乎寻常的高温高压，即所谓的"热点"环境。这些极端环境足以使气泡内外的介质产生一系列的一般条件下难以实现的化学反应，如化学键的断裂、分子内的重组等反应，同时进入空化泡内的有机物也可能发生类似燃烧的热分解反应，这样就为有机物降解提供了一条新途径。

（七）微生物降解法

目前，国内外关于利用生物降解抗生素的报道甚少。张树清等发现高温堆肥对鸡粪中的四环素类抗生素具有降解效果，且外源添加有益降解菌剂（芽孢杆菌）有助于抗生素药物残留的去除，但是该研究没有说明四环素降解是由于微生物作用的结果，并且也没有说明降解四环素的菌株。

（八）技术结合法

考虑到所采用的处理方法要用于工业化，必须要综合各种处理方法来使得处理效果达到最好。因此，混合工艺法成为人们研究的热点。很多情况下，降解或者去除方法单纯使用是不能达到很好的效果的，需要多种方法联合使用。比如在生物处理过程中，微生物对污水中的有毒污染物非常敏感，这就需要 AOP 法来对污水进行一个前处理，将污染物氧化，使生成的副产物毒性降低，且易于生物降解，这样就防止在生物处理过程中活性微生物的大量死亡。同样的，在上文中提到的反渗透法可以与碳过滤法联合使用。在 AOP 法处理废水之前可以采用吸附法来进行前处理。虽然联合方法的实际应用并不是很多，但是确实是去除环境中抗生素最有效的方法。

二、管理体系

抗生素污染已成为全球性环境问题，抗生素在各地土壤和水等环境中均有检出。且由此产生的耐药菌已危及人类健康乃至生存。我国作为抗生素使用和生产大国，污染问题已渐凸显，应予以重视。

（一）完善抗生素管理办法

2012 年 4 月 24 日中华人民共和国卫生部发布《抗菌药物临床应用管理办法》。《办法》分总则、组织机构与职责、抗菌药物临床应用管理、监督管理、法律责任共等六章 59 条，自 2012 年 8 月 1 日实施。从实践中，切实落实抗菌药物使用管理机制、督查机制、考核机制、全面加强抗菌药物管理。

（二）纠正抗生素滥用与抗生素不合理使用

1. 从医院角度来说，加强对医生的培训和教育　提高医生自身素质，根据患者的情况正确选用抗生素。医生应该在使用抗生素前送检相应标本作微生物检查，按规范操作进行临床取样，给临床准确提供病原学依据，杜绝仅凭经验试探性进行用药的现象。在确定病原体依据的情况下再考虑以下几个因素。①根据致病菌的药敏试验结果选药：感染性疾病是由病原微生物引起的，应在正确的临床病原体诊断基础上选择致病菌敏感的药物，有条件可做细菌学检查和药敏试验。②根据感染部位选药：主要应考虑药物动力学的特点是否有利于药物发挥作用。③根据患者全身情况选药：有药物过敏史或过敏性疾病的患者，应慎用或禁用易发生过敏反应的药物。④根据药物的不良反应选药。⑤根据患者的经济情况选药。

2. 加强患者用药常识的宣传教育　抗生素的合理应用不仅仅是医生和科学工作者的责任，患者也应该了解基本的用药常识，避免盲目使用抗生素，走出以下几个抗生素使用误区：①抗生素并非万能药，抗生素的适应证是有严格范围和有一定限度的。②抗生素不等同于消炎药。③遵医嘱科学服药，在医生的指导下合理使用。

（三）加强对药品生产、经营及使用的监管力度

1. 加强药店销售管理　①凭医师处方购买抗生素。②使用电子处方。③建立消费者档案。针对使

用抗生素的患者，可以建立消费者档案，包括个人资料、所患疾病、所需抗生素和剂量。

2. 加强对生产企业的监管　国家药品监督管理局应该加大对生产抗生素企业的监管力度，从而规范抗生素的生产，使一些不合格企业退出市场，降低市场的恶意竞争。

3. 严格控制抗生素在畜牧业的使用　加强动物性食品安全特别是有害物质残留方面的法制管理。健全管理体制，避免多部门（农业、工商、质检、卫生等部门）管理，使职权分明，完善法律规定。在供货商和终端零售市场之间设立中间批发市场，通过监管中间批发市场控制农产品的销售，达到校正生产的目的。从 2006 年 1 月 1 日起，欧盟全面禁止食品动物使用抗生素促生长饲料添加剂，欧盟最后 4 种允许作为促生长用途的抗生素饲料添加剂，即黄霉素、效霉素、盐霉素和莫能霉素也停止使用。除了欧盟，美国在 2014 年也"劝退"了 16 种作为饲料添加剂使用的抗生素。

（四）加大对抗生素的研究

对抗生素的科学研究也有助于能从根本上解决抗生素污染造成的危害。

1. 对抗生素的研究存在不足　①抗生素毒性试验多集中在急性、单一毒性试验，且一般在试验模拟下浓度较高，缺少在实际水环境下的慢性毒性及混合毒性试验，以此建立针对低浓度、长期毒性的抗生素毒性效应评价方法不同；②污水处理厂传统工艺对污水中抗生素的去除率较低，应改善工艺，减少进入水环境中的抗生素量；③抗生素耐药菌和抗性基因污染，尚缺乏对其环境安全的风险评估，目前我国已有抗生素源清单，但对耐药菌的分布特异性及污染水平尚不明确；④目前抗生素研究中欠缺基于人体健康和生态环境安全的公认评价基准，所用风险评价基准不同，故评价结果可比性差；⑤我国对于抗生素的排放标准仅有单位产品基准排水量，应出台各类抗生素的浓度排放标准，减少抗生素的入河湖量。

2. 抗生素的毒性机制、迁移转化及污染调控　①应明确抗生素的毒性效应，建立更为敏感的新兴系统毒理学研究手段，寻找生物标志物，深入剖析其毒性机制。②探究抗生素在水体中的迁移转化的机制与规律，建立适用于抗生素的迁移转化模型，进一步分析其衍生物和转化产物的种类及毒性效应，对于评价和诊断环境安全，具有十分重要的理论和现实意义。③在抗生素的污染调控方面，一方面要加强对流域抗生素生产、使用和排放的调查；另一方面应开展水体中多介质（水、沉积物、生物）赋存的调查，并追溯其来源，为抗生素污染控制提供依据。

3. 加强全球合作，避免抗生素之灾　抗生素耐药性是一个全球性的威胁，需要全球合作为抗生素创新筹集资源，保障面向全体的最佳治疗。

参 考 文 献

[1]　王冉,刘铁铮,王恬.抗生素在环境中的转归及其生态毒性[J].生态学报,2006,26(1):265-270.

[2]　章强,辛琦,朱静敏,等.中国主要水域抗生物污染现状及其生态环境效应研究进展[J].环境化学,2014,33(7):1075-1083.

[3]　王路光,朱晓磊,王靖飞,等.环境水体中的残留抗生素机器潜在风险[J].工业水处理.2009,29(5):10-14.

[4]　刘锋,陶然,应光国,等.抗生素的环境归宿与生态效应研究进展[J].生态学报,2010,30(16):4503-4519.

[5]　张玮玮,弓爱君,邱丽娜,等.废水中抗生素降解和去除方法的研究进展[J].中国抗生素杂志,2013,38(6):401-410.

[6]　张树清,张夫道,刘秀梅,等.高温堆肥对畜禽粪中抗生素降解和重金属钝化的作用[J].中国农业科学,2006,39(2):337-343.

[7]　陈曌君,杨洛贤,叶辉,等.自然环境中抗生素抗性起源-分布及其影响因素的研究进展[J].环境与职业医学,2015,32(7):689-901.

[8]　王斌,周颖,姜庆五.环境中抗生素污染及对人群健康的影响[J].中华预防医学杂志,2014,48(6):540-543.

［9］ 周启星,罗义,王美娥.抗生素的环境残留、生态毒性及抗性基因污染[J].生态毒理学报,2007,2(3):243-251.

［10］ 胡小莉,刘绍璞,罗红群,等.氨基糖苷类抗生素分析方法的研究进展[J].分析科学学报,2005,21(3):316-321.

［11］ 郭耀,台喜生,赵海波.畜禽粪便抗生素污染的无害化处理研究进展[J].河西学院学报,2015,31(2):31-34.

［12］ 杨晓洪,王娜,叶波平.畜禽养殖中的抗生素残留以及耐药菌和抗性基因研究进展[J].药物生物技术,2014,21(6):583-588.

［13］ 马艳,高乃云,周新宇,等.典型广谱抗生素的污染现状和处理技术研究进展[J].四川环境,2014,33(2):122-126.

［14］ 孟磊,杨兵,薛南冬.氟喹诺酮类抗生素环境行为及其生态毒理研究进展[J].生态毒理学报,2015,10(2):76-88.

［15］ 王兰.抗生素污染现状及对环境微生态的影响[J].药物生物技术,2006,13(2):144-148.

［16］ 张景来,王剑波,常冠钦,等.环境生物技术及应用[M].北京:化学工业出版社,2002.

［17］ 张杰,相会强,徐桂琴.抗生素生产废水治理技术进展[J].哈尔滨建筑大学学报,2002,35(2):44-45.

［18］ 陈代杰.抗菌药物与细菌耐药性[M].上海:华东理工大学出版社,2001.

［19］ 陈清华.水产养殖业中抗生素施用的风险及其控制[J].水产科技情报,2009,36(2):67-72.

［20］ 高立红,史亚利,厉文辉,等.抗生素环境行为及其环境效应研究进展[J].环境化学 2013,32(9):1619-1632.

［21］ 娄阳,张昭寰,肖莉莉,等.食品源抗生素抗性基因的来源与分布状况研究进展[J].食品工业科技,2015,36(12):368-374.

［22］ 刘建超,陆光华,杨晓凡,等.水环境中抗生素的分布、累积及生态毒理效应[J].环境监测管理与技术,2012,24(4):14-20.

［23］ 闫小峰.四环素类抗生素残留检测方法研究进展[J].中国兽药杂志,2010,44(5):47-50.

［24］ 章强,辛琦,朱静敏,等.中国主要水域抗生素污染现状及其生态环境效应研究进展[J].环境化学,2014,33(7):1075-1082.

（方海琴 曹瀚文 支媛）

第七章 合成抗菌药物的污染与健康

合成抗菌药（synthetic antibacterial agents）即用化学合成方法制成的抗菌药物，一般是指除抗生素以外能有效地抑制和杀灭病原性微生物的抗菌化合物，主要包括磺胺类抗菌药（sulfonamides）、喹诺酮类抗菌药（quinolones）、噁唑烷酮类抗菌药物（oxazolidinone）及甲氧苄啶（trimethoprim）、硝基呋喃类（nitrofurans）、硝基咪唑类（nitroidazoles）等。目前，合成抗菌药物广泛应用于人类和动物细菌感染性疾病的治疗和预防，但如果在动物中长时间不规范使用，容易造成其体内抗生素蓄积，通过食物链而危害人类健康。本章主要介绍合成抗菌药中常见的磺胺类药物和喹诺酮类药物的污染、毒性作用、健康危害及其防控措施。

第一节 合成抗菌药物的污染

一、理化性质和特征

（一）磺胺类药物

磺胺类药物是指人工合成的具有对氨基苯磺酰胺结构的一类药物总称，其分子母核结构如图 7-1 所示，图中 R 可以被不同的基团取代，生成不同的磺胺类药物。磺胺类药物一般为白色或淡黄色结晶粉末，遇强光颜色逐渐变深。除乙酰磺胺外，多数磺胺类药物难溶于水，但其钠盐均易溶于水并使水溶液呈强碱性。因为磺胺类药物的分子母核中含有伯氨基和磺酰胺基而使整个化合物呈酸碱两重性，既可溶解于酸，又可溶解于碱溶液。科学家曾经先后合成过数千种磺胺类药物，其中疗效好、毒副作用小的磺胺类药物就有几十种。常用的有磺胺米隆、磺胺嘧啶、磺胺吡啶、磺胺甲嘧啶、磺胺二甲嘧啶、磺胺对甲氧嘧啶、磺胺间甲氧嘧啶、磺胺噻唑、磺胺甲噻二唑、磺胺甲基异噁唑、磺胺二甲异噁唑、磺胺氯哒嗪等。

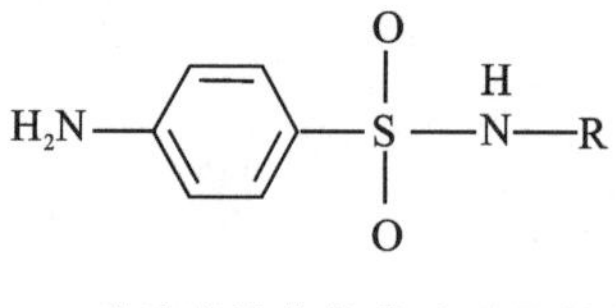

图 7-1　磺胺类抗菌药的分子母核结构

磺胺类药物主要用于治疗和预防细菌感染性疾病，是一种广谱抗菌药物，对大多数革兰阳性和阴性菌都有良好的抑制作用。磺胺类药物抑菌作用的机理是干扰细菌的酶系统利用对氨基苯甲酸，而对氨基苯甲酸是叶酸的组成部分，叶酸又是微生物生长中的必要物质。根据其在动物应用情况可分为 3 类，即用于全身感染的磺胺类药物（磺胺嘧啶、磺胺甲基嘧啶、磺胺二甲嘧啶等）、用于肠道感染的磺胺类药物和用于局部的磺胺类药物（如磺胺醋酰等）。磺胺类药物抗菌谱广、性质稳定、便于保存、制剂多，同时又因为药物费用低，口服用药方便且有效，联合使用甲氧苄啶可使其抗菌效果提高数倍。此外，磺胺类药物还可以促进动物生长，在养猪场里以亚治疗剂量作为饲料添加剂使用尤为普遍。

（二）喹诺酮类药物

喹诺酮类药物是 20 世纪 60 年代人工合成的含 4-喹诺酮基本结构的抗生素，其基本结构见图 7-2。在化学结构上，喹诺酮类药物属吡酮酸衍生物（pyridonecarboxylic acids）。喹诺酮类药物一般为白色或淡黄色晶型粉末，多数属于酸碱两性化合物，对光照、温度、酸碱均具有极好的稳定性，无论是长时间室温存放或是在强烈光照、高温或高湿条件下均保持稳定。根据喹诺酮类药物发明时间及抗菌活性的差异，一般将其分为四代。第一代和第二代由于其抗菌谱窄、口服吸收慢、毒性反应大、易产生耐药性等缺点已经逐渐被淘汰。第三代喹诺酮抗菌谱有所扩大，但因在母核中引入氟，故又称氟喹诺酮类。该类药物抗菌活性显著增加，杀菌能力强、吸收快、体内分布广、作用独特、不良反应少，相较于第二代疗效有根本性提高，应用较为广泛，在兽医领域应用较广泛，主要品种包括诺氟沙星、环丙沙星、恩诺沙星、氧氟沙星、单诺沙星、洛美沙星、沙拉沙星与培氟沙星等。第四代喹诺酮是新一代抗菌药物，结构中含新型的 8-甲氧氟喹诺酮，这一结构有助于抗厌氧菌、抗革兰阳性菌活性的加强，同时保持了原有抗革兰阴性菌的活性，对耐甲氧西林金黄色葡萄球菌、铜绿假单胞菌、肺炎衣原体和支原体等都有很好的作用，副作用小。目前，主要品种包括莫西沙星、加替沙星、克林沙星等，而且已经得到广泛推广应用，在兽医领域尤其是动物医院应用较广泛。

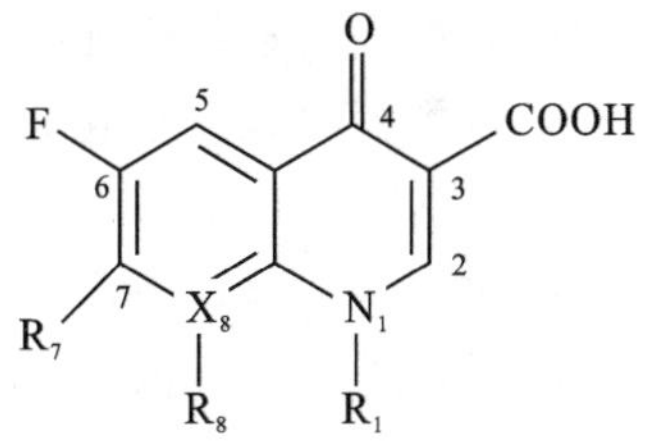

图 7-2　喹诺酮类药物的分子结构

喹诺酮类药物对包括金黄色葡萄球菌在内的革兰阳性菌和包括绿脓杆菌在内的革兰阴性菌，以及支原体、衣原体等都显示出了良好的抗菌活性。喹诺酮类药物为细菌 DNA 合成抑制剂，可以作用于细菌的 DNA 旋转酶（又称拓扑异构酶Ⅱ，topoisomerase Ⅱ，Topo Ⅱ），该酶是由 A、B 两个亚单位组成的四聚体（A_2B_2），主要催化染色体或质粒 DNA 发生拓扑学转变。任何引起 Topo Ⅱ活性改变的因素对细菌都可能是致命的，而喹诺酮类药物正是通过抑制 Topo Ⅱ亚单位 A 而呈现其强杀菌活性。喹诺酮类药物抗菌谱广、高效、低毒、组织穿透力强，抗菌作用比磺胺类药物强，且价格较低，与其他抗微生物药之间无交叉耐药性，不受质粒传导耐药性影响，在医学和兽医学中广泛应用。目前，喹诺酮类药物已成为兽医临床治疗和水产养殖中最重要的抗感染药物之一，被大量用于治疗和预防动物细菌性感染及促进动物生长。

二、合成抗菌药物的使用及其环境暴露现状

无论是发达国家还是发展中国家，磺胺类药物经常被单独使用或是与抗菌药联合使用于牲畜养殖业中，是使用量最大的兽用抗菌药之一。据报道，挪威、英国、韩国、瑞士和丹麦兽用磺胺类药物使用量分别占其国家总兽用抗生素使用量的 25%、19%、15%、15% 和 12%，常用的兽用磺胺类药物主要是磺胺嘧啶、磺胺间甲氧嘧啶、磺胺二甲嘧啶、磺胺氯哒嗪、磺胺氯吡嗪、磺胺喹噁啉等，其中磺胺嘧啶使用量最高。我国是磺胺类药物的生产大国，生产种类多达 30 余种。据统计，20 世纪 80 年代磺胺类药物产量为 5 000 t，90 年代产量比 80 年代翻了一番，2003 年突破了 20 000 t，并且逐年增加，至 2008 年磺胺类药物的比例已经占到总兽用抗生素的 20% 以上。近年来，喹诺酮药物的使用量也已位

于抗感染药物前列，2009 年占据全球抗生素 17％的市场份额。世界卫生组织（WHO）调查显示，据美国、日本、韩国和欧盟等国家和组织的统计，1998 年消费的喹诺酮类药物中作为专用产品约有 50 t，作为通用产品约有 70 t。而在中国分别为 1 350 t 和 470 t，其中诺氟沙星、环丙沙星和氧氟沙星的生产量最大。以诺氟沙星为例，2013 年我国用了 5 440 t，其中畜用就达 4 427 t。可见，磺胺类药物和喹诺酮类药物已经是兽用抗生素市场的主要药物。

合成抗菌药物可以通过药物生产排放、污水处理排放、处理未使用的或过期的药物、坡面径流、施用投喂过抗生素的牲畜粪便作为肥料等多个方式进入环境。其中，最主要途径为施用投喂过抗生素的牲畜粪便于农田。因此，环境中的合成抗菌药物暴露水平与其在养殖业的使用情况、储存和施用粪便的具体操作密切相关。大多数兽药抗生素很难被牲畜的消化系统吸收，多以原药形式随粪便和尿液排出体外，磺胺类药物的排泄率为 80％～90％，喹诺酮类药物的排泄率为 30％～83.7％。但不同类型牲畜粪便中兽药抗生素的暴露浓度也存在差异，从各国的调查情况来看，除大环内酯类外，我国牲畜粪便中各种类型兽药抗生素的暴露浓度均高于世界其他国家，如我国磺胺类药物的暴露浓度为 100～4 670 μg/kg，世界其他国家为 20～10 800 μg/kg；我国喹诺酮类的暴露浓度为 400～1 420 760 μg/kg。牲畜粪便中暴露浓度与兽药抗生素在各国使用量的统计结果基本上一致。当然，兽药抗生素在粪便中暴露浓度的差异与养殖动物种类、饲喂状况和养殖方式等不同也密切相关。例如，猪粪中磺胺类药物的暴露浓度一般高于家禽粪便和牛粪，集约化养殖场的动物排泄物中磺胺类药物的残留量一般高于散养动物排泄物中抗生素残留量。喹诺酮类和磺胺类药物在规模化猪、牛养殖场的不同粪便中检出情况也存在差异，猪粪中喹诺酮类总含量在 24.5～1 516.2 μg/kg，平均为 581.0 μg/kg，以恩诺沙星和环丙沙星为主；磺胺类药物总含量在 1 925.9～13 399.5 μg/kg，平均为 4 403.9 μg/kg，以磺胺甲基嘧啶和磺胺甲噁唑为主。而牛粪中喹诺酮类化合物总含量在 73.2～1 328.0 μg/kg，平均为 572.9 μg/kg，以诺氟沙星和环丙沙星为主；磺胺类化合物总含量在 1 039.4～15 930.3 μg/kg，平均为 3 787.7 μg/kg，以磺胺甲噁唑和磺胺甲基嘧啶为主。此外，不同地区畜牧粪便中喹诺酮类和磺胺类药物含量及组成特征等方面也有明显差异。

农田土壤中残留的磺胺类药物主要为磺胺甲嘧啶、磺胺二甲嘧啶、磺胺嘧啶、磺胺噻唑、磺胺氯哒嗪，污染浓度仅低于四环素类抗生素。如上海地区黄浦江上游施用过动物粪便的土壤中磺胺类药物污染浓度为 5.85～33.37 mg/kg。广州和深圳菜地土壤中 6 种磺胺类药物总含量在 33.3～321.4 μg/kg，以磺胺甲噁唑、磺胺-5-甲氧嘧啶、磺胺二甲嘧啶为主，单个化合物检出率为 25.81％～93.50％，这些药物的平均含量为 121 μg/kg。土壤中喹诺酮类抗生素分布也存在差异，邰义萍等对广州某绿色蔬菜基地和有机蔬菜基地土壤中 4 种喹诺酮类药物含量与分布特征进行研究发现，土壤中各喹诺酮类药物检出率除洛美沙星为 85％以外，其余均为 100％，平均含量为 0.80～24.95 μg/kg，以诺氟沙星（24.95 μg/kg）为主，其次为环丙沙星（15.40 μg/kg）和恩诺沙星（7.68 μg/kg）；4 种喹诺酮类药物总含量在 7.15～122.25 μg/kg，平均为 48.85 μg/kg。有机蔬菜基地土壤中 4 种喹诺酮类药物的平均总含量（69.9 μg/kg）均高于绿色蔬菜基地土壤（16.9 μg/kg）。此外，同一基地不同蔬菜土壤中喹诺酮类药物的含量有一定差异，但化合物组成特征差异不大。

在畜牧和水产养殖中兽用抗生素的大量使用是其进入水环境的重要途径之一。Wei 等对江苏省 11 个城市 27 个大型动物养殖场的 53 个养殖废水样品进行检测，结果均有抗生素被检出。Batt 等研究华盛顿动物饲养对当地地下水的水质影响，结果发现 6 个作为饮用水源的井水样品中均检测出兽用磺胺二甲嘧啶和磺胺二甲氧嘧啶，其浓度分别为 0.076～0.22 μg/L 和 0.046～0.068 μg/L。Miao 等对加拿大污水处理厂出水水质进行检测发现，磺胺类和四环素类等药物是常见被检出的兽用抗生素，该结果与加拿大对这些兽用抗生素使用量较大的事实相吻合。闫幸等对嘉兴市生猪养殖基地环境水体中 4 类

（四环素类、磺胺类、大环内酯类、喹诺酮类）10 种常用兽用抗生素开展调查和检测，结果显示村镇河道中抗生素污染严重，10 种抗生素总浓度为 65.6～467.0 ng/L，其中四环素类和磺胺类浓度分别为 40.8～253.0 ng/L 和未检出～165.0 ng/L；大环内酯类和喹诺酮类浓度分别为 3.1～14.68 ng/L 和未检出～14.54 ng/L。市区河网污染相对较轻，10 种抗生素总浓度为 20.1～61.2 ng/L，其中磺胺类和喹诺酮类浓度分别低于 2.7 ng/L 和 21.6 ng/L。由于现有常规处理技术特别是污水处理技术对兽用抗生素无明显去除效果，因此这些抗生素最终会通过饮用水进入人体。

郭欣妍等采集养猪场排出的废水水样、养殖场周边菜地土壤样品和猪粪样品并进行检测与分析，结果显示养猪场粪便样品中检出的抗生素主要为四环素类抗生素和大环内酯类抗生素，育肥猪、仔猪和母猪的粪便中检出的抗生素品种不尽相同；在猪场排出的废水中检出了喹诺酮类、磺胺类、大环内酯类等多类抗生素，其暴露浓度均低于粪便；猪场菜地也检出喹诺酮类和大环内酯类抗生素。

三、合成抗菌药物的环境行为

合成抗菌药物通过各种途径进入到环境后，在环境中的介质主要是粪便、土壤和水体等，表现出的环境行为主要是降解、吸附、迁移等。

（一）降解

兽药在环境介质中的降解途径主要包括微生物降解、化学降解和光降解等。磺胺类药物在猪粪中的降解速率相对较快，从而有效减少随猪粪进入到环境中的药物残留量。研究表明，磺胺嘧啶在猪粪中降解半衰期小于 30 d，这可能是由于猪粪性质，或者是猪粪中共轭化合物与母体化合物之间的动态转换造成的。但也有研究表明，磺胺甲噁唑在粪便和土壤混合物里却很难降解，含磺胺的猪粪施入土壤后，7 个月之后仍能检测出磺胺甲噁唑的残留。相对于在粪便中的降解，磺胺类兽药在土壤中的降解速率则相对较低。磺胺嘧啶在砂土、黏土和壤土中的半衰期分别为 83.5 d、104 d 和 192.5 d，而且无氧环境下的降解率要低于有氧环境。不同的初始磺胺类兽药浓度会影响其降解速率，初始浓度越高，降解半衰期就越长。与粪便类似，磺胺类兽药在土壤中降解时，其乙酰化代谢产物同时也可转化为母体化合物。合成抗菌药物在水中的光催化氧化降解具有一定规律，如磺胺嘧啶在水中的降解行为符合一级动力学规律，即当 pH 值为 6.7、磺胺嘧啶初始质量浓度为 2.0 mg/L、TiO$_2$ 用量为 80 mg/L、反应 60 min 时，磺胺嘧啶的降解率可达到 99.9％。Fenton 氧化降解对磺胺嘧啶微污染的水体也有很好的降解效果。氟喹诺酮类抗生素属光降解敏感型，主要降解产物包括 10 多种有机物及 F$^-$ 和 HCOO$^-$ 等离子。光降解是地表水中氟喹诺酮类抗生素的主要降解方式，但降解过程缓慢，导致在环境中的残留时间比较久。沉积物中氟喹诺酮类的光降解往往只发生在沉积物表层，且进展相当缓慢。土壤中吸附的氟喹诺酮类药物充分暴露于自然光下，能很好地促使它们降解。Sturini 等研究了土壤中恩诺沙星和麻保沙星的光降解作用，实验表明经过 50 h 2 种氟喹诺酮类的降解率达到了 80％。

（二）吸附

磺胺类兽药的吸附性比其他抗生素类（如喹诺酮类、四环素类）都弱，这除了与磺胺类兽药自身理化性质有关外，还与吸附土壤的理化性质（pH 值、有机质、阳离子交换量等）、土壤溶液离子强度等有关。吸附系数与有机质含量成正比，与土壤 pH 值和离子强度成反比。研究发现，磺胺二甲嘧啶等 4 种磺胺类药物在水稻土的吸附以物理吸附为主，供试土壤等温吸附线均能较好地拟合 Freundlich 和 Langmuir 方程。磺胺嘧啶在黑土及其不同组分的土壤中吸附有差异，吸附容量从大到小为黏粒＞粉粒＞原土＞砂粒，磺胺嘧啶在黑土及其不同粒径上的吸附主要发生在非均质吸附剂表面，且线性分配作用较弱。对太湖地区的水稻土吸附研究显示，4 种磺胺类药物在水稻土中也均为物理吸附，吸附能力强弱顺序：磺胺间甲氧嘧啶＞磺胺氯吡啶＞磺胺二甲嘧啶＞磺胺甲嘧啶。Premasis 等还比较了两种不同处理方法在土壤中的吸附行为（直接添加兽药和通过粪便添加兽药），结果表明加入粪便后的土壤试样对磺胺二甲嘧啶的吸附值大大升高（6.9～40.2 L/kg 比 0.1～24.3 L/kg）。磺胺类兽药在土壤中的吸附和解吸行为也会受到物理与化学因素的交互影响，使得土壤对磺胺类兽药的吸附性较差，但这也表明磺胺类兽药可能有较好的迁移性，会对地表水甚至地下水构成一定的威胁。氟喹诺酮类兽药容易在土壤表层积累，向下层土的迁移很弱，这与其携带的－COOH 基团对氟喹诺酮类药物吸附的贡献较大有关，导致其主要被吸附在地表，不易释放和随水迁移。氟喹诺酮类兽药还能和金属离子（Ca^{2+}、Mg^{2+}、Fe^{3+} 或 Al^{3+} 等）形成络合物，使其在环境介质中较稳定存在。水体和污水处理中的氟喹诺酮类兽药也可通过污泥吸附的方式去除，氟喹诺酮类兽药从废水中转移到活性污泥中，即可达到去除目的，如环丙沙星通过污泥吸附去除率可达到 60％。研究多认为，氟喹诺酮类兽药主要去除机制是活性污泥的吸附，而非生物降解。

（三）迁移

磺胺类兽药呈弱酸性，其钠盐易溶于水，因此不能被土壤吸附的磺胺类兽药可通过迁移行为、雨水冲刷及其他作用进入到水体中，对地表水和地下水构成威胁。如果磺胺类兽药淋洗到河流中，最终将影响河流及海洋生态系统中的各种生物。室内模拟淋溶装置研究表明，磺胺嘧啶在土壤中有一定的淋溶向下迁移性，但不同土壤间的迁移性差异较大，在 3 种供试土壤中的淋溶向下迁移性顺序为砂土＞黏土＞壤土。在砂土中表现出较强的迁移能力，48L 水连续淋溶后，70.16％的总药量渗出 40 cm 的土柱。Blackwell 等利用猪粪悬浮液添加磺胺氯哒嗪到土壤中，以模拟兽药在土壤中的淋溶行为，结果在渗透液中检测到较高浓度的磺胺氯哒嗪。Unold 等研究了兽药磺胺嘧啶在沙壤土和壤砂土中的迁移和转化，试验时磺胺嘧啶先添加到猪粪中然后再进入土壤，结果在淋溶后液中检测到兽药原型和代谢产物，其中兽药原形占 97％以上。这说明磺胺类药在土壤中有很强的迁移性，且磺胺在土壤中的淋溶向下迁移能力与土壤性质密切相关，土壤质地和有机质含量可能是影响磺胺嘧啶淋溶向下迁移性能的重要因素。

四、检测分析方法

合成抗菌药除具有抗菌谱广的特点外，还具有价格低廉的特点，经常以亚治疗剂量用作饲料添加剂加到畜禽饲料中，用以防治畜禽疾病和促进畜禽生长。然而兽药进入畜禽体后，会以兽药原形及其体内代谢产物形式残留在畜禽产品及机体组织中。由于动物源性食品基质比较复杂，含有大量的脂肪、蛋白质等生物基质，因此需要比较合适的样品前处理方法和分析检测方法。

目前，一般的磺胺类兽药检测技术主要通过手工进行样品前处理，然后用液相色谱-质谱联用仪进行分析检测，如 2007 年颁布的《动物源性食品中磺胺类药物残留量的测定——高效液相色谱法-质谱/质谱法》（GB/T 21316－2007）推荐的方法。其中样品前处理是整个分析过程中的关键环节之一，常用于食品中兽药残留提取净化的方法有固相萃取法、液液分配法、分子印迹聚合物法、免疫亲和柱层析法等。此外，近年来发展的新方法，如离子液体单滴微萃取法、快速溶剂萃取仪法、超声萃取技术等也均有灵敏度高、操作简便等优点，适用于食品中痕量兽药残留的前期处理。磺胺类药物残留的检测技术主要有高效液相色谱法、液相色谱-质谱联用法、免疫分析法、电化学方法、试剂盒、毛细管电泳法、化学显色法等方法。

喹诺酮类药物检测与磺胺类药物类似，也需要进行样品前处理，然后再采用各种方法进行检测。我国现行的喹诺酮类药物残留检测标准主要有：①《动物源性食品中 14 种喹诺酮药物残留检测方法：

液相色谱-质谱/质谱法》（GB/T 21312—2007），要求使用固相萃取方法（SPE）进行前处理，再使用液质联用（HPLC/MS/MS）进行检测。该方法检测结果灵敏度高、检测限低、可定性和定量，但却存在仪器要求高、过程耗时、步骤烦琐、影响回收率因素多、检测成本昂贵等问题，在日常检测过程中很难加以应用，适合作为残留验证参考。②《动物性食品中氟喹诺酮类药物残留检测——高效液相色谱法》（农业部 1025 号公告，2008 年），该方法同样是使用 SPE 方法进行前处理，使用 HPLC（配荧光检测器）进行检测。该法检测限低、灵敏度高、仪器要求低，但同样存在过程耗时、步骤烦琐、影响回收率因素多、需专用的一次性 SPE 柱、检测成本较高等问题。③《动物性食品中氟喹诺酮类药物残留检测——酶联免疫吸附法》（农业部 1025 号公告，2008 年），该方法采用常规萃取分离方法进行前处理，使用酶联免疫法（竞争性 ELISA）进行检测。该法检测特异性强、仪器要求低，但存在交叉反应、无法准确定量、检测限和定量限高、试剂盒（条）质量批次差异大、竞争性 ELISA 容易出现假阳性现象等问题。此外，各国科技工作者对于喹诺酮类药物残留检测进行了大量的研究工作，出现了一些新技术和新方法，如微生物法、免疫分析法、色谱及联用技术、毛细管电泳、发光分析法等。

近年来，一些快速检测方法也被应用于药物残留检测，如 RANDOX ELISA 兽药残留试剂盒，可以定量检测各种不同基质（尿液、血清、肉类、饲料、牛奶、蜂蜜、羽毛、头发、鸡蛋和视网膜等）中药物残留，且检测效率高（2～3 h 能分析多达 80 个样本）。无论是采用 ELISA 法、GC-MS 法或其他任何技术，样本清洁是药物残留检测的重要环节，而采用免疫亲和柱进行样本纯化还可以进一步提高快速检测效率。此外，生物芯片多重筛查检测技术也应用于残留药物的快速检测，可以半定量地从单一样本中同时检测出多种药物残留量，从而节约了成本，缩短了整体检测时间。如英国朗道公司研发的抗生素生物芯片组合 I PLUS（EV3775）可以同时检测 15 种磺胺类药物。

五、合成抗菌药的残留现状及其原因

为了提高生产效率，满足人类对动物性食品的需求，畜、禽、鱼等动物的饲养多采用集约化生产。但由于生长密度高，疾病容易蔓延，导致用药频率增加。同时，要促进动物生长和预防疾病也会使用抗生素，过多兽药使用就会造成药物残留于动物组织中。

（一）残留现状

磺胺类药物在动物食品中的残留已有近 30 年时间，并且在近 15～20 年内磺胺类药物残留超标现象比其他任何兽药残留都严重。2010 年济南市区市售动物性食品中的兽药残留水平分析显示，272 份动物性食品（猪肉、猪肝、猪肾、鸡肉、鸡肝、鸡胗、牛肉、羊肉）中磺胺嘧啶残留超标率最高（达 43.38%），超标残留值范围为 $103.22～37\,430.31\ \mu g/kg$；磺胺二甲基嘧啶残留超标率为 20.96%，超标残留值范围为 $125.35～67\,420.41\ \mu g/kg$；磺胺甲噁唑残留超标率为 19.85%，超标残留值范围为 $109.95～32\,538.85\ \mu g/kg$。同样该 272 份动物性食品中环丙沙星残留超标率达 17.28%，超标残留值范围为 $103.18～5\,517.76\ \mu g/kg$；其次是氧氟沙星，超标率为 16.18%，超标残留值范围为 $136.37～7\,246.79\ \mu g/kg$；恩诺沙星超标率最低（4.04%），超标残留值范围为 $122.65～8\,820.62\ \mu g/kg$。2011 年湖南省永州市 8 个县区的 200 份猪肉样品，有 31 份被检出有磺胺类药物残留（检出率为 15.50%），有 2 份被检出磺胺间甲氧嘧啶超标（超标率为 1%）。阜阳和亳州两地 140 例黄牛肉及制品样品检测分析显示皖北地区黄牛肉样品中环丙沙星、恩诺沙星、盐酸沙拉沙星的超标率分别为 6.43%、4.29%、0.71%，超市和农贸市场样品超标率均低于私营屠宰点，生肉样品超标率稍高于成品。珠江三角洲地区淡水养殖区和海水养殖区 8 种养殖鱼类肌肉和肝脏组织中的诺氟沙星、环丙沙星和恩诺沙星等药物残留含量检测显示，3 种喹诺酮类药物在鱼体肝脏组织中含量普遍高于肌肉组织，其中诺氟沙星、环丙沙星和恩诺沙星在鱼体肌肉组织中的含量分别为 1.95～100.54 ng/g、0.48～33.26 ng/g 和 1.18～51.89 ng/g，在鱼体内的残留浓度大小顺序为诺氟沙星＞恩诺沙星＞环丙沙星，淡水养殖鱼类喹诺酮药物残留普遍高于海水养殖鱼类。

近年来，随着我国对兽药加大管理力度，兽药残留现状得到明显改善。2013 年上半年我国畜禽动物及其产品兽药残留监控结果显示，畜禽产品兽药残留状况总体稳中趋好，检测的 6 795 批畜禽产品残留样品中，合格 6 791 批，合格率 99.94％。1 199 批氟喹诺酮类残留样品检测，3 批鸡肉样品超标。2015 年在黑龙江省 8 个市、县随机采集的 100 份猪肉样本均未检出磺胺间甲氧嘧啶、磺胺甲噁唑、磺胺二甲氧嘧啶和磺胺喹恶啉，而磺胺二甲基嘧啶的检出率仅为 1％，阳性样本的残留浓度为 54.88 μg/kg，也未超过国家规定的最高残留限量。李宁等随机抽取在售的鲜牛奶和纯牛奶各 18 份进行检测，有 1 份纯牛奶样品中检出磺胺间二甲氧嘧啶（21.5 μg/kg），1 份纯牛奶样品中检出磺胺甲基嘧啶（10.6 μg/kg）、恩诺沙星（15.3 μg/kg），但均未超过我国农业部限量标准。

（二）原因分析

合成抗菌药的残留和其他兽药残留原因类似，主要有以下几个方面的原因：使用违禁或淘汰药物；不按规定执行应有的休药期；随意加大药物使用量或把治疗药物当成添加剂使用；滥用药物；饲料加工过程受到污染；用药方法错误或未做用药记录；屠宰前使用兽药；粪便和粪池中含兽药等。此外，利用畜禽废弃物饲喂动物，可以减少排泄物造成的环境污染，但是利用动物废弃物作为食品动物的饲料成分前，要进行实验研究以防止食品动物中残留物的产生。

第二节　合成抗菌药物的毒性作用

一、代谢动力学

动物性食品体内残留的磺胺类和喹诺酮类药物进入人体后，可通过人体系统进行代谢，其代谢模式和人同类药物的代谢相似。磺胺类药物进入胃肠道后，胃肠很容易吸收，吸收后分布于全身组织和体液中，以肝、肾中浓度较高，部分与血浆蛋白结合，结合率低者（如磺胺嘧啶）易透过血脑屏障，在脑脊液中浓度高。磺胺类药物主要经过肝乙酰化代谢而失效。乙酰化物在尿中溶解度较小，尤其是在酸性尿中易析出结晶而损害肾。肠道内难吸收的磺胺类药物主要随粪便排出，在肠道内释放出磺胺吡啶和 5'-氨基水杨酸，前者有抗菌作用，后者有抗炎作用。大多数磺胺药及其代谢产物主要经肾排除，除肾小球滤过外，肾小管的主动转运对磺胺药的排泄也起到作用。氟喹诺酮类药物多数胃肠道吸收良好，血药浓度相对较高，与血浆蛋白结合率低（10％～30％），但在体内分布广，可以进入骨、关节、前列腺等，组织药物浓度常等于或大于血药浓度。药物通过肝脏代谢，由肾排泄，但差异较大，氧氟沙星、左氧氟沙星、洛美沙星和氟罗沙星主要由肾排泄；诺氟沙星、环丙沙星和依诺沙星等部分由肾和肝途径排除。培氟沙星和司氟沙星由肾排出较少。

二、耐药性

抗生素的长期不当使用造成耐药菌不断增多，耐药性也不断增强。如目前大肠杆菌耐氟喹诺酮类药物情况日益严重，沙氏菌、弯曲杆菌、葡萄球菌属、链球菌属及支原体对氟喹诺酮类均呈现出较高的耐药性。抗菌药物残留于动物性食品中，通过食物链也导致人体内耐药菌株的产生。细菌的耐药基因在人群细菌、动物群细菌和生态系统细菌间相互传递，使得细菌的耐药性由获得性耐药转为天然性耐药而世代相传。

众多研究证实，畜禽粪便已经成为自然环境中耐药细菌和耐药基因的储库。就磺胺类兽药耐药微生物而言，已有的研究显示其主要与 3 种不同的抗性基因（sul1、sul2 和 sul3）有关。喹诺酮类耐药机制主要分为染色体介导的耐药和质粒介导的耐药，后者对细菌耐药性的广泛传播起着重要作用。Byrne 等用了 2 年多时间研究发现，在英国施粪肥的农业土壤中普遍存在抗磺胺类药物的 3 种基因 sul1、sul2 和 sul3，在采集的 531 个土壤样品中，23% 携带 sul1 基因，18% 携带 sul2 基因，仅有 9% 携带 sul3 基因，2% 的样品含有所有 3 种 sul 基因。抗生素耐药基因在不同动物养殖场的分布也不同，Mu 等研究了中国北方地区不同养殖场中四环素类、磺胺类、大环内酯类及质粒介导的喹诺酮类（plasmid-mediated quinolone，PMQR）耐药基因的分布情况，结果发现粪便中抗生素耐药基因总浓度由高到低依次为鸡粪＞猪粪＞牛粪，且 PMQR 和 sul 耐药基因的分布最为普遍丰富。鸡粪中喹诺酮类耐药基因 oqxB 和磺胺类耐药基因 sul1、sul2 的丰度分别达到了 3.48×10^{10} copies/g、1.39×0^{10} copies/g 和 7.53×10^9 copies/g。

此外，禽畜肉产品中残留微生物的抗生素耐药性问题尤其值得关注。已有报道表明，我国的生鲜鸡肉中沙门氏菌等致病菌对磺胺类抗生素具有较高的耐药性。李姝等研究表明，生鲜鸡肉和内脏产品中非致病菌也包含了大量的磺胺类耐药基因 sul1 和 sul2，具有磺胺耐药表型的细菌数量和占总菌的比例显著高于同类产品中的四环素耐药菌或其他产品的磺胺类耐药菌，且对磺胺的耐药程度较高。可见鸡肉及内脏样品中磺胺耐药菌分布广泛，普遍具有多重耐药性，且含有大量耐药基因，存在耐药基因随质粒在细菌间水平迁移的潜在风险。

三、生态毒性

残留在环境中的磺胺类药物和喹诺酮类药物很难自然转化和降解，从而在环境中积累，当累积到一定浓度时，还会改变土壤的正常结构和功能，影响动植物的生长发育，引发生态毒性。

土壤中存在的磺胺二甲基嘧啶对不同土壤中微生物种群生长的影响，即对土壤中细菌的生长均有一定的抑制作用，这种抑制作用随浓度的降低而出现下降的趋势，并表现出明显的时间差异，24 h 的抑制率高于 48 h。磺胺二甲基嘧啶对不同土壤中真菌生长的抑制还表现出一定地区差异，在染毒的初期，药物对武汉土中真菌的抑制作用更为明显。土壤呼吸作用反映了土壤微生物的总活性，可以用来作为监测土壤生态环境变化的重要指标。磺胺类抗生素对土壤微生物呼吸也有抑制作用，刘锋等通过室内直接吸收法测定磺胺类抗生素对水稻土土壤微生物呼吸的影响，结果表明磺胺甲嘧啶和磺胺甲唑对土壤呼吸的最大抑制率分别为 34.33% 和 34.43%，以磺胺甲唑和甲氧苄啶对土壤呼吸影响最大。同一种抗生素随着浓度的增加对土壤呼吸的影响不同，磺胺甲唑与甲氧苄啶对土壤呼吸的影响表现出很好的剂量依赖效应。金彩霞等采用室内培养的方法研究了兽药抗生素磺胺间甲氧嘧啶对黄潮土土壤微生物呼吸及土壤酶活性的影响，结果表明，磺胺间甲氧嘧啶可显著影响土壤呼吸强度，抑制率和激活率分别可达 72% 和 254%，药物对土壤酶活性的影响小于其对土壤呼吸强度的影响，在试验浓度范围内，土壤微生物呼吸及酶活性的抑制率或激活率也会呈现一定的波动性。此外，磺胺氯哒嗪对土壤微生物群落还具有一定的抗性作用，Schmitt 等将一系列浓度的磺胺氯哒嗪加入土壤，在黑暗条件下培养 20 d 后，采用 Biolog 方法分析不同浓度处理的群落抗性。结果表明与对照组相比磺胺氯哒嗪含量为 7.3 mg/kg 时微生物群落抗性增长了 10%。磺胺类药物还会引起土壤中微生物抗磺胺药物基因的改变，Heuer 等将含有磺胺嘧啶的猪粪肥和土壤混合在一起（每千克土壤含有 10～100 mg 磺胺嘧啶）施于土壤中，施肥后 2 个多月时间，利用 PCR 方法在土壤微生物群落中检测抗磺胺药物的基因 sul1、sul2 和 sul3，结果发现在猪粪肥和施有猪粪肥的土壤中存有大量的 sul1 基因，没有检测到 sul3 基因。

与磺胺类药物类似，喹诺酮类药物进入土壤环境中会导致土壤微生物多样性的下降，尤其是高浓度时尤为明显，如相对较高浓度的恩诺沙星残留可降低其微生物群落的多样性，药物浓度越高，土壤微生物多样性就越低。喹诺酮类药物对土壤呼吸作用也有影响，诺氟沙星在浓度为小于 1 mg/kg 时，对土壤微生物呼吸都有一定的抑制作用；浓度大于 5 mg/kg 为激活作用，激活作用随着处理浓度的增加而升高。恩诺沙星残留在土壤中作用达 2～4 d 时，较低浓度的恩诺沙星对土壤呼吸作用有刺激作用，较高浓度则对其产生抑制作用。恩诺沙星还影响土壤微生物功能，进而对土壤特性和土壤呼吸作用、纤维分解作用及氨化作用等生态过程造成影响。研究发现恩诺沙星可显著抑制土壤脱氢酶和磷酸酶的活性，抑制土壤微生物的呼吸强度和硝化作用，土壤微生物群落功能多样性（基于 Biolog 方法）随恩诺沙星浓度升高显著降低。可以推测抗生素对土壤微生物呼吸的激活作用，可能因为抗生素被某些微生物利用作为自身生长的碳源，促进微生物的生长，对微生物呼吸起到促进作用。

环境中残留的磺胺类药物和喹诺酮类药物对植物也存在生态毒性效应。毛蕾等选取了磺胺类、喹诺酮类、大环内酯类 3 种兽药为实验对象，采用玉米、蚕豆、小麦 3 种作物为实验材料，运用彗星、微核两种试验方法，观察兽药的遗传毒性作用。结果显示 3 种不同的抗生素类兽药均可在一定浓度下诱发作物根尖细胞的微核效应，但其遗传毒性之间存在区别，磺胺类兽药毒性最大，大环内酯次之，喹诺酮类兽药毒性最弱。Migliore 等研究表明低浓度恩诺沙星（50～100 μg/L）促进了香瓜、莴苣、胡萝卜和菜豆的生长，高浓度则显著抑制了这 4 种作物主根、胚轴、子叶的长度，降低了叶片数量，其中对根的抑制效果最明显，这可能与恩诺沙星在植物根部的蓄积量有关，在根部蓄积量最多，因此表现出对根生长的抑制作用最为显著。Boxall 等研究发现，土培条件下 1 mg/kg 恩诺沙星显著抑制胡萝卜和莴苣生长，而相同浓度的阿莫西林、磺胺嘧啶、泰乐素、甲氧苄啶和氟苯尼考等对其生长影响不显著。氟喹诺酮类抗生素还可以诱发水生动物的毒性，鱼类对氟喹诺酮类抗生素的代谢过程中会产生一些具有亲电子活性的中间产物，这些产物可能诱导生物体内抗氧化酶活性的变化，进而造成机体的氧化应激效应，导致机体代谢紊乱，引发其他疾病。有研究发现恩诺沙星会引起鱼脑和肝脏内谷胱甘肽含量降低，过氧化氢酶和谷胱甘肽转移酶活性发生变化，诱导鱼体内脂质过氧化和神经功能障碍等疾病，并证实在鲈鱼体内恩诺沙星主要是通过细胞色素代谢为环丙沙星，且恩诺沙星对细胞色素具有明显的抑制作用。

第三节　合成抗菌药物的健康危害

一、人群暴露情况

合成抗菌药物的不规范使用会造成药物在动物体内积蓄残留和富集，人类食用动物的肌肉、肝、肾、脂肪等时，残留的药物就会进入人体。复旦大学公共卫生学院研究人员自 2012—2014 年每年收集江浙沪三地学龄儿童尿样约 1 500 份，结果测定出尿中含有 21 种抗生素，79.6% 的学龄儿童尿液中检出 21 种抗生素中的一种或几种，其中包括兽用的 4 种喹诺酮类抗生素和 4 种磺胺类抗生素。早在 2013 年研究人员对 1 064 个 8～11 岁的学校儿童人群尿中 18 种抗生素的生物监测证实，该地儿童普遍暴露于多种抗生素，尿中检出频率在 0.4%～19.6%，一种以上抗生素在尿中被发现的频率为 58.3%，至少 2 种及以上抗生素或抗生素类别在尿中同时发现的频率分别为 26.7% 和 23.5%，而且在一份尿中最多同时能检测出 4 类 6 种抗生素；尿中抗生素总浓度之和在 0.1～20 ng/ml 的尿样占 47.8%，部分尿样抗生素浓度超过 1 000 ng/ml。最近，该研究小组对 536 位 16～42 岁孕妇尿中 21 种抗生素进行检测，结果有 16 种抗生素被检出，检出频率在 0.2%～16.0%，41.6% 的孕妇尿中检出抗生素，其中环丙沙星、氧氟沙星、甲氧苄啶检出频率最高（检出率为 10%～20%），每天暴露剂量小于 1 μg/（kg·d）。

二、潜在健康危害

（一）磺胺类药物

近年来的研究发现，磺胺类药物在动物体内的残留现象在所有兽药当中是最严重的，多在猪、禽、牛等动物中发生。如果人摄入超过限量的动物性食品，可能造成磺胺类药物在人体内富集，对人体可产生毒性作用，甚至引起超敏反应和造血系统的损害。其健康危害主要表现为以下几方面。

1. 毒性作用　磺胺类药物在体内乙酰化率高，在体内主要经肝脏代谢为乙酰化磺胺，后者无抗菌活力但却保留其毒性作用，在泌尿道析出结晶，产生刺激和阻塞，造成泌尿系统损伤，损害肾脏，出现结晶尿、血尿、管型尿、尿痛以致尿闭等症状。

2. 过敏反应　经常食用含低剂量磺胺类药物残留的食品，能使易感的个体出现过敏反应，常见有皮疹、光敏性皮炎、药物热等，个别严重者可发生剥脱性皮炎、结节性多发性动脉炎等。如在治疗奶牛乳房炎时，如未执行停药期规定，奶中的磺胺可造成人过敏，轻者引起皮肤瘙痒和荨麻疹，重者引起血管性水肿，严重的过敏患者甚至出现死亡。

3. 造血系统损害　长期摄入含磺胺类药物的动物性食品，对造血系统损害很大，破坏人的造血系统，造成溶血性贫血症、粒细胞缺乏症，严重者可因骨髓抑制而出现粒细胞缺乏、血小板减少症，甚至再生障碍性贫血。虽然罕见，可一旦发生可能是致命的。

4. 致癌性　某些磺胺类药物如二甲嘧啶还有致癌的作用。

5. 抗药性　Schmitz 等根据欧洲国家的调查情况发现，磺胺甲噁唑与甲氧苄啶两种磺胺类药物对于肺炎球菌已普遍存在耐药性，一些国家耐药性菌株在总菌株数量中甚至超过了 20%，并且不同类型磺胺类药物还存在交叉耐药性。如前所述，细菌的耐药基因在人群细菌、动物群细菌和生态系统细菌间还会相互传递，久而久之有可能会导致人体患某种感染性疾病时，出现无药可用的状态。

（二）喹诺酮类药物

喹诺酮类药物虽然具有毒副作用小、安全范围大的优点，但在动物体内分解缓慢。若过量使用或使用不当，将导致在动物性食品中残留。人若长期摄入残留喹诺酮类药物的动物源食品，其各种毒副作用也日益显现。研究表明，大量使用喹诺酮类药物的不良反应是多方面的。

1. 过敏反应　喹诺酮类药物可引起光敏反应，包括光毒性反应和光变态反应。该不良反应是喹诺酮类药物引起的较常见的不良反应之一，其发生率为 0.2%～3%。主要表现为发热、皮疹、瘙痒、脱屑、发红，严重者还可引起过敏性休克。有相关调查显示，引起过敏性休克的喹诺酮类药物主要以氧氟沙星、环丙沙星和诺氟沙星为主。

2. 直接毒性反应　喹诺酮类药物的直接毒性反应表现在很多方面，如中枢神经系统不良反应，发生率为 1%～17%，主要表现是引起头晕、头痛、失眠、烦躁、视力听力下降、耳鸣等；消化系统不良反应，其中以环丙沙星所引起的为主，其次为诺氟沙星、氧氟沙星等，临床表现为恶心、腹痛、呕吐、消化道出血、结肠炎等；心血管系统不良反应，表现为胸闷、无力、心率加快、溶血性贫血等；泌尿系统不良反应，可引起肾炎、急性肾功能衰竭等。

3. 与其他药物间的相互作用　喹诺酮类药物与水杨酸钠、吡唑酮类等非甾体抗炎药合用会增加中枢神经系统毒性；部分与蛋白质结合率高的喹诺酮类药物与灭鼠灵合用会造成凝血时间过长而出血；一些喹诺酮类药物还会抑制肝药酶的作用，导致血药浓度上升，进而出现相应的毒副作用等。

此外，喹诺酮类药物对动物还具有一定的软骨毒性，会一定程度地损伤幼龄动物的负重关节软骨，且药物浓度越大，年龄越小，其损伤程度越大。喹诺酮类药物在体外对成人的软骨细胞有抑制作用，临床上也有喹诺酮类药物引起关节病的报告，孕妇用药后的胎儿软骨超微结构发生了与动物软骨相同的病理形态学变化，且受损的软骨细胞再生力很弱，可引起关节畸形。

三、健康风险评估

（一）兽药残留限量标准

动物在养殖过程中如果规范使用兽用抗生素，动物产品中一般不会出现抗生素残留超标情况。世界各国十分重视合成抗菌药在动物性食品中的残留问题，对合成抗菌药也制定了相应的残留限量标准。这个安全限量是假设人一生中每天都摄入这个量也不引起任何危害。目前，欧盟、中国、美国、日本、国际食品法典委员会对动物源性食品中磺胺类药物残留规定了最大残留限量值。欧盟规定在所有食用动物的肌肉、肝、肾、脂肪中磺胺类药物的最高残留量应≤0.1 mg/kg。美国FDA规定具有治疗活性的磺胺类药物在肉、蛋、乳中的最高残留量≤0.1 mg/kg。我国规定的动物性食品中磺胺类药物残留限量见表7-1。此外，农业部2002年第235号公告中对"已批准的动物性食品中最高残留限量规定"的要求，对磺胺类药物最高残留限量也做了规定（表7-2）。

表7-1　我国动物性食品中磺胺类药物残留量标准（≤mg/kg）

类别	标准	食品	磺胺类总量	磺胺类（单种）	磺胺二甲嘧啶
普通食品	GB 16869—2001	鲜、冻禽产品	—	—	0.1
无公害食品	GB 18406.3—2001	畜禽可食性组织	0.1	—	—
	GB 18406.4—2001	水产品	—	0.1	—
	NY 5147—2008	羊肉	0.1	—	—
	NY 5039—2005	鲜禽蛋	0.1	—	—

表7-2　农业部第235号公告磺胺类和喹诺酮类药物最高残留限量规定（≤μg/kg）

标志残留物	动物种类	靶组织（残留限量）
磺胺类（总量）	所有食品	肌肉（100）
	动物	脂肪（100）、肝（100）、肾（100）
	牛/羊	奶（100）
磺胺二甲嘧啶	牛	奶（25）
达氟沙星	牛/绵羊/山羊	肌肉（200）、脂肪（100）、肝（400）、肾（400）、奶（30）
	家禽	肌肉（200）、皮+脂（100）、肝（400）、肾（400）
	其他动物	肌肉（100）、脂肪（50）、肝（200）肾（200）
二氟沙星	牛/羊	肌肉（400）、脂（100）、肝（1400）、肾（800）
	猪	肌肉（400）、皮+脂（100）、肝（800）、肾（800）
	家禽	肌肉（300）、皮+脂（400）、肝（1900）、肾（600）
	其他	肌肉（300）、脂肪（100）、肝（800）、肾（600）
恩诺沙星	牛/羊	肌肉（100）、脂肪（100）、肝（300）、肾（200）

续表

标志残留物	动物种类	靶组织（残留限量）
噁喹酸	牛/羊	奶（100）
	猪/兔	肌肉（100）、脂肪（100）、肝（200）、肾（300）
	禽（产蛋鸡禁用）	肌肉（100）、皮＋脂（100）、肝（200）、肾（300）
	其他动物	肌肉（100）、脂肪（100）、肝（200）、肾（200）
	牛/猪/鸡	肌肉（100）、脂肪（50）、肝（150）、肾（150）
	鸡	蛋（50）
	鱼	肌肉＋皮（300）
沙拉沙星	鸡/火鸡	肌肉（10）、脂肪（20）、肝（80）、肾（80）
	鱼	肌肉＋皮（30）

　　而对于在喹诺酮类药物，美国已经规定在动物性食品的生产过程中禁用氟喹诺酮类药物，日本、欧盟与我国虽未禁用，但规定了限用种类和最高残留限量。我国《无公害畜禽肉安全要求》（GB 18406.3－2001）规定：恩诺沙星的残留限量为牛、羊肌肉≤0.1 mg/kg，肝≤0.3 mg/kg，肾≤0.2 mg/kg。我国农业部第235号公告对各种类型喹诺酮类药物在动物性食品中的残留限量做了详细规定（表7-2）。

　　2015年9月农业部下发了第2292号公告，重新规范了食品动物养殖过程中喹诺酮类药物的使用，决定自2015年9月1日起在食品动物中停止使用洛美沙星、培氟沙星、氧氟沙星、诺氟沙星4种兽药，撤销相关兽药产品批准文号。由此将涉及有关最高残留限量、检测标准的相应修订。

（二）评估方法

　　食品安全指数（IFS）是用来评价食品中某种危害物对消费者健康影响的指数，通过计算其结果可以评估出该食品食用后对人体的安全状态影响，从而指导相关部门采取措施，以降低风险。

　　采用食品安全指数对猪肉样品中磺胺类药物的残留风险进行评估，其计算公式为：

$$IFS = (R \times F) / (SI \times bw) \tag{7-1}$$

式中：IFS——食品安全指数。

　　R——猪肉样品中磺胺类药物的残留浓度（$\mu g/kg$）。

　　F——人每日猪肉消费量［kg/（人·d）］（如2015年中国肉类协会统计数据显示2014年中国人均猪肉消费量为41.5 kg，则F＝41.5/365＝0.114［kg/（人·d）］。

　　SI——磺胺类药物的每日允许摄入量（acceptable daily intake，ADI）值（我国规定磺胺二甲基嘧啶ADI值为0.02 mg/［kg/（人·d）］，磺胺间甲氧嘧啶的ADI值为0.006 mg/［kg/（人·d）］，磺胺喹噁啉的ADI值为0.01 mg/［kg/（人·d）］）。

　　bw——人体平均体重（kg）（如按60 kg计算）。

　　IFS大于1表示所研究消费人群对猪肉的食用安全风险较高，不可接受，必须采取相应预防措施；IFS小于1表示所检测的磺胺类药物对人群健康造成的危害效应并不明显，人群健康风险是可以接受的；IFS远小于1表示所检测的磺胺类药物对人群健康不会造成危害效应，安全状态可以接受。关舒函等对黑龙江省8个市、县随机采集的100份猪肉样本中磺胺类药物的残留情况进行检测，经测算磺胺类兽药残留量的食品安全指数为4.57×10^{-3}，远小于1，表明黑龙江省猪肉中磺胺药物残留总量不会对人群产生不良作用，其对人体的潜在危害水平是可以接受的。

此外，也可以直接根据 ADI 值来进行对人体的健康风险评价。联合国粮食及农业组织（FAO）和世界卫生组织（WHO）规定磺胺二甲嘧啶的 ADI 为 50 μg/kg。如广东沿海平均每人每天摄入鱼类约为 164.4 g，大亚湾地区鱼肉组织中的磺胺嘧啶、磺胺二甲嘧啶、磺胺甲基异唑的平均含量为 13.40 ng/g、6.95 ng/g 和 1.23 ng/g，则相应的日平均摄入量分别为 36.72 ng/kg、19.04 ng/kg 和 3.37 ng/kg，其摄入量占 ADI 值的范围为 0.007%~0.073%，远低于 1% 的 ADI 值，说明其健康风险为可以忽略，膳食是安全的。当然，还可以根据目标抗生素降解的动态数据，预测不同季节土壤中抗生素残留浓度，评估其土壤生态风险，然后再利用多种蔬菜中抗生素富集系数及土壤中抗生素预测浓度来推测蔬菜中抗生素残留浓度，通过计算其每日人均摄入量，并与 ADI 比较来评估其健康风险。如赵慧男等根据实验获得的诺氟沙星、环丙沙星和恩诺沙星降解动态数据，计算出 3 个月后土壤中相应药物浓度降解率分别为 48.60%、54.5% 和 42.14%，预测 3 种抗生素最大值分别降为 148.20 μg/kg、296.40 μg/kg 和 96.60 μg/kg，6 个月后土壤中降解率分别为 62.22%、70.93% 和 54.32%，最大值分别降为 108.93 μg/kg、189.41 μg/kg 和 76.27 μg/kg，则预测出各类蔬菜每日摄入量最大值范围为 0.07~0.38 μg/（kg·d），说明该地区蔬菜从土壤中摄取的喹诺酮类抗生素对人体健康风险较低。

第四节　合成抗菌药物的防治管理

一、合理使用

与其他抗生素类似，合成抗菌药必须坚持正确用药和规范用药，按规定正确使用饲料药物添加剂，严格执行休药期规定，规范使用抗生素亚剂量治疗等。此外，由于磺胺类药物和喹诺酮类药物包含多种具体药物，尚需要根据牲畜具体情况和药物作用特性进行合理选择药物。

磺胺类药物使用原则：①全身感染：宜选用肠道易吸收、抗菌作用强而副作用较少的磺胺间甲氧嘧啶、磺胺甲噁唑、磺胺对甲氧嘧啶、磺胺嘧啶、磺胺二甲嘧啶等；也可选用磺胺嘧啶钠或其他磺胺的钠盐做静脉注射。②急性或严重感染：宜选用磺胺药钠盐注射，使血中迅速达到有效浓度。③肠道感染：宜选用磺胺脒或选用毒性更小、疗效更好的酞磺胺噻唑、酞磺胺醋酰和磺胺甲氧嗪等。④治疗创伤：宜选外用磺胺药的散剂、软膏剂等；对烧伤面感染，尤其是绿脓杆菌感染时，选用磺胺嘧啶银效果会更好。⑤泌尿道感染：宜选用磺胺异噁唑、磺胺二甲嘧啶等。⑥病毒性疾病或者估计为病毒性疾病、发热病因不明者，均不宜用磺胺类药物。⑦勿长期大量运用：磺胺药对猪链球菌之类的细菌固然有很好的疗效，但细菌过一段时间以后很快就会产生耐药性，要迅速改换运用其他抗菌药物。

喹诺酮类药物使用原则：①严格控制剂量：药物剂量的选择，应根据病原体对选用药物的敏感程度，病情的缓急、轻重和患畜的体质强弱而定。剂量过小，不易控制感染，且产生耐药菌株；剂量过大，往往出现毒性反应。②要有足够的疗程：疗程的长短应根据病情而定，一般传染病和感染症应连续用药 3~5 d，直至症状消失后再用 1~2 d，切忌停药过早，而导致疾病复发，但疗程不能随意增加，会造成浪费。③选择合适的给药途径：喹诺酮类药物口服易吸收，治疗败血型大肠杆菌效果好。④其他：不可同时使用两种以上喹诺酮类药物，严格按使用说明书用药或遵医嘱；不宜与矿物质添加剂或某些钙、镁离子电解质口服液混用，以免增加毒性或者影响钙、镁离子的吸收。

此外，合理用药还需要注意以下几点：①尽量杜绝使用抗生素进行预防性用药，尤其是在大型的养殖企业中，用其作为预防用药无异于饮鸩止渴，特别是在用于预防和治疗大肠杆菌病，更不宜选用喹诺酮类药物。目前致病性大肠杆菌对喹诺酮类药物呈多重耐药性，盲目滥用只会造成牲畜的高死亡率。建议养殖企业通过加强饲养管理、科学合理的疫苗免疫及应用传统的中药制剂来提高牲畜的抗病能力。②加强药敏试验的检查，在感染性疾病的治疗过程中采用药敏试验进行抗生素的筛选。③严格掌握抗菌药物的剂量、间隔时间及疗程，兽医临床医生应全面掌握各药的药效学、药动学的有关信息，结合药敏试验，制定合理的给药方案。④慎重使用复方制剂，尤其是两种以上喹诺酮类药物及一种喹诺酮类药物与其他抗生素的复方制剂（严重感染或混合感染除外）。⑤避免长期用药，间隔式给药是一种最小化细菌耐药性发展的方法。⑥密切关注耐药性，耐药性的产生必然使各类药物在兽医临床上使用的剂量越来越大，而大剂量的应用又造成药物残留。

二、防控技术

随着人们对兽药残留和食品安全问题的日益关注，如何快速简便进行合成抗菌药物残留的检测是首先必须解决的问题。人们对兽药残留检测方法的精确度、时效性要求越来越高，探索研究新技术和新方法并应用于残留检测是关键。如食品中的磺胺类药物残留的理化分析方法主要有高压液相色谱法、高压液相色谱质谱联用法、免疫分析法等。液相方法的专属性较差，已经不能满足复杂基质中痕量组分更加灵敏准确的检测。液质联用法具有较高的专属性和灵敏度，越来越多的实验室采用该方法进行药物的多残留分析，但前处理过程较为复杂，分析周期较长，有些化合物受到基质干扰严重。样品的前处理方法的开发也极其重要，前处理不仅是整个分析过程的限速步骤，同时处理的过程也直接影响分析结果的可靠性和准确性。因此，对食品样品复杂体系的分离分析要求不断提高，开发能提高检测效率、降低检测成本，同时兼具准确可靠、灵敏度高等优点的磺胺类药物残留分析方法具有重要意义。此外，加大对兽药残留检验设施建设的投入和检测人员的培养也非常关键。改变目前基层单位存在检测设备不足、技术人员紧缺的局面。加大技术人员引进和培训的力度，增加基层单位检测力量的投入，把磺胺类药物及喹诺酮类药物的残留检测工作作为乡镇一级基层的日常性监测内容。

三、管理体系

规范合成抗菌药的使用，减少兽药残留，首先需要加快监管体制的建设。兽药残留对人群健康的影响既涉及卫生部门，也涉及农业部分，需要多部门齐抓共管，从源头上减少合成抗菌药的滥用。因此，要建立减少兽药残留监管的长效机制，就必须理顺管理体系，整合不同部门监管职能，形成高效的监管体制。其次，加快推进健全的食品安全可追溯体系。大城市和有条件的城市应率先建立食品来源可追溯、去向可查证、责任可追究的流通机制体系。完善畜产品可追溯体系建设，要建立健全畜产品信息可追溯制度，畜牧信息档案必须反映动物进圈、兽药和饲料使用情况，以及防疫消毒、隔离治疗、休药期、出栏、屠宰、检疫检验、冷却、销售等原始数据，对没有有效免疫标志的畜禽一律不准上市流通；出现问题的畜禽，将按免疫标识追查免疫档案，并追究有关当事人的责任。最后，完善立法和加大处罚力度。现阶段在兽用抗生素使用管理方面尚无统一严格的使用标准及检测标准，对出现的药物滥用行为也缺乏相应的处罚规定，因此，需要完善兽药使用标准及相关法律法规建设，尽快推出效率快、灵敏度高的兽用抗生素检测办法，为强化兽药监管提供技术保障。此外，国家还要成立相应的监督机构，建设一支技能强、执法水平高的兽药监管队伍，加大对滥用兽用抗生素的处罚力度。

我国于2004年4月发布新的《兽药管理条例》，将残留制标、检测一并纳入兽药管理范畴，为我国实施残留监控计划奠定了法律基础。我国应借鉴发达国家的经验，结合我国的国情，在已有规定的基础上，改革目前各部门法律法规不衔接的状况，完善并制定符合我国国情的兽药管理和兽药残留等相关法规，尽快形成配套完善的法律体系，使兽药管理有法可依、有章可循。对违反兽药使用规定的单位和个人应依法采用严厉的惩罚措施，做到执法必严、违法必究，决不能以罚代刑。

参考文献

［1］ Hou J,Wan W,Mao D,et al. Occurrence and distribution of sulfonamides,tetracyclines,quinolones,macrolides,and ni-trofurans in livestock manure and amended soils of Northern China［J］. Environ Sci Pollut Res Int,2015,22（6）:4545-4554.

［2］ Janecko N,Pokludova L,Blahova J,et al. Implications of fluoroquinolone contamination for the aquatic environment-A review［J］. Environ Toxicol Chem,2016,35(11):2647-2656.

［3］ Randall S. Sing,Anne E. Mayer,邸超,等. 家禽生产中抗生素耐药性的挑战［J］.中国家禽,2011,33(19):50-52.

［4］ Wang H,Wang B,Zhao Q,et al. Antibiotic body burden of Chinese school children:a multisite biomonitoring-based study［J］. Environ Sci Technol,2015,49(8):5070-5079.

［5］ Wang H,Wang N,Qian J,et al. Urinary Antibiotics of Pregnant Women in Eastern China and Cumulative Health Risk Assessment［J］. Environ Sci Technol,2017,51(6):3518-3525.

［6］ 曹艺耀.动物性食品中兽药残留检测方法研究及济南市售动物性食品中兽药残留市场调查［D］.济南:山东大学,2013.

［7］ 关舒函.黑龙江省猪肉中五种磺胺类药物残留的检测与风险评估［D］.哈尔滨:东北农业大学,2016.

［8］ 李姝,邵毅,周昌艳,等.市售鸡肉及内脏中磺胺耐药菌污染特征［J］.食品科学,2017,38(21):170-174.

［9］ 李晓晶,于鸿,甘平胜,等.广州市居民动物性膳食中喹诺酮和四环素类抗生素残留暴露评估［J］.现代预防医学,2016,43(24):4447-4451.

［10］ 孟磊,杨兵,薛南冬,等.氟喹诺酮类抗生素环境行为及其生态毒理研究进展［J］.生态毒理学报,2015,10(2):76-88.

［11］ 任甜甜,吴银宝.磺胺类兽药的环境行为研究进展［J］.畜牧与兽医,2013,45(5):97-101.

［12］ 王娜.环境中磺胺类抗生素及其抗性基因的污染特征及风险研究［D］.南京:南京大学,2014.

［13］ 闫雷,徐海.质粒介导的喹诺酮耐药基因qnr的分类、耐药机制及其在国内的流行状况［J］.微生物学报,2016,56(2):169-179.

［14］ 赵慧男.集约化蔬菜种植区土壤中喹诺酮类抗生素的残留动态及其健康风险［D］.济南:山东大学,2014.

［15］ 葛成军.典型抗生素在热带土壤中的环境行为和生物毒性［M］.北京:中国农业科学技术出版社,2014.

［16］ 尤玉如.食品安全与质量控制［M］.第2版.北京:中国轻工业出版社,2015.

［17］ 张瑞菊.食品安全与健康［M］.北京:中国轻工业出版社,2011.

［18］ 张彦明,冯忠武,郑增忍,等.动物性食品安全生产与检验技术［M］.北京:中国农业出版社,2014.

（唐少文）

第八章　激素类兽药污染与健康

随着人民生活水平的提高，肉、蛋、奶等动物食品在人们膳食中的比重不断增加，畜产品质量受到全社会的关注，餐桌健康越来越被人民所重视。兽药在保障动物健康、提高禽畜产品质量，特别在畜牧业集约化发展等方面发挥着重要的作用，畜牧生产中科学合理使用激素类兽药、饲料添加剂等，目的是为了预防和治疗畜禽疾病和提高畜禽生产效率。研究表明，许多激素类兽药是典型的环境内分泌干扰物，可以通过多种方式干扰生物雄激素、雌激素、甲状腺激素等分泌过程，产生内分泌干扰效应，激素类兽药和饲料添加剂的大量使用成为危害生态环境和人体健康的一个重要因素。

激素类兽药等能够在动物体内蓄积，人们食用兽药残留量超标的畜禽产品后，会对人体健康造成危害，随着消费市场对肉类食品需求的急剧上升，激素类兽药等违规使用和滥用导致猪肉、牛肉和禽肉中激素类药物残留急剧飙升，引发畜产品安全问题，直接影响畜牧业的发展和人体健康，尤其是兽药污染造成的内分泌干扰风险成为目前极为关注的问题。

第一节　激素类兽药污染

动物激素是由人或动物机体内分泌腺或内分泌细胞分泌产生，在极微量的水平对机体生理过程起重要调节作用的物质。激素的概念有狭义、广义之分，狭义的激素指机体自身分泌的内源性激素，广义的激素包括内源性激素和有激素作用的外源性激素。人工合成的激素类药物，还有环境激素都属于外源性激素。国内外在兽医临床和动物养殖过程中允许使用经过批准使用的激素类兽药，用于治疗某些动物疾病，科学合理使用激素类药物不会出现安全问题。激素类兽药通常在畜牧生产中应用激素作为动物饲料添加剂或埋植于动物皮下，达到促进动物生长发育、增加体重和肥育，以及促使动物同期发情等目的。然而，激素类兽药滥用会导致所用激素在畜禽产品中的残留，这一类物质具有内分泌干扰活性，可扰乱人体和动物体的正常内分泌功能，改变机体在发育和成年阶段细胞中的信号过程，从而造成生殖、免疫和神经系统的多种病变。另外，由于养殖人员对科学知识的缺乏及一味地追求经济利益、长期不规范地使用，致使滥用激素类兽药现象在当前畜牧业中普遍存在。滥用激素类兽药极易造成动物源食品中有害物质的残留，造成该类物质在环境中的污染极为普遍，这不仅对人体健康造成直接危害，而且对畜牧业的发展和生态环境也造成极大危害。

一、激素类兽药的种类和特点

激素类药物的残留是畜禽产品中的药物残留重要的一类，养殖户为了提高养殖效率，在畜禽养殖过程中，向饲料中添加合成的雌激素类物质，如雌二醇（E2）、雌三醇（E3）、雌酮（E1）、炔雌醇（EE2）和己烯雌酚（DES）等，导致环境污染或在饲料作物上滥用农药等导致药物在畜禽胴体、内脏、鸡蛋、牛奶中残留，引起人体内慢性蓄积，这种违禁用药或药残超过安全限量的畜产品，摄食后将直接危害人体健康。目前，国际上比较重视的常用激素类添加剂主要有性激素和生长激素等两大类。

1. β-激动剂　β-肾上腺素能激动剂简称β-激动剂，是一类结构和生理功能类似于肾上腺素和去甲肾上腺素的苯乙醇胺类衍生物，由于它们能与机体内绝大多数组织细胞膜上的β-肾上腺素能受体发生作用，具有激发β-肾上腺素能受体兴奋的作用，因此被称为β-肾上腺能激动剂，同时还具有机体能量重分配的作用，也称作能量重分配剂。β-肾上腺素能激动剂种类较多，主要有莱克多巴胺；克喘素，又称克伦特罗；息喘宁，又称塞曼特罗；舒喘宁，又称沙丁胺醇；舒喘灵，吡啶甲醇类等。β-肾上腺素能激动剂能促进动物机体蛋白质沉积，抑制脂肪沉积，能有效提高动物胴体瘦肉率，降低脂肪比率，改善胴体品质，同时还能促进动物生长，改善饲料效率，同时β-激动剂作用效果显著，添加方便，成本低廉，因而受到动物营养界的极大关注。

2. 生长激素 生长激素是由动物脑垂体前叶分泌产生的一类天然蛋白质，具有种属特异性，其主要作用是调节动物机体物质代谢，促进葡萄糖吸收、碳水化合物和脂肪分解及核酸与蛋白质的合成，是一种新的、理想的生长促进剂和胴体品质改良剂。生长激素通过两种方式发挥作用，一是直接作用，动物生长激素直接作用于肝脏、脂肪组织、肌肉等细胞，促进蛋白质合成代谢，并促进脂肪的分解；二是间接作用，通过动物体内肝脏产生的类胰岛素生长因子以内分泌的方式来调控动物的物质代谢。

3. 性激素 畜牧生产中使用的性激素，根据化学结构和来源分为三类：内源性激素，包括睾酮、黄体酮、雌酮、β-雌二醇等；人工合成类固醇激素，包括丙酸睾酮、甲烯雌醇、苯甲酸雌二醇、醋酸群勃龙等；人工合成的非类固醇激素，包括己烯雌酚、己烷雌酚等。根据其生理作用可分为雄性激素和雌性激素。雄性激素是由雄性动物睾丸分泌的具有特征性的性激素，具有促进雄性生殖器官发育、维持动物第二性征、抗雌性激素的作用，同时还能增加蛋白质合成，减少氨基酸分解，保持正氮平衡，促进肌肉增长、体重增加，促进红细胞生成，提高动物的基础代谢率。雌性激素是由雌性动物卵巢分泌的具有特征性的性激素，具有促进雌性生殖器官发育、增强子宫收缩、抗雄性激素的作用，同时能增强食欲，促进蛋白质同化、体重增加，从而增加产肉量。

二、激素类兽药的环境行为特征

兽药进入土壤的主要途径是动物-土壤方式，如图8-1所示。激素类兽药通过禽畜的尿液或粪便排出体外，这些兽药及其代谢物会通过直接施肥或通过污水灌溉进入环境中，并对水生生态系统和土壤-植物生态系统产生影响。激素类兽药在土壤中的环境行为是土壤、药物和土壤微生物共同作用的结果，即土壤的物化性质、土壤有机质和药物本身及微生物活动之间的交互作用共同影响了兽药在土壤中的吸附、迁移和转化。图8-1表示了兽药在土壤和环境中的主要预期暴露途径、转归及其生物效应。

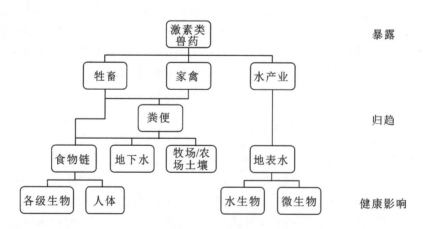

图8-1 环境中激素类兽药的暴露途径

此外，对激素类农药，其环境迁移的范围较广，如大气浮尘中的此类物质可通过降水融入土壤。

与农药和其他外源性化学物质相似；在激素类兽药的研究过程中，其环境浓度的预测同样具有相当重要的地位，Lorenzen 等调查了几种常见的动物有机肥料中激素水平，发现腐熟的猪粪有机肥料中雌激素水平最高，17β-E2 含量为 5 965 ng/g。Finlay 等对使用雏鸡粪便的土地进行测定，发现土壤中的 17β-E2 浓度可达 675 ng/kg，而附近地表水中的 17β-E2 浓度也达到 50～2 300 ng/L。Labadie 等检测到底泥表层以下 15 cm 处的冲积层与土层交界处 E1 含量达到 28.8 μg/kg，是表层底泥含量的 9 倍，证实了雌激素从表层底泥向深层的转移，对地下水质量构成了威胁。Arnon 等对某奶牛厂氧化塘底泥的研究时发现，其地下 32 m 处仍能检测出雌激素的存在，浓度虽低但仍对地下水构成威胁，采用对渗透去雌激素的水平对流、扩散、吸附模型评估都不能解释雌激素地下迁移如此深度，推测可能是与粪便相互作用和优势流促进了地下迁移。雷炳莉等调查了北京市温榆河上游及干流表层沉积物中雌激素（E2、E3、E1、DES、EE2 等）的含量水平，各测点中 E1 和 E2 的检出率达到 100％，并且 E1 的浓度要高于 E2 的浓度。龚剑等对珠江三角洲河流沉积物中典型的雌激素分布调查结果显示，E1 和 E2 的检出率均高于 60％。

第二节　激素类兽药的毒性机制

激素类兽药具有内分泌干扰活性，可扰乱人体和动物体的正常内分泌功能，改变机体在发育和成年阶段细胞中的信号过程，从而造成生殖、免疫和神经系统的多种病变。

内分泌干扰物的分子作用模式主要是具有与生物体内源激素相似结构的外源化学物质通过结合细胞外受体，转运至细胞核内同启动子位置结合，从而启动目的基因的表达，因而可模拟、阻止或干扰雄激素、雌激素、甲状腺激素等内分泌过程，此途径称之为受体介导途径。此外，环境中还存在大量化学物质，其化学结构与生物体内源激素结构并不相同，但也可表现出内分泌干扰物效应。这可能是污染物直接影响了生物体内的与激素合成相关酶的活力，以及通过破坏内源激素及其受体的生成、代谢、转运、信号转导等途径，从而干扰生物体内内分泌，如许多化学物质可通过干扰与类固醇激素生物合成路径中相关的基因表达和酶的活力影响性激素的含量，这些作用称之为非受体介导途径。对于环境内分泌干扰物的研究，长期以来集中在污染物对动物生殖器官的作用。然而，生物机体的生长发育、繁殖受受内分泌系统和体内复杂信号通路的调控，这种调控方式常以网络的形式存在，互相影响并相互补偿，以应对环境因子的影响。在脊椎动物体内，下丘脑-垂体-性腺/甲状腺/肾上腺轴在动物的繁殖、生长发育、免疫等发挥着重要的调控作用。大脑作为控制内分泌系统的核心综合部位，发育中的神经系统对于内分泌干扰物的作用非常敏感。因此，环境内分泌干扰物可能对动物完整内分泌系统产生作用，影响动物的生长发育及繁殖等。另外，神经内分泌系统也是许多有机污染物作用的主要靶器官之一，这些物质可以引起大脑永久性的结构及功能的改变，直接影响内分泌功能。

性激素类药物包括天然的性激素及其制剂，以及人工合成的激素衍生物或类似物，在化学结构上分为甾类和非甾类。甾类以合成代谢雄性激素类固醇多见，包括雄性激素类：丙酸睾酮、氯睾酮和苯丙酸诺龙等；雌性激素类：炔雌醇、炔雌醚、戊酸雌二醇等雌激素类及醋酸氯地孕酮、醋酸羟孕酮和甲炔诺酮等孕激素类。非甾类主要是雌激素类，包括己烯雌酚、己烷雌酚和玉米赤霉醇等。β-激动剂，又称 β-兴奋剂，其化学机构和药理性类似于肾上腺素和去甲肾上腺素，属拟肾上腺素药物，可选择性地作用于 β2-受体，引起交感神经兴奋。此类药物大多数是合成的，常用的品种有克伦特罗、沙丁胺醇、特布他林、马布特罗和塞曼特罗等，克伦特罗应用最普遍。

性激素药物易吸收，吸收后大多数在肝脏内代谢，代谢物由尿或粪便排出，且代谢消化快。其代谢物可在体内尤其是肝、肾、脂肪等可食组织中残留，其中黄体酮、炔雌醚等孕激素主要残留于脂肪组织，己烯雌酚则主要残留于肝肾。长期大量使用会对人和动物健康造成潜在危害：①影响第二性征；②影响非性器官功能；③诱发疾病和癌症。β-激素药物吸收迅速且良好，吸收后快速分布于体内各组织和体液中，主要以肝脏进行代谢，代谢相对缓慢，可食组织中以肝、肺残留最高，其次是肾和心，然后是脂肪和肌肉组织，血液中残留相对较少。

大多种内分泌干扰药物的长期毒害效应体现在它们具有传代效应，这其中牵涉到表观遗传状态的改变。激素类兽药引起传代效应的一个重要机制就是引起 DNA 甲基化的改变。烯菌酮是一种杀菌剂，也是环境激素的一种，暴露于烯菌酮或其他几种物质中的水蚤的 DNA 甲基化水平会稳定持续地降低，且这种变化可在其后代没有受过其影响的世代中出现。烯菌酮处理 F0 代鼠后，在 F3 代鼠的精子中也会发现 DNA 甲基化状态的改变，证明潜在的间接遗传异常现象和表观遗传传代继承的存在。暴露于17α-炔雌醇一段时间后，成年斑马鱼肝脏中卵黄蛋白原 I 基因的 5′ 侧翼的甲基化水平下降，表明由雌激素诱导的卵黄蛋白原表达涉及 DNA 甲基化水平的改变。

第三节　激素类兽药的健康危害

目前我国已严格限制激素类兽药在畜牧生产中的应用，但由于长期不规范的使用，已经造成该类物质在环境中的污染极为普遍。一方面，大量外源性化学物质进入畜禽产品中，使动物性食品中药物残留越来越严重，对人类的健康和公共卫生构成威胁；另一方面，大部分激素类兽药和添加剂以原药和代谢产物的形式经动物的粪便和尿液进入生态环境中，对土壤、地表水、地下水等造成污染，影响植物、动物和微生物的正常生命活动，并通过食物链最终影响人类的健康。研究表明，很多作为促生长剂而广泛应用于养殖业的人工合成雌激素类兽药是典型的环境内分泌干扰物。这类物质脂溶性强，在水源和土壤中很难降解，易于生物富集，可以通过食物链进入生物体内，对人类的健康及生物的生存产生巨大影响。

动物组织中激素类药物残留水平通常都较低，除极少数能发生急性中毒外，绝大多数药物残留通常产生慢性、蓄积毒性作用。相对于天然雌激素，合成雌激素相对稳定，易在动物脂肪和组织内残留。长期食用兽药残留超标的食品后，当体内蓄积的药物浓度达到一定量时会对人体产生多种急、慢性中毒。在药物从动物体内完全排出之前，动物性食品中可能会含有超过限量的药物残留，这样的动物性食品存在着一定的安全性问题。人食用了含激素类残留的动物性食品后，可产生多种危害。

一、急、慢性毒性

许多兽药都有一定的毒性，兽药残留由于浓度低，加上人们食用数量有限，大多数药物并不能由于残留引起急性毒性，但也有少数人，由于吃了含有药物残留的动物性食品而发生急性中毒，包括西班牙、我国香港、浙江、四川等全球多地都发生过因食用含盐酸克仑特罗的猪内脏而发生的急性中毒事例，导致食用者头痛、手脚颤抖、狂躁不安、心动过速和血压下降等，严重者甚至危及生命。

喹乙醇属于喹噁啉类，是一种曾在畜禽及水产养殖中广泛使用的抗菌促生长剂，是我国养殖饲料中最常用的兽药及饲料添加剂之一，其不仅对于鱼类和禽类具有较强的急性毒性作用，而且作用于动物后会严重损害动物肝肾组织，引起机体生理生化指标的变化等亚慢性毒性反应。喹乙醇以原形或代谢物的方式从动物粪、尿等排泄物进入生态环境，或者以渔场水体直接用药的方式，造成土壤环境、表层水体、水生和陆生生物的喹乙醇残留蓄积，进而引起生态毒性。在实际生产中，喹乙醇由于不当用药而引起养殖动物中毒甚至死亡的现象时有发生。

二、特殊毒性

许多兽药都具有致畸、致突变及致癌作用（称"三致"作用），雌激素等激素类兽药具有明显的致癌效应，可导致女性及其女性后代的生殖器畸形和癌变。在人们日常的食物中，是不允许含有任何量的已知致癌物的，对曾用致癌物进行治疗或饲喂过的食品动物，屠宰时其食用部分是不允许有致癌物的残留的。否则，人们长期食用含三致作用药物残留的动物性食品时，这些残留物便会对人体产生有害作用，或在人体中蓄积，最终产生致癌、致畸、致突变作用。近年来，人群中肿瘤发生率不断升高，某些兽药的致畸作用主要是在妊娠关键阶段使用了一些致畸的药物造成胚胎或胎儿先天畸形，人群调查等研究结果显示这与环境污染及动物性食品中的药物残留有关。

近些年的研究表明，喹乙醇还对内分泌免疫系统产生作用，通过原代细胞培养，高于 $0.3\ \mu g/ml$ 浓度的喹乙醇可显著导致草鱼肝细胞和胰腺外分泌部细胞的脂肪积累，抑制草鱼胰腺外分泌部细胞胰蛋白酶原的合成；添加喹乙醇 $1.8\ \mu g/ml$ 时，可导致部分草鱼胰腺外分泌部细胞形态发生病理变化。给小鼠灌喂不同剂量喹乙醇，发现大剂量喹乙醇会抑制机体的红细胞免疫功能；小鼠的胸腺指数和脾指数随着喹乙醇剂量的增大均不同程度降低，说明大量使用喹乙醇可能会抑制胸腺的发育，对脾脏的重量也有一定影响，致使小鼠的免疫机能下降。

美国部分奶牛场使用"控孕催乳剂"重组牛生长激素（recombinant bovine growth hormone，RBGH），使奶牛不怀孕就大量产奶，其产量竟然能够达到自然产奶量的 10 倍之多。此外，美国还会给奶牛注射生长激素，使用了"牛奶激素"之后，最高可增产 20%。但是，这种追求高产的人为催奶方法，会导致牛奶里的雌激素越来越高，而且含有对人体有害的生长激素成分。多项研究报道，牛奶及乳制品消费增加了男性前列腺癌发生的危险度。另外，在此期间，睾丸癌和前列腺癌的发病率明显增加，在许多国家睾丸癌已成为人的常见肿瘤。加拿大对牛奶的分析报告认为，RBGH 的使用增加了牛奶中 IGF-1 的含量。有一些流行病学的调查显示，IGF-1 似乎与前列腺癌等癌症有一定关系。如果食用该牛奶或其制品，患前列腺癌或更年期乳腺癌的将增加。

三、内分泌干扰效应

环境激素往往具有类雌激素效应，从而对动物和人类生殖系统产生严重影响，扰乱激素平衡。研究发现儿童性早熟及肥胖症与此有很大关系。长期摄入含有激素残留的动物源性食品会破坏人体的激素平衡。食品中的激素残留对青少年发育有严重的影响。长期雄激素会干扰人体正常的激素平衡，男性出现睾丸萎缩、胸部扩大、早秃、肝、肾功能障碍或肝肿瘤；女性出现雄性化、月经失调、肌肉增生、毛发增多等。长期雌激素会导致女性化、性早熟、抑制骨骼和精子发育。我国仍有非法将这类药物用于畜禽、水产养殖的情况，如果吃了含有这类药物残留的产品，有可能破坏人机体的激素平衡，干扰人的内分泌功能，影响生育能力，甚至发生癌症，这不得不引起人们的关注。

以下列举几种典型的激素类兽药的健康危害：

1. β-激动剂

β-激动剂虽能促进动物生长，提高日增重，提高饲料转化率，改善胴体品质，但会对动物生理、胴体品质产生严重的副作用，在畜产品中残留而危害人体健康。β-激动剂对动物的危害主要表现为给动物使用后显著影响心血管系统，导致动物心跳加快、血压升高、血管扩张、呼吸加剧、体温上升、心脏和肾脏负担加重，同时由于 β-激动剂能大幅度地减少皮下脂肪厚度，使动物对环境的适应性降低，导致疾病的发生率增高。β-激动剂还影响胴体品质。给动物使用 β-激动剂后，畜禽肌肉糖原分解增强，屠宰后肌肉中糖原减少，限制了肌肉 pH 值的正常降低，导致肌肉出现色深、坚硬、干燥的现象，同时使

用 β-激动剂可使背部脂肪层变薄，屠宰后胴体快速冷却而发生冷缩现象，导致肌纤维分解成肌纤蛋白及肌凝蛋白，使肌肉苍白、松软、韧性增强、口感变劣。β-激动剂在动物组织中会形成残留，并通过食物链危害人类健康，人食用了具有高残留量的克伦特罗动物产品后，会出现心跳加快、头晕、心悸、呼吸困难、肌肉震颤、头痛等中毒症状。β-激动剂还可通过胎盘屏障进入胎儿体内产生蓄积，从而对子代产生严重的危害。

盐酸克伦特罗（瘦肉精）是典型的 β-激动剂，其很容易在动物源食品中造成残留，健康人摄入盐酸克伦特罗超过 20 μg 就有药效，5～10 倍的摄入量则会导致中毒。在食用动物的生产中高剂量、长时间将其作为生长促进剂和营养重分配剂使用后，可造成克伦特罗在动物性食品中大量残留而对人体健康造成伤害。毒性和危害的表现：①急性毒性：毒性不大，但对人体的毒性强于动物，主要表现为面部潮红、出现皮肤过敏性红色丘疹、心跳过速、血管扩张、血压升高、低血钾等心血管系列症状，以及头晕、头痛、乏力、胸闷、心悸、四肢或面部骨骼肌震颤、四肢麻木甚至不能站立、神经过敏、烦躁不安等中枢神经系统症状，此外还常伴有口干、恶心、呕吐、腹痛、腹泻等消化道症状，有时还表现出呼吸急促、体温升高等。严重时可出现心肌梗死。②慢性毒性：长期摄入可能会造成人和实验动物多器官系统损伤，尤以心脏损伤最严重，此外还可引起机体代谢紊乱。③特殊毒性：长期摄入会严重影响雌性动物的生殖功能和肾上腺功能。此外，克伦特罗还会造成动物免疫功能损害。儿童长期食用会导致性早熟。部分研究表明克伦特罗可能还具有致突变和致癌作用。

2. 生长激素

生长激素对动物具有明显的增长效果，但是近年来大量使用生长激素，产生了一系列的问题。首先使用生长激素增加了动物热应激的发生率，经生长激素处理的奶牛具有较高的平均体温，在较高的环境温度中，体温升高加剧；使用生长激素的猪皮下脂肪变薄，对环境温度变化的敏感性大大增加。研究还发现，生长激素还具有直接致酮病的毒副作用。激素类兽药除用于疾病防治和同步发情外，农用的某些杀虫剂及作为生长促进剂如烯雌酚，是一种非甾体类雌激素，能产生与天然雌二醇相同的所有药理与治疗作用。DES 曾用作畜、禽的促生长剂，能增强体内蛋白质沉积和增加日增重，可以很快产生显著和直接的经济效益。除欧盟以外的许多国家如美国、加拿大、澳大利亚、新西兰等都曾把人工合成雌激素（主要是 DES）用作促生长剂。20 世纪 70 年代，大量的动物试验才证明在孕期服用 DES 会增加其后代患生殖道癌症的风险，如阴道和子宫颈透明细胞腺癌、阴道癌、子宫内膜癌、睾丸异常等。DES 先后被禁止用作促生长剂，1980 年，因使用激素作为肉牛促生长剂，牛肉出口到欧盟遭到了封杀，美国、加拿大等出口国为此上诉至 WTO，此案历时了 10 年，欧盟虽然败诉，但仍迫使美国、加拿大在出口牛肉的生产中，不使用任何激素。

3. 性激素

大量使用性激素及其衍生物以后，这类化合物在畜禽体内残留，在动物体内稳定，不易分解，随着食物链进入人体后产生不良后果。类固醇激素化合物对人体的危害主要有：对人体生殖系统和生殖功能造成严重影响，如雌性激素能引起女性早熟、男性女性化等；诱发癌症，如长期经食物吃进雌激素可引起子宫癌、乳腺癌、睾丸肿瘤、白血病等；对人的肝脏有一定的损害作用。

烯雌酚，是一种非甾体类雌激素，能产生与天然雌二醇相同的所有药理与治疗作用，与 DES 致癌性关系最密切的是女性阴道和子宫颈透明细胞腺癌，此外 DES 还会导致阴道癌、子宫内膜癌和乳腺癌等，现在大多数女孩月经初潮明显提前也与 DES 有关，孕期服用 DES 不仅对女性后代造成严重危害，对男性后代的危害更是不可忽视。妇女孕期服用 DES 易导致男性后代睾丸异常、发育不全、精子计数减少和精子活力下降等一系列生殖系统问题；孕期服用 DES 会导致胎儿早产，影响胎儿性别分化和生长发育，还会导致胎儿脑瘫痪、失明和其他神经缺陷。

第四节　激素类兽药的监督管理

激素是机体某些组织分泌的特殊有机物质，能够活化或抑制不同的组织细胞，调节机体的各种代谢活动。但激素类兽药具有内分泌干扰活性，可扰乱人体和动物体的正常内分泌功能，不仅可以直接对人体产生急、慢性毒性作用，而且还可以通过环境和食物链的作用，间接对人体健康造成潜在的危害。因此，必须采取有效措施，减少和控制兽药残留的发生。

一、国际管理规范

发达国家从 20 世纪 90 年代以来，开始对内分泌干扰物进行研究，并相继发表了专题报告。经济合作与发展组织（Organization for Economic Co-operation and Development，OECD）、美国、欧盟、日本等均建立了内分泌干扰物筛选检测的基本框架，并不断完善。目前，美国一级筛选各试验的指导原则已完善，US EPA 提出的内分泌干扰物筛选和检测的基本框架包括初级分类（initial sorting）、优先选择（priority setting）、一级筛选（tier 1 screening，T1S）、二级检测（tier 2 testing，T2T）。欧盟对内分泌干扰物筛选的研究主要侧重于优先名录的确定和内分泌干扰物对水生生物的研究。欧盟于1999 年制定了内分泌干扰物的策略包括短期、中期和长期措施。短期和中期的重点是为优先名录收集相关资料，以指导研究和监测，确定消费使用的具体情况和生态暴露情况。

OECD 已经提出内分泌分级筛选和检测框架草案，OECD 于 2002 年制定了内分泌干扰物检测与评价基本框架，并于 2012 年对其进行了修订，包括 5 个层次评价，其中第一层次为利用化合物现有数据和非试验信息进行初筛，包括化合物的物理化学特性，从标准和非标准测试得到的所有可用（生态）毒理学数据；交叉参照、化学分类、定量-活性关系（QSARs）和其他电脑模拟预测；以及药物代谢性质（ADME）模型预测等。第二层次为体外测试，要求对提供特定内分泌作用机理/途径数据进行筛选，包括雌激素或雄激素受体结合试验、雌激素受体转录激活、雄激素或甲状腺激素转录激活、体外类固醇生成和 MCF-7 细胞增殖测试（ER 拮抗剂/兴奋剂）等。第三层次为体内测试（哺乳类和非哺乳类方法），对提供特定内分泌作用机理/途径数据进行筛选，其中哺乳类测试包括子宫增重法和赫什伯格法；非哺乳类测试包括爪蟾胚胎甲状腺激素信号通路测试、两栖动物变态测试、鱼类繁殖筛选测试等。第四层次也是利用更多体内测试（哺乳类和非哺乳类方法），提供更加丰富的内分泌相关终点的有害效应数据。第五层次为体内测试（哺乳类和非哺乳类方法），对提供大量生物体生命周期更多内分泌相关重点的有害效应数据进行判断，其中哺乳类测试包括一代延伸繁殖毒性测试和两代繁殖毒性测试；非哺乳类测试包括鱼类生命周期毒性测试（FLCTT）、青鳉多代测试（MMGT）、鸟类两代繁殖毒性测试和大型溞多代测试等。

（1）残留毒性与危害。在畜牧业生产中，对于使用激素在动物性食品中残留而对公众健康的危害问题至今众说不一。一些国家认为可适当地应用，而另一些国家则严格禁止应用这些制剂，尤其是雌激素类。

正常情况下，动物性食品中天然存在的性激素含量是很低的，当人食入后经胃肠道的消化作用，性激素的大部分活性已经丧失，因而不会有效地干扰消费者的激素代谢和生理功能。在生产中，如果畜牧业从业人员严格按《农业操作规范》规定的用药方法和剂量使用激素类兽药，肉、蛋、奶等动物性食品应该是安全的。

如果在畜牧业生产中不适当地应用大量人工合成的性激素，通过食入性激素残留的动物性食品，可能会影响消费者的正常生理机能，并具有一定的致病性。可能导致儿童早熟、儿童发育异常、儿童异性趋向、肿瘤等。

（2）动物性食品中激素类药物的允许残留量对于激素类兽药的使用问题，世界各国要求不一。一些国家禁止使用性激素作为促生长剂，另一些国家采取一定措施，严格管理激素类兽药的用法和用量。所有国家对于婴幼儿食品都不允许兽药残留。

二、我国关于激素药物使用的规定

我国农业农村部等相关部门一直高度重视激素类兽药的监管，对所有上市的激素类兽药均进行严格的注册审查，确保兽药产品安全、有效、质量可控，并科学规定了适应证、用法用量、休药期、注意事项等内容。截至 2018 年，经批准在畜牧及水产养殖中使用的激素类药物共有 37 个品种。

一是严格实施禁用药物清单管理制度。要求对存在动物源性食品安全和公共卫生安全风险的化合物一律不得用于食品动物。先后公布公告第 193 号、235 号、560 号，明令禁止"瘦肉精"类物质、己烯雌酚等激素类药物用于食品动物。

二是科学设置并严格执行休药期规定。除非临床治疗或机能调节的需要，激素类药物的使用都受到严格的控制。用于食品动物的激素类药物均明确规定是否需制定最大残留限量，并有相应的休药期规定。对于需要严格限制使用的药物，明确规定仅允许作治疗用，但不得在动物源性食品中检出。

三是严格执行兽用处方药管理制度。发布了农业部公告第 1997 号，明确将丙酸睾酮等 16 种激素类兽药列入处方管理。

四是严格实施兽药残留监控。我国从 1999 年起实施国家畜禽产品兽药残留监控计划，将激素类药物作为重点监控对象。

（1）性激素。我国《动物性食品中兽药最高残留限量》规定：禁止甲睾酮、群勃龙、醋酸甲羟孕酮、去甲雄三烯醇酮、玉米赤霉醇、己烯雌酚及其盐和酯用于食品动物，允许苯甲酸雌二醇、丙酸睾酮作治疗用，但均要求其在所有食品动物的所有可食组织中不得检出，此外还规定羊奶中醋酸氟孕酮的 MRL（$\mu g/kg$）$\leqslant 1$。

（2）β-激动剂。我国《动物性食品中兽药最高残留限量》规定：禁止将克伦特罗及其盐和酯、沙丁胺醇及其盐和酯、西马特罗及其盐和酯用于食品动物，并要求其在所有食品动物的所有可食组织中不得检出。

我国尚未建立相关内分泌干扰物筛选和检测体系指导原则，因此包括兽药在内的潜在内分泌干扰物均无成熟的评价体系。截至目前，一般针对兽药的毒理学检测评价方法也只主要包括急性毒性、慢性毒性、遗传毒性、致畸性和致癌性毒理学试验等，许多兽药具有内分泌干扰作用，用现有的毒理学评价方法标准有可能检测不到其潜在的毒性作用。国内开展兽药类内分泌干扰物的研究相对较晚，未来需要借鉴国际上已有的先进技术和经验，在国外研究评价的基础上，对国内可能有内分泌干扰效应的兽药进行全面研究，做出科学评价，并制定出符合我国国情的内分泌干扰物筛选和评价体系，进而应用在兽药类潜在内分泌干扰物的管理当中。

三、展望

我国是农业大国，畜禽养殖位居世界第一，每年近 40 亿 t 的畜禽粪便被施用于土壤，进入环境。畜禽养殖中的激素类兽药伴随动物代谢、农肥施用进入土壤及水体环境，对生态环境和人群健康构成较大威胁。激素药物的使用在很多方面为人类提供了便利，在治疗疾病上也有很大的成效。但激素类兽药滥用及兽药污染极易造成各种不良的后果，农作物和禽畜动物长期暴露于兽药污染的环境中，可以吸收并通过食物链累积激素类兽药及其代谢产物，从而影响人类的身体健康。所以，在可食用动物上使用激素类兽药应当慎重，严格按照国家标准来进行处理。在激素类兽药环境行为及健康影响的进一步研究中，需要准确评价激素类兽药的环境风险，对污染源——畜禽粪便及养殖场等典型环境中的激素类兽药暴露水平，开展调查研究，评价其生态风险和人群健康风险。

（1）加强激素类兽药残留与动物源食品安全管理，保障动物源食品的安全在我国显得尤其重要和迫切。相关监管部门继续加大激素类兽药的监督管理力度，不断完善相关制度和技术标准，加强科学规范使用技术指导，有效保证动物健康和动物产品质量安全。

（2）进一步完善激素类兽药的环境行为研究，包括挥发性、水解性，在土壤中的吸附、渗滤及水体中迁移的时空环境行为，以及其生物富集特性，建立激素类兽药吸附、降解和迁移的模型，并完善其在环境中的迁移和转化行为特征，据此进行污染风险的预测，开展生态环境风险的评价和修复、去除技术研究。开展针对畜禽养殖场粪便处理的研究，以对施用粪便的安全性做准确评价，降低其污染的风险。

（3）借鉴国际上已有的先进技术和经验，建立起符合我国特点的兽药分泌干扰作用的评价体系，开发灵敏高效的离体评价体系和不同的实验动物（包括鱼类、两栖类、鸟类及哺乳动物）的活体评价模型，为潜在兽药类内分泌干扰物的危险控制提供可靠的实验方法和技术。

（4）开展激素类兽药残留及其人群健康影响调查，建立可靠的低剂量复合长期暴露的方法学，以便开展污染物对实验动物低剂量复合暴露下的内分泌干扰作用的研究，积累监测数据并开展人群健康风险评估。

参 考 文 献

［1］　姜锦林,单正军,卜元卿,等.兽药类环境内分泌干扰效应及评价研究进展[J].生态毒理学报,2017,12(6):47-56.

［2］　孔祥吉,王娜,单正军,等.典型激素类兽药环境行为的研究进展[J].畜牧与兽医,2014,46(8):106-110.

［3］　Díaz C M S,López de A M J,Barceló D. Environmental behavior and analysis of veterinary and human drugs in soils, sediments and sludge[J]. Chemosphere,2003,22(6):340-351.

［4］　Lorenzen A,Hendel J G,Conn K L,et al. Survey of hormone activities in municipal biosolids and animal manures[J]. Environmental Toxicology, 2004,19(3):216-225.

［5］　Labadie P,Cundy A B,Stone K,et al. Evidence for the migration of estrogens through river bed sediments[J]. Environmental Science and Technology,2007,41(12):4299-4304.

［6］　Arnon S,Dahan O,Elhanany S,et al. Transport of testosterone and estrogen from dairy-farm waste lagoons to groundwater[J]. Environmental Science and Technology,2008,42(15):5521-5526.

［7］　雷炳莉,黄胜彪,王东红,等.温榆河沉积物中6种雌激素的存在状况[J].环境科学,2008,29(9):2419-2424.

［8］　龚剑,冉勇,陈迪云,等.珠江三角洲两条主要河流沉积物中的典型内分泌干扰物污染情况[J].生态环境学报,2011, 20(6-7):1111-1116.

［9］　何芳,李富生,Akira Y,等.湖泊沉积物对17β-雌二醇的降解效能[J].土木建筑与环境工程,2012,34(4):125-130.

［10］　王佩沛.主要国际组织对兽药残留风险分析的管理研究[D].武汉:华中农业大学,2011.

［11］　沈剑,王欣泽,张真,等.罗时江中5种环境内分泌干扰物的分布特征[J].环境科学研究,2012,25(5):495-500.

［12］　Zeng Q L,Li Y M,Gu G. Adsorption of 17β-estradiol to aerobic activated sludge[J]. Environment Pollution and Prevention,2007,29(2):90-94.

［13］　陈传斌.养殖场及周边环境中典型兽药的暴露水平和生态风险评估[D].南京:南京大学,2013.

（陈曦）

第九章 β-受体激动剂污染与健康

第一节 β-受体激动剂概述

β-受体激动剂（agonist）是一类化学结构和生理功能类似肾上腺素和去甲肾上腺素的苯乙胺类药物，它们能激动支气管平滑肌β-受体，具有平喘作用，因此在临床上用于哮喘类病症。β-受体激动剂由于也具有促进蛋白质合成和加速脂肪分解的生理作用，而被一些不法分子用作饲料添加剂，以达到促进生长、提高瘦肉率比的经济目的。由此造成畜产品中药物残留，给农产品质量安全和消费者健康带来危害。在农业部、卫生部、食品药品监管等多部门联合打击下，生猪饲养过程中滥用盐酸克伦特罗（clenbuterol hydrochloride，CL）的势头明显得到了遏制。但是，最近几年畜牧生产上使用莱克多巴胺（ractopamine，RCT）、沙丁安醇（salbutamol，SAL）等盐酸克伦特罗替代品的现象日益严重，给畜产品质量安全监管带来了新的挑战。因此，探讨β-受体激动剂的危害和防治措施具有十分重要的现实意义。

一、β-受体的概念

（一）β-受体定义及分类

根据拟交感制剂在不同组织中相对效应的大小，可将肾上腺素能受体分为α和β两种类型。对去甲肾上腺素反应最强而对异丙肾上腺素反应最弱的是α-受体，反之对异丙肾上腺素反应最强的是β-受体。Lands等根据β-受体激动剂在组织选择性生理学效应范围的不同，又将β-受体分为β_1和β_2两种亚型，后来又发现了一种非典型β-受体，称之为β_3受体。

（二）β-受体的结构

β-受体的各种亚型经分离提纯后，通过生化及免疫技术分析证实，它们具有相似的高级结构，即包括7个由膜两侧亲水环相互联结的疏水性跨膜α螺旋结构、1个胞外的N端结构（含有2个N-糖基化位点）和1个胞内的C端结构（富含丝氨酸和苏氨酸残基）。

（三）β-受体分布

β-受体在人体内分布广泛，但具有明显的组织器官特异性。人的心脏组织以β_1受体为主，心室基本上为β_1受体，而心房的β_1：β_2为75：25。人的肺组织是以β_2受体为主，其β_1：β_2为30：70。因此，选择不同的β-受体激动剂其生理学作用范围大不相同。

二、β-受体激动剂

（一）β-受体激动剂的临床应用

在现代临床医学上，β-受体激动剂被广泛用于治疗哮喘病症。根据应用的时间先后顺序及选择性作用特点，大致可将β-受体激动剂分成3代。第1代β-受体激动剂可作用于α-受体、β_1受体和β_2受体，而且作用持续时间较短，一般仅有3～5 h。此类药物包括肾上腺素（adrenaline）、麻黄碱（ephedrine）、异丙肾上腺素（isoprenaline）、曲托喹酚（tretoquinol）等，由于它们的选择性较差，可同时作用于心脏的 α-受体，并由此产生的副作用较大，临床医学已经极少将它用于平喘治疗。在畜牧生产上也不作为"饲料添加剂"使用；第 2 代 β-受体激动剂主要作用于 β₁ 受体和 β₂ 受体，作用时间持续 4～6 h。此类药物包括沙丁胺醇、间羟舒喘宁、特步他林、哮平灵等，相比于第 1 代药物，它们的选择性相对较强，而且对心脏产生的副反应较小，在临床上用于平喘治疗，也被一些不法分子用于促进养殖动物生长。第 3 代 β-受体激动剂主要作用于 β₁ 受体和 β₂ 受体，但在体内维持作用的时间相对较长，可达 7～10 h。此类药物包括克伦特罗、马布特罗（mabuterol）、福莫特罗（formoterol）、沙美特罗（salmeterol）等，由于它们的选择性非常强，对 β₂ 受体的作用显著强于 β₁ 受体。因此，是目前临床上最常用的平喘药，也是不法分子常用的一类违禁"饲料添加剂"。

（二）β-受体激动剂的结构与分类

β-受体激动剂是一类具有肾上腺素功能的苯乙醇胺类人工合成化合物，在结构上均具有苯乙醇胺的母核。β-受体激动剂的基本结构是苯环上连接有碱性的 β-羟胺侧链，其通用结构如图 9-1 所示。侧链的取代基通常为 N-叔丁基、N-异丙基或 N-烷基苯等。其中的—NH 为仲胺，能与无机酸、有机酸形成稳定的盐类。按照 β-受体激动剂母核结构中苯环上取代官能团的不同，可以将 β-受体激动剂分为苯胺型、苯酚型和二酚型 3 种类型。苯胺型 β-受体激动剂结构中均具有芳伯基，中等极性，pKa 值约为 9.5，此类型药物主要包括溴布特罗、马布特罗、克伦特罗、西马特罗和马喷特罗等；苯酚型 β-受体激动剂是指苯环结构上含有一个酚羟基，如莱克多巴胺和利托君；二酚型 β-受体激动剂是指苯环上含有邻位或间位二苯羟基的结构，可分为邻苯二酚型、间苯二酚型和水杨醇型。此类结构能够与过渡区金属离子形成配合物。此类化合物主要包括沙丁胺醇、特布他林、西布特罗、费诺特罗。另外一种类型 β-受体激动剂的苯环结构上只有卤原子取代基，如氯丙那林等（表 9-1）。通常 β-受体激动剂化合物的结构中含有 1 个或 2 个手性碳原子，因此该类化合物分子具有旋光性。

目前对畜产品质量安全造成危害的主要是 β₂ 受体激动剂。根据动物体内维持作用时间的长短，可将 β₂ 受体激动剂分为短效、中效、长效三大类。短效类包括沙丁胺醇（salbutamol）、克伦特罗（clenbuterol）、氯丙那林（clorprenaline）、奥西那林（oreiprenaline）、比妥特罗（bitolterol）、班普特罗（reproterol）、瑞米特罗（rimiterol）；中效类包括特布他林（terbutaline）、非诺特罗（fenoterol）、妥布特罗（tulobuterol）、比奴特罗（pynoterol）、环克特罗（cycloclenbuteml）、布泽特罗（broxaterol）、马布特罗（mabuterol）、匹布特罗（pirbuterol）；长效类包括沙美特罗（salmeterol）、班布特罗（bambuterol）、佛莫特罗（formoterol）、普卡特罗（procaterol）。这三大类药物都可能被用作"饲料添加剂"。目前，克伦特罗、特布他林、沙丁胺醇等 β₂ 受体激动剂已被国家列入《禁止在饲料和动物饮用水中使用的药物品种目录》。

β-受体激动剂多为白色晶型结构，通常易溶于甲醇、乙酸乙酯、乙醚或氯仿等有机溶剂。临床上一般使用的是 β-受体激动剂盐酸盐，其易溶于水、甲醇、乙醇等极性溶剂。在不同 pH 值下，β-受体激动剂解离状态影响其溶解性。

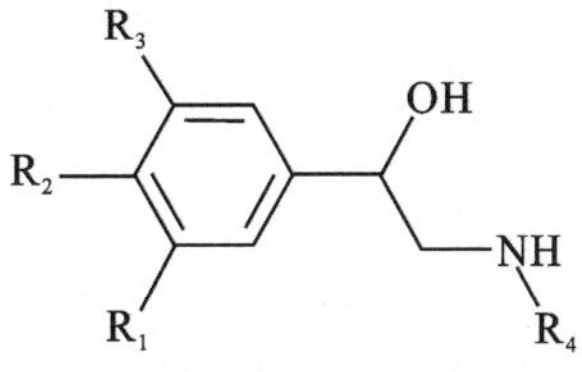

图 9-1 β-受体激动剂的结构通式

表 9-1　常见的 β-受体激动剂类药物

序号	中文名称	英文名称	分子式	分子量
1	克伦特罗	clenbuterol	$C_{12}H_{18}C_{12}N_2O$	277.19
2	莱克多巴胺	ractopamine	$C_{18}H_{23}NO_3$	302.34
3	沙丁胺醇	salbutamol	$C_{13}H_{21}NO_3$	239.31
4	特布他林	terbutaline	$C_{12}H_{19}NO_3$	225.29
5	西马特罗	cimaterol	$C_{12}H_{17}N_3O$	219.29
6	班布特罗	bambuterol	$C_{18}H_{29}N_3O_5$	367.41
7	西布特罗	cimbuterol	$C_{10}H_{18}N_3O$	196.21
8	费诺特罗	fenoterol	$C_{17}H_{21}NO_4$	303.36
9	丙卡特罗	procaterol	$C_{16}H_{22}N_2O_3$	290.36
10	福莫特罗	formoterol	$C_{19}H_{24}N_2O_4$	804.88
11	利托君	ritodrine	$C_{17}H_{21}NO_3$	287.36
12	氯丙那林	clorprenaline	$C_{11}H_{16}CNO$	213.71
13	马喷特罗	mapenterol	$C_{14}H_{20}CF_3N_2O$	361.23
14	妥布特罗	tulobuterol	$C_{12}H_{18}CNO$	227.73
15	马布特罗	mabuterol	$C_{13}H_{18}CF_3N_2O$	310.74
16	沙美特罗	salmeterol	$C_{25}H_{37}NO_3$	399.51
17	溴布特罗	brombuterol	$C_{12}H_{18}Br_2N_2$	402.55
18	克伦潘特	clenpenterol	$C_{13}H_{21}C_3N_2O$	327.68
19	克伦塞罗	clencyclohexerol	$C_{14}H_{20}Cl_2N_2O_2$	319.23
20	拉贝特罗	labetalol	$C_{19}H_{24}N_2O_3$	364.87
21	克伦普罗	clenproperol	$C_{11}H_{16}Cl_2N_2O$	263.16

（三）β-受体激动剂药理机制

β-受体激动剂类药物结构中的活性基团与组织细胞膜中的 $β_2$ 受体结合，激活兴奋性 G 蛋白，活化腺苷酸环化酶，催化细胞内腺嘌呤核苷三磷酸（ATP）转化为环一磷酸腺苷（cAMP），cAMP 使蛋白激酶（PKA）活化，诱发一系列酶的磷酸化过程和生理效应，最终表现为促使支气管、子宫和肠壁平滑肌松弛。因此，在临床上，该类药物主要用于扩张平滑肌，增加肺的通气量，通常可用于治疗支气管哮喘、阻塞性肺炎、平滑肌痉挛和休克等症。另外，也可用于牛、马产道松弛。β-受体激动剂类药物对代谢的影响作用主要包括使胰岛素释放增加和糖原分解增强，使体液中 K^+ 浓度下降、脂肪分解加强、骨骼肌血管扩张和收缩增强等。β-受体激动剂类药物可以通过吸入、口服、肌注或静脉注射等方式给药，一次用药剂量通常低于 $1.0\,ng/g$。

（四）β-受体激动剂生理学作用

1. 呼吸系统作用　β-受体激动剂可特异性地作用于气道靶细胞膜上的 β-受体，通过一系列酶促过程，产生松弛气管平滑肌、舒张支气管、增强气道纤毛运动等效应，具有显著的平喘作用，也因此被用作临床平喘药物。

2. 心血管系统作用　由于心脏组织中β-受体含量丰富，因此，β-受体激动剂对心血管系统具有非常显著的作用，主要表现为心率加快、血管扩张和血流量增大。人在大量食用有β-受体激动剂残留的动物肉制品后，发生"瘦肉精"类药物中毒反应时，容易产生心血管毒性，表现出严重的心悸、头晕、恶心、呕吐、血管扩张、心率加快、高血糖、低血钾等症状，对糖尿病、甲亢、心血管疾病患者的危害更大。

3. 神经系统作用　β-受体激动剂可作用于肾上腺素能受体，使机体产生兴奋作用，引发肌肉震颤。养殖过程中使用了"瘦肉精"类物质，动物表现为后腿不停抽搐，严重时可出现因过度抽动而瘫痪或站立不稳。使用"瘦肉精"喂养的生猪臀部肌肉异常发达，而且屠宰后的猪肉颜色要比正常猪肉鲜红。

4. 营养再分配效应（repartitioning effects）　β-受体激动剂通过促进蛋白质合成和加速脂肪分解，实现体内营养物质的再分配。研究发现，经β-受体激动剂作用后，动物肌肉中总的 DNA 含量不变、RNA 含量增高，这表明β-受体激动剂是在转录水平上促进了肌细胞蛋白质合成。另一项研究报道，在食用添加盐酸克伦特罗的动物饲料后，牛和肉鸭血清中的非酯化脂肪酸浓度升高，表明β-受体激动剂加速了动物体内脂肪流动，促进了脂肪分解。

第二节　β-受体激动剂污染

20 世纪 80 年代初，美国有研究人员通过一系列的动物实验表明，当饲料中β-受体激动剂类药物的添加剂量超过治疗剂量 5～10 倍时，能对牛、猪、羊、家禽等养殖动物体内营养再分配起到促进作用，导致动物体内的脂肪分解代谢增强、蛋白质合成增加，能显著提高瘦肉率，改善养殖动物日增重和饲料转化率。如给动物饲喂克伦特罗（CL）剂量达到 4～8 g/（kg·bw）时，可以提高瘦肉率和饲料转化率，获得很好的经济效益。由此，美国开始将 CL 用于动物养殖，并逐渐推广到其他国家。随后，我国也一度出现在饲料及养殖业中应用 CL。由于 CL 等β-受体激动剂类化合物能显著提高动物瘦肉率，故被形象地称为"瘦肉精"。β-受体激动剂的营养再分配作用与动物种属有关，如克伦特罗对大鼠和牛、莱克多巴胺对猪、西马特罗对猪和羊具有很好的促生长作用。

通常，β-受体激动剂类化合物会作为药物添加剂使用，使用剂量一般要求超过 5 mg/kg 才能够有效地促进动物生长，改善动物肉品质。但高剂量的β-受体激动剂类药物易在养殖动物组织中残留，当人体中摄入剂量累计超过一定值或食入高残留（100 ng/g）的内脏组织时，易出现β-受体激动剂的毒副作用。

β-受体激动剂在世界范围引起了一系列的中毒事件。其中盐酸克伦特罗中毒事件报道最多。盐酸克伦特罗残留引起的中毒事件最早发生在西班牙，1989 年 10 月至 1990 年 7 月间因食用牛肝引起 135 人中毒，中毒症状出现于食用牛肝后的 30～360 min，最长持续至 40 h。在食用的牛肝中发现 CL 含量达 160～291 μg/kg。

1992 年，又在西班牙北部地区暴发 232 例盐酸克伦特罗中毒病例。1990 年，在法国有 22 人发生了 CL 中毒，于食用牛肝后的 1～3 h 出现中毒症状，牛肝中 CL 残留量多达 375～500 μg/kg。1996 年，意大利卡塞塔市发生 62 例因食用含瘦肉精残留的牛肉引起的中毒事件。

我国香港、北京、上海、广东、浙江、山东、河北、广西、黑龙江和安徽等地均有"瘦肉精"中毒事件报道。1997 年 5 月，17 名香港居民因食用残留有 CL 的猪内脏而出现手指震颤、头晕、心悸、口干、失眠等症状，成为我国第一起"瘦肉精"中毒案例。随后各地中毒事件时有发生。据统计，2001 年以来，我国共发生群体性β-受体激动剂类"瘦肉精"中毒事件 10 余起，中毒 1 000 多人，例如，

2009 年 2 月广东省 70 多人因食用有克伦特罗残留的猪内脏而引起中毒事件；其中 2011 年央视 3·15 晚会曝光的发生于河南的"双汇瘦肉精"事件在国内外造成恶劣影响，经济损失巨大。除此之外，莱克多巴胺、沙丁胺醇等也被广泛用于畜牧养殖业，β-受体激动剂的使用受到了国际社会的限制。因此，国家和农业主管部门加大了对 β-受体激动剂等违禁药物的监管力度。自 1995 年以来，国家发布了一系列的法规和规范。2002 年农业部 176 号公告明令禁止在动物饲养过程中使用 CL 和盐酸莱克多巴胺等 7 类 β-受体激动剂类药物。2010 年农业部再次发布 1519 号公告明令禁止苯乙醇胺 A 等 8 种 β-受体激动剂。同时，为了加强对饲料、养殖环节和动物产品中 β-受体激动剂的监控，我国政府组织制定了相关的 β-受体激动剂检测方法标准。欧盟也颁布了一系列的法规，规定了动物组织中 CL 的最大残留限量。

但 β-受体激动剂类药物种类繁多，临床应用且可获取的有 20 多种。自 2001 年国家严格管控盐酸克伦特罗以来，莱克多巴胺、沙丁胺醇等"新型瘦肉精"使用呈上升趋势。但盐酸克伦特罗价格便宜，且毒性最大，世界范围内的中毒事件基本上都是以盐酸克伦特罗为祸首，盐酸克伦特罗一度成为集体食物中毒事件的元凶。近年来在国家的高压态势下，莱克多巴胺和沙丁胺醇已成为盐酸克伦特罗的替代品，部分不法商贩为了获取更大经济利益，同时逃避政府监管和法律处罚，在动物养殖过程中非法使用其他 β-受体激动剂类药物，这给动物养殖过程及动物源性食品中 β-受体激动剂类药物的常规检测和日常监管带来极大挑战。

第三节　β-受体激动剂的毒性作用及健康危害

一、β-受体激动剂在动物体内的蓄积与消除规律

β-受体激动剂吸收后，在肝脏进行代谢，主要经尿和胆汁排出，但会因 β-受体激动剂种类及动物种类的不同而有差异，盐酸克伦特罗和沙丁胺醇在奶牛体内还可排泄至乳液中。β-受体激动剂在动物组织中残留时间很长，如盐酸克伦特罗在动物肝和肾中的蓄积由用药剂量和停药时间的长短决定，给牛连续用药 15 d，盐酸克伦特罗在肝中达到最大浓度，停药最初的 48 h 内，肝和肾中的盐酸克伦特罗排除速度很快，残留物的半衰期分别为 41 h 和 31 h，48 h 后排出的速度则相当慢。

目前，对于 β-受体激动剂类药物在养殖动物体内的代谢残留规律研究较多的是 CL 和莱克多巴胺，主要靶动物是猪。CL 在生猪体内吸收代谢很快，主要以药物原型通过尿液排泄，能够在肝脏等组织中蓄积，喂药期和停药期尿液中残留浓度与组织中残留浓度呈正相关，尿液可以作为残留监控的靶组织。有学者对 CL 在生猪体内的代谢做了较为详细的研究。生猪饲喂不同浓度 CL（10 mg/kg、3 mg/kg、2 mg/kg、0.5 mg/kg）的饲料后，蓄积浓度最高的为肺、肝和肾 3 种组织，蓄积浓度较低的是肌肉、心脏、血液、脂肪等。猪肝、猪肺和猪肾是 CL 的主要蓄积器官。各种组织的降解消除规律基本一致，在停药初期，降解消除速率很快；在停药后期，降解消除速率则变得比较缓慢。在停药初期，高蓄积组织中 CL 残留浓度的顺序是肺＞肝＞肾，停药末期浓度顺序是肝＞肾＞肺，表明 CL 在肝脏的降解速率最慢，肺组织最快。停药初期和后期，高蓄积组织和低蓄积组织的浓度比值基本一致。

二、β-受体激动剂将健康危害特点

在生猪和反刍动物饲养过程中如果给予一定量的 β-受体激动剂，能改变营养的代谢途径，促进动物肌肉，特别是骨骼肌蛋白质的合成，抑制脂肪的合成与积累，可使饲料转化率、生长速率和胴体瘦肉率明显增加，所以在畜牧养殖业上该类化合物被统称为"瘦肉精"。由于"瘦肉精"在动物体内代谢慢、残留时间长，在动物组织（肝脏、肺脏、肾脏、小肠等）中大量蓄积。据报道，犊牛肝脏中克伦

特罗残留量可达到 $5\,000 \times 10^{-9}$；猪肝脏中甚至可达到 $47\,000 \times 10^{-9}$。畜产品中 β-受体激动剂残留超标，进而通过食物链传递，危害人类身体健康。人食用含 "瘦肉精" 残留的动物性产品（如内脏等），如果残留量达到一定程度，就会出现毒副作用，甚至出现急性中毒症状。

一般烹饪方法无法清除食物中残留的 β-受体激动剂，100℃ 高温无法破坏盐酸克伦特罗的生物活性，260℃ 高温油炸仅能使盐酸克伦特罗的生物活性降低 50%。β-受体激动剂长期残留于体内可加速脂肪分解，导致大量游离脂肪酸进入血液，削弱血管壁弹性，进而引发高血脂和高血压。游离脂肪进入血液还可导致微循环血管膨胀，周围神经末梢受压增强，引发头痛、头晕等表现。瘦肉精对肌肉兴奋 Mg^{2+} 具有抑制作用，使生物电紊乱，增强肌肉兴奋性，引发肠痉挛、腹泻、呕吐伴心率和心肌收缩加快症状。同时瘦肉精对加钙离子平衡性具有影响，削弱加钙离子的复极化能力，降低离子通透性，影响心肌功能。危害的具体表现如下：

（一）药物残留量高

β-受体激动剂具有作用快速的特点，在动物饲养过程中需要长期维持才具有显著促进生长的效果。用于家畜生产目的的有效同化剂量是治疗剂量的 $5 \sim 10$ 倍，β-受体激动剂会在动物体内形成高浓度残留，因此长时间、大剂量地使用 β-受体激动剂容易造成在饲养动物体内的积累而引发人类食用中毒。

（二）危害症状严重

1. 急性中毒作用　以盐酸克伦特罗为例。人食用含 "瘦肉精" 较高的食物后，在 $15 \sim 360 \text{ min}$ 内即可发生急性中毒，持续时间从 $1.5 \sim 48 \text{ h}$ 不等。中毒症状：心悸、头疼、目眩、恶心、呕吐、发烧、战栗、神经过敏、血管扩张、心率加快、肌肉等，严重时甚至可能造成生命危险。经过全国范围的严厉打击，由 β-受体激动剂引发的急性中毒事件呈现低频、零散发生态势。

2. 慢性中毒作用　慢性中毒可引发心血管系统和神经系统病变。主要表现：心肌收缩加强，心率加快，血管壁弹性降低，血压升高，神经系统受刺激后引起头痛、头晕、呕吐和腹泻等。相对于急性中毒事件，慢性中毒则呈现潜在、经常发生态势，对人们身体健康造成持续危害。近几年，接连发生了运动员因误食 β-受体激动剂残留的肉类产品造成尿液中兴奋剂检测呈阳性事件，并因此被取消获奖成绩和收回奖牌，甚至遭到禁赛处罚处理。

（三）体内代谢缓慢

盐酸克伦特罗在胃肠道吸收快，$15 \sim 20 \text{ min}$ 即起作用，$2 \sim 3 \text{ h}$ 血浆浓度达到峰值。盐酸克伦特罗在动物体内维持时间持久，容易在动物组织器官中残留。其中在视网膜中的残留量最高，其次为脉络膜、毛发、肝脏、肾脏、肺脏、肌肉组织、脂肪组织。最后，盐酸克伦特罗在肝脏中经去甲基后随尿液排出体外。

（四）维持时间较长

Tihomira 等报道，按促生长浓度饲养母猪试验，停药后第 7 天有 80% 以上的盐酸克伦特罗在肝脏中被降解，停药后第 14 天肝脏中的药物残留浓度才降到 0.5 ng/g 以下，停药 21 d 后肝脏中的药物残留仍维持在 0.22 ng/g。

（五）β-受体激动剂种类繁多

凡是能够作用于肾上腺素能受体的药物，都具有提高饲料转化率、促进动物生长、提高酮体瘦肉率的效果。受经济利益的驱使，在畜牧业养殖中滥用盐酸克伦特罗的现象得到遏制后，不法分子又开始使用其他种类 β-受体激动剂，给畜产品质量安全检测带来困难，同时威胁人类的食品安全。目前，在畜牧业生产中使用的 β-受体激动剂主要有莱克多巴胺、克喘素（又称盐酸克伦特罗）、舒喘宁（又称沙丁胺醇)、息喘宁（又称塞曼特罗）、吡啶甲醇类等 10 余种，使用较多的是莱克多巴胺和盐酸克伦特罗。

第四节　β-受体激动剂检测研究

目前，饲料、动物性食品及生物材料中 β-受体激动剂类药物分析方法主要有免疫筛选方法和仪器确证方法。免疫筛选方法包括酶联免疫法（ELISA）和胶体金试纸条等。仪器分析方法有液相色谱（LC）、毛细管电泳（CE）、气相色谱-质谱（GC-MS）和液相色谱-串联质谱（LC-MS/MS）等。其中，LC-MS/MS 作为一种检测灵敏度高、应用范围广、可靠性强的检测平台被广泛地应用于饲料、动物组织、毛发、血液及动物尿液中 β-受体激动剂及其代谢产物的测定。

（一）胶体金试纸条检测

胶体金试纸条应用了竞争抑制免疫层析的原理，样本中的目标分析物在层析流动过程中与金标抗体结合，占据了抗体上特异性识别位点，抑制硝酸纤维膜检测线上抗原与抗体的结合。因此。若样品中目标分析物含量大于一定浓度，检测线不显色，则表示样品为阳性；反之，检测线显色，结果表示样品为阴性。目前，市场上主要有克伦特罗、莱克多巴胺和沙丁胺醇 3 种 β-受体激动剂的胶体金试纸条。不同的胶体金试纸条产品灵敏度有较大差异，克伦特罗检测卡产品对动物组织和尿液中克伦特罗检测灵敏度为 2～3 μg/kg。莱克多巴胺试纸条对饲料样品中莱克多巴胺检测灵敏度为 10 μg/kg。动物组织和尿液中莱克多巴胺检测灵敏度为 5 μg/kg。沙丁胺醇试纸条对尿液中沙丁胺醇的检测灵敏度为 5 μg/kg。

（二）酶联免疫检测技术

酶联免疫分析技术（ELISA）是指以酶作为标记物，以抗原和抗体之间的免疫结合为基础的固相吸附测定方法。通常，抗原或抗体通过蛋白和聚苯乙烯表面间的疏水性部分相互作用的物理吸附方式固定于固相载体表面，且能够保持抗体或抗原的免疫学活性。抗原或抗体可通过共价键与酶连接形成酶结合物。酶结合物与相应抗原或抗体结合后，可根据加入底物的颜色反应来判定是否有免疫反应的存在，而且颜色反应的深浅是与标本中相应抗原或抗体的量成正比例的。因此，可以按底物显色的程度显示试验结果。

（三）其他速测技术

随着分析检测技术的发展，β-受体激动剂的检测技术越来越受关注。除了常规的胶体金试纸条和 ELISA 试剂盒外，新技术不断出现，包括传感器、微流控芯片等。传感器是基于识别单位对目标分析物进行选择性识别，并引起信号、物理条件（光、热和湿度）或化学组成的变化，并将探知的信号转换成可以识别的信息的一种装置。传感器具有快速、简单、低成本、高灵敏、低检测限等优点。传感器在分析检测中应用较为广泛，如常见的烟雾探测器、电子鼻、电子舌等。微流控芯片技术（fmicrofluidics）是将分析过程中的样品提取、净化、分离、反应和检测等基本操作单元集成到芯片上，自动完成分析全过程的一个装置。

（四）β-受体激动剂仪器分析技术

用于 β-受体激动剂检测的仪器分析技术主要有液相色谱（LC）、毛细管电泳（CE）、气相色谱-质谱（GC-MS）及液相色谱-串联质谱（LC-MS/MS）、电化学分析法（ECA）等。仪器检测的主要优点是分析结果精确度高，缺点是操作技术要求高，对于生物样品基质需要复杂的前处理。LC 主要通过化合物在流动相和固定相的保留能力的差异对目标物和杂质进行分离，使得各组分被固定相保留的时间不同，从而按一定次序由固定相中流出。与适当的柱后检测方法结合，实现混合物中各组分的分离与检测。Lin 等应用高效液相色谱结合电化学检测器研究建立了牛组织中克伦特罗的检测方法。方法的检测限为 2.0 ng/ml，方法的回收率高于 75%。Koole 等通过免疫亲和净化，应用高效液相色谱结合电化学检测器研究建立了克伦特罗、西马特罗、溴布特罗、马步特罗和马喷特罗 5 种 β-受体激动剂类药物的检测方法。方法的检测限为 ng/ml 水平，回收率高于 79%。色谱质谱联用仪主要有 GC-MS 和 LC-MS/MS。色谱质谱联用仪充分发挥了色谱的高效分离和质谱的高灵敏度，实现了色谱的时间分离和质谱的空间分离有机结合，适合于复杂样品基质中痕量 β-受体激动剂类药物的检测。GC-MS 主要适用于性质稳定，易于挥发化合物的检测。β-受体激动剂类药物由于极性较强，难以气化，故需要衍生。Hemandez 等研究建立多残留 GC-MS 检测方法用于牛组织中 β-受体激动剂类药物，通过固相萃取消除样品基质影响，目标分析物应用 MSTFA 进行衍生。方法的回收率在 27.0%～53.2%，检测限为 10 ng/g。随着大气压电离源（API）的发展，LC-MS/MS 开辟了复杂样品基质中痕量药物残留检测的新时代，越来越成为复杂样品基质中 β-受体激动剂检测的强大工具。Blanca 等应用 LC-MS/MS 研究建立了动物肝脏和尿液中克伦特罗、莱克多巴胺和齐帕特罗的检测方法，方法的检测限和定量限分别低于 0.11 ng/g 和 0.15 ng/g。方法的回收率高于 80%，同时方法具有很好的稳定性，相对标准偏差低于 5.2%。Shao 等应用 UPLC-MS/MS 研究建立了猪肝、猪肉及猪肾中 16 种 β-受体激动剂的检测方法。研究人员考察了 3 种样品基质对目标分析的基质效应，同时通过样品基质补偿以消除样品基质对目标分析的干扰影响。Nielen 等研究建立了猪和牛的饲料、尿液及毛发中 22 种 β-受体激动剂的测定方法。

（五）β-受体激动剂样品前处理新技术

β-受体激动剂分析中常用的样品前处理技术主要有液液提取（LLE）固相萃取（SPE）及免疫亲和（IA）等。由于 β-受体激动剂检测样品种类繁多，基体成分复杂，常规固相萃取柱前处理主要基于离子交换的原理，缺乏选择性，不能有效地富集目标分析物和消除基体干扰，影响常规快速检测方法及大型仪器对兽药残留的有效检测。免疫亲和 SPE 柱抗体制备程序复杂，使用环境要求苛刻，且目标范围有限，不宜规模化生产和推广。因此，基于分子识别原理发展具有选择性且适用性强的新型样品前处理技术对于有效降低或消除样品基质干扰、提高样品中 β-受体激动剂残留检测灵敏度和准确性十分重要。分子印迹聚合物（MIP）是基于分子识别原理，具有预定性、识别性和实用性。因此，MIP 具有从复杂样品中选择性提取目标分子或与其结构相近的某一族类化合物的能力，适合作为固相萃取（SPE）填料、固相微萃取涂层及分子印迹薄膜来分离富集复杂样品中的痕量分析物，克服样品体系复杂、预处理烦琐等不利因素，达到样品分离纯化的目的。自 Sellergren 首次报道在 SPE 中使用 MIP 材料以来，分子印迹固相萃取技术（MISPE）在国外已被广泛研究和应用。Kootstra、Blomgren、Davies 和 Christine 等应用分子印迹技术结合 LC-ESI-MS/MS 研究了 MIP 对牛肉、尿液等样品基质中 β-受体激动剂的净化效果。结果表明，MIP 柱能够有效去除样品基体干扰，降低在检测过程中样品基体对目标分析物的基体抑制，对样品中 β-受体激动剂的检出限为 0.13 ng/g，定量限为 0.23 ng/g。但此类分子印迹材料识别能力有限，只能对 7 种 β-受体激动剂化合物具有识别能力。

第五节　β-受体激动剂防治管理

我国从未批准过任何 β-受体激动剂作为兽药或添加剂使用，在 1999 年颁布实施的《饲料和饲料添加剂管理条例》中明确禁止在饲料和动物饮用水中添加激素类药品和农业部规定的其他禁用药品。农业部一直将"瘦肉精"等违禁药物作为重点监控和打击对象，最高人民检察院、公安部对使用"瘦肉精"养殖生猪，以及宰杀、销售此类猪肉的人员和单位依法追究刑事责任。经过几年的严厉监管和打击，"瘦肉精"残留事件得到了有效控制。但是由于"瘦肉精"对动物具有促生长、提高饲料转化率、缩短养殖周期、增加瘦肉率等作用，仍有个别地区、个别企业和养殖者置法律于不顾，将"瘦肉精"用于养殖生产，加上个别执法人员在检验检疫中谋取私利、走形式、走过场，导致"瘦肉精"生猪及其产品进入市场，给消费者的健康安全和权益带来威胁。

要杜绝畜产品中"瘦肉精"残留的发生，真正确保动物性产品的质量安全，建议采取以下几点措施：

（一）强化源头管理

严控 β-受体激动剂原料药的生产和销售，从源头杜绝，这是最关键的措施。一方面要加强生产 β-受体激动剂医药企业的监管，管理部门定期组织学习相关法律法规，提升企业自身的社会责任感；食品药品监督管理部门应加强对"瘦肉精"销售流通环节控制，加大审查力度，采取切实有效的措施防止这类药物流入畜牧养殖业。另一方面对于非法生产和销售"瘦肉精"的企业和个人要给予严惩，取缔非法生产违禁物品的企业，并追究法律责任。

（二）建立农产品质量安全风险分析机制

通过对畜牧业生产过程进行摸底调查，掌握正在使用的 β-受体激动剂类药物，对其进行风险识别、风险评估，以此确定药物残留限量标准，并为制定药物残留监控计划提供参考依据。由卫生部、食品药品监督局、农业部等 9 部门联合组织的"全国打击违法添加非食用物质和滥用食品添加剂专项整治行动"于 2008 年 12 月份开始实施，将严厉打击在食品中违法添加非食用物质的行为、清理和规范食品添加剂市场、整顿食品中滥用食品添加剂和饲料添加剂的行为。这些措施的实施将有力推动动物产品中 β-受体激动剂残留问题的解决。

（三）加快检测方法标准的研究制定

检测标准制定的滞后在一定程度上降低了 β-受体激动剂的监控效力。要加快相关检测方法标准及限量标准的制定，尤其是除了盐酸克伦特罗以外的 β-受体激动剂。研究开发新的检测方法，特别是动物养殖生产过程和畜产品流通过程中的快速筛查技术、实验室定性及定量检测技术，做到检测标准涵盖生产、加工流通等环节，真正实现"农产品质量安全全程控制"。

（四）加快建立完善的农产品质量安全监管体系

为了更好保障广大城乡居民畜产品消费安全和合法权益，应尽快建立分工明确、责任到位的监管体系。针对我国生猪、反刍动物等涉及饲料、养殖环节、屠宰加工等领域的特点，建立全程监控体系。

第一，加强饲养监管。建立养殖户档案，养殖户需签订畜禽出栏无"瘦肉精"条约。职能部门加强养殖指导，指导养殖户合理科学用药和用料。建立定期抽查制度，对养殖场自配饲料和食槽饲料进行抽检。

第二，加强运输环节管理。农业部、工商部门应加强对收购贩卖动物制品企业和个人的监督管理，督促养殖企业和个人建立查验制度和等级制度，方便对已销售动物制品运输监管。

第三，加强屠宰环节监管。屠宰环节属于末端监管，监管工作以淘汰不符合屠宰的、监督屠宰活动、发放检疫合格证等为主，并根据上级部门要求定期抽检肉制品。

第四，加强加工环节监督。动物制品企业应建立原料采购检验记录制度，规范企业生产管理行为。设立相关法律规定，落实安全生产责任制。

第五，加强销售环节监管。监管部门可采取联合执法，常规性与不定期对动物源性产品进行检查，并邀请社会媒体监督，披露使用含瘦肉精原材料的企业或商家，震慑其他商家。

总而言之，在完善农产品终端检测的基础上，扩大对农产品生产各个环节的监督检测，深入推进农产品质量安全监管。加大政府和企业投入，增加抽检比例，减少甚至杜绝检测盲点，对基层检测单位和养殖企业提倡使用"瘦肉精"残留快速检测产品（试纸条等）进行快速筛选，实现大批量现场实时监控，从各个环节控制"瘦肉精"残留，以确保畜产品安全和公众健康。

（五）加强舆论宣传引导，广泛开展宣传教育

加强对养殖户、畜产品生产加工企业及消费者的宣传教育，普及食品安全相关知识。相关职能部门应通过传统媒体和新媒体、张贴标语、横幅等方式加强瘦肉精及其相关法律法规宣传，增强相关利益主体对瘦肉精的危害性认识及法律的权威性，促使其自觉遵守国家有关规定，不使用含瘦肉精添加剂饲料。舆论宣传引导还应面向普通消费者，向普通消费者普及动物源性肉品消费常识，提高消费者对瘦肉精的认识，消除消费者对瘦肉精的恐慌，帮助消费者树立信心。既要充分认识到"瘦肉精"残留对人体的严重危害性，也不要谈"瘦肉精"色变。宣传内容还需要包含简单、快速、便利的识别含"瘦肉精"肉制品食物的方法，提升广大消费者的辨别能力，并且设立食品安全投诉举报电话，形成全民监督。对于莱克多巴胺的使用问题，尽管目前美国、加拿大等国家批准其用于猪和反刍动物促生长，但严格规定了使用剂量和肌肉等组织中的最高残留限量标准。鉴于莱克多巴胺在肺等内脏中的高残留蓄积及我国的消费习惯，在没有取得充分可靠的科学数据之前，在我国禁止使用莱克多巴胺不失为明智之举。

参 考 文 献

[1] 沈建忠,江海洋.畜产品中β-受体激动剂残留及其危害[J].中国动物检疫,2011,28(6);27-28.

[2] 彭涛,赖卫华,张富生,等.20种β₂-受体激动剂的性质及检测方法研究进展[J].食品与机械,2013,29(3):254-260.

[3] 赵思俊,郑增忍,曲志娜,等.我国"瘦肉精"监管现状分析及对策建议[J].中国动物检疫,2011,28(4):4-6.

[4] 张改平,王选年,肖肖."瘦肉精"的毒害作用及其试纸快速检测技术[J].中国动物检疫,2011,28(5):1-6.

[5] 马林.关于"瘦肉精"的危害、检测技术和监管[J].综述专论,2016,46(18):20-21.

（陈颖）

第十章　镇静剂类药物污染与健康

镇静剂类药物作为抑制动物中枢神经系统的药物，广泛应用于兽医临床及动物养殖业。正确使用可以治疗疾病、保证动物健康、提高饲料转化率和动物生长率、降低生产成本，极大地促进畜牧业的发展。如果非法或不合理使用，可能导致畜禽产品中药物残留，并经过食物进入人体或动物体内，而成为毒物，药物和毒物没有严格的界限，当药物超过一定的剂量或长期使用有可能成为毒物，产生食品安全问题，危害人类健康或损害他人利益，甚至导致严重后果。

第一节　镇静剂类药物污染

镇静剂类药物主要包括镇静药、催眠药、安定药等。镇静药（sedative）是能对中枢神经系统产生抑制作用，从而减轻机能活动、调节兴奋性、消除狂躁不安和恢复安静的一类药物。催眠药（hypnotic）是能诱导睡眠或近似自然睡眠，维持正常睡眠并易于唤醒的药物。催眠药与镇静药并不能严格区分，高剂量催眠，低剂量镇静。常用的镇静药和催眠药有水合氯醛类、巴比妥类、α_2-肾上腺素能受体激动剂、苯二氮䓬类和苄咪甲酯（metomidate）。安定药（tranquillizer）是一类能缓解焦虑而不产生过度镇静的药物，分为轻度安定药（minor tranquilizer）和深度安定药（major tranquilizer），轻度安定药又称抗焦虑药（anxiolytic），能部分驱散焦虑感觉，多数具有镇静和催眠作用，代表药物有苯二氮䓬类和丁螺环酮（buspirone）。深度安定药又称神经松弛剂（neuroleptic）或抗精神失常药（antipsychotics），通过阻断中枢神经系统内多巴胺介导的反应，使激动或易动的动物安静下来，并能调节或控制他们的行为或精神病态，代表药物有吩噻嗪类（phenothiazine）、丁酰苯类和罗芙木全碱（rauwolfia alkaloids）。常用的镇静剂药物见表10-1。

表 10-1　常用镇静剂类药物

药物类别	常用药物
水合氯醛类	水合氯醛（chloral hydrate）
巴比妥类	巴比妥（barbital）、苯巴比妥（phenobarbital）、戊巴比妥（pentobarbital）等
α_2-肾上腺素能受体激动剂	赛拉嗪（xylazine）、赛拉唑（xylazole）、地托咪啶（detomidine）、美托咪定（medetomidine）等
苯二氮䓬类	地西泮（安定）（diazepam）、硝西泮（nitrazepam）、氟西泮（flurazepam）、氯氮䓬（chlordiazepoxide）、奥沙西泮（oxazepam）、三唑仑（triazolam）、咪达唑仑（midazolam）、阿普唑仑（alprazolam）等
非苯二氮䓬类	丁螺环酮（buspirone）
吩噻嗪类	氯丙嗪（冬眠灵）（chlorpromazine）、异丙嗪（promethazine）、羟哌氯丙嗪（奋乃静）（perphenazine）、乙酰丙嗪（acepromazine）、丙酰丙嗪（propionylpromazine）、三氟丙嗪（triflupromazine）、三氟拉嗪（trifluoperazine）等

药物类别	常用药物
丁酰苯类	氮哌酮（阿扎哌隆）（azaperone）、氟哌啶醇（haloperidol）、氟哌利多（droperidol）、氟苯哌丁酮（lenperone）等
罗芙木全碱	利血平（reserpine）、18 表甲基利血酸甲酯（metoserpate）等
无机盐类	溴化钙（calcium bromide）、硫酸镁（magnesium sulfate）等

　　镇静剂类药物被用于兽医临床，调节动物兴奋性，消除其狂躁不安，使其恢复安静。另外，在动物运输过程中，为减少动物死亡和体重下降，防止动物紧张，保证肉品质，常使用此类药物用作化学保护剂，以减少应激带来的损失。

　　该类药物中很多药物还是生长促进剂，因此受利益的驱使，为片面追求饲料的转化率和高额利润，一些养殖和饲料生产企业在生产环节加入该类药物，通过抑制畜禽中枢神经，使之处于镇静、半睡眠状态，从而减少活动量，有利于提高饲料利用率，起到镇静催眠、增重催肥、缩短出栏时间的作用，尤其在猪的饲养过程中易被使用。常用于饲料添加的镇静剂类药物有地西泮、氯丙嗪和利血平。在动物饲养及运输过程中滥用或过度使用此类药物会使其原形和代谢产物不可避免地残留于动物体内，这些药物残留会通过食物链对人类的身体及生态环境产生一定的影响，可使得肝脏负担加重、头脑长期昏沉、记忆受影响，同时运动神经和肌肉功能受到抑制，影响人类的神经系统、内分泌系统等的正常功能。因此许多国家都将此类药物列为禁用药物，并对动物源食品中镇静剂类药物残留量有严格的限量要求。我国农业部第 176 号公告（2002 年）公布了《禁止在饲料和动物饮用水中使用的药物品种目录》，包括的镇静剂类药物有氯丙嗪、盐酸异丙嗪、安定、苯巴比妥、苯巴比妥钠、巴比妥、异戊巴比妥、异戊巴比妥钠、艾司唑仑、甲丙氨酯、咪达唑仑、硝西泮、奥沙西泮、匹莫林、三唑仑、唑吡旦及国家管制精神药物。我国农业部第 193 号公告（2002 年）公布了《食品动物禁用的兽药及化合物清单》，以及其制剂禁用于所有动物，禁用于所有用途。氯丙嗪、地西泮及其盐、酯及制剂禁用于所有动物的促生长用途。

第二节　镇静剂类药物的毒性作用

　　镇静剂类药物使用过量、使用时间过长或机体反应性过高时会出现毒性。如该类药物急性中毒可引起靶器官中枢神经系统深度抑制，慢性中毒可损害多个系统，一般以神经系统、肝脏、肾脏损害为主。

一、镇静剂类药物对神经系统的毒性作用

　　镇静剂类药物通过抑制中枢神经系统而达到缓解过度兴奋和引起类似生理性睡眠的药物。巴比妥类和苯二氮䓬类药物可与其相应受体结合，增强 GABA 能神经传递功能和突触抑制效应，发挥镇静催眠作用，但同时剂量过大时它们也可抑制脑内 GABA 的功能而产生共济失调、震颤等毒性作用。吩噻嗪类药物发挥镇静及抗精神病作用的同时也阻断黑质-纹状体通路的多巴胺 D_2 受体，使纹状体中的多巴胺功能减弱，乙酰胆碱功能相对增强而产生锥体外系的副作用，表现有帕金森综合征、急性肌张力障碍、静坐不能。

二、镇静剂类药物对肝脏的毒性作用

　　常见的引起肝损伤的镇静剂类药物有巴比妥类如巴比妥、苯巴比妥，吩噻嗪类如氯丙嗪，丁酰苯

类如氟哌啶醇等，可引起急性肝损害，造成胆汁淤积；长期使用，可引起慢性肝损害，造成胆汁性肝硬化。引起胆汁淤积的作用机制可能有以下几个方面：①毛细胆管细胞损伤，造成胆汁酸分泌功能障碍；②胆小管管腔部不畅，胆汁排泄障碍；③胆管壁细胞膜通透性改变，水、电解质、胆汁酸重吸收增多，毛细胆管内胆汁浓缩、沉积和胆栓形成。慢性肝损害的发生机制可能有：①通过长期胆汁淤积性肝损害可发展为肝硬化；②药物引起慢性坏死性肝炎，最后导致肝硬化。胆汁淤积与肝脏损伤可以相互依存也可以相互独立，如氯丙嗪可引起原发性胆汁淤积并伴有肝坏死。

镇静剂类药物可对肝脏造成不同程度的损害，肝脏损害的程度和类型不仅与药物的种类有关，而且与暴露药物的时间长短有关。肝损伤发生的频率与严重程度因动物不同而存在很大的种属差异。

三、镇静剂类药物对肾脏的毒性作用

肾脏是绝大多数药物及其代谢物的最主要排泄途径，肾脏组织容易接触到药物而受到药物的损害。镇静剂类药物对肾脏的毒性作用以肾血管病变为主，主要表现为肾小动脉和毛细血管损害。如有肝、肾疾病时会增加肾脏对药物损害的易感性。

四、镇静剂类药物对心血管系统的毒性作用

镇静剂类药物也可影响心血管系统。吩噻嗪类药物主要心血管不良反应是直立性低血压。吩噻嗪类、苯二氮䓬类药物具有奎尼丁样作用，使 QT 和 PR 间期延长，既有抗心律失常作用又有促心律失常作用。

五、镇静剂类药物对免疫系统的毒性作用

镇静剂类药物可引起Ⅳ型超敏反应，致敏是由于产生活化 T 细胞和记忆 T 细胞而不是产生抗体，当再次接触抗原后，致敏的 T 细胞可通过直接的细胞毒性作用引起组织的损伤或分泌细胞因子进一步促进炎症的应答。主要临床表现有超敏性皮炎、接触性皮炎、慢性结核菌感染、肉芽肿和移植排斥等。巴比妥类药物为常见的引起这类反应的镇静剂类药物。

镇静剂类药物如氯丙嗪可引起自身免疫性疾病。自身免疫是由于自身识别障碍，免疫球蛋白及 T 细胞受体与自身抗原发生反应，通过抗体依赖的细胞毒作用或抗体介导的补体依赖的细胞毒作用而引起对组织和细胞的损伤，引起的自身免疫性疾病主要有系统性红斑狼疮、免疫复合物型肾小球肾炎、溶血性贫血、血小板减少症等。

六、镇静剂类药物对血液系统的毒性作用

镇静剂类药物可引起不同类型的造血功能障碍。巴比妥类药物引起骨髓抑制，从而引起再生障碍性贫血及血小板减少症；巴比妥类药物增加叶酸的破坏及抑制肠道对叶酸的吸收，引起叶酸、维生素 B$_{12}$ 的吸收或利用障碍，导致巨幼细胞性贫血；吩噻嗪类药物引起溶血性贫血，能抑制粒细胞内 DNA 合成，导致骨髓内粒细胞丝状核分裂减少，对氯丙嗪敏感或骨髓增殖功能已有损害的机体可发生粒细胞缺乏症。

七、镇静剂类药物对消化系统的毒性作用

1. 对口腔的毒性作用　巴比妥类药物和吩噻嗪类药物可引起家畜过敏，导致药物过敏性口炎的发生。变态反应是引起药物过敏的主要原因，其严重程度与药物性质有关，而与数量无关。诱发变态反应的不仅有药物本身，也有药物在体内的降解或代谢产物。引起的反应轻者口腔黏膜充血、水肿，重者则黏膜发生糜烂、溃疡和坏死。过敏与病畜个体因素、药物结构和用药方式等有关。

2. 对胃肠的毒性作用　巴比妥类药物和吩噻嗪类药物能抑制肠蠕动及肠液分泌和降低血钾，使肠内容物后送障碍，导致便秘，重者可发生麻痹性或假性肠梗阻。

八、镇静剂类药物对内分泌系统的毒性作用

1. 对甲状腺的毒性作用　巴比妥类、苯二氮䓬类镇静剂类药物可诱导肝药酶，长期用药，提高肝微粒体二磷酸-葡萄糖醛酸转移酶活性，促进 T_4-葡萄糖醛酸生成，排出增加，降低甲状腺激素水平。氯丙嗪也影响甲状腺功能。

2. 对垂体的毒性作用　长期使用氯丙嗪、地西泮等可引起内分泌紊乱，药物阻断结节-漏斗通路的多巴胺受体，促进下丘脑释放多种激素，如催乳素释放因子、促卵泡激素释放因子、黄体生成素释放因子和 ACTH 等。增加催乳素，减少促性腺激素和生长激素的分泌。

九、镇静剂类药物对眼的毒性作用

1. 对角膜的毒性作用　家畜长期大量服用吩噻嗪类药物会导致角膜炎的发生，其机理是由于光敏制剂吩噻嗪亚砜进入眼房水，随后经眼睛紫外线照射，而造成光敏感性角膜炎。猪和犊牛对光过敏比绵羊敏感得多，这是由于吩噻嗪亚砜在牛和猪的肝脏中转变为无害的无色吩噻嗪酮的量远比绵羊肝脏中转变的少。

2. 对晶状体的毒性作用　吩噻嗪类药物、巴比妥类药物可通过改变房水和玻璃体的成分，直接影响晶状体上皮细胞的代谢，使晶状体蛋白的构型发生变化而产生聚合，导致晶状体混浊，使原来透明的晶状体变成乳白色，而变得不透明，最终影响视力，形成白内障。长期内服氯丙嗪，可在晶状体前囊和皮质浅层出现微细的白色点状混浊，往往可在瞳孔区形成典型的星状混浊外观。

3. 对视网膜的毒性作用　药物引起的视网膜病变均与视细胞及视网膜色素上皮细胞受累有关。药物与黑色素结合，引起视网膜色素上皮增生或萎缩，形成色素性视网膜病变；药物损伤视网膜血管系统及毛细血管内皮，导致视网膜血管渗漏和继发性水肿；药物引起视网膜血管痉挛或中央动脉阻塞；药物影响凝血机制导致视网膜出血，主要表现为视网膜色素性变化、视网膜出血、视力损害等。长期大量使用氯丙嗪可引起中毒性视网膜病变，如出现类似色素性视网膜炎、实例减退或视野缺损等。

十、镇静剂类药物的药物依赖性

不同类型的镇静剂类药物用于催眠、镇静，作用程度差异较大，但均会产生不同程度的药物耐受性和依赖性。巴比妥类药物较易于产生药物耐受性和依赖性，与乙醇、麻醉剂等易于产生交叉耐受性。引起的依赖症状较非巴比妥类药物严重。突然停药或显著减少使用剂量，在 12～24 h 内即可出现厌食、躯体无力、焦虑不眠、肢体震颤；停药 24～72 h，戒断症状达高峰，严重呕吐、不能进食、体重明显减轻、身体严重无力、心动过速、眩晕、血压下降、四肢震颤、全身肌肉抽搐。

不同类型的镇静剂药物的毒性作用不同，很多药物的作用机制并非完全清楚，在治疗动物疾病时要规范用药，如有必要用于动物饲养或屠宰时要按照该类药物相关的管理规定规范使用。如果在动物饲养过程长时间或频繁使用，不仅会影响动物的健康，还会由于动物体内镇静剂残留，从而影响到人类的健康。

第三节　镇静剂类药物的健康危害

镇静剂类药物规范使用，可以治疗疾病，保证动物健康，如果违规或非法使用，将含该药物的饲料或水用于饲养或运输过程，动物体内会有该药物的残留，导致动物源性食品中残留，有时发生急性

中毒，甚至致死，有些药物虽没能发生急性中毒事件，但是如果长期食用同一种食品，会产生药物依赖性，即由药物与机体相互作用造成的一种精神状态，有时也包括身体状态，表现出一种强迫性的要连续或定期用该药的行为和反应，目的是要去感受它的精神效应，停药会引起不适，可以发生耐受性，甚至有时还会发生慢性中毒事件。以常用的镇静剂为例，简述其对健康的危害。

一、苯二氮䓬类药物的健康危害

苯二氮䓬类化合物代表药物地西泮即安定，该药物可选择性地作用于大脑边缘系统，与中枢苯二氮䓬受体结合而促进 γ-氨基丁酸（GABA）抑制性神经递质的释放，从而引起突触前和突触后的抑制作用，常用量具有抗焦虑、镇静、催眠、抗惊厥、抗癫痫及中枢性肌肉松弛作用，较大剂量时可诱导入睡。因其具有治疗指数高、对呼吸影响小、对快波睡眠无影响、对肝药酶无影响、大剂量时亦不引起麻醉等优点而成为兽医临床上最易被使用的催眠药。

安定作为一种中枢神经抑制剂，半衰期短，在肝脏中被降解，经去乙基、水解或其他代谢途径，产生去甲西泮（desmethyldiazepam）和奥沙西泮（oxazepam）等代谢产物。地西泮、三唑仑等苯二氮䓬类药物代谢比较复杂，主要通过尿液排泄，代谢途径包括羟基化和脱去甲基化反应，形成自由的结合态的代谢产物。这些代谢物消除缓慢，依然具有生物活性，故具有蓄积毒性。少量服用无明显中毒症状，但长期用药可出现极大毒副作用，如困倦、眩晕、无力、头昏眼花、记忆减退、精神疲软、嗜睡和便秘等，大量服用还可发生视力模糊、兴奋不安、共济失调、皮疹、脱落性皮炎和药物热等副作用。当人体长期摄入含有地西泮及其代谢物残留的食物后，肝脏负担加重，头脑昏昏沉沉，记忆受损，个别人出现皮疹、白细胞减少及运动神经和肌肉功能受到抑制等不良反应，危害人类身体健康。青少年由于未发育成熟，肝肾代谢功能差，故危害更严重。如患有老年痴呆症，可增加死亡风险。该药物还可引起药物耐受及依赖性，并导致慢性中毒。安定与酒精同时存在时还可能加剧中毒反应。此外，安定还可以引起精子畸形、减少精子数量等。

二、吩噻嗪类药物的健康危害

吩噻嗪类代表药物氯丙嗪即冬眠灵，作为一种中枢多巴胺受体的阻断剂，在不过分抑制情况下，能迅速控制躁狂症状，减少或消除幻觉、妄想，使思维活动及行为趋于正常，能增强催眠，有麻醉、镇静作用，可阻断外周 α-肾上腺素受体、直接扩张血管，引起血压下降。但可能造成一系列副反应，如对循环系统、神经系统、血细胞、皮肤和眼睛都有损害作用，还可能导致基因毒性。在血液中，90% 以上的氯丙嗪和血浆蛋白结合，主要的代谢途径是氧化、脱甲基、羟基化及葡萄糖醛酸结合物。氯丙嗪及其代谢物的消除速率很慢。有研究表明，即使 6～18 个月以后，在尿液中仍然能够检测到氯丙嗪及其代谢物。该药物如果大剂量使用可引起体位性低血压等副作用。

乙酰丙嗪用于马、牛、猪、绵羊和山羊，主要通过注射给药。马肌内注射后，在 1.5～3 h 还能在血浆中检测到原形药物，尿液中药物浓度大概在 6 h 开始消减，直到 24 h 后。给马口服，峰值浓度在 1.5～3 h 出现，粪便中大约在 12 h 后开始消减，直到 24 h 后还能在血浆中检测到乙酰丙嗪。

该类药通过肝肾代谢，易产生药物残留，对人们的身体健康造成很大影响。

三、丁酰苯类药物的健康危害

丁酰苯类药物的药理特点与吩噻嗪类有许多相似之处，但化学结构不同，抗多巴胺的作用强于吩噻嗪类，也具有镇静、降低运动机能和安定等作用。能引起骨骼松弛，高剂量时锥体外系副作用较大，引起动物静止不动、僵直和动作震颤，特别是引起烦躁不安。氮哌酮属于丁酰苯类代表药物，广泛用作猪的镇静剂。猪的代谢研究表明，氮哌酮代谢速度很快，代谢物至少有 11 种，代谢途径主要包括还原酮生成阿扎哌醇和其他还原态化合物、氧化脱去乙酰基和吡啶环的羟基化。该类药物通过胃肠道给药，吸收良好，迅速起效，肝内浓度高，肾脏是主要排泄器官。因此，对肝、肾功能的影响也比较大。

四、α₂-肾上腺素能受体激动剂的健康危害

α₂-肾上腺素能受体激动剂为一类强效镇静、催眠，兼有镇痛、肌松和局麻作用的中枢抑制药。该药物激活突触后膜上的 α₂-受体，会使血管收缩，并在初期反射性引起心跳加快；激活突触前膜上的 α₂-受体，胰岛素释放抑制，引起血糖升高；引起交感神经功能低下，如去甲肾上腺素的释放、去甲肾上腺素能神经元的活动和中枢神经系统内去甲肾上腺素的转运等功能抑制，出现镇静、镇痛、肌肉松弛、胃肠蠕动减缓、唾液分泌下降、肾素和抗利尿激素释放受阻、心血管抑制等，可导致心动过缓、二度房室传导阻滞等。不同药物在作用持续时间、作用程度及引起的并发症等方面有一些差异。其中，地托咪定和罗米非定的作用持续时间更长，美托咪定可导致更明显、更持久的共济失调。

赛拉嗪是 α₂-肾上腺素能受体激动剂的代表药物，常被用作镇静剂、止痛剂和肌肉松弛剂，可以通过肌内注射和静脉注射给药，在动物组织中的分布、代谢速度很快，其代谢产物有 20 多种，其中，2，6-二甲苯胺是一种有基因毒性和致癌作用的代谢产物。因此，赛拉嗪在动物性食品中的残留可能会导致食品安全问题。

美托咪定具有镇静、抗焦虑、肌肉松弛和镇痛的作用。该药物可以肌内注射、静脉注射、皮下注射，肌内注射后药物吸收迅速，血浆水平在 30 min 内达到峰值，静脉注射后很快吸收，但比肌内注射时周围心血管作用更明显。皮下注射时，药物吸收缓慢。主要副作用为对心血管系统的作用，可导致双相血压反应，心率降低，通过减少心脏输出和血液灌注来诱导产生依赖于剂量的外周血管收缩和心血管疾病。

镇静剂类药物被违规用于动物饲养过程，对动物可能产生很多副作用，如长期使用含有这些镇静剂或其代谢物残留的动物组织，对人类的健康会造成很大影响。再者，这类药物用于动物屠宰前，往往在屠宰前数小时注射使用，相对于其他的兽医用药可能对人类造成的隐性健康风险更大。因此，各国对镇静剂类药物在动物饲养中的使用都有明确规定。

第四节　镇静剂类药物污染的防治管理

兽药包括镇静剂类药物残留在动物性食品中对人体健康的潜在危害甚为严重，而且影响深远。为了防止药物残留对人类的危害，必须加强对该类药物的管理，提高对兽药残留的控制，加强对药物残留的管理，提高动物性食品的安全，从而防止药物污染事件的发生。

一、加强兽药法制观念，对兽药及饲料添加剂实施法制管理

动物养殖和动物食品的质量安全很容易受到药品质量和药物残留的影响，兽药在研制、生产、销售、使用及监督管理的过程中，必须严格执行国家及地方的兽药及兽药残留相关的法规，确保兽药使用安全。

《兽药规范》是我国农业部早年制定的关于兽药规格、标准的法定技术依据。在中国境内从事兽药研制、生产、经营、进出口、使用和监督管理，都必须遵守《兽药管理条例》及《兽药管理条例实施细则》的有关规定。《兽药典》是我国兽药的国家标准，是兽药生产、经营、检验和监督管理等的法定技术依据；是国家为保证兽药质量和动物用药安全有效而制定的法典。《兽药使用指南》对兽药品种提供兽医临床所需的资料，达到科学、合理用药，并保证动物性食品安全的目的，是兽药使用的法定依据。为使兽药生产实行科学化、规范化管理，保证兽药质量，提高兽药生产水平和兽药行业国际竞争

力，我国于 2006 年已经全面实施《兽药生产质量管理规范》（《兽药 GMP 规范》）。此外，兽药相关法规还包括《兽用生物制品规程》《兽药经营质量管理规范》《兽药标签和说明书管理办法》等。饲料添加剂（或称饲料药剂）是现代养殖生产用的动物饲料中不可缺少的组分。饲料研制、生产过程严格按照《饲料和饲料添加剂管理条例》和《饲料药物添加剂使用规范》的规定执行。

要防范兽药残留，就必须严格规范兽药的安全使用，禁止使用违禁药物和未被批准的药物，尤其是禁止其作为饲料药物添加剂使用；对允许使用的兽药要遵守休药期规定，对药物添加剂必须严格执行使用规定和休药期规定。禁止销售含有违禁药物或者兽药残留量超过标准的食用动物产品。销售尚在用药期、休药期内的动物及其产品用于食品消费的，或者销售含有违禁药物和兽药残留超标的动物产品用于食品消费的，按照相应的法规进行处罚。

二、强化兽药监督管理，建立健全兽药残留监控体系

我国动物源性食品的兽药残留监控工作尚未法制化，兽药残留的检测方法和监控体系也相对滞后。要扩大兽医兽药管理宣传，进一步将兽医、兽药管理落到实处，可从根本上控制滥用兽药现象，节约兽药资源，保证动物食品安全，保护人类健康。建立专门的兽医执法队伍，对生产、经营、使用假劣兽药和违禁兽药的行为，对不正确使用兽药及饲料药物添加剂的行为，对违规经营、使用兽用生物制品的行为，对不执行休药期的行为，对生产、经营兽药残留超标等不符合安全规定的畜产品的行为，对不符合兽药生产经营质量管理规范及无证经营兽药、无证从事动物诊疗的行为进行严厉打击。同时，加强兽医、兽药行业自律，自觉执行兽药生产经营使用方面的管理规定，保证合理、有效、安全使用兽药。

要加快国家及省、市、地各级兽药残留监测机构的建立和建设，形成"全国统一领导，地方政府负责，部门指导协调，各方联合行动"的兽药残留监管网络。建立兽药残留监控计划，尤其要制订中长期的兽药残留监控计划。我国从 1997 年以来，先后发布了《动物性食品中兽药最高残留量》《关于开展兽药残留检测工作的通知》，并成立了全国兽药残留专家委员会；1999 年发布了《中华人民共和国动物及动物源食品中残留物质监控计划》和《官方取得程序》通知，这是我国对药物残留监控、保证动物性食品安全、可靠的有力举措。纵观历年的监控计划，对镇静剂类药物残留的监控计划很少。

要加强药物残留分析方法的技术研究和引进，在药物残留的立法及检测方法标准等方面，积极开展与国际的交流与合作，使我国的监控体系、检测方法与国际接轨，保障我国畜产品出口贸易的顺利进行。

三、科普兽药残留知识，提高人民群众兽药污染的防范意识

通过科普宣传等方式，使兽药生产和经营企业提高认识，不制售违禁、假冒伪劣兽药。通过技术培训、技术指导向动物防治人员宣传介绍兽药、兽药残留、科学合理使用兽药知识，对养殖户进行宣传教育，严格控制用药量，提高其用药的科学性，坚持用药低毒、安全、高效；对其进行食品安全知识培训，使其自觉维护食品安全。通过媒体向广大群众广泛宣传动物性食品安全知识，提高群众对兽药残留危害性的认识，使全社会自觉参与防范和监督，形成全民抵制消费兽药残留超标的动物性食品的氛围，使动物性食品安全成为人们消费导向，迫使生产者生产合格的动物性食品。

第五节　镇静剂类药物残留检测方法

药物残留检测是有效控制动物性产品中药物残留的关键措施。国际食品法典委员会（CAC）、欧盟、澳大利亚等国家和地区均对畜肉中镇静剂的检出和最高限量值做出了相关规定。国际食品法典委员会规定

畜肉中阿扎哌醇、咔唑心安的最高残留限量值分别为肌肉、脂肪中 60 μg/kg 和 5.0 μg/kg，肝脏、肾脏中 100 μg/kg 和 25 μg/kg。2005 年，日本参照国际食品法典和国外相关标准，制定临时与水产养殖有关的渔业兽药最大残留值的标准，规定氮哌酮的残留量不超过 30 μg/kg。我国从 1999 年开始残留监控工作，先后发布了一些兽药残留相关法规，在 2002 年，我国农业部第 235 号公告公布了《动物性食品中兽药最高残留限量》，公告规定阿扎哌隆和阿扎哌醇总量在猪肉、脂肪、肝脏和肾脏中的最低残留限量值（MRLs）依次为 60 μg/kg、60 μg/kg、100 μg/kg、100 μg/kg；地西泮和氯丙嗪等精神类药物只允许作治疗用，不得在动物性食品中检出；美托拉宗禁止使用，并在动物性食品中不得检出；甲苯噻嗪在牛、马（产奶动物除外）中允许使用，不需要制定残留限量。镇静剂类药物在饲料、动物饮用水、食品动物中禁用或允许最低残留的相关规定，使得检测方法的灵敏性、特异性等方面的要求也随之提高。

国内外对镇静剂类药物及其代谢物的检测方法有酶联免疫法（enzyme-linked immunosorbent assay，ELISA）、高效液相色谱法（high performance liquid chromatography，HPLC）、气相色谱-串联质谱法（gas chromatography-mass spectrometer，GC-MS）、高效液相色谱-串联质谱法（ultra-performance liquid chromatography tandem mass spectrometry，UPLC-MS/MS）等。其中，ELISA 法稳定性和重复性较差，易出现假阳性，其结果需要其他方法进行确证。LC 干扰大，定性能力差，灵敏度低，无法满足对禁用药物检测的要求。GC-MS 虽灵敏度高，但在兽药残留样品检测时样品需衍生步骤且耗时长，不适合大批量样品操作。LC-MS/MS 衍生化处理，有较好的选择性、灵敏度和特异性，可进行多残留定性定量检测，是目前报道最多的一种。

以往关于此类药物残留的检测以尿液、血样或单一基质为主。为了满足各种基质中镇静剂类药物的残留检测，为了提高检测效率，一次同时检出多种药物，学者们进行了动物性食品中镇静剂类药物多残留检测方法的研究。Miksa IR 等建立了一种简单快速的液相色谱-质谱方法，用于 4 种不同药物（美托咪定、赛拉嗪、氯胺酮和乙酰丙嗪）的多残留定量检测。Stolker AA 等建立了一种超高效液相色谱-飞行时间质谱（ultra-performance liquid chromatography combined with time-of-flight mass spectrometry，UPLC-ToF-MS），用于牛奶中 100 多种兽药（其中包括 7 种镇静剂类药物：阿扎哌醇、阿扎哌隆、乙酰丙嗪、丙酰丙嗪、赛拉嗪、氟哌啶醇、氯丙嗪）的筛选和定量。Zheng X 等建立了一种液相色谱-质谱法用于在肝、肉、肾和脂肪 4 种动物组织中同时测定赛拉嗪和其代谢产物 2，6-二甲苯胺。我国也研制出了一些使用方法简单、设备成本低和低投入的药物多残留检测技术，见表 10-2。

目前，我国镇静剂类药物残留的检测标准及检测方法：《猪肾和肌肉组织中乙酰丙嗪、氯丙嗪、氟哌啶醇、丙酰二甲氨基丙吩噻嗪、赛拉嗪、阿扎哌隆、阿扎哌醇、咔唑心安残留量的测定液相色谱－串联质谱法》（GB/T 20763－2006）；《进出口动物源食品中镇静剂类药物残留量的检测方法液相色谱-质谱/质谱法》（SN/T 2113－2008）；《进出口动物源性食品中氮哌酮及其代谢产物残留量的检测方法气相色谱-质谱法》（SN/T 2221－2008）；《牛奶和奶粉中八种镇静剂残留量的测定液相色谱-串联质谱法》（GB/T 22993－2008）；《食品安全国家标准动物性食品中氮哌酮及代谢物多残留的测定高效液相色谱法》（GB29709－2013）等。

现在对动物体内的兽药残留的检测方法基本上都是高效液相定量的检测方式，由于其高灵敏度的特点，已经成为痕量检测的优选方法，但这种检测方法用时比较长、检测程序比较复杂，并不适应当今社会的要求。因此，对快速高效药物检测方法的研究较为迫切，当前国际上存在的快速筛选方法主要有基因芯片法、酶联免疫吸附法、PCR 探针法、放射免疫法、量子点标记荧光检测法、化学发光免疫检测法等。另外，检测新材料及新型检测技术也不断涌现，如新型抗体、新型标记物、改进膜及多残留检测卡等。每种检测方法各有优劣，根据目前兽药残留检测需求，需要发展微型化、自动化、数字化、现场化、简便化的检测仪器设备；发展高通量、高速度、多残留、高灵敏、低成本的检测技术。

表 10-2 动物食品中镇静剂类药物检测方法举例

发表时间	作者	检测对象	检测方法	镇静剂种类	检出限（LOD）（μg/kg）	定量限（LOQ）（μg/kg）
2010	孙雷	猪肾	UPLC-MS/MS	甲苯噻唑酮、氯丙嗪、异丙嗪、地西泮、硝西泮、奥沙西泮、替马西泮、咪达唑仑、三唑仑和唑吡坦 10 种	0.5	1
2013	严爱花	猪肉	LC-MS/MS	18 种苯二氮䓬类	0.01～0.13	0.04～0.45
2014	谭贵良	腊肠	GC-MS	地西泮、奥沙西泮、艾司唑仑、阿普唑仑、三唑仑、苯巴比妥、异丙嗪 7 种	4～16.4	9.08～20.78
2014	张烁	猪肉、牛肉、羊肉	UHPLC-MS/MS	阿扎哌隆、阿扎哌醇、甲苯噻嗪、氟哌啶醇、乙酰丙嗪、异丙嗪、丙酰二甲氨基、丙吩噻嗪、氯丙嗪、地西泮 10 种	0.5	1.0
2016	华萌萌	鸡肉	HPLC-MS/MS	乙酰丙嗪、氯丙嗪、氟哌啶醇、丙酰二甲氨基、甲苯噻嗪、阿扎哌隆、阿扎哌醇和咔唑心安 8 种	0.5	1.0
2016	魏晋梅	牛肉	RRLC-MS/MS	阿扎哌隆、甲苯噻嗪、唑吡坦、氯氮䓬、乙酰丙嗪、氟哌利多、丁醇、硝西泮、咔唑心安、异丙嗪、氯硝西泮、三唑仑、替马西泮、地西泮、阿普唑仑、艾司唑仑、奥沙西泮、咪达唑仑去甲地西泮 23 种	0.2～2.5	0.5～5
2016	朱群英	猪瘦肉、猪肝、猪肺、猪血、猪肾、牛肉、羊肉	全自动固相萃取-液质联用法	甲苯噻嗪、硝西泮、氯硝西泮、氟哌啶醇、奥沙西泮、劳拉西泮、阿普唑仑、替马西泮、异丙嗪、乙酰丙嗪、地西泮、丙酰丙嗪、氯丙嗪 13 种	0.030～0.113	0.091～0.343
2017	邹游	猪肉、鱼肉、肝和肾脏	QuEChERS-HPLC-MS/MS	氯丙嗪、地西泮 2 种	0.1	0.5
2017	罗慧玉	猪血豆腐	MSPD-HPLC	艾司唑仑、阿普西泮、氯氮䓬、地西泮 4 种	10	33
2017	刘家阳	牛肉、羊肉、猪肉	LC-MS/MS	甲苯噻嗪、地西泮、异丙嗪、奥沙西泮、咔唑心安、氯氮䓬、坦、氯丙嗪、乙酰丙嗪、阿扎哌隆、阿扎哌醇、丙酰二甲氨基丙嗪、氟哌啶醇、氟哌利多、备乃静 15 种	0.01～0.05	0.1～0.5

综上，镇静剂类药物违规使用影响动物健康，影响养殖业的发展，成为我国动物性食品出口的制约因素。由此导致的镇静剂药物残留不仅直接影响人类健康，还可通过环境和食物链作用对人类健康造成潜在危害。为此，各国对该类药物的使用颁布了相应的法规，明确了该药物的用途及使用范围，尽管如此，仍有一些受经济利益驱动而违规使用的做法，从而导致该药物在各种食源性动物组织残留。因此，为了满足大批量样品的多残留、高速度、高灵敏等检测需要，仍需要对检测方法进行研究，需要进一步完善该类药物的管理制度，强化对其的监督管理，需要多部门、多学科参与，共同防止镇静剂类药物污染问题的发生。

参 考 文 献

[1] 陈杖榴.兽医毒理学[M].北京:中国农业出版社,2017.

[2] 李培锋.兽医药物毒理学[M].北京:中国农业出版社,2010.

[3] 郝丽英,吕莉.药物毒理学[M].北京:清华大学出版社,2011.

[4] 中华人民共和国农业部公告第176号.禁止在饲料和动物饮用水中使用的药物品种目录[G].2002.

[5] 中华人民共和国农业部第193号.食品动物禁用的兽药及化合物清单[G].2002.

[6] 中华人民共和国农业部第235号.动物性食品中兽药最高残留限量[G].2002.

（史晓红）

第十一章　抗寄生虫药物污染与健康

寄生虫病是世界上种类多、分布广且危害严重的一类疾病。它不仅妨碍畜牧养殖业的健康发展，造成重大经济损失，一些人畜共患的寄生虫病严重影响着公共卫生安全。随着现代养殖业日趋规模化、集约化，抗寄生虫药物已经广泛应用，成为保障养殖业发展的必不可少的环节。然而随着抗寄生虫药物的大规模使用、使用人员科学知识的缺乏和经济利益的趋势等方面的原因，抗寄生虫药滥用现象在养殖业中普遍存在，从而造成了抗寄生虫药物残留对人类健康和生态环境的潜在危害。抗寄生虫药物在动物性食品中的残留可导致变态反应、毒性反应、致畸、致突变作用等诸多不利健康的影响。另外，抗寄生虫药物无论是用于饲料添加还是直接用于治疗，最终都将以原药或代谢物的形式随尿、粪等排泄物进入生态环境，造成抗寄生虫药在环境中的残留。当动物体内排出的抗寄生虫药物超过环境的自净能力时，将会对人类的生活环境和生态系统造成不利影响。抗寄生虫药物污染不仅危及广大人民群众的健康和生命安全，还涉及生产经营企业的经济利益和国家可持续发展战略。因此，在本章将就抗寄生虫药物的污染、抗寄生虫药物的毒理学机制、抗寄生虫药物的健康危害及抗寄生虫药物的防治管理进行介绍，力求得到广大群众的重视。

第一节　抗寄生虫药物污染

抗寄生虫药物使用历史可追述至 2000 多年前，我国的第一部本草经《神农本草经》共列了 30 多种驱虫药物，抗疟疾药物常山及雷丸、楝实、贯众等是为世界上最早记载驱虫药物。17 世纪 30 年代，西班牙人在秘鲁发现金鸡纳（cinchona）树皮能治疗疟疾，这是抗寄生虫药物走向现代药物学发展的一道重要门槛。在 1820 年分离出了金鸡纳树皮的主要生物碱——奎宁（quinine），在近 2 个世纪中奎宁在为治疗和预防疟疾中发挥了重要作用。而 1944 年成功化学合成的奎宁，与磺胺、甲硝唑等近代化学合成药物一起揭开了抗寄生虫药物的新时代。

化学合成药物是现代抗寄生虫药物主流。在 1925 年扑疟喹啉的合成开辟了疟疾化学治疗的新时代，随着奎宁、磺胺、甲硝唑等化学合成抗寄生虫药物的出现，化学合成抗寄生虫药物成为化学治疗药物中发展最早的一类。然而化学合成药物常常以原药形式被排体外，对生态环境和人类健康造成一定的影响。目前，随着新技术和方法的应用，抗寄生虫病药物不断更新，化学合成及半合成药物成为抗寄生虫药物主流和研究方向。

抗寄生虫药物的作用机制正在引起人们的关注，人们期望通过以机制的研究安全用药和新药开发提供理论基础和技术捷径。现有的抗寄生虫药物机制大约有磺胺类与砜类、甲硝唑、喹啉类药物、吡喹酮、4-氨基喹啉类、苯并咪唑类等，其机制如表 11-1 所示。

动物抗寄生虫药物早已广泛应用，带来了巨大的经济效益。近一个世纪以来，动物抗寄生虫药物的使用不仅杀灭畜禽体内的寄生虫，降低了由这些寄生虫引起的疾病发病率，同时降低了饲养成本，提高了饲料报酬和收益投入比，并且还有效地消灭了传染源，切断了传播途径，有效降低人畜共患寄生虫病的发病，在预防寄生虫感染和寄生虫病的防治工作中起到重要的作用。目前，新型抗寄生虫药物如抗寄生虫抗体及半合成的抗寄生虫药物，由于种种原因都很难得到实际应用。因而在相当长一段时期内，化疗药物仍将是治疗畜禽（人）寄生虫的主要手段。目前广泛应用的动物抗寄生虫药如下：苯并咪唑类药物如甲苯达唑（mebendazole）、阿苯达唑（albendazole）为安全、高效的抗肠道蠕虫的药物；吡喹酮（praziquantel）已作为广谱杀吸虫、绦虫药物；地克珠利（diclazuril）是目前活性最高的抗寄生虫药物，用于治疗鸡球虫有良效；伊维菌素（ivermectin）具有高效、低毒、抗虫谱广等特点，是继苯并咪唑类抗蠕虫药后的另一种具有开发前景的药物。

表 11-1　抗寄生虫药物的作用机制

药物	作用靶标
甲硝唑	影响能量转换
4-氨基喹啉类	抑制核酸合成
苯并咪唑类	干扰微管的功能
喹啉类药物	抑制蛋白质合成
吡喹酮	改变生物膜功能或结构
磺胺类与砜类	抗叶酸代谢

　　抗寄生虫药物使用广泛，由于科学知识的缺乏和经济利益的驱使等方面原因，在养殖业中滥用药物的现象普遍存在，从而导致了抗寄生虫药物对人类健康和生态环境的危害。治疗寄生虫感染的大多数化学药物为杂环化合物，尽管有驱虫作用，但也有一定的毒性。抗寄生虫药物的滥用，导致抗寄生虫药物环境污染将引起一系列健康危害，比如急、慢性毒性，变态反应（过敏反应），细菌耐药性，破坏人体内微生物生态平衡，"三致"作用，激素样作用。

一、抗动物寄生虫药物分类

　　抗动物寄生虫药在世界动物保健品市场上一直占有重要地位，无论是销售额还是品种数量长期以来都位居前列。例如，2003－2007 年全球兽药市场中，抗寄生虫药物的销售份额均位居榜首，在2002—2006 年美国 FDA 批准的 158 个兽药新品种中，抗寄生虫药物有 32 个，所占比例为 20.25%，仅次于抗感染药（29.74%），与饲料添加剂相当（21.52%）。抗动物寄生虫药根据作用对象可分为抗蠕虫药、抗原虫药和杀虫药。

（一）抗蠕虫药

　　抗蠕虫药也称驱虫药，包括驱线虫药、驱绦虫药、驱吸虫药。

　　驱线虫药物：①大环内酯类（如阿维菌素、多拉菌素、伊维菌素）广谱驱线虫药物是一类应用广泛的农用和兽用抗虫药，其安全性好，兽医临床上主要用于驱杀动物线虫、体外寄生虫及传播疾病的节肢类寄生虫。阿维菌素对各个生长阶段牛的寄生虫具有可靠的驱虫、杀虫和杀螨效果，但阿维菌素类药物对动物痒螨和蜱无效。多拉菌素、伊维菌素作为阿维菌素的第二代和第三代衍生物，是一种常用的新型广谱、高效、低毒抗生素类抗寄生虫药物。②苯并咪唑类（如阿苯达唑）也是应用较广泛的抗蠕虫药，但近 10 年来的应用状况显示，很多国家和地区的寄生虫对其产生了高水平的耐药性。③咪唑并噻唑类药物中仍在广泛使用的是左旋咪唑，其主要用于牛羊消化道线虫和肺线虫的驱除。④四氢嘧啶类药物中的噻嘧啶和莫仑太尔驱虫谱较为相似，但后者比前者的作用更强，毒性更小。近年来国外出现了不少治疗犬寄生虫病的噻嘧啶复方制剂，如噻嘧啶与伊维菌素合用，噻嘧啶与吡喹酮合用，噻嘧啶与菲班托、吡喹酮合用等。⑤其他驱线虫药。吩噻嗪对畜禽消化道线虫有特效，哌嗪为窄谱驱线虫药，但目前临床已很少使用。

驱绦虫药：传统的抗绦虫药有两大类，无机化合物类如砷酸锡、砷酸铅、砷酸钙和硫酸铜等；天然植物类如南瓜子、绵马、鹤草芽和槟榔等。但大部分因疗效不确定或毒性太大已不再使用。目前常用的驱绦虫药，主要有吡喹酮、氯硝柳胺、丁萘脒和溴烃苯酰苯胺等。其他兼有抗绦虫作用的药物有苯并咪唑类药物如阿苯达唑、甲苯达唑、芬苯达唑和奥芬达唑等。我国目前正在开发的化学合成药物槟榔碱对驱除动物绦虫具有非常好的效果。

驱吸虫药：吡喹酮目前是治疗动物血吸虫病、绦虫病和囊尾蚴病应用最广的化学药物之一。硝氯酚（硝基酚类）是国内外治疗肺吸虫病的有效药物，主要用于治疗牛、羊肝片吸虫感染，在我国已取代四氯化碳、六氯乙烷和硫双二氯酚等传统驱虫药。氯氰碘柳胺（水杨酰苯胺类）杀虫效果较好，对阿维菌素类、苯并咪唑类、左旋咪唑、莫仑太尔和氯苯碘柳胺有抗性的虫株仍有很好的杀灭效果。硝碘酚腈在国外多用于犬、猫、实验动物及鸡的驱虫。三氯苯达唑为新型咪唑类驱虫药，可用于各种日龄的肝片吸虫的驱杀。蒿甲醚和青蒿琥酯为预防和治疗早期日本血吸虫病的有效药物。

（二）抗原虫药

抗原虫药物包括抗球虫药、抗锥虫药、抗梨形虫药和抗滴虫药。

抗球虫药：聚醚类离子载体抗生素中的莫能菌素主要用于预防鸡球虫病，2006年欧盟已禁止其用于食品动物。马杜霉素目前是离子载体抗生素类抗球虫效果最好的。三嗪类抗球虫药地克珠利一般用于穿梭、轮换用药，目前是混饲浓度最低的一种抗球虫药。其他抗球虫药：尼卡巴嗪是动物专用抗球虫药，主要用于预防鸡球虫感染。氨丙啉用于种鸡，无停药期的要求，但由于长期使用或不规则使用，也使一些虫株产生了耐药性。氯苯胍和磺胺类抗球虫药已基本不再使用。

抗锥虫药：氮氨菲啶、二胺乙基苯菲啶由于使用强度过高及化学结构相似使得它们在许多国家形成多药耐药性。伊洛尼塞是治疗冈比亚锥虫感染晚期的药物，但对罗德西亚锥虫感染无效。治疗晚期中枢神经系统感染唯一可用的药物就是三价砷剂硫砷密胺。三氮脒主要用于伊氏锥虫病和马媾疫的治疗。喹嘧胺类药物在国外有两种产品，分别是硫酸甲基喹嘧胺和氯化喹嘧胺，前者用于锥虫病的治疗，而后者则作为预防用药。

抗梨形虫和抗滴虫药：硫酸喹啉脲为传统应用的抗梨形虫药，对巴贝斯属虫引起的各种病均有效。双脒苯脲为新型抗梨形虫药，对巴贝斯虫病和泰勒虫病均有治疗作用。其疗效和安全范围优于三氮脒和间脒苯脲。地美硝唑可用于防治禽组织滴虫病和鸽毛滴虫病。甲硝唑主治生殖器滴虫病。5-硝基咪唑类药物对甲硝唑耐药的阴道毛滴虫病和贾第斯虫病有效。替硝唑的血药浓度为甲硝唑的2倍，半衰期是甲硝唑的10倍多，临床药效与甲硝唑相当。

（三）杀虫药

杀虫药是一类能杀灭危害畜禽的体外节肢动物类寄生虫，包括螨、蜱、虱、蚤、蚊、蝇、蝇蛆等的药物。

杀虫药可分为有机磷类、有机氯类、拟除虫菊酯类、大环内酯类及其他类杀虫药。目前有机氯类已很少应用，国家禁止生产和使用。

有机磷杀虫药，如敌百虫在不发达的地区或草原牧业还有应用，拟除虫菊酯类在一些国家和地区也产生了耐药性。目前，林丹（丙体六六六）、毒杀芬（氯化烯）、呋喃丹（克百威）、杀虫脒（克死螨）、酒石酸锑钾、孔雀石绿、锥虫肿胺、五氯酚酸钠（杀螺剂）、各种汞制剂杀虫剂等禁用于各种食品动物，双甲脒禁用于水生食品动物。氟虫腈因对水生生物、蜜蜂毒性较高在我国境内停止销售和使用。阿维菌素类药物如伊维菌素、多拉菌素、爱普诺霉素、乙酰氨基阿维菌素、塞拉菌素及米尔贝霉素类药物莫西菌素是目前世界上使用最为广泛的体内外杀虫药。

鉴于抗寄生虫药物种类繁多，本章将选取使用频率较高、环境污染较重、人群健康影响较大的抗寄生虫药物进行介绍。

二、理化性质和特征

（一）抗蠕虫药

人体蠕虫病广泛流行于热带和亚热带地区，估计全球有蛔虫感染者超过 12 亿，钩虫和鞭虫感染者各 7～8 亿，血吸虫感染者约 2 亿。蠕虫感染严重危害世界人民健康，影响经济发展，是当今世界范围内的公共卫生问题之一。近年来，抗蠕虫药物在改善蠕虫相关疾病负担、控制和降低全球蠕虫感染率等方面起到重要作用。WHO 的基本推荐抗肠道蠕虫药物为阿苯达唑、甲苯达唑、噻嘧啶和左旋咪唑，已经沿用了 30 余年。目前，国内外抗蠕虫药物基本为阿苯达唑、吡喹酮、甲苯达唑、伊维菌素、乙胺嗪、氯硝柳胺、左旋咪唑、噻嘧啶等。

1. 阿苯达唑　阿苯达唑（albendazole，ABZ），又名丙硫咪唑或丙硫苯咪唑，属于苯并咪唑类药物，是 1976 年由美国 Smith Kline 药厂首先合成的一种苯并咪唑类衍生物，化学名 5-（丙硫基）-2-苯并咪唑-氨基甲酸甲酯，分子式为 $C_{12}H_{15}N_3O_2S$，分子量 265.0885，化学结构式如图 11-1 所示。

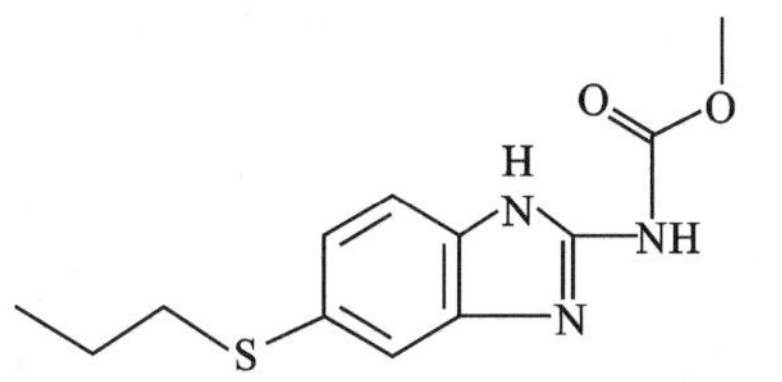

图 11-1　阿苯达唑的化学结构式

阿苯达唑为白色至淡黄色结晶性粉末，无臭无味，不溶于水，在丙酮或三氯甲烷中微溶，微溶于热稀盐酸，可溶于甲醇、乙醇、乙酸等，熔点为 207～217℃。阿苯达唑的咪唑部分含有对称的酸性（—NH—）和碱性（=N-）结构，可以接受质子形成对阵共轭酸，故阿苯达唑呈现弱碱性，母核结构稳定。阿苯达唑结构中含有苯并咪唑共轭体系，因此在紫外区有很强的吸收，一般有两个吸收峰，225～252 nm 和 285～315 nm，并且随溶液 pH 值的升高吸收峰发生一定的红移。

2. 吡喹酮　吡喹酮（praziquantel，PZQ），是 1972 年由联邦德国 E. Merck 和 Bayer 公司联合开发的一种广谱抗蠕虫药物，于 1975 年首次合成。1977 年吡喹酮合成工艺在我国取得进展，经临床研究报批后于 1982 年在国内上市。吡喹酮是迄今为止治疗血吸虫病最理想的药物。吡喹酮是异喹啉吡嗪衍生物，由等量的左旋体和右旋体组成，其左旋体具有抗虫活性。化学名为 2-（环己基羰基）-1，2，3，6，7，11B-六氢-4H-吡嗪并-［2，1-A］-异喹啉-4-酮，EPA 登记为 4H-Pyrazino［2，1-a］isoquinolin-4-one，2-（cyclohexylcarbonyl）-1，2，3，6，7，11b-hexahydro-（55268-74-1），分子式为 $C_{19}H_{24}N_2O_2$，分子量 312.41，化学结构式如图 11-2 所示。

吡喹酮是白色或类白色结晶性粉末，微苦，在乙醚或水（0.04%）中不溶，可溶于氯仿（56.7%）、乙醇（9.7%）及乙酸乙酯等有机溶剂，易溶于二甲亚砜，在正常情况下性质稳定，熔点为 136～138℃，沸点为 1 377℃。

该药不仅对寄生人体和动物的血吸虫、华支睾吸虫、并殖吸虫、姜片虫和多种绦虫的成虫及其幼虫都有显著的杀灭作用，特别是对人体埃及、曼氏和日本血吸虫均有很强的杀灭作用，而且毒副作用小、安全度高，并在 1993 年被世界卫生组织推荐为治疗人畜血吸虫病的首选药物。

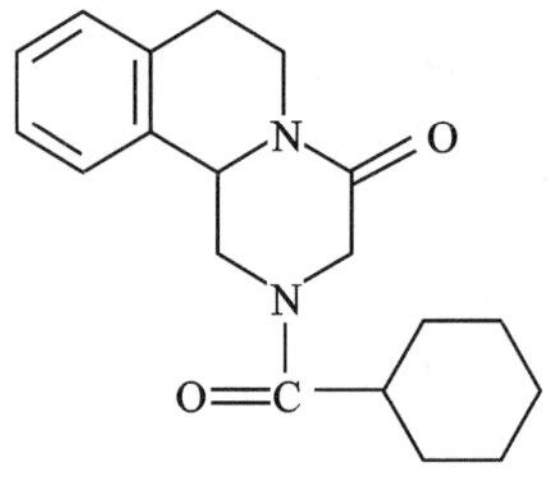

图 11-2　吡喹酮的化学结构式

3. 伊维菌素　伊维菌素（ivermectin，IVM）是一种大环内酯类抗生素，是阿维菌素家族的真菌链霉菌发酵产品衍生化合物的一种。在兽药领域，伊维菌素主要用于治疗感染胃肠道、呼吸道线虫和节肢动物类寄生虫病，对畜禽体外寄生虫和体内寄生虫有良好的驱杀和预防作用。

伊维菌素是大环内酯类抗寄生虫药，是由阿维菌素 B₁ 的 C_{22} 和 C_{23} 之间的双键进行 wilkinson 催化衍生而来的两种组分 B_{1a} 和 B_{1b} 的药物衍生物，有两个同源化合物组成，22，23-二氢除虫菌素 B_{1a}（80%左右）和 22，23 二氢除虫菌素 B_{1b}（20%左右），是一种十六元大环内酯类的抗生素。化学式为 $C_{47}H_{72}O_{14}$（B_2B_{1a}），分子量为 875.1；$C_{47}H_{72}O_{14}$（H_2B_{1b}），分子量为 861.07，化学结构式如图 11-3 所示。

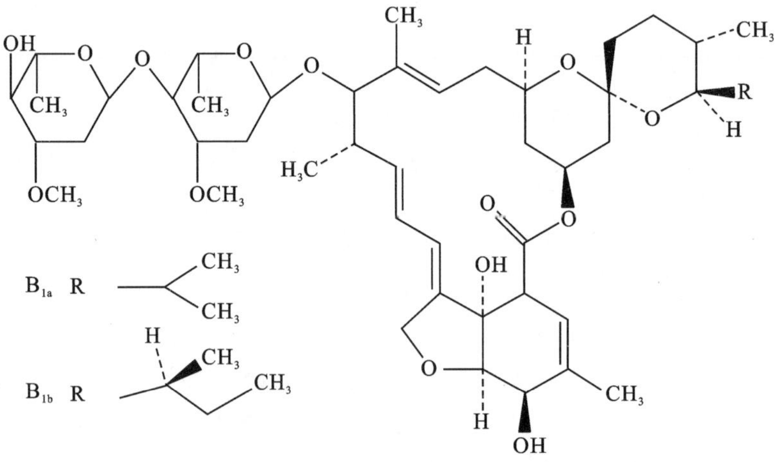

图 11-3　伊维菌素的化学结构式

伊维菌素为淡黄色或白色结晶粉末，无味，分子量较大，油水混合系数为 3.55。具有较强的亲脂基团，脂溶性较高，易溶于甲醇、乙酸乙酯和芳香烃中，不溶于水，微有引湿性。其溶液易受到光线的影响而降解，在紫外 237 nm、245 nm 波长为最大吸收峰。

（二）抗原虫药物

动物原虫病包括孢子虫病、鞭毛虫病和纤毛虫病。原虫为单细胞动物，即他们的身体由一个细胞构成。寄生性原虫都是专性寄生虫，对宿主有一定的选择性。如马焦虫只寄生在马属动物而不寄生于牛。反之，牛焦虫也不感染马。但也有例外，伊氏锥虫则可以寄生在马、牛、骆驼和犬等多种动物。抗原虫药物大量使用一方面提高了经济效益，但另一方面滥用药物也导致了产生了抗药性及环境中大量存在进而危害人群健康。抗原虫药物种类繁多，本章仅选取使用较多的具有代表性的抗原虫药物进行介绍。

1. 马杜霉素　马杜霉素（maduramicin）又名马杜霉素胺，是一种聚醚类离子载体抗生素。在 1983

年由 lebeda 和 liu 在微生物 Actinomadura Yumaensis 的发酵产物中分离所得。马杜霉素具有抗球虫谱广、活性高、用药剂量小和球虫不易产生耐药性等优点，被广泛添加在动物饲料中。马杜霉素属于羧基类离子载体抗生素，为多环醚结构有机酸，具有线性骨架，溶液中可由氢链连接形成特殊构型。

马杜霉素属于一价离子载体型抗生素，一般呈其铵盐形式。在加热条件下马杜霉素会与硫酸香草醛试剂发生呈色反应。分子式为 $C_{47}H_{83}NO_{17}$，分子量为 934.16。马杜霉素有 α、β 和 γ 三种同分异构体，其中以 α 型含量最多，占 95% 以上，β 型约占 4%，γ 型的含量不到 1%。在抗球虫中起作用的是 α 型的马杜霉素胺。其分子结构式如图 11-4 所示。

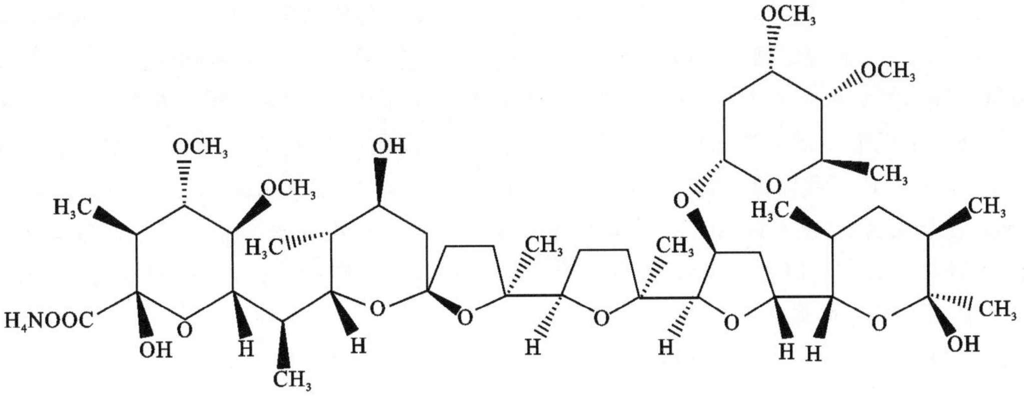

图 11-4　马杜霉素的化学结构式

马杜霉素纯品是几乎白色结晶或白色粉末，有不明显的特殊臭味，熔点为 165～167℃。有微臭，可溶于大部分有机溶剂，在乙醚、氯仿中微溶，不溶于水。马杜霉素在强酸介质中不稳定，容易受热分解，在中性或弱碱性介质中稳定。

2. 三氮脒　三氮脒（diminazene aceturate）属于芳香双脒类，是传统使用的广谱抗血液原虫药，如对家畜梨形虫、锥虫和无形体均有治疗作用，但预防效果较差。三氮脒又名贝尼尔，血虫净。化学名称为 4，4′-（1-三氮烯-1，3-）双苯甲脒，为重氮氨苯脒乙酰甘氨酸盐水合物，属于芳香双脒类。分子量为 281.31。分子式为 $C_{14}H_{15}N_7$。其分子结构式如图 11-5 所示。

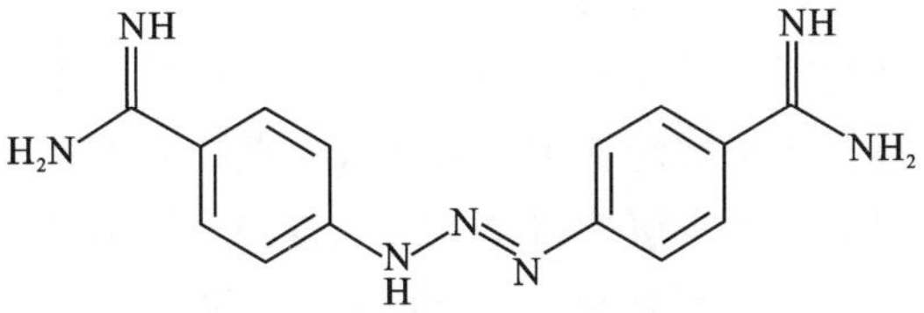

图 11-5　三氮脒的化学结构式

三氮脒为黄色或橙色晶粉。无臭，味微苦，遇光、遇热变为橙红色。在水中溶解，在乙醇中几乎不溶。在低温下水溶液析出结晶，熔点为 200～206℃，最大紫外吸收波长为 370 nm。

（三）杀虫药

杀虫药（insecticides）可分为有机磷类、有机氯类、拟除虫菊酯类、大环内酯类及其他类杀虫药。目前有机氯类已很少应用，国家禁止生产和使用。关于杀虫药在本书其他章节已有详细介绍，本章不再赘述。

三、国内外分析方法和标准

（一）抗寄生虫药物标准

我国及联合国粮食组织、美国、欧盟、日本等国家和组织都将苯并咪唑类药物列入限制使用的兽药药物中，并制定出各种苯并咪唑类药物在不同动物体内，包括肌肉、组织等的最高残留限量。苯并咪唑类药物在动物组织中的最大残留量（maximum residue limit，MRL）一般为 $0.01\sim0.1$ mg/kg。我国规定牛、猪、羊、鸡、鸭等动物的肌肉、脂肪、肝脏、肾脏等动物食品中的阿苯达唑、苯硫脲、芬苯达唑、氟苯达唑、氟苯咪唑、奥芬达唑、噻苯咪唑、三氯苯达唑等苯并咪唑类兽药最高残留限量为 $0.05\sim1.0$ mg/kg；欧盟规定动物食品中肌肉、肝脏和肾脏中阿苯达唑、氟苯咪唑、甲苯达唑等苯并咪唑类兽药最高残留量为 $0.05\sim1.0$ mg/kg；2006 年日本规定了阿苯达唑、奥芬达唑、芬苯达唑、苯硫脲等在不同动物组织中的最高残留限量。我国分别对出口肉制品中阿苯达唑（HPLC 法）、奥芬达唑（GC）、芬苯达唑（GC）残留量检验方法建立了相应标准（SN0207－1993，SN0684－1997，SN0638－1997）。国际食品法典委员会（CAC）、日本及韩国规定了该类药物在水产品中的最高残留限量。国内外建立了很多阿苯达唑及其代谢产物的检测方法，主要采用 GC-MS 联用、HPLC 法和 LC-MS 联用技术，其中以 HPLC 法应用最为普遍。

部分国家和地区制定了吡喹酮的残留量标准。日本肯定列表制度中对各种动物源性食品中吡喹酮的残留限量了具体的规定，如家禽、家畜、水产品中吡喹酮的残留限量都为 $20\mu g/kg$。韩国国立水产物品质检查院计划也增加针对水产品中吡喹酮的检测项目，新增抗生素类项目 12 项，其中包括在鱼类或甲壳类中的限量为 0.02 mg/kg。但是我国国内关于吡喹酮的限量要求并没有明确的规定。在机体组织内的分析方法很多，已报道的检测机体组织内吡喹酮含量的方法有很多，国内外文献记载的有电化学方法、毛细管电泳质谱联用法、酶联免疫吸附剂法、同位素示踪法、荧光光度法、高效液相色谱法和高效液相色谱-质谱联用法。

伊维菌素具有较高的分子量和糖链，不具备典型的脂溶性，水溶性极低，在饱和烃类溶剂中溶解度差，但易溶于大部分极性溶剂。熔点为 $155\sim157$ ℃，蒸汽压低于 2×10^{-7} Pa，这使得此类药物难以用气相色谱法进行测定。国内外目前对伊维菌素的检测主要采用免疫分析、高效液相色谱和薄层色谱法。高效液相色谱法因其特异性强、灵敏度高、成本低及污染小等特点而成为首选的检测方法。伊维菌素属于低极性物质，衍生化产物极性基团减少，极性降低，因此无论是紫外检测还是检测大都选择反相高效液相色谱法检测。由于伊维菌素分子中没有活泼的基团，因此流动相组成十分简单，一般都是甲醇水或乙腈水；同时由于伊维菌素水溶性很小，为了得到合适的柱效和保留时间，一般流动相中有机溶剂的含量要高于 90%，水的含量每增加 1%，伊维菌素的保留时间即可延长 $2\sim3$ min。

马杜霉素属于羧基类离子载体抗生素，为多环醚结构有机酸，具有线性骨架，溶液中可由氢链连接形成特殊构型。马杜霉素具有抗球虫谱广活性高用药量小和球虫不易产生耐药性等优点，被广泛添加在动物饲料中。1997 年 10 月，世界卫生组织次召开了"关于抗生素用于动物食品对人类医疗的影响"国际研讨会。自此之后，我国及其他国家和地区均建立了马杜霉素在肉鸡组织中最大残留限量（MRLs）：肌肉中为 $100\sim240$ g/kg；脂肪中为 $380\sim480$ g/kg；肝脏中为 $720\sim800$ g/kg；肾脏中为 1 000 g/kg。

三氮脒在我国是一种兽医临床上应用广泛的抗血液原虫药，对各种家畜的锥虫病、巴贝斯梨形虫病及泰勒梨形虫病均有良好的疗效。研究表明，泌乳奶牛在给药后第 21 天后牛乳中仍有少量残留。三氮脒在非洲、南美洲等锥虫病、巴贝斯虫病高发区域广泛使用，为减少药物借由食物链进入人体的机会，世界卫生组织及欧盟都规定牛组织中：牛乳、肌肉、肝脏、肾脏中三氮脒的最大残留限量分别为 150 $\mu g/kg$、500 $\mu g/kg$、12 000 $\mu g/kg$、6 000 $\mu g/kg$。三氮脒在我国北方也有一定程度的使用，我国在《农业部公告第 235 号——兽药最大残留限量》中的规定与他们完全相同。

（二）抗寄生虫药物检测方法

目前关于抗寄生虫药物的检测方法比较多，主要有气相色谱-串联质谱法、毛细管电泳-质谱联用法、高效液相色谱法-串联质谱法、高效液相色谱法、同位素示踪法、薄层色谱法、免疫学检测、紫外分光光度法、荧光光度法、微生物学检测法等。

1. 微生物学检测法　微生物检测方法是测定抗生素残留的经典方法；同时也是我国药典引证的方法。其检测原理：抗生素抑制对抗生素敏感的细菌生长，在适当条件下所产生的抗生素浓度与抑菌圈大小成正比的关系而设计的。这种检测方法的原理和操作简单且费用低，适合于大批量的样本筛选，但很容易受到其他抗生素的干扰，其精密度和特异度较差。

采用微生物检测法检测鸡的组织中马杜霉素的残留：采用枯草芽孢杆菌和短小芽孢杆菌时，它们对马杜霉素的敏感性最强，其检测限为 1.5 $\mu g/ml$；并且其变异程度较小，重复性很好。马杜霉素的加标回收率为 61.8%～85.6%，变异系数为 3.1%～14.8%。

从标准工作菌株中筛选出对盐霉素敏感的菌株作为为工作菌株，测定饲料中盐霉素的含量。枯草芽孢杆菌、藤黄微球菌对盐霉素不敏感，地衣芽孢杆菌、嗜热脂肪芽孢杆菌对盐霉素敏感。以嗜热脂肪芽孢杆菌为工作杆菌，测得盐霉素最低检出限为 0.25 $\mu g/kg$；回收率为 60%～80%。

2. 荧光光度法　荧光光度法是一种定性物质或者定量分析的方法。它利用物质吸收较短波长的光能后发射较长波长特征光谱的性质。可以从发射光谱或激发光谱进行分析。该法灵敏度非常高，已被广泛使用。Putter 通过荧光光度法测定血清中吡喹酮的浓度，相对偏差为 7.5%，检测限为 3.0 mg/L。

三氮脒：用分光光度仪检测动物体内的三氮脒药物残留。该方法样品用 20% 的三氯乙酸和乙酸乙酯提取，再用 1 mol 的盐酸和 0.5% 亚硝酸钠重氮化，蒸干后，用 1% 氨基磺酸溶解，混匀振荡，用 0.4% 的萘基乙二胺处理，最后在 540 nm 波长下用荧光分光光度仪检测。

3. 紫外分光光度法　紫外分光光度法检测样品的成本较低，且快捷简便；但检测的精密度相对较差，前处理耗时也比较长。该方法一般用于大浓度目标物质的检测。

将鸡肌肉等动物食品样品用甲醇稀释后，经香草酸衍生，紫外分光光度计检测马杜霉素的含量。结果与液相色谱法检测的结果无明显差异。该方法在 20～45 $\mu g/ml$ 范围内呈良好的线性相关，马杜霉素的回收率为 99.66%。

用紫外分光光度法测定鸡蛋中氯苯脒的残留量。用乙腈作为提取剂，正己烷两次脱脂后用 UV 检测器检测，检测波长为 317 nm。定量限和检出限分别为 17 $\mu g/kg$、10 $\mu g/kg$。样本回收率为 92%。

伊维菌素：刘群、卢芳等使用紫外分光光度法测定伊维菌素或阿维菌素的原料、片剂、注射液和预混剂中 IVM 含量。IVM 溶于甲醇，过滤分离出伊维菌素，以 245 nm 作为检测波长，伊维菌素在 4～28 $\mu g/ml$ 浓度范围内与吸收度呈良好线性关系，测得含伊维菌素的含量在 99.05%～100.13%，RSD 在 0.21%～0.82%。孙永泰等用紫外分光光度法测定伊维菌注射液中伊维菌素的含量，将伊维菌素注射液溶于甲醇，于 200～400 nm 间扫描，以 245 nm 波长为伊维菌素检测波长，伊维菌素在 4～28 $\mu g/ml$ 浓度范围内与吸收度呈较好线性关系，测得伊维菌素注射液中汉伊维菌素的含量在 99.81%～100.31%，伊维菌素注射液的平均回收率为 100.06%，RSD 为 0.24%。紫外分光光度法是直接对药物原料和制剂进行测定，或消除干扰后进行测定，具有快速、易操作等优点，但对于多组分或成分比较复杂的各组分含量测定，该方法不太适用，一般宜采用高效液相色谱法，高效液相色谱法是一种分离、分析方法，更适合干扰较多的制剂及血药浓度测定。

4. 免疫学检测 酶联免疫吸附试验（ELISA）的检测原理是利用一种抗原-抗体"双夹心"结构的一种体外特异性反应。该方法灵敏性强、快速方便、特异性高。特别是应用于大批量和大批次的快速检测方面应用较广，ELISA 检测方法在各个关口的检测检疫方面都有较高的应用价值和前景。

常山酮：通过人工改造后制备出常山酮琥珀酸的半抗原衍生物。将半抗原与卵清蛋白、牛血清蛋白用 N-羟基琥珀酰亚胺的活性脂法发生反应，制备出包被原和免疫原。同时建立了常山酮在鸡肝和鸡肉中的 ELISA 检测方法。平均回收率为 74.2%～96.8% 和 74.3%～90.0%，检出限分别为 28 ng/g 和 19 ng/g。

马杜霉素：对马杜霉素经活化脂法和混合酸酐法合成人工抗原后免疫新西兰兔，获得马杜霉素特异性抗体，在此基础上制备多克隆抗体。在食品中添加 4～7 μg/ml 的马杜霉素，经 ELISA 法检测后其回收率达 98.1%，与 HPLC 法测定结果相比无明显差异。

莫能菌素：用碳化二亚胺法合成的抗原对动物进行免疫，获得特异性强的单克隆抗体。同时制备出利用单克隆抗体检测动物性食品的试剂盒。检出限最低可达 1μg/kg。试剂盒标准品变异系数为 5.4%～13.1%。回收率高于 64.7%。

5. 薄层色谱法（TLC） 薄层色谱法（TLC）检测待测样品过程资金投入低，且不需要配备昂贵的仪器。该方法操作简单快速、特异性强、便利诸多，因此在定性和半定量分析中常被应用。

聚酸类离子载体型抗生素：采用薄层层析方法检测饲料添加剂、预混料和四种聚酸类离子载体型抗生素的残留。这些抗生素用 90% 甲醇抽提，通过薄层层析分离，喷洒香草醛显色进行检测。该法的最低检测限为 30 mg/kg。

马杜霉素：薄层色谱法测定鸡的肌肉组织中马杜霉素残留，该方法的检测限在 0.8 g 以下，检测曲线的线性范围 1～8 g（R=0.97）以上。

莫能菌素：用甲醇从饲料中提取并通过溶剂抽吸纯化，溶剂减少后用硅胶做吸附剂进行薄层层析，用香草醛做显色剂检测莫能菌素，与生物自显影方法相比总体回收率 75%～85%。

6. 同位素示踪法（ITM） 同位素示踪法（isotopic tracer method）是一种微量分析方法，用放射性核素这种示踪剂来标记研究对象，代替化合物的同位素来检测对象。放射性核素具有其特征射线的核物理性质，当被标记的化合物的具体位置、数量等发生改变，根据这性质可以用探测器随时追踪其变化。Patzschke K 等在给人口灌 ^{14}C 标记的吡喹酮后，有标记的吡喹酮迅速被人体吸收且多于 80% 的药物都在 24 h 后经过尿液排出。Steiner K 用 ^{14}C 同位素示踪法在大鼠、犬、猕猴体内得出类似的吡喹酮代谢结果。

7. 高效液相色谱法（HPLC） 高效液相色谱法（HPLC）具有选择性强、分析快速、假阳性少、重现性和稳定性好、可进行定量检测等优点，在兽药残留分析中被广泛应用推广。

马杜霉素：有研究对鸡组织中马杜霉素残留使用高效液相色谱法荧光检测法，色谱柱为 Supe Lco C18 柱，激发波长和发射波长分别为 260 nm 和 510 nm。数据表明，在 0.15～7.2 mg/ml 添加浓度范围内，线性关系良好；添加回收率为 ≥70%，最低检出限为 0.03 mg/kg。有研究建立了液相色谱串联紫外检测兔可食组织中马杜霉素残留。该方法经丙酮提取，免疫亲和层析柱纯化，流动相为硫酸氢四丁胺缓冲液：乙腈=40：60，色谱柱为 ODS-C18 柱。检测波长为 220～520 nm。添加 0.5μg/g 浓度水平时，回收率≥70.6%。

莫能菌素：采用 HPLC 柱后衍生法测定莫能菌素预混剂含量，以 3% 香草醛溶液为衍生剂，反应温度 98℃，水：冰乙酸：甲醇=6：0.1：94 为流动相，流速 0.74 ml/min。结果显示平均回收率为 100.07%，RSD 为 0.123%。柱前衍生液相色谱串联紫外检测技术测定家禽饲料中莫能菌素、盐霉素、甲基盐霉素的残留。色谱柱为 ODS C18 柱，激发波长和发射波长分别为 305 nm 和 392 nm，回收率大于 85％。同时测定 3 个离子载体型抗生素莫能菌素、盐霉素、甲基盐霉素在鸡肝、肌肉和鸡蛋中的残留。用甲苯-正己烷萃取样本，浓缩，进样。色谱柱为一个封端的方向柱，采用单离子检测。结果显示该方法检测下限可至 1 ng/g 的程度。

阿苯达唑：张素霞等采用 C18 吸附剂，利用基质固相分散法，经多步 LLE 建立了牛肌肉组织中 ABZ 等 4 中苯并咪唑类药物的 HPLC 分析方法；张素霞等采用 C18 固相萃取小柱净化，UV 检测，建立了牛肝组织中 ABZ 等多种苯并咪唑类药物多残留的高效液相色谱法；林海丹等建立了乳粉中 ABZ 等 5 类苯并咪唑类药物的 HPLC 法，样本经碱性乙酸乙酯提取，Waters HLB SPE 小柱净化；范盛先等建立了动物食物中 ABZ 及其代谢产物 ABZ-SO 和 ABZ-SO$_2$ 残留检测的 HPLC 方法，乙醚、乙腈和正己烷提取和净化，内标法定量。Romvari 等建立了 ABZ 的代谢产物 ABZ-SO 和 ABZ-SO$_2$ 在牛奶中残留的 HPLC 检测方法；Moreno 等采用 LC-UV 法检测牛奶中 ABZ、ABZ-SO、ABZ-SO$_2$，内标法定量，检测限分别为 0.05 μg/ml、0.025 μg/ml、0.025 μg/ml；Ruyck 建立了牛奶中 ABZ 等 5 种驱虫药物的 LC-DAD 法，ABZ 的定量限为 6.9 ng/ml。Neri 等对动物源性食品中的 ABZ、ABZ-SO、ABZ-SO$_2$ 等苯并咪唑类药物残留检测，建立 SPE-HPLC-DAD 法；Danaher 等采用 SPE-HPLC-UV 法检测 ABZ、ABZ-SO、ABZ-SO$_2$ 等 10 种苯并咪唑类药物在动物肝脏中的残留。Fletouris 等建立了动物组织中的 ABZ 三种代谢产物 ABZ-SO、ABZ-SO$_2$、ABZ-SO$_2$NH$_2$ 的离子对色谱-荧光法，该法的定量限分别为 20 ng/g、0.5 ng/g、1.0 ng/g。

吡喹酮：以扑米酮为内标物用高效液相色谱法测定吡喹酮含量，在 20～100 μg/ml 范围内，峰面积之比和吡喹酮浓度呈良好线性关系，回收率为 99.01％±0.87％。Xiao 等用高效液相色谱法测定人血清中吡喹酮的血药浓度，检测限为 2.5 ng/ml，相对偏差为 2.6％。Ridtitid 用高效液相色谱法分析血浆中吡喹酮的含量，在 100～2 000 ng/ml 浓度范围内线性较好，检测限为 12.25 ng/ml。回收率高达 102.1％±5.6％，日内变异系数和日间变异系数分别为 3.0％±1.7％、6.3％±1.9％。Hanpitakpong 使用反相高效液相测定人血浆中吡喹酮含量，在 0～1 600 ng/ml 范围内，线性相关系数为 0.999，检测限为 5 ng/ml，回收率大于 90％。国内学者也有报道，吴晓苹用固相萃取-高效液相色谱法测定鱼组织中吡喹酮的残留，在 0.02～1.50 g/L 的浓度范围内，线性趋势较好，最低检出质量浓度为 1.1 mg/L，回收率为 80.97％，相对标准偏差为 2.00％。

阿苯达唑：Casetta 等用 LC-ESI-MS 检测了山羊乳中 ABZ 及 ABZ-SO$_2$，检测限低于 5 ng/ml；Msagati 等使用 HPLC-ESI-MS 法检测了牛奶中 ABZ 及 5 中苯并咪唑药物，比较了运用支撑液膜、Water MCX SPE 柱和 IST HCX SPE 柱 3 种净化手段的作用，ABZ 检测限为 0.1 ng/L；Balizs 检测了猪肉和肝脏中的 ABZ、ABZ-SO、ABZ-SO$_2$、ABZ-SO$_2$NH$_2$ 等 15 种苯并咪唑类药物及代谢产物，使用内标法定量，HPLC-MS 法 ABZ、ABZ-SO、ABZ-SO$_2$、ABZ-SO$_2$NH$_2$ 的定量限分别为 30 μg/g、9 μg/g、6 μg/g、7 μg/g，回收率为 36％、117％、81％、47％；Chen 等研究了人体内血液中 ABZ 和 ABZ-SO 的残留，内标法定量，使用 HPLC-MS 法，检测限分别为 0.4 ng/ml 和 4 ng/ml。

伊维菌素：以乙腈：甲醇：水＝62：30：8 为流动相，柱温 35℃，结果显示伊维菌素峰形尖锐且对称，主峰与辅料及溶剂峰均得到良好分离，伊维菌素在 1～50 μg/ml 浓度范围内，线性关系较好（R＝0.999），测得伊维菌素的含量为标示量的 99.4％，RSD 为 1.56％，伊维菌素平均回收率为 99.4％。有研究在分析复方制剂时，用 Nova-Pak C18 柱（150 nm×3.9 mm，4 μm），以乙腈：甲醇：水＝53：35：12 为流动相，检测波长 254 nm，柱温 25℃，在此条件下伊维菌素在 10.1～30.6 μg/ml 浓度范围内峰面积与浓度呈良好的线性关系（R＝0.999），伊维菌素平均回收率为 98.3％，RSD 为 0.6％。研究药物在体内的变化和代谢，要测定血药浓度才能进行药动学的研究。血液中成分复杂，要使用特殊的有机溶剂将药物提取出来，或者血浆经固相柱或免疫亲和色谱柱纯化后，再采用 HPLC 测定药物含量。李俊锁、扈洪波等将血浆样本直接经免疫亲柱净化处理后，再用高效液相色谱法进行测定药物浓度，用色谱柱 SuPelocsil C18（5 μm，150 mm×4.6 mm），流动相为甲醇：水＝85：15，检测波长 245 nm。在20～320 ng/ml范围内其线性相关系数为 1.00，检测限为 2 ng/ml。有研究发现再用有机溶剂提取伊维菌素之前，用丙酮水沉淀蛋白，后用二氯甲烷提取，目的是为消除血浆中干扰物质的影响，用 ODS Hypersil（5 μm，125 mm×4 mm）色谱柱，乙腈：甲醇：水＝40：45：15 为流动相，检测波长 245 nm，分离良好，无干扰峰，H_2B_{1a} 保留时间为 9.4～9.5 min 左右，H_2B_{1b} 为 7.4 min 左右。此方法可测定浓度为 2.5 ng/ml 的血浆样本。高效液相色谱法适合于干扰较多的制剂及血药浓度的测定。HPLC 测定血浆及组织中药物浓度，与紫外检测器相比，荧光检测器更加灵敏。

三氮脒：对其在动物体内的残留进行检测。样品用 10％甲醇乙酸、锌粉、少许浓盐酸进行提取，再用苯进行液-液萃取净化，然后再用乙醚抽提，最后上样检测。样品用 H_2 Bondpack C18（300 nm×3.9 nm）色谱柱进行分离，并以甲醇-0.2 mol/L 高氯酸水溶液（70：30，v/v）为流动相，紫外检测波长为 310 nm，流速为 1 ml/min。在此条件下三氮脒在 0.1～5 μg/ml 范围内呈线性关系，相关系数（$R=0.999$）。对三氮脒在血浆中残留的检测。采用 Radial. PAK CN（10 cm×5 mm）色谱柱，流动相为乙腈-0.2％三乙胺水溶液（50：50，v/v），并用正磷酸调节 pH 值使达 4.2，紫外检测波长为 254 nm，流速 0.8 ml/min。在此色谱条件下，三氮脒在 0.05～5.0 μg/ml 浓度范围呈良好的内线性关系（$R=0.998$）。

其他：有研究建立了测定鸡组织与鸡蛋中氯苯脒残留的高效液相色谱法。样本用乙腈作为提取溶剂，固相萃取柱净化，该方法的检测限是 10 μg/kg，方法定量限是 15 μg/kg，回收率为 73.1％。用高效液相色谱法测定鸡组织中常山酮的残留。流动相为醋酸盐缓冲液，流速 2.0 ml/min，检测波长 243 nm，该法回收率为 77％。

8. 气相色谱-串联质谱法（GC-MS）　Markus 等建立了阿苯达唑和阿苯达唑-SO_2NH_2 的 GS-MS 法，样本经过一系列复杂的酸碱 LEE 和 C18SPE 净化后用 MTBSTFA 进行衍生化，定量限为 0.1～0.4 mg/kg。

9. 毛细管电泳-质谱联用法（CE-MS）　毛细管电泳-质谱联用技术（CE-MS）综合了毛细管电泳的高效分离能力、灵敏度高、样品的广泛适应性等优势，在食品安全与质量控制领域得到了越来越广泛的应用，已逐渐成为一种重要的分析方法。Meier 毛细管电泳-质谱和液相色谱-质谱耦合检测吡喹酮的代谢产物。

10. 高效液相色谱法-串联质谱法（HPLC-MS）　高效液相色谱法、高效液相色谱-质谱联用法研究各组织和环境中抗寄生虫药物的含量较之其他方法更便捷、快速、准确、重复性好、灵敏度好、回收率高。

吡喹酮：国内学者也有使用高效液相色谱-质谱联用法检测饲料和牛血清中的吡喹酮，在 0.05～10.0 ng/ml 的浓度范围内，线性趋势较好（$R=0.999$）。

盐酸氯苯脒：汤菊芬用高效液相色谱串联质谱法检测了水产品中的盐酸氯苯脒的残留，在 1～100 ng/ml 范围内线性相关良好，平均回收率在 79.83％～104.06％。检出限为 1 ng/g。

李银生等采用液质联用方法测定鸡蛋和鸡肌肉中 19 种常见的抗球虫类药物残留，梯度洗脱（由极性到非极性），质谱采用 ESI^+ 和 ESI^- 2 种模式；该方法重现性好，回收率符合欧盟和美国 FDA 要求。

聚醚类抗生素：蓝丽丹用 HPLC-MS 方法快速测定动物肌肉中 6 种聚醚类抗生素残留。该方法回收率≥88％，RSD≤6.1％，在 1.0～150 ng/ml 添加浓度范围内呈线性相关，线性回归系数均大于 0.99，检测限＜0.2 μg/kg。

Bernardete Ferraz Spisso 建立了液相色谱-电喷雾串联质谱（LC-ESI-MS）检测 10 种抗球虫药物的

方法学验证。尼日利亚菌素用作定性内部标准。该方法最低检测限低于 0.04 µg/kg。Mark Cronly 建立了用液相色谱-串联质谱法测定动物饲料中 11 种抗球虫药物的残留。Carolina Nebot 建立了一种快速有效测定纯牛奶中 7 种抗球虫药物的 HPLC-MS 方法。该方法回收率在 69%～109%。定量限在 0.5～2.5 µg/kg。Ursula Vincent 用液相色谱-串联质谱法测定饲料中的抗球虫药残留。发现除马杜霉素和盐霉素的变异系数高达 21%，其余药物变异系数≤3%，回收率≥80%。定量限均小于等于 0.65 mg/kg。

马杜霉素：Kai Chun Chang 采用 HPLC-MS/MS 技术快速测定鸡肌肉中马杜霉素残留检测。该方法的检出限为 0.08 ng/g，回收率≥84%，日内精密度在 3.7%～5.0%，日间精密度在 5.8%～7.9%，样品的分析时间是 10 min。

Carolina Nebot 建立了 7 种抗球虫药物在牛奶中的残留的高效液相色谱-串联质谱法检测技术。该方法回收率≥89%，检测限均小于 1.0 µg/kg，该方法变异系数≤18.4%，重现性较好。Mararlene Ulberg Pereira 建立了液相色谱-电喷雾串联质谱法测定 6 种聚醚离子载体在经巴氏杀菌后的奶粉中残留。该方法回收率在 93%～113%，RSD≤16%。Ursula Vincent 建立了饲料中 6 种抗球虫药物的高效液相色谱-串联质谱多残留检测方法。该方法回收率在 73%～120%，RSD≤10%。

四、污染现况及其影响因素

(一) 阿苯达唑

阿苯达唑由史克比切姆公司（葛兰素史克的前身）研制开发，是一种广谱噻苯达唑类驱肠虫药，人用和兽用均可，能抑制虫体的生长和繁殖，通过抑制虫体肠道或吸收细胞中的蛋白质，从而导致虫体无法摄取赖以生存的糖类，使虫体内源性糖原耗竭，并抑制延胡索酸还原酶系统，阻止腺嘌呤核苷三磷酸的产生，致使虫体无法生存和繁殖，最终虫体因能源耗竭而逐渐死亡。阿苯达唑具有完全杀死钩虫卵和鞭虫卵及部分杀死蛔虫卵的作用，也可杀死驱除寄生于动物体内的各种线虫，对绦虫及囊尾蚴亦有明显的杀死及驱除作用。适用于治疗包虫（包虫病）和因猪肉中的条虫引起的神经系统感染（囊虫病），亦用于治疗钩虫、蛔虫、蛲虫、旋毛线虫、绦虫、鞭虫。

阿苯达唑一般通过服药或动物、植物源性残留经口进入人体。会引起恶心、头昏、失眠、口干、乏力、畏寒、胃不适、轻微腹痛、食欲减退等，多发生在服药后 2～3 d，轻者数小时内即消失，头晕、乏力可持续 2～3 d，发生率为 6%～14.9%。治疗囊虫病特别是脑囊虫病时，主要因囊虫死亡释出异性蛋白，多于服药后 2～7 d 发生，出现头痛（53.7%）、低热（22.7%）、皮疹、肌肉酸痛、视力障碍（4.3%）、癫痫发作（13.3%）等，须采取相应措施（应用肾上腺皮质激素，降颅压、抗癫痫等治疗），国内已有治疗中发生脑疝而死亡的报告。治疗囊虫病和包虫病，因用药剂量较大，疗程较长，可出现谷丙转氨酶升高等现象。

苯并咪唑类驱虫药是目前在畜禽产品中残留并对人具有较大危害的动物抗寄生虫药物的代表。苯并咪唑类驱虫药及其代谢物在组织中的消除较快，在动物组织中较少见其长期残留，但如果在使用中不遵守休药期规定，也会造成在畜禽产品中的残留。经一系列临床实践和实验研究结果表明，多数苯并咪唑类药物对动物具有胚胎毒性和一定的致突变作用和致畸作用，其中以骨骼畸形为主，同样在人体中苯并咪唑类药物也可引起与动物相似的危害，此外，如果长期残留于肝脏则会对肝脏造成毒性作用。目前使用的苯并咪唑类药物种类较多且残留标示物复杂，应将多数药物及其主要代谢物设为动物源性食品残留监控对象。

(二) 吡喹酮

吡喹酮主要作用是杀螨虫，其主要机制是对虫体体壁起破坏作用，虫体与吡喹酮接触后，立即产生肌肉痉挛性麻痹，继而出现表皮肿胀、糜烂和溃破，一方面影响其吸收和排泄功能，同时使皮层上碱性磷酸酶活性降低，抑制虫体对葡萄糖的摄入，从而干扰其糖代谢，促进虫体内糖原的分解，使糖原明显减少或消失；另一方面由于虫体皮层的破坏，导致其体表抗原暴露，使之易受宿主的免疫攻击而死亡。

目前吡喹酮以其独特的优点而广泛应用于临床，但有关吡喹酮的毒副作用也逐渐增多。奶牛在投喂吡喹酮1个多小时后出现厌食、前胃迟缓、反刍减慢、瘤胃臌气和腹泻等消化系统症状及产奶量下降、精神沉郁等一系列轻微反应。临床研究发现，用大剂量吡喹酮治疗30例急性血吸虫患者，治疗后有4例（占13.3%）丙氨酸转氨酶（ALT）轻度升高，说明吡喹酮对肝脏有一定影响，但程度较轻。有学者在研究吡喹酮治疗海龟扁虫时发现，治疗组与对照组相比，血浆中AST、ALT含量明显提高，几乎是对照组的一倍，但是肝脏并没有明显的病变。也有研究报道吡喹酮对欧洲鳗鲡血液指标的影响，研究发现染毒后丙氨酸氨基转移酶肌酐与对照组相比没有明显变化，说明在试验浓度下，与对照组相比，吡喹酮并不引起肝脏病变和肾损伤。

吡喹酮一般通过服药或动物、植物源性残留经口进入人体。在首次用药1 h后可能出现头昏、头痛、恶心、腹痛、腹泻、乏力、四肢酸痛等，一般程度较轻，持续时间较短，不影响治疗，不需处理。少数病例出现心悸、胸闷等症状，心电图显示T波改变和期外收缩，偶见室上性心动过速、心房纤颤。少数病例可出现一过性转氨酶升高、中毒性肝炎等。偶可诱发精神失常或出现消化道出血。脑疝、过敏反应（皮疹、哮喘）等亦有所见。

（三）伊维菌素

伊维菌素主要是通过促进γ-氨基丁酸（GABA）的产生来阻断神经信号传递，使得虫体肌肉收缩能力丧失来杀伤寄生虫。据相关文献的报道，伊维菌素使虫体的抑制性递质GABA的释放增多，并且打开了由谷氨酸控制的氯离子通路，使神经膜对氯离子的通透性增强，从而神经信号的传递受到阻碍，最终导致神经麻痹，肌肉细胞失去收缩能力而使虫体死亡，而阿维菌素类药物是通过GABA作为传递介质的氯离子通道延长开放而导致虫体死亡。哺乳动物的外周神经递质为乙酰胆碱，GABA虽分布于中枢神经系统，但由于本类药物不易透过血脑屏障，而对其影响极小，因此使用时对哺乳动物具有较高的安全性。

动物给予大剂量后可出现嗜睡、运动失调、瞳孔放大、震颤等反应，剂量过大时可致死亡。盘尾丝虫病患者用药后副作用短暂而轻微，多限于皮疹或瘙痒（皮内微丝蚴死亡所致）、淋巴结病变（肿痛，见于颈部、腋窝、腹股沟等部位）。罕见头晕、体位性低血压（昏厥）、发热、头痛、关节酸痛、乏力等。眼部病变未见加剧。偶见心电图改变，其意义不明。无致癌、致畸作用。盘尾丝虫病患者用药后副作用短暂而轻微，多限于皮疹或瘙痒（皮内微丝蚴死亡所致）、淋巴结病变（肿痛，见于颈部、腋窝、腹股沟等部位）。罕见头晕、体位性低血压（昏厥）、头痛、关节酸痛、乏力等。眼部病变未见加剧。偶见心电图改变，其意义不明。无致癌、致畸作用。

（四）马杜霉素

马杜霉素较与聚醚类离子载体抗生素一样，分子内部含有一个多元有机酸和多个环醚基结构，在溶液中这些环醚之间以氢键形成特殊的环状空间结构，分子中心由于氧原子的并列而带负电，可以捕获阳离子，外部由烃类组成，具有中性或疏水性，这种特殊的结构可以选择性地与阳离子结合。

马杜霉素容易在动物肌肉组织中残留，人食用含有马杜霉素的动物肌肉组织可引起血管舒张，特别是诱发心脏冠状动脉扩张和血流量增加，可引起冠状动脉疾病的患者冠状动脉扩张，病情恶化，造成较大健康危害。马杜霉素在人体内经肝脏肾脏等组织器官代谢并排体外，未代谢的在体内累积对人有慢性毒性，其会干扰人体内细胞的离子平衡和能量代谢，从而产生细胞毒性作用，细胞出现变性或坏死。人食入残留马杜霉素的食物会引起腿脚发软、四肢无力、行走困难，严重时可引发血管舒张，尤其是诱发心脏冠状动脉扩张和血流量增加，使冠心病患者心脏局部缺氧加重，病情严重恶化。但正常人则无明显的不良反应症状。

（五）三氮脒

三氮脒为农业部批准使用的抗寄生虫药物，且有严格的农残规定，因此对三氮脒引起的健康效益研究较少。但三氮脒对畜类的毒性大、安全范围较小。大剂量使用时会引起起白细胞增加，但仍可在数日内恢复。红细胞数、血红蛋白、总蛋白量、肝功能等指标均无明显变化。还可引起畜类剧烈腹痛、稀便、呼吸加快、肌肉震颤、流涎、流泪和厌食，这些症状可持续多日，若加大剂量还可引起动物口吐白沫，呼吸急促，甚至是呼吸困难、瘤胃臌气、结膜充血，从口与鼻腔流出大量泡沫，精神沉郁，卧地不起，全身肌肉震颤，结膜发绀，角膜混浊，巩膜水肿和体温下降，有的甚至引起动物死亡。

五、抗寄生虫药物的环境行为

抗寄生虫药物及其代谢产物会通过粪便、尿液等途径进入环境，而抗寄生虫药物大部分为化学合成药物，通常会以原药形式进入环境因此仍具有生物活性，对周围环境有潜在的毒性，会对土壤微生物、水生生物及昆虫等造成影响。如抗蠕虫药阿维菌素类药物对低等水生动物、土壤中的线虫和环境中的昆虫具有较高的毒性作用；同化激素随尿、粪等途径出体外后进入环境成为环境雌激素污染物，低剂量的环境雌激素就具有生殖毒性，并且具有类雌激素效益，能诱导雄性水生生物发生雌性化；抗球虫药物常山酮对鱼、虾等水生动物有很强的毒性，进入环境中的兽药通过食物链在动植物体内的富集，危害人群健康和生态环境稳定。

吡喹酮进入人体内主要是通过服药、动物源性食品、饮用水等方式。口服吡喹酮自肠道吸收至血浆，进入肝脏后即迅速降解，表现为门静脉的血药浓度高，而外周静脉血药浓度低。在动物体内即使多次给药，也无蓄积作用。由于吡喹酮的这些特点，使其在动物产品中的残留量极低。但是目前吡喹酮也被大面积应用于水产养殖业，使用不规范和过量投放都会导致吡喹酮在水体中大量存在，进而影响生态环境影响人群健康。

自 1981 年伊维菌素作为专门的兽用驱虫药投入市场后，在国内外畜禽和水产养殖中被广泛应用，伊维菌素不仅可以有效防治线虫如蛔虫、鞭虫等引起的疾病，而且对体外寄生虫如蜗、虱等的感染也有一定疗效。由于对动物体内外的寄生虫有良好防治作用，现广泛用于猪、马、牛、羊、狗、禽、鱼等多种动物胃肠道寄生虫病和体外寄生虫病的防治，是目前人们公认的药效明显的广谱抗寄生虫药之一。但伊维菌素类药物的脂溶性较高，可以在动物组织中残留较长的时间，再加上本类药物具有神经毒性，不合理地使用本品导致家畜中毒现象已屡见不鲜。有的剂型需要重复给药，对动物有较大刺激，应激反应明显，将不利于动物的健康生长，且重复给药易造成药物代谢缓慢，更易造成其在动物性食品中的残留，进而影响人们的身体健康，同时药物随粪便和尿液排泄到环境当中，对生态平衡也产生了不可忽视的影响。为了加强兽药残留的监控工作，保障动物性食品的安全，农业部在 2002 年 12 月 24 日发布了《动物性食品中兽药最高残留限量》，其中对伊维菌素的最高残留限量进行规定。该标准还规定了伊维菌素的每日允许摄入量为 $0 \sim 1\ \mu g/$（$kg \cdot d$）。欧盟也对伊维菌素的最高残留限量做了规定：伊维菌素在所有的哺乳类食品动物脂肪、肝脏、肾脏中最高残留限量分别是 $100\ \mu g/kg$、$100\ \mu g/kg$ 和 $30\ \mu g/kg$。

马杜霉素铵在聚醚类离子载体抗生素中用量最低、效果最好，但其毒性比其他聚醚类离子载体抗生素大，而且安全范围较窄，在饲料中的含量稍大可使动物的增重减慢、饲料转化率降低，甚至死亡。在实际生产中常因使用浓度过大、混料不均匀等原因导致肉鸡等靶动物中毒。另外，马杜霉素铵在鸡体内代谢较快且主要以原形药物排出，生产中常用鸡粪和垫料作为蛋白质补充料来饲喂牛、羊、鱼等动物，而牛、羊、鱼等非靶动物对马杜霉素铵更加敏感，所以易造成中毒。由于生产中的不恰当使用及没有严格遵守休药期的规定，且马杜霉素铵在鸡体内主要以原形药物排出，污染包括水体在内的生态环境，导致马杜霉素铵极易在食品动物中引起残留，对食品安全造成严重威胁。近年来多次发生的小龙虾中毒事件，经调查是由于食用小龙虾而引起的哈夫病即横纹肌溶解综合征，但具体致病因素尚未明确，而心肌和骨骼肌损伤正是马杜霉素铵引起中毒的主要症状，所以不排除因小龙虾体内残留马杜霉素铵导致食用者中毒的可能性。国内有报道因误服马杜霉素铵导致中毒并发非创伤性横纹肌溶解综合征，国外也有误服马杜霉素铵导致中毒的报道，临床表现为横纹肌溶解和急性肾衰竭。

第二节　抗寄生虫药物的毒性机制

一、暴露途径

人群暴露于抗寄生虫药物主要有 3 种途径：①通过禽畜类动物制品中残留经口进入人体。②通过接触被抗寄生虫药物污染的物体、衣物等。③通过环境介质特别是被污染的水进入体内。

（一）阿苯达唑

阿苯达唑一般经口进入人体内，其脂溶性高，比其他苯并咪唑类药物更容易从消化道吸收，具有很强的首过效应，血中的原型药物很少或不能检测到，吸收后全身分布，组织浓度高于血浆。

（二）吡喹酮

阿苯达唑一般经口进入人体内。吡喹酮经口进入体内，80%～100%的吡喹酮被迅速吸收，给药 1 h 内血清中吡喹酮浓度达到峰值，其吸收半衰期为 0.1～0.3 h。经肌内注射的吡喹酮，其吸收半衰期小于 0.5 h，血药达峰时间为 1 h，清除半衰期为 4 h。

（三）伊维菌素

伊维菌素一般经口进入人体内。伊维菌素经口进入人体，吸收率达 95%。在大多数动物有较长的半衰期，牛、绵羊、猪、犬分别为 2～3 d、2～7 d、0.5 d 和 2 d。该药主要从粪便排出，少量以原形或代谢产物从尿中排泄。

（四）马杜霉素

马杜霉素一般经口进入人体内。马杜霉素可经消化道吸收，在肝脏、肾脏中代谢，最后经尿液和粪便排出。马杜霉素及其代谢物在体内排泄很快。在排泄物中 3 d 可达稳定状态，血浆中则为 6 d。马杜霉素主要以原形药物排出。

（五）三氮脒

三氮脒一般经口进入体内。三氮脒主要通过胃肠道吸收进入血液，后在 15 min 达最高血药浓度，但又快速地通过肾脏和肠道排出，其中粪便中残留的药物浓度比尿液中的高，说明大部分药物未被动物机体吸收。

二、代谢、分布和累积

（一）阿苯达唑

阿苯达唑在人体内分布从高到低依次为肝脏、肾脏、肌肉，可透过血脑屏障，脑组织也有一定浓度，经口进入人体后 2～3 h 血药浓度达到峰值，ABZ 和 ABZ-SO$_2$ 在血中的浓度较低，几乎不能测出。大鼠灌胃阿苯达唑后，ABZ-SO 血浆药物达峰时间（t_{max}）为 4.92±1.88 h，吸收半衰期为 35.45±2.91 h，相对生物利用度为 320.5%，ABZ-SO$_2$ 血浆药物达峰时间为 6.59±1.97 h，相对生物利用度为 180.9%。

阿苯达唑的母核结构稳定，体内生物转化发生在侧链，主要包括氧化、羰基还原、氨基甲酸酯结构水解反应等。阿苯达唑具有很强的首过效应，在肝脏中通过 S 氧化迅速代谢为砜和亚砜，继续经过氨基甲酸基团的脱乙酰作用最终形成氨基砜，因此在生物体内可检测到的主要标志残留物为阿苯达唑亚砜（ABZ-SO，具有抗蠕虫活性）、阿苯达唑砜（ABZ-SO$_2$）和阿苯达唑-2-氨基砜（ABZ-SO$_2$NH$_2$），S-氧化在其他组织、胃肠道及蠕虫体内即可发生，且 ABZ、ABZ-SO、ABZ-SO$_2$ 处于相互转化的状态，主要经过肾脏和胆管排泄，大约 47% 的代谢产物经肾脏从尿中排出，除 ABZ-SO 和 ABZ-SO$_2$ 还有羟化、水解、结合产物等，经胆汁排出体外。阿苯达唑及其代谢产物在人体 24 h 内 87% 从尿中排出，13% 从粪便排出，在体内无蓄积作用，血液中的半衰期为 8.5～10.5 h。进入摄入阿苯达唑后，ABZ-SO 和 ABZ-SO$_2$ 在牛、羊、猪、兔、鸡的半衰期分别为 20.5 h、8.4 h、5.9 h、4.1 h、4.3 h 和 11.6 h、11.8 h、9.2 h、9.6 h、2.5 h，有明显的种差异性。

（二）吡喹酮

吡喹酮在哺乳动物上的药代动力学研究较多，吡喹酮经口服后迅速被吸收，达峰快，血液中药物浓度较高，吡喹酮 80% 与血浆蛋白结合，1 h 后大约 70% 转化成它的代谢产物，4 d 后 80% 以羟基化代谢物的形式从尿中排出。

家兔单剂量口服吡喹酮 200 mg/kg 后，药时曲线属于有吸收因素一室模型，吸收速率常数平均值很大（3.13±0.99/h），达峰时间为（1.02±0.18）h，达峰时的血药浓度为（2.76±1.22）μg/ml，吸收很快完成，穿透力强。消除速率常数为（0.23±0.10）h，消除比较缓慢，消除半衰期为（3.83±2.91）h，表明吡喹酮在家兔体内存在时间比较长，给药后 26 h 血清药物浓度为（0.005～0.056）μg/ml，仍具有抗虫效果，表观分布容积为（62.59±17.89）mg/kg，表观分布容积很大，在体内分布很广。有研究用用紫外分光光度计研究了脂质体在家兔体内的药代动力学，家兔静注吡喹酮脂质体 10 mg/kg，消除速率为（3.23±0.26）h，表观分布容积非常大，半衰期为（12.42±0.36）h，比普通的吡喹酮半衰期延长了 5 倍，药时曲线属无吸收因素一室开放模型。吡喹酮被脂质体包封后，其药代动力学及组织分布发生了明显改变，使药物代谢速度大大减慢，维持有效血药浓度时间延长。给犬肌内注射吡喹酮 10 mg/kg,15 min 后，血药浓度即达 0.8 μg/ml，随着时间的延长，血清中吡喹酮浓度升高很快，1 h 后即达峰值（2.6 μg/ml），之后随时间的延长，其浓度下降也很迅速，8 h 后即降到 0.8 μg/ml，24 h 后仅能测出含有痕量的吡喹酮，到 48 h 完全测不到，分布半衰期不足 0.5 h，达峰时间为 1 h，消除半衰期为 4 h，48 h 后基本无残留。

这些研究结果表明，动物在口服或注射吡喹酮后，药物的吸收和排泄动态与人体试验的结果相同。其代谢特点是三快，即吸收快、降解快、排泄快。口服吡喹酮自肠道吸收至血浆，进入肝脏后即迅速降解，表现为门静脉的血药浓度高，而外周静脉血药浓度低。在动物体内即使多次给药，也无蓄积作用。由于吡喹酮的这些特点，使其在动物产品中的残留量极低。

（三）伊维菌素

伊维菌素属高度脂溶性药物，有较大的分布容积和较缓慢的代谢消除过程，经口、皮下和肌注等途径给药，药物吸收迅速，均可驱除体内外寄生虫，分布广泛可到达大多数组织如胃、肠道、肺、皮肤及脂肪组织。药物被机体吸收后，主要分布在肝脏、肾脏、肌肉和脂肪中，其中肝脏和脂肪是药物分布浓度最高、代谢消除速度最为缓慢的组织。牛皮下给药的半衰期为 8 d，较静脉注射长，2 d 后到达峰浓度。犬口服时的半衰期为 1.8 d，动力学参数具有剂量的依赖性；猪以 300 μg/kg 剂量皮下注射给药后的消除半衰期为 4 d，且药物含量最高的组织是皮肤；以 300 μg/kg 剂量给牛进行静脉注射，伊维菌素的血浆半衰期为 2.8 d；绵羊内服给药的半衰期为 3～5 d，对其进行静脉注射的半衰期与牛相似，为 2.7 d。

伊维菌素经肝脏氧化代谢，代谢产物可以在脂肪组织中富集并缓慢释放。对其的利用度因种类、给药途径和剂型不同而不同。单胃动物经口给药后，生物利用度超过 95％，而反刍动物经口给药生物利用度仅有 20％～40％。伊维菌素主要经粪便以原药排出体外，极少量的经尿和乳汁排出，不同的给药途径在动物体内的消除半衰期为 2～8 d，属于长效类抗寄生虫药物。作为一种脂溶性药物，伊维菌素不论以何种途径给药都能较好地被吸收并可广泛分布于全身组织，由于其在体内代谢时间久，所以消除较缓慢。研究发现，给药后，伊维菌素主要经粪便排泄，仅有 2％经尿液排出。

（四）马杜霉素

马杜霉素在动物肌肉组织、肝脏与肾脏中分布广泛，人食用含有马杜霉素的组织后，其在体内的代谢产物经胆管排泄，最终随粪便排出体外。人体内马杜霉素肝脏和脂肪组织残留浓度最高，其次为肾脏、肌肉和血浆。一般而言，肝脏中主要以代谢物形式存在，脂肪组织中主要以原药形式存在。

马杜霉素的靶器官为肝脏，残留标志物为马杜霉素 α，所有组织中残留消除迅速，在动物体内主要通过粪便排泄。在饲料中添加 5 mg/kg 马杜霉素饲喂 28 日龄肉鸡 14 d，停药后连续 7 d 取样，结果发现停药当天，马杜霉素在肝脏中浓度最高，达到 106 ng/g；消除半衰期为 20 h，肉其次，消除半衰期为 39 h；停药 5 d，肝脏和胸肉中仍可检出马杜霉素残留，分别为 1.6 ng/g 和 1.5 ng/g；停药 7 d，两组织中残留量低于检出限（1.0 ng/g）；研究表明马杜霉素星在肉仔鸡体内消除迅速。在饲料中添加 3 mg/kg、5 mg/kg、7 mg/kg 和 9 mg/kg 马杜霉素饲喂肉鸡 42 d，停药当天及第 1 天、第 2 天、第 3 天、第 4 天、第 5 天和第 7 天屠宰取样，采用 IAC-ELISA 法测定鸡组织中马杜霉素的残留，结果发现脂肪和肝脏中马杜霉素残留量最高，其次是肾脏，肌肉中残留最少，而且随着饲喂剂量的增大，马杜霉素在鸡各组织中的残留量也相应增大，但马杜霉素在组织中的消除很快，常用剂量 5 mg/kg 饲喂，停药 2～3 d 后，脂肪中马杜霉素残留量小于 0.48 mg/kg，肝脏中小于 0.72 mg/kg，肌肉中小于 0.24 mg/kg，低于最高残留限量的规定要求。

（五）三氮脒

三氮脒在肝中的残留量最高，其次为肾、脾、肌肉和心，脑组织的三氮脒残留量最低。

分别用 7.0 mg/kg、3.5 mg/kg 的三氮脒治疗疾病，药物在牛奶中的残留量呈现双相减退性，第 1 相位的半衰期为（7.395±0.325）h，第 2 相位的半衰期为（141.10±2.5）h。药物在牛奶中的最大残留量均在第 8 小时产生，血药物浓度分别为 1 613.37 ng/ml 和 488.55 ng/ml，第 21 天时牛奶中残留的药物浓度分为 8.76 ng/ml、4.56 ng/ml，残留在牛奶中的药物量分别占给药总量的 0.54％、0.4％。第 21 天时，三组中最严重的药物残留部位分别为肾脏（7.04 μg/g、3.92 μg/g 和 7.99 μg/g）、肝脏（3.26 μg/g、2.871 μg/g 和 1.24 μg/g）、心脏（1.791 μg/g、1.25 μg/g 和 1.03 μg/g）。三氮脒主要通过胃肠道吸收进入血液，但又快速地通过肾脏和肠道排出，其中粪便中残留的药物浓度比尿液中的高，说明大部分药物未被动物机体吸收，这样牛奶中极有可能残留药物。有研究表明，三氮脒在兔和牛的肾脏、肝脏中残留量最高。

三、毒性效应

（一）阿苯达唑

阿苯达唑是苯并咪唑类药物中毒性较大的一种，使用治疗剂量不会引发中毒反应，但连续超剂量给药，会引起严重的不良反应，若连续长期使用还会引起蠕虫产生耐药性，并且有可能产生交叉耐药性。动物实验证明阿苯达唑具有胚胎毒性及致畸作用，对怀孕 3 周的绵羊给予 ABZ 可诱发各种胚胎畸形，以骨骼肌畸形占多数；对大鼠和兔应用较大剂量 [30 mg/（kg·d）] 时可发生胎儿吸收和骨骼畸形，其致畸作用认为与抑制微管蛋白和有丝分裂作用机理有关，对人类也可引起与动物同样的潜在危害。而且其标志残留物也存在潜在毒性，欧盟规定了阿苯达唑及其标志代谢物的最大残留量。

（二）吡喹酮

1996 年欧盟委员会发布 96/23/EC 指令，要求其成员国监控活体动物产品中的兽药及其他有害物质残留。在 EWEA/CVMP/96 规范（1998）中要求对包括吡喹酮在内的兽药对环境的潜在影响必须予以评价。其后，一些欧洲国家对吡喹酮的生态毒性问题进行了广泛的研究。

国外报道吡喹酮口服毒性比较小，对小鼠、大鼠、兔子的 LD_{50} 分别为 2 560 mg/kg、2 840 mg/kg、1 050 mg/kg。研究发现，大鼠每天以 1 000 mg/（kg·bw）的剂量连续给药 4 周，犬以 180 mg/（kg·bw）的剂量连续给药 13 周，未出现明显的毒性反应，组织病理学检查各器官无明显损伤，没有迹象表明具有遗传毒性。脂质体腹腔注射对小白鼠的 LD_{50} 为 1 865 mg/kg，动物出现不安、跳动、呼吸急促等症状，而且中毒剂量和致死剂量比较接近。鼠伤寒沙门氏菌回复突变试验、体外哺乳动物姊妹染色单体交换试验、DNA 修复试验、显性致死试验均呈阴性。叙利亚地鼠口服 80 周 [100 mg/（kg·bw）]，大鼠口服 104 周 [250 mg/（kg·bw）]，均未引起癌变。吡喹酮的酵母菌基因突变试验、Ames 试验、果蝇伴性隐性致死试验结果呈阴性。然而小鼠和人类的宿主介导试验中则发现吡喹酮具有致突变性和致癌性，吡喹酮诱使结构染色体畸变，体外试验表明吡喹酮诱使叙利亚地鼠外周血细胞产生微核。生殖毒性研究表明：大鼠怀孕第 6～10 天给大鼠口服高剂量吡喹酮，结果导致胎儿死亡。大鼠口服吡喹酮 1 500 mg/（kg·bw）6 周后，血浆中谷草转氨酶（AST）、谷丙转氨酶（ALT）、胆红素含量明显提高，可能引起中毒性肝炎、肝脏玻璃样变、脂肪样变坏死。吡喹酮具有明显的遗传毒性、突变性和致癌作用。

（三）伊维菌素

伊维菌素毒性反应较低，在正常使用剂量下，一般不会引起中毒反应，对动物较为安全。但当多次重复给药或超大剂量使用的情况下，可引起动物的急性中毒反应，主要表现为神经症状，如精神沉郁、抽搐、运动失调，甚至死亡等。伊维菌素对不同种属动物的毒性存在着明显的差异，如口服伊维菌素，比格犬的 LD_{50} 为 80 mg/kg，而苏格兰牧羊犬的 LD_{50} 为 0.01～2.5 mg/kg，大鼠的 LD_{50} 为 50 mg/kg，但是马内服 3 mg/kg 剂量的伊维菌素时，即可引起马的瞳孔放大，增加剂量后的毒性作用更加明显。同时甲壳类浮游动物对伊维菌素的敏感性较高，而浮游藻类对其的敏感性却较低。伊维菌素进入水体，绝大部分与富含有机质的底泥结合，而且降解十分缓慢，其降解半衰期大于 100 d，会导致底泥中药物含量过高，对许多底栖生物造成急性毒性影响，甚至会经食物大量进入人体内。通过亚急性毒性研究，确定了以下动物的最大无作用剂量，大鼠 0.4 mg/kg、犬 0.5 mg/kg、猴 1.2 mg/kg。通过致畸试验发现，在给予超高剂量时（接近母体中毒剂量），伊维菌素可以产生胚胎毒性，如可引起家兔前趾畸形、小鼠和大鼠腭裂等。在遗传毒性研究方面，通过 Ames 试验、哺乳动物细胞染色体畸变分析及非程序 DNA 合成试验结果表明，伊维菌素不具有遗传毒性。在致癌试验研究方面，通过 2 年的染毒发现，该类药物不具备潜在致癌性。伊维菌素对环境的影响程度取决于环境中药物的释放量及药物在环境中的释放速度。由此所造成的对环境的潜在影响引起人们的关注。

（四）马杜霉素

聚醚类离子载体抗生素的毒性顺序：盐霉素＜拉沙里菌素≤那拉霉素≤莫能菌素＜拉沙里菌素＜莫能菌素＜赛杜霉素＜马杜霉素。马杜霉素比其他聚醚类抗生素对小鼠和大鼠的毒性要大。以 28 日龄鸡为试验动物，在饲料中添加不同剂量马杜霉素（0 mg/kg、5 mg/kg、6 mg/kg、7 mg/kg、8 mg/kg、9 mg/kg 和 10 mg/kg），对实验性马杜霉素中毒鸡的临床症状、剖检变化和组织病理学变化进行观察，结果马杜霉素急性中毒鸡表现腹泻、食欲下降、渴欲增加、翅膀下垂、腿无力或麻痹；剖检可见病鸡肝瘀血、轻度肿胀、呈微黄色；病理组织学变化为肝脂肪变性及心肌和腿肌出血。将马杜霉素按 2.5 mg/kg、7.5 mg/kg、22.5 mg/kg、67.5 mg/kg 和 202.5 mg/kg 体重 5 个剂量组给 55～65 日龄蛋仔鸡一次经嗉囊给药，24 h 内观察其急性毒效应和测定急性致死量，结果显示，毒性随剂量的递增而增强，临床表现出轻度、中度、重度中毒和死亡的毒效应；病理变化为实质器官充血、瘀血、出血、水肿、变性和心肌萎缩，主要脏器系数及其含水量均有改变；机体严重脱水，体重锐减；其毒性上限指标：$LD_0 = 22.5$ mg/kg、$MLD = 67.5$ mg/kg、$LD_{100} = 202.5$ mg/kg。

（五）三氮脒

本品的毒性大、安全范围较小，大剂量使用时能使乳牛产奶量减少，其注射液对局部组织有刺激性，宜分点深部注射。食品动物休药期在 28～35 d。

骆驼敏感，不用为宜；马较敏感，忌用大剂量。马分别肌内注射 3 mg/kg、5 mg/kg、7 mg/kg、14 mg/kg，1～2 次，随着剂量的增加，用药后 10～90 min 动物表现兴奋，2～6 h 转为抑制，然后逐渐恢复正常。应用大剂量时（14 mg/kg），1～6 h 内可引起白细胞增加，但仍可在数日内恢复。红细胞数、血红蛋白、总蛋白量、肝功能等指标均无明显变化。犬在注射正常剂量的三氮脒导致中毒，中毒犬目光呆滞，步态蹒跚，站立不愿走动，侧卧时四肢伸直，前肢和后肢的膝关节肿胀、肌肉紧张、敏感、触诊过程中，患犬因疼痛而剧烈吠叫，后期出现眼球震颤、目光呆滞、无法站立、尿量多且较稠。严重者可致使动物死亡。

第三节　抗寄生虫药物的健康危害

一、按照抗寄生虫药物分类的健康危害

环境中兽药污染的危害主要包括：急慢性毒性作用；致癌、致畸、致突变的"三致"作用；过敏反应；类激素样作用；破坏人体肠道菌群平衡；增加细菌或寄生虫耐药性；对临床用药和新药研发带来困难等。在上述几项兽药污染危害中，抗寄生虫药物环境污染所致的危害均有涉及。抗寄生虫药物环境污染严重影响人群健康和生态环境稳定，如苯并咪唑类、伊维菌素类等。抗寄生虫药物可以直接或通过环境和食物链等途径间接的危害人群健康，造成急、慢性毒性作用。

（一）抗蠕虫药

抗蠕虫药物主要有苯并咪唑类、阿维菌素类、咪唑并噻唑类、四氢嘧啶类、碘噻青胺等驱线虫药；吡喹酮、氯硝柳胺、硫双二氯酚等驱绦虫药；氯生泰尔、硝硫氰醚、硝碘酚腈等驱吸虫药。苯并咪唑

类驱虫药是目前在畜禽产品中残留并对人具有较大危害的动物抗寄生虫药物。苯并咪唑类驱虫药物及其代谢物在组织中消除较快，在动物组织中较少见长期残留，但若不遵守休药期的规定，会造成在动物中的残留，同样也会随排泄物进入环境中。经一系列的人群研究和动物实验研究结果表明，大多数苯并咪唑类药物对动物具有胚胎毒性和一定的致畸效应和致突变效应，比如苯并咪唑暴露会导致骨骼畸形，同样的效应在人群中也出现过，即苯并咪唑类药物在人群中也发现与动物实验相似的致畸效应。还有研究表明，如果苯并咪唑类药物长期暴露，其会蓄积于肝脏造成一定的毒性作用。因此苯并咪唑类药物在动物源性食品中的残留及其环境转归，对人群健康和生态环境稳定造成一定的威胁。目前苯并咪唑类药物种类较多且残留标志物复杂，应将大多数药物及其主要代谢产物设为动物源性食品残留和环境残留的监控对象。阿维菌素类药物为高脂溶性化合物，动物的脂肪组织是其储存库，在动物体内清除过程非常缓慢，残留时间较长，容易造成动物源性食品中的残留超标。阿维菌素类药物具有神经毒性，属于高毒性药物。因此，阿维菌素类药物也应设为动物源性食品残留和环境残留的监控对象。

（二）抗原虫药

抗原虫药物主要包括抗球虫药如莫能霉素（离子载体类）、磺胺喹噁啉（磺胺类）、地克珠利（三嗪类）、尼卡巴嗪（二硝基类）；抗锥虫药如三氮脒、喹嘧胺等；抗梨形虫药如双咪苯脲、硫酸喹啉脲盐酸吖啶黄等。抗球虫类药物的莫能霉素属于聚醚类抗生素，其主要应用于禽类。在禽类的饲养过程中，在饲料中添加聚醚类抗球虫药物进行给药，如果添加过量会导致聚醚类药物在鸡肉或者鸡蛋中残留，经动物实验研究发现，聚醚类药物可以扩张动物冠状动脉，增加心脏冠脉压力，对动物心血管系统有明显作用，因此在人群中也有可能会有相似的作用，对心血管疾病患者而言可能会加重病情，对人群健康产生不利影响。人食入残留马杜霉素的食物会引起腿脚发软、四肢无力、行走困难，严重时可引发血管舒张，尤其是诱发心脏冠状动脉扩张和血流量增加，使冠心病患者心脏局部缺氧加重，病情严重恶化。抗滴虫药物主要有二甲硝唑、甲硝唑等，属于硝基咪唑类药物，具有潜在的致癌和致突变作用，其在动物源性食品的残留对人群健康构成了潜在威胁，WHO对甲硝唑和二甲硝唑在动物养殖中做出了禁止使用的规定。

（三）杀虫药

杀虫药是一类能杀灭危害畜禽的体外节肢动物类寄生虫（包括螨、蜱、虱、蚊、蝇、蝇蛆等）的药物。主要分为有机磷类（二嗪磷、巴胺磷、马拉硫磷等）、有机氯（氯芬新）、拟除虫菊酯类（氰戊菊酯、溴氰菊酯等）。动物杀虫药多用于驱杀动物的体外寄生虫，而且在饲养环境中和饲料中容易出现杀虫剂残留，这些残留的杀虫剂会经动物食品的日常接触或食物链进入动物体内，最终被摄入人体。有机氯杀虫剂，因其具有较高的可溶性，可通过皮肤渗透入动物体内，或者可通过被污染的饲料、饮用水等途径进入动物体内，在脂肪组织中长期储存。目前的有机氯杀虫剂已不常使用，但是其在环境中仍长期存在，容易发生生物富集作用。有机氯农药对健康的危害主要是其具有致癌、致畸、致突变的"三致"作用，且分布较广并具有生物蓄积性。有机磷杀虫剂在体内排泄较快，残留较低，但是排泄物中的杀虫剂对生态环境危害较高，有机磷农药可经消化道、呼吸道及完整的皮肤和膜进入人体。慢性有机磷农药主要表现是神经衰弱综合征与胆碱酯酶活性降低。有的有机磷农药可引起支气管哮喘、过敏性皮炎及接触性皮炎。另外，氨基甲酸酯类、拟除虫菊酯类等动物杀虫剂大量使用也对动物源性食品和生态环境造成危害。被涕灭威属于氨基甲酸酯类杀虫剂，1985年，有报道称美国加利福尼亚州多人因食用被涕灭威（aldicarb）污染的西瓜而中毒。2015年3月30日胶州市食品药品监督管理局工作人员检测出商贩销售的西瓜，氨基甲酸酯类农药涕灭威超标。

二、健康风险评价

国际上的环境健康评价模式大多以美国国家科学院（NAS）提出的四步法为范式，其他国家如加拿大、英国等提出的一些其他健康风险评价模式与四步法基本相似。在该法的基础上，我国环境健康风险评价研究在应用风险概念和分析方法对环境与健康风险进行全面、系统评价方面取得了进展。

（一）危害识别

化学物质的危害识别主要通过收集和评估该物质的毒理学和流行病学资料，确定其是否对人群健康造成损害。目前，国际上关于权重分类的方法有两种：国际癌症研究中心（IARC）化学物质致癌性分类和 US EPA 综合风险信息系统（IRIS）化学物质致癌分类。2008 年中国环境科学学会、北京大学医学部公共卫生学院联合发布的《环境影响评价技术导则人体健康（征求意见稿）》中也将 IRIS 数据库推荐为主要参考资料。

（二）剂量-效应评估

健康风险评价中，化学物剂量-效应关系是在各种调查和实验数据的基础上估算出的，故人类的流行病学资料为首选，另外，敏感动物的长期致癌实验资料也极为重要。对于有阈化合物，未观测到有害效应剂量水平（NOAEL）是对无遗传毒性物质进行风险评估时常使用的一个参考点，通常采用人类终生每日摄入该外来化学物而不引起任何可见损害作用的剂量（ADI）作为指标。由于现有的数据库中的实验参数并不是为建立 ADI 而设计，因此在剂量-效应评估的过程中要在毒理学数据库中找出既有合适观察终点又有恰当染毒时间的实验结果较为困难，在此情况下需建立新的实验确定 ADI，或者通过实际摄入量和临时建立的 ADI 数值来判断是否需要进行新实验。

（三）暴露评价

1. 暴露评价方法　暴露评价是确定或者估算暴露量的大小、暴露频率、暴露的持续时间和暴露途径。关于暴露情况的收集主要分为直接法和间接法。直接法包括个体监测和生物监测。个体监测是测量一定时间内个人身体接触污染物平均浓度的方法。对于急性毒性，目前国际上普遍认为生物标志物法暴露评价结果比较精准，可以反映暴露早期的生物学或生理学改变。间接法通过对污染物浓度的监测、对不同人口学特征人群在不同环境介质中的暴露时间和频率进行调查、统计，估算人群的实际暴露浓度，以评估健康风险。

2. 暴露评价模型　近年来，发达国家在暴露评价模型方面发展较快，国外许多国家和研究机构开发了多种评价模型，其中，美国的 RBCA 模型、CLEA 模型和荷兰的 CSOIL 模型使用最为广泛。

3. 暴露参数　人体的暴露参数是环境健康风险评价中的主要因子，暴露参数选择的准确性是决定健康风险评价准确性和科学性的关键因素之一。美国、欧盟、日本、韩国等均发布了适用于本国的人群暴露参数手册或数据库。目前我国无论是卫生部门还是环保部门，均未发布一套标准或者手册供参考。在进行人体暴露和健康风险研究中主要是引用国外的一些资料。

（四）风险表征

风险表征是健康风险评价中在总结前期结论的同时，综合进行风险的定量和定性表达，这也是风险评价和风险管理的桥梁，是最后决策中最关键的步骤。由于致癌物和非致癌物的化学毒性不同，在评价时应分别考虑致癌效应和非致癌效应。若表征潜在非致癌效应，应进行摄入量与毒性之间的比较；若表征潜在的致癌效应，应根据摄入量和特定化学剂量反应资料评估个体终身暴露产生癌症的概率。

1. 风险计算方法　暴露剂量-外推法有 2 种表征和评价方法：个人最大超额风险和人群超额病例

数。个人最大超额风险评估法指在一定期间内以一定暴露水平连续暴露于某有害因子时，该有害因子对暴露个体造成的最大超额风险。该模型也是近年来使用最多、应用领域最为广泛的风险计算模型。人群超额病例数风险评价法是以一定暴露水平暴露于某有害因子时，该有害因子对暴露人群造成的超额病例数。

2. 可接受暴露限值 可接受风险水平是综合考虑社会、经济、技术等诸多因素得到的评判环境污染所致人体健康风险是否可接受的标准。国际上一些国家、地区和机构规定了健康风险评价中的最大可接受风险水平，但其可接受暴露限值各有差异。我国尚未制定此类限值。

3. 不确定性分析 在环境风险评价中，由于对所研究系统目前和将来的状态认识不完全，对危害的程度或表征方式认识不充分，评价结果往往存在较大的不确定性。在暴露评估中，由于暴露参数的调查过程存在的测量误差、取样误差和系统误差，因此评价结果存在不确定性。

第四节 抗寄生虫药物的防治管理

随着科学技术的进步，抗寄生虫药物不断更新，而且数十年来一系列广谱、高效、低毒驱虫药的广泛应用，确实也发挥了巨大的作用，但是也带来很多问题。动物在使用药物后，药物以原形或代谢产物的方式从粪、尿等排泄物进入生态环境，可造成环境土壤、表层水体、植物和动物等的兽药蓄积或残留，对生态环境、生物具有潜在毒性，同时也有可能产生转移和转化或在植物、动物中富集，然后进入食物链，损害人体健康。

一、合理使用

（一）防病治病过程中正确应用药物

按动物用药品标示（标签及说明书）内容正确使用药物。如用药剂量、给药途径、用药部位和用药动物的种类等不符合用药指标，这些因素有可能延长药物残留在体内的存留时间，从而需要增加药的天数。

一些养殖户对控制抗寄生虫药残留认识不足或受经济利益驱动，随意用药、超量用药严重。或因常用药物的耐药性日趋严重而导致添加量越来越高，甚至比规定高2～3倍，以及重复添加促生长药也是造成超量用药的原因。有的养殖业者直接将动物用原料药任意添加在饲料或饮水中。有些药物规定只能用于某种或某一生长时期的动物，如喹乙醇，只能用于35 kg以下的猪，休药期35 d，禽禁用，而各种抗球虫药产蛋期禁用，若用于产蛋期则易导致鸡蛋中药物残留超标。奶牛乳房炎期间使用抗菌药治疗导致乳中药物残留超标，而又不将给药期间的牛奶弃去，而是与其他奶混合后出售。英国的一项研究表明，市售牛奶中61%的抗生素残留是由于治疗乳腺炎造成的。

按规定使用饲料药物添加剂。对于可用于制成饲料的药物添加剂国家有明确的规定，但有的饲料生产企业受经济利益驱动，人为向饲料中添加违禁畜禽药物，如各种激素类添加剂和抗生素类、人工合成的化学药品等；还有一些饲料生产企业为了保密或为了逃避报批，在饲料中添加了一些抗寄生虫药，但不印在标签上，如果用户一直用到动物上市，便造成药物在肉中残留。如果动物一直食用这种饲料，便会造成违禁药物在动物体内残留。

（二）在休药期结束前不得屠宰动物或应用其产品

休药期是指畜禽停止给药到许可屠宰或它们的产品（乳、蛋）许可上市的间隔时间。凡供食品动物应用的药物或其他化学物质，均需规定其休药期。休药期的规定不是为了维护动物健康，而是为了减少或避免供人食用的动物组织或产品中残留药物超量。通过休药期，畜禽可通过新陈代谢将大多数残留的药物排出体外，使药物的残留量低于最高残留限量从而达到安全浓度。

一些毒性较大、休药期长的药物如呋喃唑酮、磺胺类（磺胺二甲嘧啶、磺胺喹噁啉、磺胺氯吡嗪等）、喹噁啉类（卡巴氧、喹乙醇等）、二氨基嘧啶类（甲氧苄啶）、四环素类（金霉素、土霉素等）、苯并咪唑类（阿苯达唑、苯硫苯咪唑等）、左咪唑、阿维菌素类（伊维菌素、阿维菌素、多拉菌素等）、氯羟吡啶和杀虫剂（双甲脒等）等，这类药物的毒性相对较大，在动物体内消除缓慢、残留时间较长，或者它们可能存在三致作用及对人体产生明显有害的作用。在实际使用上述这些药物时，任意加大剂量和疗程或不遵守休药期规定是造成药物残留的主要原因。

部分养殖户为了追求高额利润，不遵守休药期的规定，把刚用过药动物的肉、蛋、乳等出售，导致了抗寄生虫药残留。或者对控制抗寄生虫药残留认识不足，缺乏药残观念，且畜禽养殖过程不规范、不科学，普遍存在畜舍简陋、冬冷夏热、通风不畅、饲料营养失调、生产管理放任自流，以致动物健康受损、抗病力下降、各种疾病均易感染，最终必须依靠药物，形成无药不能饲养的局面，更谈不上遵守休药期，这也是目前导致抗寄生虫药残留的最主要的原因。

（三）用药期间动物的产品不得上市

屠宰前用药掩饰临床症状，以逃避宰前检查，或为减少经济损失将用药期内患病动物急宰销售，或畜禽经投药或注射后，未做明显记号或隔离处理即一起出售。

（四）禁止以已禁用或未经批准的药物作为添加剂饲喂动物

我国目前已明令禁止应用于食品动物的药物如 β-兴奋剂（克仑特罗、沙丁胺醇、赛曼特罗等）、甲状腺抑制剂（丙硫氧嘧啶、咪唑等）、二苯乙烯类及其衍生物（己烯雌酚、己烷雌酚等）、性激素与同化激素（睾酮、苯丙酸诺龙、雌二醇、黄体酮等）、镇静剂（氯丙嗪、安定、利血平等）、氯霉素、硝基咪唑类（甲硝唑、地美硝唑、替硝唑等）和皮质激素类（地塞米松、氢化可的松等）等，这类药物残留危害大，是国内外残留监控的重点。其中，有些药物只准作为短期治疗用药，而大部分药物禁用。

（五）正确标注药物标签

如剂量、给药途径、疗程指示不当，有效成分不明等，多为一些三无产品、假冒伪劣产品，一味夸大所谓疗效，希望用户用越多越好。

（六）避免饲料污染

在一些大型集约化养殖场或饲料厂中，饲料粉碎设备受污染或将盛过抗菌药物的容器用于贮存饲料，或饲料厂制造空白饲料（未加药饲料）时，饲料生产系统中交叉污染到药物。

二、主要控制措施

在畜牧业生产中，无论是防病治病，还是促进动物生长，均需使用药物或添加剂，要生产无药物残留或绝对无药物的畜禽产品几乎是不可能的。为保障人类及其子孙后代的健康，保护生态环境，保障我国的正常出口贸易，控制抗寄生虫药在动物性食品中的残留问题已成为我国的当务之急，尤其是在我国加入 WTO 之后。而合理使用和控制使用药物是降低药物残留的根本措施。

（一）加强关于药物残留的宣传

通过各种媒体向广大群众广泛宣传畜产品安全知识，提高对抗寄生虫药残留危害性的认识，使全社会自觉参与防范和监督，告诫抗寄生虫药生产和经营企业，禁止制售违禁、假冒伪劣药品。应用科普宣传、技术培训、技术指导等方式，向动物疫病防治工作者和养殖者，宣传介绍科学合理使用抗寄生虫药的知识，使每个从业人员都能正确认识抗寄生虫药残留的危害性，提高人们的食品安全意识，特别是饲养者的食品安全意识，了解避免药物残留的方法，自觉维护公共利益，避免因追求经济利益而错误甚至非法用药。

（二）完善立法，严格执法

加快立法速度，加大执法力度，实现抗寄生虫药管理和使用的有法可依、有章可循。除了继续贯彻实施《兽药管理条例》《中华人民共和国动物防疫法》等法律规定外，应正确面对问题，积极寻找解决办法。依据我国目前现实存在问题，根据国际兽疫局规定的《国际动物卫生法典》和《OIE诊断试验和疫苗标准手册》及国际食品法典委员会（CAC）制定的限量标准和准则制定相关法律规定。完善动物性食品安全法规，把抗寄生虫药监控纳入法制管理轨道，和国际接轨。

管理好抗寄生虫药，包括抗寄生虫药的研究、开发、安全评价、生产、经营和应用，以保证抗寄生虫药的合理和安全使用。监督企业依法生产、经营、使用抗寄生虫药，禁止不明成分及与所标成分不符的抗寄生虫药进入市场，进一步加大抗寄生虫药GMP实施力度，把抗寄生虫药GMP规定作为从事抗寄生虫药生产的准入条件，认真贯彻落实《兽药生产质量管理规范》和农业部第202号公告的规定，加快对原有抗寄生虫药生产企业GMP规划和改造步伐，努力和世界接轨。加大对饲料生产企业的监控、严禁使用农业部规定以外的兽药作为饲料添加剂。严格规范抗寄生虫药的安全使用，制定适合我国国情的抗寄生虫药应用限制，严格规定抗寄生虫药的使用对象、期限、剂量、抗寄生虫药在动物性食品中的允许残留量、食品动物屠宰前的休药期及产蛋、产乳期动物用药后蛋、乳上市期限等，坚决禁止使用违禁药物和未被批准的药物，并加大对违禁药物的查处力度，一经发现应严厉打击；限制或禁止使用人畜共用的抗菌药物或可能具有"三致"作用和过敏反应的药物，尤其是禁止将它们作饲料药物添加剂使用，对允许使用的抗寄生虫药要遵守休药期规定，对药物添加剂必须严格执行使用规定和休药期规定。对上市畜产品及时进行药残检测，若发现药残超标者立即禁止上市并给予处罚。这样在源头和终端两个环节控制，才能促使经营者、饲养者按规定使用抗寄生虫药及其添加剂，才能使畜产品中抗寄生虫药残留值真正降到最低程度。

（三）加强饲养和卫生管理，尽量少用药物

改善饲养观念和提高饲养管理技术。目前我国畜牧业生产力水平仍很落后，所以应该尽快学习和借鉴国外先进的饲养管理技术，以提高我国畜牧业饲养管理水平，创造良好饲养环境，提高畜禽的机体抵抗能力，减少动物疾病的发生，减少用药机会或只使用无残留或低残留的药物，从而有效地使畜产品中抗寄生虫药残留量降到最低或无残留。

（四）建立合理的用药程序，严格按照休药期

畜禽饲养过程中应严格用药管理，严格执行国家有关饲料、兽药管理的规定，严禁在饲养过程中使用国家明令禁止、国际卫生组织禁止使用的所有药物，如烯雌酚、盐酸克伦特罗、氯霉素、呋喃唑酮等，不得将人畜共用的抗菌药物作饲料添加剂使用，宰前按规定停药。对允许使用的药物要按要求使用，并严格遵守休药期的规定。对于一些排泄慢、易在体内蓄积的药物，应严格按说明量使用。在产蛋鸡产蛋期间应停止或慎用某些抗菌药物和添加剂。药物只用于经认可的条件，如指定用于非泌乳牛的药物，不得用于泌乳牛，一些抗球虫药指明产蛋鸡禁用；只准用于肌内注射的药物，不能通过其他途径给药。

药物添加剂是造成动物性食品中药物残留的主要根源。为此，在使用时应注意以下几点：①按照农业部发布的药物添加剂使用规定用药。②药物添加剂应预先制成预混剂再添加到饲料中，不得将成药或原料药直接拌料使用。③同一种饲料中尽量避免多种药物合用，否则因药物相互作用可引起药物在动物体内残留时间延长。确要复合使用的，应遵循药物配伍原则。④在生产加工饲料过程中，应将不加药饲料和加药饲料分开生产，以免污染不加药饲料。⑤养殖场（户）应正确使用饲料，切勿将含药的前、中期饲料错用于动物饲养后期。⑥养殖场（户）切勿在饲料中自行再添加药物或含药饲料添加物，确有疾病发生，应在专业人员指导下合理用药。⑦生产厂家或销售商在销售添加剂产品时，在标签上必须明确告诉用户添加剂的有效成分和使用方法。

（五）建立健全动物性产品质量监测体系，加强动物性产品质量的监督管理工作

实施抗寄生虫药残留监控、保障畜产品安全是一项长期而艰巨的工作，涉及社会的各个方面，需要政府和管理部门的高度重视和支持，同时也需要广大民众的参与和协助。做好这项工作对于保护人民身体健康、促进畜牧业发展和国内外贸易具有积极的意义。目前，由于生活水平和认识不足等方面原因，我国在药残检测方面的机构设置、仪器配备和技术水平上与国外相比还存在很大差距。我国兽药残留监控体系还只能覆盖到重点地市级单位，县、乡、村等基层单位几乎是空白，这使抗寄生虫药残留问题愈加严重。我国部分地区的兽医卫生部门通常只对畜禽产品是否有传染病、寄生虫病、外观卫生等较为关注，而对药物残留问题还缺乏足够的认识，从而导致对生产销售和使用违禁药品管理不严、缺乏兽药残留检验机构和必要的检测设备、兽药残留标准不够完善等问题。所以，健全兽药残留监控体系，加快国家及省地兽药残留机构的建立和建设，形成中央至地方兽药残留检测网络结构。加大相关立法工作，同时加大投入，开展残留的基础研究和实际监控工作，初步建立起适合我国国情并与国际接轨的兽药残留监控体系，实施国家残留监控计划，力争将残留危害减少到最小程度，在我国显得尤为重要。

建立残留分析方法是有效控制动物性产品中药物残留的关键措施。因此，未来应首先发展简单、快速、准确、灵敏和便携化的筛选性多残留分析技术；发展高效、高灵敏的联用技术和多残留组分确证技术，如 LC-MS、GC-MS；分析过程自动化或智能化，以提高分析效率，降低成本。同时应积极开展兽药残留国际合作与交流，在药物残留的立法、方法标准化等方面开展与国际组织或国家的交流与合作，使我国的监控体系、检测方法与国际接轨，保障我国出口贸易的顺利进行。

（六）加大新抗寄生虫药研究力度，逐步淘汰有潜在危险性的药物

鼓励新抗寄生虫药的研究、开发，健全相关知识产权保护法规，努力开发新抗寄生虫药和抗寄生虫药新制剂，用高效、残留量少的产品替代残留危害大、易产生耐药性的药物，减轻药物残留的危害。重视中兽药、微生态剂和酶制剂等高效、低毒、无公害抗寄生虫药或药物添加剂的研制、开发和应用，发展具有中国特色的具有保护人类健康及生态环境的无公害、无残留、无污染的特色产品，从根本上解决抗寄生虫药残留的危害。

参 考 文 献

[1] 中国兽药典委员会. 中华人民共和国兽药典[M].北京:中国农业出版社,2016.

[2] Jili Zhang. progress in research an application of animal antiparasitic drugs[J]. Agricultural science and technology, 2016,17(9):2127-2132.

［3］　张雪强. 抗寄生虫新型药物研究进展［J］. 中国病原生物学杂志，2015，10(10)：954-957.

［4］　邢守叶. 伊维菌素微乳的安全性评价及质量标准研究［D］. 兰州：甘肃农业大学，2015.

［5］　苗水红. 寄生虫病的危害及其药物应用存在的问题［J］. 湖北畜牧兽医，2014，35(1)：37-38.

［6］　魏慧敏. 兽用抗寄生虫药物残留高效液相色谱-串联系谱筛选法研究［D］. 武汉：华中农业大学动物科技学院，2013.

［7］　汪芳. 动物抗寄生虫药物的研究与应用［J］. 中国兽医科学，2010，40(7)：766-770.

［8］　周丽萍. 动物组织中阿苯达唑代谢物多残留检测方法的研究［D］. 济南：山东大学，2009.

［9］　肖树华. 我国抗蠕虫药物研究的进展及面临的问题［J］. 中国寄生虫学与寄生虫杂，2009，27(5)：383-389.

［10］　甘绍伯. 我国抗寄生虫药物现状［J］. 中国寄生虫病防治杂志，2005，18(6)：401-403.

（毛振兴）